はじめての精密工学
Introduction to Precision Engineering
第2巻

公益社団法人 精密工学会 編

近代科学社Digital

まえがき

　公益社団法人 精密工学会は,「精密加工」「精密計測」「設計・生産システム」「メカトロニクス・精密機器」「人・環境工学」「材料・表面プロセス」「バイオエンジニアリング」「マイクロ・ナノテクノロジー」から「新領域」に至るまで,幅広い研究分野とその研究者・技術者たちが参画する学会です. 現在は世界共通の用語となっている「ナノテクノロジー: Nanotechnology」も,本会会員の研究者が新しい専門用語として最初に提唱しました.

　このような精密工学会や精密工学分野に参画する研究者・技術者たちが,日本のものづくりの発展と若手研究者・技術者への貢献を目的に執筆したのが,連載「はじめての精密工学」です. 連載「はじめての精密工学」の歴史は長く,2003年9月からほぼ毎月のペースで精密工学会誌に掲載されています.

　会誌編集委員会では,「精密工学分野の第一人者,専門家によって専門外の方や学生向けに執筆された貴重な内容を書籍としてまとめて読みたい」という要望を受け,本会理事会へ出版を提案し,承認が得られたことにより本書「はじめての精密工学 書籍版」を出版することになりました. 第2巻である本書は,2016年から2021年4月号に掲載された「はじめての精密工学」を収めており,加工,計測,設計・解析,材料,制御・ロボット,画像処理,機械要素,新技術,バイオエンジニアリングからデータサイエンスまでに至る内容で構成されております. 精密工学分野の研究者,技術者によって初学者向けに執筆されており,精密工学会,および,精密工学分野の叡智が集まっております. 本書のみならず,下記のウェブサイトにも有益な情報がありますので,併せて閲覧いただけますと幸いです.

　最後に,執筆・編集にご尽力いただいた執筆者ならびに会誌編集委員の皆様,本書の出版に至るまでにご支援いただいた学会の皆様,出版の構想段階から親身に対応いただいた三美印刷株式会社と株式会社近代科学社の方々に心から感謝申し上げます.

公益社団法人 精密工学会ホームページ
　https://www.jspe.or.jp/
The Japan Society for Precision Engineering (精密工学会 英文ページ)
　https://www.jspe.or.jp/wp_e/
公益社団法人 精密工学会「学会紹介」ページ
　https://www.jspe.or.jp/about_us/outline/jspe/
公益社団法人 精密工学会「はじめての精密工学」ページ
　https://www.jspe.or.jp/publication/kaishi_series/intro_pe/

2022年2月

公益社団法人 精密工学会 会誌編集委員会
委員長　吉田一朗

目次

はじめての
精密工学

表面粗さ―その4 触針式の表面粗さ測定用センサーの設計機構・原理とその上手な使い方―

Surface Roughness—Part 4, Mechanics, Design and Measurement Principles on Sensor of Contact Stylus Profiler, and Quality Use of Mechanisms—

(株)小坂研究所 精密機器事業部 開発企画チーム 吉田一朗

1. は じ め に

前報まで[1]-[3]は，触針式表面粗さ測定機による表面粗さの測定方法や測定条件の解説[1]，機能性をもつ表面に有効なパラメータ[4][5]およびその具体的な対象の解説[2]，測定対象物のセッティングのコツと裏技について[3]記述した．

近年の表面粗さ測定のニーズの高まりにより，接触式から光学式までさまざまな原理の表面性状測定機が開発され，工業規格も整備されてきている[6]．それぞれの原理は，各々に長所，短所，特徴があるため[7]，より良い計測，より楽な計測，より信頼性の高い計測のためには，その機構や原理を理解して測定機を使用することが大切である．

本稿では，紙幅の関係から触針式の表面粗さ用センサーの原理について解説し，光学式の原理については稿を改めて解説したいと思う．触針式の表面粗さ用センサーであるプローブ（ピックアップ）の機構・原理と特徴について解説し，その上手な使い方についても紹介する．

2. 触針式表面粗さ測定用のプローブ（ピックアップ）の機構・原理

本章では，触針式表面粗さ測定機のプローブの機構と原理について解説する．

JIS B 0651：2001 の解説[8]に示されている表面粗さ測定用の触針式センサーの機構の例を，図1～3に示す．センサー内部の触針の支持機構は，大きくてこ式とばね式に分けられる．また，表面凹凸にならってなぞったときの触針先端の変位を検出するトランスデューサは，図1～3の中に示されている図4の差動変圧器（以下，LVDT：Linear Variable Differential Transformer）と図5のレーザ干渉計などが使用される．コストや小型化が容易なこと，環境安定性，数オングストロームまで分解能を上げられるという利点から，LVDT が最も多く採用される．図5のレーザ干渉式は，数 nm 以下の分解能を数ミリまで維持できるメリットがあるが，小型化に劣ることや分解能，環境安定性に劣っていることもある．

2.1 てこ式の機構

現在の一般的な表面粗さ測定機では，ほとんど図1のてこ

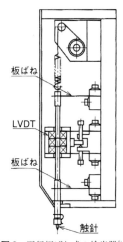

図3 平行板ばね式の検出器[8]

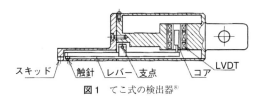

図1 てこ式の検出器[8]

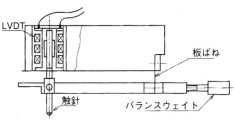

図2 板ばね式の検出器[8]

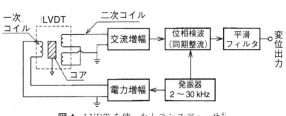

図4 LVDT を使ったトランスデューサ[8]

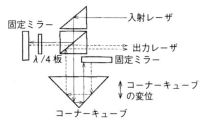

図5 レーザ干渉計を使ったトランスデューサ[8]

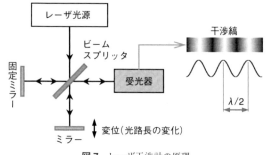

図7 レーザ干渉計の原理

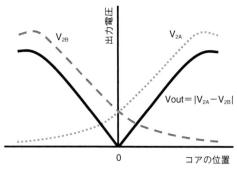

図6 LVDTの出力特性

こ式が採用されている．てこ式の機構は図のとおり，支点で支持されたレバーがシーソーのように動き，触針の変位をトランスデューサであるLVDTに伝える構造となっている．てこ式の構造的な長所としては，ばね式と比較してコスト面や設計・製造の容易さ，小型化しやすいことなどが挙げられる．また，レバー部が水平方向に細長い構造であるため，触針先端の周囲の空間を大きくとれる長所がある．てこ式の短所としては，支点部に転がり軸受けやすべり軸受け，点支持機構，ナイフエッジなどを用いるため，原理的にごく微小な"がた"が発生することが挙げられる．

2.2 ばね式の機構

ばね式は，板ばね式（図2）と平行板ばね式（図3）の大きく2つの機構に分けられる．

図2の板ばね式の構造は，支点に軸受けなどではなく板ばねを採用し，板ばねで支持されたレバーがシーソーのように動き，表面の凹凸にならって上下に動く触針の変位をLVDTに伝える．この図2の例では，触針の直上にLVDTが配置され，変位検出精度の向上を図っている．また，この例では，バランスウェイトにネジが切られている構造となっており，バランスウェイトの位置を変えることで測定力[8]の調節ができる機構となっている．測定力とは，触針先端が測定対象物に接触する力のことであり，接触圧力と関係するため被測定物を傷つけるかどうかに深く関わっている（現在の規格では0.75 mN以下と規定されている[8]）．この測定力の調整機能があることによって，傷ついたり変形しやすい軟質材料では低測定力に設定で

き，測定速度を速くしたい場合には測定力を高くして触針の飛び跳ねを防止するなど，状況に合わせた設定をすることができる．

図3の平行板ばね式は，平行に配置された2枚の板ばねを使っていることが構造上のポイントである．構造としては，端部に触針と中央部にLVDTのコアが取り付けられたビームを平行に配置された2枚の板ばねで支持する設計となっており，この機構により触針先端の変位を直線的にLVDTに伝える．また，図3の例では，触針とは逆のビーム端にコイルばねが取り付けられた構造となっている．この機構により，平行板ばねおよび触針部，レバー部との力のバランスを取りながら触針先端の上下動を可能とし，ワイヤーの巻上げ，巻下げにより測定力の調整を可能としている．現在の最新の機種では，このコイルばねを電磁式アクチュエータに改良し，測定力をソフトウェア上で簡便に設定可能になっている．

これら2つのばね式の長所は，支点の"がた"がないために，その影響による誤差が最小限に抑えられるという点であり，測定結果の信頼性が高い．特に平行板ばね式は平行板ばね機構であるため，てこ式や板ばね式のような触針先端の円弧運動による変位計測の誤差を最小化できる長所がある．短所としては，板ばねを使用しているため，てこ式よりも堅牢性に劣る点が挙げられ，板ばねを折り曲げたり，ねじったりしないように繊細に使用する必要がある．また，平行板ばね式は，構造上，小型化設計がしにくい．

2.3 差動変圧器を使ったトランスデューサの原理

LVDTは図4に示すように，コアおよび一次コイルと2個の二次コイルで構成される．一次コイルには発振器から交流電圧（図の例では2〜30 kHz）が加えられて励起され，コアを介して2個の二次コイルに交流電圧が誘起される．図6は二次コイルの出力電圧の出力特性の模式図であり，V_{2A}とV_{2B}が2個の二次コイルの出力である．2個の二次コイルはそれぞれ極性が反転されているため，コアの位置により変化する$V_{out} = |V_{2A} - V_{2B}|$が得られる．また，図4の位相検波器と平滑フィルタにより，二次電圧を同期整流位した後，平滑して直流電圧に変換される．これらの原理により，触針先端の変位に連動したコアの位置の変化が，電気信号に変換される．

図8　溝や穴，エッジの稜線の測定

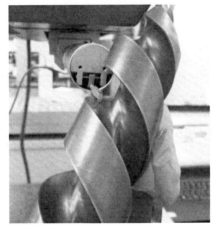

図9　特殊な歯車ポンプの歯面の測定

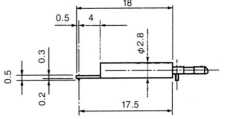

図10　細穴用のレバー付触針　Type：I5B[9]

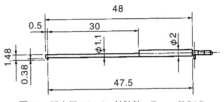

図11　細穴用のレバー付触針　Type：IL5A[9]

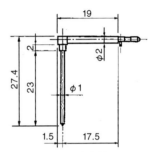

図12　細穴用のレバー付触針　Type：G5A[9]

　これらの原理，回路設計の中で，零位置における残留電圧への対処や種々の誤差要因への対処法などが各社の技術力，設計思想，電気設計のノウハウであり，平行板ばね式と高精度な LVDT を組み合わせて高精度化を図り，0.1 nm 以下の分解能をもつ高精度な触針式の表面性状測定機も存在する．

2.4　レーザ干渉を使ったトランスデューサの原理

　図7は，図5のレーザ干渉計を使ったトランスデューサをより簡略化した原理図であり，ホモダイン方式である．ホモダイン方式は，1周波のレーザ光を干渉させ，干渉縞の数から変位を計測する方法である．図7において，光源から発せられたレーザ光は，ビームスプリッタにより固定ミラー側と光路長が変化するミラー側に分けられた後，各ミラーから反射し，再びビームスプリッタを通過して受光器側で干渉する．触針先端が変位してミラーが変位すると光路長が変化するため，変位に連動して受光器側で明暗の干渉縞が観測される．この干渉縞の明暗の周期はレーザ光の波長λの1/2となる．ミラーの変位量は，受光器で正弦波に変換された電気信号を計数することで得られる．

　図5では，コーナーキューブプリズムを用いることで計測の安定化を図っている．また，設計上の工夫から，図7のようにミラーを変位させるのではなく，コーナーキューブプリズムを変位させて表面凹凸を測定している．

3.　機構・原理を生かした使い方

3.1　てこ式の構造を生かした使い方

　てこ式の構造の長所は，触針先端がレバーで水平に支えられていることで触針の周辺に空間が多くあることが挙げられる．この特長により，さまざまな形状のワークを測定することが可能となり，図8のような溝や穴，エッジの稜線や図9のような特殊な歯車ポンプの歯面の表面粗さを測定することが可能となる．また，センサー全体が水平方向に細長い構造であることから，センサー本体をエンジンのボア内やクランクシャフト軸穴の中に挿入することで，その内面の表面粗さを測定することも可能となる．もう1つの長所として，レバーを交換できることが挙げられ，ワークに適した形状のレバーを使うことでさまざまなワークに対応できる．例えば，図10[9]のレバー付触針で

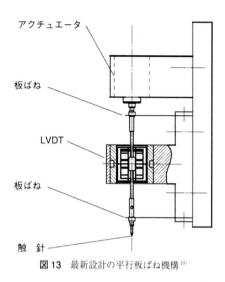

図13 最新設計の平行板ばね機構[10]

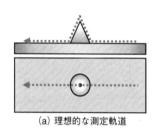

（a）理想的な測定軌道

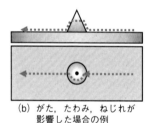

（b）がた，たわみ，ねじれが
影響した場合の例

図14 プローブの機構による測定軌道の違い[9]

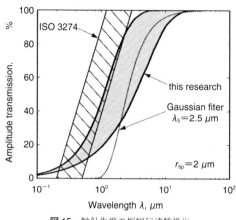

図15 触針先端の振幅伝達特性[11]

は，触針先端からレバー部の高さが 0.5 mm，レバーの最細部の長さが約 4 mm であるために，最小で直径 0.6 mm の細い穴の最大 4 mm 奥の表面粗さが測定できる．図11[9] のレバー付触針では，最小で直径約 1.6 mm の細い穴の約 30 mm 奥まで，また，直径約 2.2 mm の穴なら約 47 mm 奥までの表面粗さを測定することができる．図12[9] のレバー付触針はレバー部から触針先端までが非常に長い構造をしているため，深い溝の底面の表面粗さを測定することができ，例えば，幅約 1.5 mm，深さ約 23 mm の溝の底面の表面粗さの測定が可能となる．このような触針をうまく活用すれば，微細な穴や溝の表面粗さを非破壊で測定できる．

3.2　平行板ばね式の構造を生かした使い方

平行板ばね式は，微小段差計測定機や微細形状測定機，薄膜段差測定機と呼ばれる超高精度な触針式の表面性状測定機で使われることが多い．図13[10] は，最新式の平行板ばね式の構造の例であり，基本構造は図3と変わらないが高精度，低測定力，使いやすさなどを達成するためにいくつかの改良設計がされている．機械設計部分では，エッチングによる精密加工とひずみを取る熱処理をした精密な平行ばねを採用し，LVDT のコアは非常に軽量な材料を採用，LVDT のコアを支持するビームには，剛性が高く熱膨張係数の小さい材料を採用している．また，図3のようなコイルばねではなく電磁アクチュエータで制御する方式を採用し，ソフトウェア上で静的測定力を細かく設定できるようになっている．これらの工夫により，最小で 0.3 µN という微小な測定力に設定できる機種も出てきており，高速測定時の触針先端の追従性も考慮し最大で 0.5 mN という測定力に設定できる測定機もある．この超低測定力を可能とする特長を生かせば，樹脂フィルムなどの非常に柔らかいワークでも傷が判別できないほど微小な力で測定でき，先端半径が 100 nm 以下の極めて鋭い触針も使用することができる．

また，平行板ばね式の"がた"がない長所は，微細なバンプやボール，ピラーなどの微細形状を測定した際に威力を発揮する．図14は，円錐形状のワークを測定した場合における支点のがたの影響を，模式的に示したものである．支点部分の機構に"がた"や"たわみ"，"ねじれ"などがある場合には，触針先端が円錐の頂点に近付くと，頂点に対してクルリと回って逃げる軌道になり，図14（b）の破線のような軌道になる．これは，"がた"等の影響により回転や横ズレなどを引き起こすためである．このような場合，測定データは頂点のない円錐台形のようになることがあり，加工形状を正確に測定することができない．一方，支点の"がた"やレバーの"たわみ"，板ばねの"ねじれ"等がなければ，触針先端は図14（a）の破線のように円錐の頂点を正確に通るような理想的な軌道となる．このような事例は，ユーザーの実際のワークで発生し，平行板ばね式を活用することで解決した．具体的には，フラットパネルディスプレイ用液晶パネルのカラーフィルタのフ

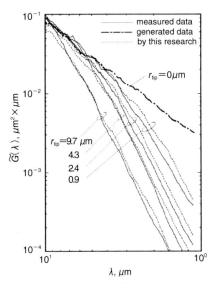

図 16　FFT 解析による触針先端半径の減衰特性の解明[11]

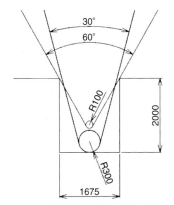

図 17　微細溝の寸法と触針先端の半径・頂角の関係（単位：nm）[10]

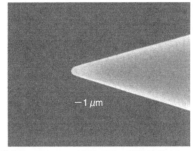

図 18　先端半径：300 nm，頂角：30° の単結晶ダイヤモンド触針の SEM 像[13]

図 19　先端半径：約 30 nm，頂角：約 70° の単結晶ダイヤモンド触針の SEM 像[13]

ォトスペーサや半導体部品の電極接点用バンプなどの精密な高さ測定が挙げられる．

4. 表面の凹凸形状の忠実な測定と触針先端形状

　表面性状の測定は，表面の凹凸形状をいかに忠実に測定できるかが最も重要なポイントの 1 つである．触針先端には表面凹凸に対する物理的，幾何学的なフィルタリング効果があり，**図 15** のような振幅を減衰させる特性がある[11]．また，**図 16** は，触針先端半径を大きくしていった場合の測定プロファイルのパワースペクトル密度関数を示したものである[11]．ここでは，ワークのほぼ同一位置に対し，触針先端半径 r_{tip} を 0.9 μm，2.4 μm，4.3 μm，9.7 μm と変更して測定したプロファイルの結果と触針先端半径 $r_{tip} = 0$ μm と仮定してコンピュータ生成した表面凹凸のパワースペクトルの結果を示しており，短波長成分が触針先端の影響により減衰していることが分かる．これらは，触針先端の影響により「表面凹凸の谷底に先端が入り込めな

い」「山頂が円弧状に計測される」など，測定対象物の表面凹凸の忠実な測定に限界が生じるためである．

　この図 16 の結果から，触針先端による測定再現性の波長限界があることが分かり，図 15 の網掛け部が実験とシミュレーションにより求めた波長限界である．この図 15 の結果は，実験結果とシミュレーション結果がよく一致しており，同様の計算方法によって図 16 上で示すと実線と点線のようによく一致した結果が得られた．また，ISO 3274：1996 では，図 15 の斜線で示された領域を触針先端に起因する不確かな波長限界[8]としている．これらは，触針先端の管理の重要性を示唆するとともに，より微細な表面凹凸の測定には先端半径 2 μm 以下の触針の使用を検討すべきであることを示している．

　微細な形状計測においても，触針先端形状の検討は重要である．**図 17** のような溝形状があった場合，触針先端の半径と頂角の両方を考察することにより，溝の底までしっかりと測定することが可能になる．図 17 では，先端半径：100 nm，頂角：60° の触針では溝の底まで届かないが，先端半径：300 nm，頂角：30° より鋭い触針を使用すれば，溝の底まで触針先端が到達できることを示している．触針先端形状をしっかりと考察，選定することで，マイクロメートルからナノレベルの微細形状を持つワークでも測定が可能になる．

　また，以上のように触針先端の形状は表面の微細な凹凸や形状の測定に重要であるため，古くから触針の先鋭化の

研究開発が行われており，イオンビーム加工では先端半径：100 nm，頂角：60°の単結晶ダイヤモンド触針が実現された[12]．現在も先鋭化の研究は進められ，機械研磨では**図18**[13]に示すような先端半径：300 nm，頂角：30°に先鋭化された単結晶ダイヤモンド触針まで実現しており，イオンビーム加工では**図19**[13]に示すような先端半径：約30 nm，頂角：約70°の単結晶ダイヤモンド触針まで実現している．現在，より先端が微細で鋭角な形状をもつ触針の開発が進められている[13]．

5. お わ り に

本報では，触針式の表面粗さ測定用センサーの設計構造，原理とその上手な使い方について述べた．

測定原理や測定機の機構を理解することは，それぞれの測定原理と機構の短所をカバーし，長所を最大限に生かすことが可能となり，より良い測定，より効率的でより楽しい測定につながると考える．

本報で述べた内容が，皆さまのものづくり分野の教育・研究・開発，ひいては豊かさの発展に貢献できれば幸いである．

参 考 文 献

1) 吉田一朗：はじめての精密工学　表面粗さ—その測定方法と規格に関して—，精密工学会誌，**78**, 4 (2012) 301-304.
2) 吉田一朗：はじめての精密工学　表面粗さ—その2　ちょっとレアな表面性状パラメータの活用方法—，精密工学会誌，**79**, 5 (2013) 405-409.
3) 吉田一朗：はじめての精密工学　表面粗さ—その3　教科書に書けないワークのセッティングの裏技と最新のJIS規格—，精密工学会誌，**80**, 12 (2014) 1071-1075.
4) JIS B 0671-1, 2, 3：2002 製品の幾何特性仕様—表面性状：輪郭曲線方式—プラトー構造表面の評価—第1，2，3部 (ISO 13565-1, 2, 3：1996, 1998)，財団法人　日本規格協会.
5) JIS B 0631：2000 製品の幾何特性仕様—表面性状：輪郭曲線方式—モチーフパラメータ (ISO 12085：1996)，財団法人　日本規格協会.
6) 佐藤敦：はじめての精密工学　非接触による三次元表面性状の測定の現状—三次元規格の意義とものづくりへの活用—，精密工学会誌，**81**, 10 (2015) 922-925.
7) 笹島和幸：三次元表面微細形状・表面粗さ計測の種類と測定上の問題点，月刊トライボロジー，**7** (2004) 19-21.
8) JIS B 0651：2001 製品の幾何特性仕様—表面性状：輪郭曲線方式—触針式表面粗さ測定機の特性 (ISO 3274：1996)，財団法人　日本規格協会.
9) 吉田一朗：加工表面品質評価の勘所と計測データ活用事例，日本機械学会　機械加工における計測の基礎と最新動向　講習会資料，2012年12月，(2012) 17-25.
10) 吉田一朗：超低測定力　微細形状測定機による測定とニーズの動向，精密工学会　超位置決め専門委員会　小委員会前刷集，2011年5月，(2011) 43-49.
11) 吉田一朗，塚田忠夫，表面粗さ測定における不確かさに及ぼす触針先端半径の影響（2報），日本設計工学会誌，**40**, 2 (2005) 91-96.
12) 宮本岩男ほか：ダイヤモンドのイオンスパッタ加工，昭和59年精機学会秋季大会学術講演会論文集，1984年10月，(1984), 577.
13) 吉田一朗：表面微細形状，表面粗さ精密計測技術，第33回 理研シンポジウム　講演資料，2013年10月，(2013) 56-82.

弾性表面波リニアモータ

Surface Acoustic Wave Linear Motor/Masaya TAKASAKI

埼玉大学　高崎正也

1. は じ め に

弾性表面波リニアモータは，超音波モータの一種であり，リニア駆動である．本稿の著者が初めてこのアクチュエータに出合ったのは，修士課程進学の際に配属された研究室である．当時，東京大学工学部黒澤実助教授のグループが，ニオブ酸リチウム基板上でスライダが動くことを世界で初めて報告した直後の時期であった．予備知識がなかったため，先輩大学院生の発表の中のビデオで白い板の上の小さなスライダが動く様子を見て，驚いたと同時に興味を抱いたことを記憶している．

超音波モータは磁場の影響を受けず，また，磁場の発生も抑えられる．超音波を励振するための圧電素子のキュリー温度（圧電性や磁性が消失してしまう温度）は，一般に磁石のそれよりも高い．ゆえに，電磁モータを利用することができない環境での利用に向けて期待されているアクチュエータである．弾性表面波リニアモータは，その超音波モータの一種であり，利用している圧電材料のニオブ酸リチウムのキュリー温度は1134℃と高い．また，駆動周波数が高い代わりに振動子を薄型に構成できるため，アクチュエータの小型化，特に薄型化を期待することができる．

本稿では，弾性表面波リニアモータの基本構成・基本性能を紹介し，応用する際に必要になると思われる関連技術について紹介する．

2. 弾 性 表 面 波

振動が伝搬する等方性の半無限媒体（個体表面）において，波動方程式の一つの解が導き出された．この解では，x軸（伝搬方向）およびz軸（深さ方向）それぞれの軸に沿った振動変位は媒体の深さzの関数となり，表面の振動を示すと，

$$\begin{cases} \alpha = 0.4567 \sin(pt + fx) \\ \gamma = -0.840 \cos(pt + fx) \end{cases}$$

となる．ここで，αおよびγはx軸方向変位およびz軸方向変位であり，pおよびfは定数である．表面は後方楕円軌道を描きながら振動していることが分かる[1]．

上記の振動モードは発見者の名前に由来して，レイリー波と呼ばれている．固体表面をレイリー波が伝搬しているときの振動の様子を図1に示す．表面は後方楕円軌道を描きながら振動しているが，深くなるにつれてその振幅が小さくなりかつ回転方向が逆になる．2波長ほどの深さになると，振動は見られなくなる．弾性体媒体の表面にその振動エネルギを集中させて伝搬することから，弾性表面波（Surface Acoustic Wave：SAW，これより表面弾性波と表されることも）と呼ばれている．

レイリー波のほかにも，圧電単結晶のような異方性媒体表面を伝搬するBGS波（Bleustein-Gulyaev-Shimizu Wave）や漏洩弾性表面波といったものが，弾性表面波として知られている[2]．

レイリー波を励振してそれを機能として利用する場合，圧電単結晶基板を用いる．基板表面を波が伝搬し，同裏面には振動が分布しない．このため，裏面を基板の固定に利用することができる．基板表面に電極を形成して交流電圧を印加すると，逆圧電効果により表面に交番応力が発生し，それによりレイリー波が励振され，基板表面を伝搬していく．一般的に用いられる表面電極を図2（a）に示す．帯状の電極が一定間隔で周期的に配置されており，極性が交互になっている．くし形電極（または，交差指電極Interdigital Transducer：IDT）と呼ばれている．この電

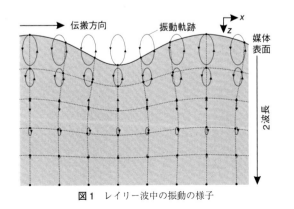

図1　レイリー波中の振動の様子

(a) 励振　　　　　　　(b) 反射

図2　レイリー波の励振と反射

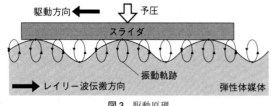

図3 駆動原理

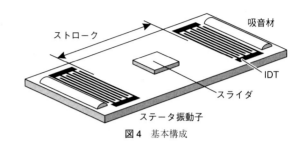

図4 基本構成

極にその幾何形状（電極周期長が波長と等しくなる）で決定される周波数の交流を印加すると，レイリー波が励振されて同図中矢印の向きに伝搬していく．また，基板表面を伝搬してきた波は，IDTにより電気エネルギに変換される．つまり，IDTにより送信と受信が可能である．

一方，配線されていない電極が同図（b）のような配列となっている場合，伝搬してきた波は反射される．IDTの両側に開放型電極アレイ（反射器）を配すると，IDTから放射されたレイリー波は2つの反射器の間を往復し，エネルギが閉じ込められる形となる．また，反射して戻ってきた波と新たにIDTから放射される波の位相がそろう条件のときに共振となる．このとき，同一基板上に受信用のIDTを備えると，共振周波数と一致した信号だけが受信用IDTから出力されるため，フィルタとして応用することが可能である．実際にこのようなフィルタが通信機の分野で広く用いられている．

3. リニアモータ

一般的な超音波モータでは，振動子表面の楕円軌道に沿った振動とそこに接触した物体との摩擦力を組み合わせて利用している．楕円軌道の上側では接触圧力が高くなるため，摩擦力は大きくなり，同下側では逆に摩擦力は小さくなる．上側と下側では振動速度の向きは逆向きになるが，摩擦力の大きい方が勝るため，軌道上側の振動速度の向きの摩擦力だけが寄与することになる．結果，接触している物体は楕円軌道上側の振動の向きに摩擦力を介して駆動力を得る．超音波モータの開発において，いかにして楕円軌道を描く振動を励振するかが要となる．レイリー波の場合，進行波を励振すると前述のように，自動的に弾性体媒体表面は楕円軌道を描きながら振動する．よって，**図3**に示すように，スライダを弾性表面波であるレイリー波の進行波に予圧を与えて接触させるだけで，超音波モータを構成することができる．レイリー波の進行方向と逆向きにスライダは駆動力を得る．

弾性表面波を利用した超音波モータ，すなわち，弾性表面波リニアモータの基本構成を**図4**に示す．ステータ振動子は2組のIDTを備えた圧電性単結晶基板から成る．IDTに交流電圧を印加するだけで，レイリー波の進行波が得られる．進行波は基板端面で反射してしまい，反射波の影響で定在波となってしまうため，反射を防ぐ目的として各ITDの背後に振動を吸収するための吸音材の設置が

必要である．IDTの間のスペースにスライダを接触させ，上記の原理によってスライダをレイリー波の進行方向と逆向きに駆動する．交流電圧を印加するIDTを切り替えることで，駆動方向を切り替えることができる．

最初のモータ駆動では，スライダは3つのルビーボール（直径1.56 mm）をワッシャに接着し，点接触状態で接触圧力を高めて駆動力を得ていた[3]．その後，接触点数を増やす目的で，プレート表面に直径0.1〜0.2 mmの鋼球を分布させて接着したものをスライダとして用いるようになり，予圧を与え，推力の向上が図られた[4]．この頃より，スライダを案内しつつ予圧を与えるための機構が付与されるようになった．

レイリー波の進行波を励振した際の基板表面の振動振幅は，10 nm程度である．よって，球状のものを分布させてスライダを構成すると，加工精度により個々の球で接触圧力が異なる．そこで，MEMS技術に着目し，表面性能に優れたシリコンウエハ表面を摩擦駆動面として利用することが提案され，シリコンウエハのMEMSプロセスによる多接点構造をもつスライダが製作された[5]．ドライエッチングにより，一つの接点が直径30 μm程度，高さ1 μm程度の円柱を成していた．接触面積が広くなり，個々の接触面積が広くて円柱の上面の平坦度に優れ，かつ円柱の高さがそろっていることで，より大きな予圧を与えられるようになった．結果，4 mm角のシリコンスライダを用いて，3.5 Nの推力を得た[6]．その後，多接点構造や予圧の最適化により，同じサイズのシリコンスライダで10 N程度の推力，1 m/s程度の無負荷速度が得られるようになった[7]．

4. 応用に向けて

上記のように，弾性表面波リニアモータは，潜在的にもつポテンシャルが高く，産業応用が期待されているアクチュエータである．一方で，応用に向けて克服するべき課題が多い．以下に課題とその解決例を示す．

4.1 エネルギ

弾性表面波リニアモータでは，レイリー波の進行波を利用しているが，スライダの駆動に利用されるエネルギは％オーダーである．ほとんどの振動エネルギが使われることなく，吸音材によって熱エネルギに変換され散逸してしまう．ゆえにエネルギ効率が低い．効率を高めるために，振動エネルギを電気エネルギとして回収して環流する

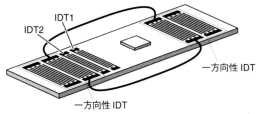

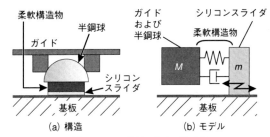

図5 エネルギ環流の一例（文献8）を参照し再描画）

図7 PWM 適用のための構造[11]

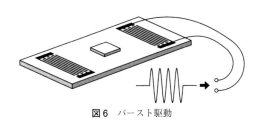

図6 バースト駆動

図8 セグメント構造ダイヤモンド状炭素膜

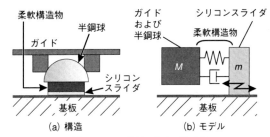

方法が提案されている[8]．そのための電極配置の一例を**図5**に示す．一方向のみに波を放射するには中央の2組のIDT（IDT1，IDT2）を用いる．波長の1/4に相当する距離だけ離れているため，互いに90°の位相差をもった交流を印加することで，一方向のみに進行波が放射される．両端には，IDTとそれに合わせて最適化された反射器を組み合わせて一方向性IDTとしたものが配置されている．交流電圧を印加すると一方向のみにレイリー波が放射され，同じ方向から伝搬してきたレイリー波を電気エネルギに変換することができる．2組の一方向性電極は基板中央を向いている．両者を結線することにより，進行波は向かった先のIDTで電気エネルギとして回収され，他方のIDTより同じ方向へ放射され，励振用IDTから新たに励振される波と重ね合わされて伝搬を続ける．このようにしてエネルギを環流させることができ，入力電力を抑えることができる．結果，駆動に必要な電力を数分の一にすることが可能である[8]．

4.2 制御

位置決めのためのアクチュエータとして用いる際に，さまざまな制御ストラテジが考えられるが，最終的位置決めには微小ステップ駆動が有効である．スライダを微少量だけ変位させるには，**図6**に示すバースト駆動を用いる．数十波の波を入力することで，短時間だけ弾性表面波が励振され，それに伴ってスライダが変位する．25波の印加で2nmのステップ駆動が報告されている[9]．

電圧を印加し始めてからスライダが定常速度に達するまでに，遅れが見られる．この遅れを1次遅れ系としてモデル化が可能である．また，電磁アクチュエータ等と異なるのが不感帯の存在である．印加電圧と定常速度は比例関係にあるが，印加電圧が低くなると駆動が見られたり，止まったままだったり，不安定な挙動を示す．さらに低くすると，スライダは動くことはない．このような特性を考慮に入れて，制御系を構築する必要がある[10]．

速度制御する場合で，目標速度が上記の不感帯に相当する速度（数十mm/s以下）の場合，直流モータ等で広く用いられるPWM（Pulse Width Modulation）を適用することができる．搬送波周波数を15kHzとしても，弾性表面波リニアモータの応答の速さから，シリコンスライダは加減速を繰り返し，搬送波に起因する振動が残る．そこで，シリコンスライダとそのガイドの間にゴム膜を柔軟構造物として挿入した．この構造が**図7**に示すように振動絶縁機構として機能するため，シリコンスライダを案内する部分は平均速度で変位を続ける．この構造とPWMの組み合わせにおいて，目標速度0.5mm/sとした場合でも，安定した駆動を実現することができた[11]．

4.3 小型化

弾性表面波リニアモータは薄型であるが，ステータ振動子の表面電極に面積を要する．この面積を減らすには高周波数化が有効である．弾性表面波リニアモータの構成に必要なサイズは波長に比例するため，駆動周波数を高くするとIDTに必要な面積は，周波数の2乗に反比例する．これまでに，50MHzにおいて0.7m/s[12]，100MHzにおいて0.3m/s[13]の駆動速度がそれぞれ確認されている．

4.4 耐摩耗

弾性表面波リニアモータは他のタイプの超音波モータと同様に摩耗の問題をもつ．圧電材料兼ステータ振動子として用いられるニオブ酸リチウムは，硬脆材料として知られており，モータ駆動による摩耗がひとたび起こると，摩擦駆動面のダメージが急速に拡大する現象がしばしば見られる．同材料は高コストであるため，交換によるメンテナンスは現実的ではない．ステータ振動子に耐摩耗性をもたせる目的で，ダイヤモンド状炭素（Diamond-Like Carbon：DLC）膜でコーティングすることが解決策として選択可能である．摩擦駆動特性に同材料が影響しないことは，示されている[14]．

DLCは硬度が高いため，ヤング率が大幅に異なる基材

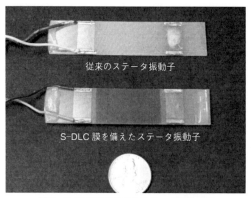

図9 S-DLC膜を備えたステータ振動子[17]

の表面をDLCの連続膜でコーティングした場合，基材の変形に伴い膜が破損してしまう．これに対し，図8に示すように，DLC膜をセグメント構造とする（Segment-Structured DLC：S-DLC）ことで応力を低減することができ，連続膜に比べて優れた特性をもたせることができる[15)16)]．このセグメント構造に着目すると，その構造がそのまま多接点構造となる．ステータ振動子をS-DLC膜でコーティングすることで，スライダには多接点構造が必要なくなり，平坦な面をもったものをスライダとすることができる．

メッシュ電極を用いたプラズマCVD法により，S-DLC膜をニオブ酸リチウムのステータ振動子の摩擦駆動面に合成した．その振動子を図9に示す．2組のIDTの間の暗い色の部分がS-DLC膜である．このステータ振動子とシリコンウエハを切り出したスライダを用いてモータ駆動を確認した[17)]．しかし，従来のモータに比べて1/4程度の推力しか観測されなかった．DLC膜の合成の際のメッシュ電極の影響により，DLC膜の厚さが均一にならなかったためと推察される．これを解決する目的で，あらかじめフォトリソグラフプロセスを用いて基材にセグメント構造を作製し，その上にDLC膜をコーティングすると，均一な高さのセグメント構造を得ることができ，結果，推力を向上させることができた[18)]．

5. お わ り に

超音波モータの一種である弾性表面波リニアモータについて述べた．今後の応用に向けて，解決すべき課題とその解決策に関する研究成果についても紹介した．読者諸氏の一助となれば幸いである．

参 考 文 献

1) Lord Rayleigh : On Waves Propagating along the Plane Surface of an Elastic Solid, Proc. London Math. Soc., **s1-17**(1) (1885) 4-11.
2) 日本学術振興会弾性波素子技術第150委員会編：弾性波素子ハンドブック，オーム社，東京，(1991)
3) M.K. Kurosawa, M. Takahashi and T. Higuchi : Friction Drive Surface Acoustic Wave Motor, Ultrasonics, **34** (1996) 243-246.
4) M.K. Kurosawa, M. Chiba and T. Higuchi : Evaluation of a surface acoustic wave motor with a multi-contact-point slider, Smart Materials and Structures, **7** (1998) 305-311.
5) N. Osakabe, M.K. Kurosawa, T. Higuchi and O. Shinoura : Surface Acoustic Wave Linear Motor Using Silicon Slider, Proc. IEEE Workshop on Micro Electro Mechanical Systems, (1998) 390-395.
6) M.K. Kurosawa : State-of the Art Surface Acoustic Wave Linear Motor and Its Future Applications, Ultrasonics, **38** (2000) 15-19.
7) M.K. Kurosawa, H. Itoh and K. Asai : Elastic friction drive of surface acoustic wave motor, Ultrasonics, **41** (2003) 271-275.
8) 浅井勝彦，黒澤実，樋口俊郎：エネルギー環流弾性表面波モータ，電子情報通信学会論文誌A，**J86-A**(4) (2003) 345-353.
9) T. Shigematsu, M.K. Kurosawa and K. Asai : Nanometer stepping drives of surface acoustic wave motor, IEEE Trans. on UFFC, **50**(4) (2003) 376-385.
10) T. Suzuki, M.K. Kurosawa and K. Asai : Control of Surface Acoustic Wave Motor using PID Controller, Proc. 15th Int. Symp. on Linear Drives for Industry Applications, (2005) 326-329.
11) 小谷浩之，高崎正也，石野裕二，水野毅：PWMを用いた弾性表面波リニアモータの速度制御，日本機械学会論文集C編，**72**(722) (2006) 3236-3241.
12) M. Takasaki, N. Osakabe, M.K. Kurosawa and T. Higuchi : Miniaturization of Surface Acoustic Wave Linear Motor, Proc. IEEE International Ultrasonic Symposium, (1998) 679-682.
13) T. Shigematsu and M.K. Kurosawa : Miniaturized SAW Motor with 100 MHz Drive Frequency, IEEJ Trans. SM, **126**(4) (2006) 166-167.
14) Y. Nakamura, M.K. Kurosawa, T. Shigematsu and K. Asai : Effects of ceramic thin film coating on friction surfaces for surface acoustic wave linear motor, Proc. IEEE Ultrasonics Symposium, (2003) 1766-1769.
15) Y. Aoki and N. Ohtake : Tribological properties of segment-structured diamond-like carbon films, Tribology International, **37** (2004) 941-947.
16) 青木佑一，足立雄介，大竹尚登：セグメント構造DLC膜の変形挙動とトライボロジー特性評価，精密工学会誌，**71**(12) (2005) 1558-1562.
17) 小谷浩之，藤井陽介，高崎正也，足立雄介，青木佑一，大竹尚登，水野毅：セグメント構造ダイヤモンド状炭素膜を摩擦駆動面に用いた弾性表面波リニアモータ（第1報）―摩擦駆動面への導入と駆動実験―，精密工学会誌，**74**(7) (2008) 724-729.
18) 中村満，小谷浩之，藤井陽介，高崎正也，大竹尚登，水野毅：セグメント構造ダイヤモンド状炭素膜を摩擦駆動面に用いた弾性表面波リニアモータ（第2報）―セグメント構造クロム/ダイヤモンド状炭素膜の導入―，精密工学会誌，**76**(7) (2010) 786-790.

はじめての精密工学

CFRP の切削加工
—穴あけ加工を中心に—

Cutting of CFRP Laminates
—By Focusing on Hole Making—/Hukuzo YAGISHITA

沼津工業高等専門学校 名誉教授　柳下福蔵

1. は じ め に

　熱硬化性 CFRP 積層体は，直径 $5\sim8\mu m$ の炭素繊維（直線状束や織物）をエポキシ樹脂のマトリックス内に包含する厚さ約 0.3 mm のプレプリグを，CAE の解析結果に基づいて炭素繊維の方向を考慮して積層後，オートクレーブで焼成して製造される．CFRP を構成している炭素繊維とエポキシ樹脂は，機械的性質が著しく異なる材料であることから，CFRP 積層体は炭素繊維の方向に依存する異方性と同時に異質性を内在している複合材料である．

　CFRP 積層体の切削加工に発生する品質上の不具合は，炭素繊維の方向と切れ刃の作用方向に起因するものがほとんどであり，代表的なものがデラミネーションと呼ばれる積層された炭素繊維が穴の入口・出口やトリミング時の端面上下で剥離する現象である．一方，CFRP 積層体の切削加工中に発生する高強度・高硬度な炭素繊維の粉末が研磨材のような作用をして，工具すくい面や逃げ面に典型的な機械的な摩耗を発生させる．また，炭素繊維の粉塵は粉塵爆発を誘発する危険性があると同時に，作業者が吸い込むと粉塵公害を引き起こす危険性があるので対策を講ずる必要がある．

　図1 は板厚 2.5 mm，11 層の CFRP 積層体断面の顕微鏡写真である．同図において，上下表面の 2 層は厚さが薄いが，中間 7 層の各厚さはいずれも 0.3 mm で同一である．炭素繊維の方向が 0°（紙面方向）の層は白く，90°（紙面に垂直方向）の層は黒く撮影されている．図2 は上下の表層が炭素繊維の編物であり，中間の下から 6 層，6 層，11 層，6 層，3 層は，直線状の炭素繊維の方向が紙面と平行の白色層（厚さ 0.3 mm）と同一厚さで，炭素繊維の方

向が順次異なる方向に積層されて焼成されたものである．炭素繊維の方向が紙面と平行の層のみが顕微鏡写真に白く撮影され，その方向が紙面と平行から異なると黒色に撮影される．したがって，図2 中の 3 層，6 層および 11 層内の黒色の各層（厚さ 0.3 mm）内に含有されている炭素繊維の方向はこの顕微鏡写真からは知ることができない．

　CFRP のマトリックス材である熱硬化性エポキシ樹脂は，$180\sim200℃$ のガラス転移温度に達すると突然脆性化する．それが原因で，ドリル加工した CFRP の穴内面には図3 に示すような損傷が生成されることが確認されている．自動車用構造材料として開発中の熱可塑性 CFRTP は，生産性を考慮してナイロン系の熱可塑性樹脂をマトリックス材とするものであり，そのガラス転移温度が 100℃ 以下の低温であることから切削加工する際には切削熱によ

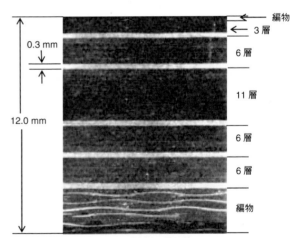

図2　CFRP 積層体断面の顕微鏡写真（34 層）

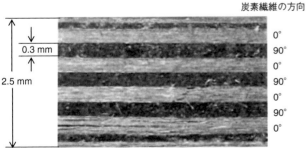

図1　CFRP 積層体断面の顕微鏡写真（11 層）

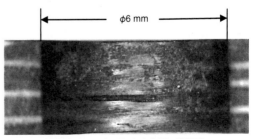

図3　ドリル加工した穴内面の損傷例

(a) ドリル加工後

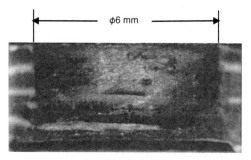

(b) リーマ仕上げ後

図4　ドリル加工後，リーマ仕上げ後の穴内面の損傷例

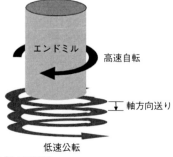

加工穴径＝［エンドミル径＋2×（公転半径）］

図5　エンドミルによるスパイラル穴あけ加工の解説図

る温度上昇の抑制が必須の条件となる．

　工具メーカの貢献により，穴あけ加工用ドリルにはスラスト力を減少するために先端角を2段，3段にしたダブルアングルドリル，トリプルアングルドリルが商品化され，トリミング加工用ルータには上面を加工するスラスト力が下向きに，下面を加工するスラスト力が上向きに作用するように切れ刃形状を工夫したヘリングボーンカッタが商品化されて，デラミネーションの発生しない加工が可能となっている．

　本稿は，CFRPの穴内面に損傷の発生しない高品質な穴あけ加工技術について，筆者のこれまでの研究成果に基づいて解説する．

2.　ドリル加工の穴内面に発生する損傷

　図4（a）（b）は，ドリル加工後およびリーマ仕上げ後のCFRP穴内面の顕微鏡写真を示している．同図（a）（b）から，ドリル加工で生成された穴内面の損傷（くぼみ）がリーマ仕上げにより完全に除去されずに残存していることが分かる．このような状態で締結されたCFRP部材に繰返し応力が作用すると，くぼみの部分から亀裂が進展して重大な事故に発展する危険性が懸念されることから，穴内面に損傷の存在しない高品質な穴あけ加工が求められている．

3.　穴あけ加工の方法

　ドリルによる穴あけ加工中に切削温度の上昇を抑制する方法として，切削剤やオイルミストを供給する方法が一般的であるが，CFRP積層体の場合，積層間に液が侵入して膨潤する不安があることからドライ加工が望まれる．ドライ加工で切削温度の上昇を抑制する穴あけ加工方法として，ドリルに超音波ねじり振動を付加する方法およびエンドミルによるスパイラル穴あけ加工がある．

3.1　ドリルによる超音波ねじり振動援用穴あけ加工

　回転しているドリルに超音波ねじり振動を付加して，切れ刃外周の円周方向振動速度が切削速度の3倍以上となる条件で穴あけ加工を実施すると，ドリルの外周切れ刃は付加した超音波ねじり振動の周期で切削，離脱を繰り返すことになり以下の効果が期待できる．

　1）切削温度の上昇が抑制される．
　2）切削トルクが1/3〜1/4に減少する．
　3）ドリルの寿命が延びる．
　4）穴入り口・出口の剥離が減少する．

詳しくは，筆者の著書[1]に記述されている．

3.2　エンドミルによるスパイラル穴あけ加工

　図5に示すように，エンドミルによるスパイラル穴あけ加工は，時計回りに高速自転しているスクウェアエンドミル（底刃が平坦なエンドミル）を反時計回りに低速公転させ，同時に軸方向送りを付与して穴径が［エンドミル径＋2×（公転半径）］の穴あけ加工をダウンカットにより実施する加工方法である．

　マシニングセンタ主軸にエンドミルを取り付けてNCプログラムによりスパイラル穴あけ加工する方法は，ドリルによる穴あけ加工と比較して以下の点で優れている．

　1）断続切削のために切りくずの排出が良好である．
　2）スラスト力が小さいので穴入り口・出口のデラミネーションが発生しにくい．
　3）切削熱による温度上昇が抑制される結果，CFRP穴内面に損傷が発生しにくい．
　4）NCプログラムのパラメータを変えることにより，1本のエンドミルで異なる穴径の加工が可能となる．

一方，以下のような課題が存在する．

　1）マシニングセンタの制御性能が穴の加工精度，特に真円度に強く影響する．
　2）負荷加重の大きいX軸-Y軸駆動系を同期制御して真円加工するために，消費電力が大きい．

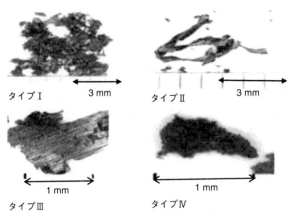

タイプ I ←→ 3 mm タイプ II ←→ 3 mm

タイプ III ←→ 1 mm タイプ IV ←→ 1 mm

図6 代表的な4つのタイプの切りくず

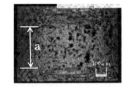

（ⅰ）相対角度90° a の穴内面の顕微鏡写真

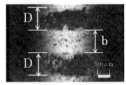

（ⅱ）相対角度0° C の穴内面の顕微鏡写真

（ⅲ）相対角度−45° b および+45° D の穴内面の顕微鏡写真

図8 a, C, b, D の位置の穴内面の顕微鏡写真

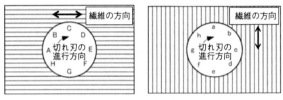

（a）炭素繊維の方向が0°の層　（b）炭素繊維の方向が90°の層

図7 炭素繊維の方向とドリル切れ刃の進行方向の関係

4. 切削機構, 加工精度および工具寿命

4.1 切りくずの観察

図6は, CFRP をドリルで穴あけ加工したときに生成される代表的な4つのタイプの切りくずを示している. 同図において, タイプ I およびタイプ II の切りくずがほとんどであり, まれにタイプ IV の切りくずが観察された. タイプ III は切りくずの表面に黒い小さな付着物が認められる. タイプ IV は切削熱により黒焦げした脱落片のように観察でき, タイプ III の切りくずの黒い小さな付着物はタイプ IV と同一の変質物と推定できる.

4.2 切削機構と穴内面の観察

図7は, φ3 mm の超硬ファイバードリルにより炭素繊維の方向が0°の層と90°の層を交互に積層した CFRP 積層体（図1）に穴あけ加工するときの炭素繊維の方向とドリル切れ刃の進行方向の関係を示している. （a）は炭素繊維の方向が0°（紙面方向）の層, （b）は炭素繊維の方向が90°（紙面に垂直方向）の層の場合である. 両図において, A, a の位置はドリル切れ刃が炭素繊維を直角90°方向, B, b の位置は−45°方向, C, c の位置は平行0°方向, D, d の位置は+45°方向に切削し, これを繰り返すことになる.

図8（ⅰ）（ⅱ）（ⅲ）は図7中の a, C, b, D の位置の CFRP 穴内面の顕微鏡写真である. ドリル切れ刃が炭素繊維を直角に切削する（ⅰ）相対角度90°の a の箇所は比較的きれいに切削され, 平行に切削する（ⅱ）相対角度0°

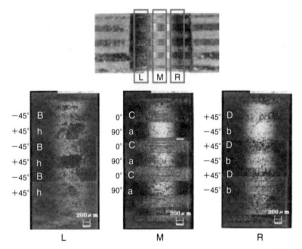

図9 穴内面の顕微鏡写真（超硬ファイバードリル：φ3 mm, 超音波ねじり振動：OFF, 19穴目）

の C の箇所には切れ刃が擦過した条痕が認められ, 直角に切削後の（ⅲ）相対角度−45°の b はきれいに切削されているが, 平行に擦った後の（ⅲ）相対角度+45°の D には黒い帯状の部分が確認できる. この黒色部分の深さを測定した結果, 約100 μm のくぼみ（クレータ）であることが判明した.

図9は, φ3 mm の超硬ファイバードリルで図1に示した CFRP 積層体を穴あけ加工したときの19穴目の穴の内面半周の顕微鏡写真および L（左）, M（中央）, R（右）の部分の拡大写真である. 同図を注意深く観察すると, ドリル切れ刃が炭素繊維を平行に擦過した条痕が認められる C の位置に続く+45°の位置 D, およびこれとまったく同様の関係にある g に続く h の位置に黒いくぼみが形成あるいは形成直前という規則性を見出すことができる.

図10は, 図9と同一条件でφ3 mm の超硬ファイバードリルに27 kHz の超音波ねじり振動を付加したときの19

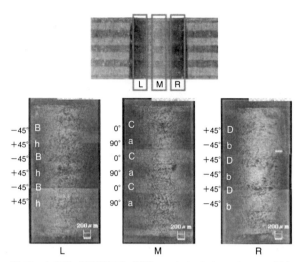

図10 穴内面の顕微鏡写真（超硬ファイバードリル：φ3 mm，超音波ねじり振動：ON，19穴目）

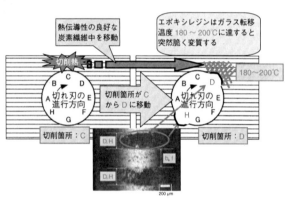

図11 穴内内面のくぼみ（クレータ）の発生成機構

表1 炭素繊維とエポキシ樹脂の熱伝導係数

材　量	熱伝導係数 [cal/cm・s・℃]
炭素繊維	5.7×10^{-2}
エポキシ樹脂	$4 \sim 5 \times 10^{-4}$

穴目の同様の顕微鏡写真である．超音波ねじり振動を付加しない図9と異なり，Cの位置で切れ刃が擦った条痕の幅が狭く，Cに続く+45°の位置D，およびこれとまったく同様の関係にあるgに続くhの位置に黒いくぼみが発生していないことが確認できる．

4.3 穴内面のくぼみの発生機構

図11は，CFRP穴内面の特定の箇所に生成されるくぼみ（クレータ）の発生機構を説明している．表1は炭素繊維とマトリックス材であるエポキシ樹脂の熱伝導係数を示している．図11左図中のCの位置でドリル外周切れ刃が炭素繊維を擦過して発生した切削熱は，エポキシ樹脂より熱伝導性が約100倍良好な炭素繊維中を伝導してCに

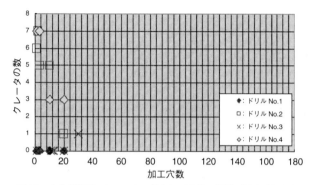

図12 穴内面半周のクレータの数と加工穴数の関係（超音波ねじり振動：OFF）

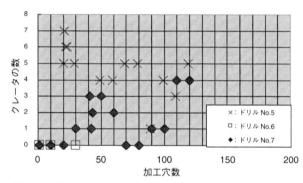

図13 穴内面半周のクレータの数と加工穴数の関係（超音波ねじり振動：ON）

続くD付近の温度を上昇させる．D付近のエポキシ樹脂がガラス転移温度の180〜200℃に達して，突然脆く変質した箇所にドリル外周切れ刃が進入して脆性化したD付近の部材を脱落させ，くぼみが生成されると推定できる．図6のタイプIVの切りくずは，くぼみ生成時の脱落片と思われる．

まったく同一の状況がDと180°対象位置Hにおいても発生するので，このくぼみの発生機構が事実とすると，CFRP積層体の同一層内において180°対象位置にくぼみが生成されることになる．

4.4 超音波ねじり振動の効果

図12および図13は，φ3 mmの超硬ファイバードリルに超音波ねじり振動を付加しない場合（OFF）と付加した場合（ON）のCFRP穴内面半周に生成されたクレータの数と加工穴数の関係を示している．両図の結果はバラツキが大きいものの，超音波ねじり振動を付加するとCFRP穴内面にくぼみが生成し始める加工穴数が大幅に遅延することが確認できる．

4.5 φ6 mmのドリル加工とエンドミルによるスパイラル加工の比較

4.5.1　ドリル加工の被削材，使用工具および切削条件

図2に示した板厚12.0 mmのCFRP積層体（34層）を

表2 ドリル加工の切削条件（加工穴径：ϕ6mm）

使 用 機 械	CNC 立型マシニングセンター
被削材	CFRP 積層体（34 層）
	板厚：12.0 mm
使用ドリル	ViO コーティング超硬ファイバー
	ドリル ZH342-ViO
	ϕ6 mm×65 mm
	普通刃形，新刃形（切れ刃ころし）
工具ホルダ	ドリル用：DTA12
加工条件	主軸回転数 630 rpm
（エアーブロー）	（切削速度 11.9 m/min）
	送り量 0.02 mm/rev
	（送り速度 12.6 mm/min）
超音波ねじり振動	周波数 27 kHz,
	両振幅 5.0 μm$_{p-p}$
1 穴の加工時間	約 71 s

表3 エンドミルによるスパイラル加工の切削条件
（加工穴径：ϕ6mm）

使 用 機 械	CNC 立型マシニングセンター
被削材	CFRP 積層体（34 層）
	板厚：12.0 mm
使用エンドミル	DLC 超硬エンドミル
2 種類	DC 超硬エンドミル
	ϕ5 mm×50 mm，2 枚刃
工具ホルダ	ドリル用：DTA12（低剛性）
	エンドミル用：CTH10（高剛性）
	自転回転数 6366 rpm
	（切削速度 100 m/min）
スパイラル加工条件	公転回転数 250 rpm
（エアーブロー）	接線送り速度 637 mm/min
	（送り量/刃 0.05 mm）
	軸方向送り量 0.20 mm/rev
1 穴の加工時間	約 20 s

被削材とし，超硬ファイバードリル（ϕ6 mm）の普通刃形と外周切れ刃をころした新刃形により，CNC マシニングセンタを使用して**表2**に示す切削条件でドライの穴あけ加工試験を実施した．

工具ホルダはドリル加工用 DTA12 を使用し，ドリル外周切れ刃に周波数 27 kHz，円周方向両振幅 5.0 μm$_{p-p}$ の超音波ねじり振動を付加した場合（ON）と，付加しない場合（ON）について試験した．

4.5.2 エンドミルによるスパイラル穴あけ加工の被削材，使用工具および切削条件

図2に示した CFRP 積層体を被削材とし，使用工具は DLC（ダイヤモンドライクコーティング）超硬エンドミル（ϕ5 mm）と DC（ダイヤモンドコーティング）超硬エンドミル（ϕ5 mm）の 2 種類とし，工具ホルダはドリル用 DTA12（低剛性）とエンドミル用 CTH10（高剛性）の 2 種類とし，CNC 立型マシニングセンタを使用して**表3**に示す切削条件でドライの穴あけ加工試験を実施した．

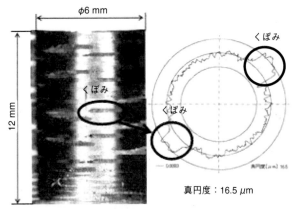

(a) 穴内面の顕微鏡写真　　(b) 真円度曲線

図14 ドリル加工した穴内面の顕微鏡写真と真円度曲線（10 穴目）（超硬ファイバードリル：普通刃形，超音波ねじり振動：ON）

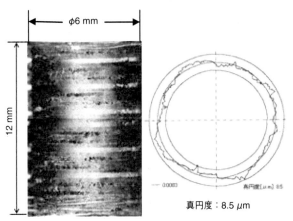

(a) 穴内面の顕微鏡写真　　(b) 真円度曲線

図15 エンドミルによりスパイラル加工した穴内面の顕微鏡写真と真円度曲線（120 穴目）（DC 超硬エンドミル，ホルダ CTH10：高剛性）

4.5.3 穴内面の性状および真円度の比較

図14（a）（b）はドリル加工した穴内面の顕微鏡写真と真円度の測定結果を示し，**図15**（a）（b）はエンドミルによるスパイラル加工した穴内面の同様の測定結果を示している．

図14（a）のドリル加工した穴内面の顕微鏡写真には，CFRP 積層体の各層に顕著なくぼみ（クレータ）が生成されていることが確認でき，（b）の真円度曲線には穴内面の 180° 対象位置に顕著なくぼみの存在が確認できる．このくぼみは，**4.3**に解説したくぼみの発生機構に基づくものであり，ϕ6 mm のドリル加工の場合には，超音波ねじり振動を付加（ON）してもくぼみの生成に抑制効果がないことが分かる．図14（a）の顕微鏡写真において，くぼみ（クレータ）の位置が穴軸方向の各層において異なっているのは，含有されている直線状炭素繊維の方向が異なっ

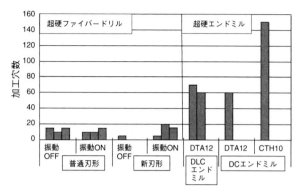

図 16 超硬ファイバードリルと超硬エンドミルの工具寿命の比較
（穴径：φ6 mm）

ている結果である.

図 15 (a) のエンドミルによりスパイラル加工した穴内面の顕微鏡写真には多数の条痕が見られるが，(b) の真円度曲線には顕著なくぼみが存在していないことが分かる．エンドミルによるスパイラル加工は，断続切削のために切削熱の発生が抑制されて，エポキシ樹脂がガラス転移温度 180〜200℃以下に抑制された結果と理解できる.

4.5.4　工具寿命の比較

図 16 は，φ6 mm の穴あけ加工を，普通刃形および新刃形の超硬ファイバードリルに超音波ねじり振動を付加した場合（ON）と付加しない場合（OFF），φ5 mm の DLC および DC 超硬エンドミルをドリル用ホルダ DTA12 およびエンドミル用ホルダ CTH10 に保持してスパイラル加工した場合の工具寿命の比較結果を示している．同図より，超硬ファイバードリルによる穴あけ加工は，いずれの条件においても 20 穴以下で工具寿命に達しており，DC 超硬エンドミルによるスパイラル穴あけ加工の結果は，低剛性のドリル用ホルダ DTA12 の場合に 60 穴の工具寿命が高剛性のエンドミル用ホルダ CTH10 の場合には 2.5 倍の150 穴に伸びていることが分かる.

DC（ダイヤモンドコーティング）超硬エンドミルでCFRP 積層体をスパイラル穴あけ加工する場合には，工具ホルダの剛性が工具寿命に強く影響することが分かる.

5. おわりに

本稿は，CFRP 積層体の切削加工において穴内面に欠損の発生しない高品質な穴あけ加工技術を中心に解説した.

現状は，切削工具メーカの工具材質，コーティング技術の改善，さらに切れ刃形状に対する不断の工夫により，適切な工具と切削条件を選択すると，熱硬化性 CFRP 積層体をデラミネーションなしに加工できる状況が整ってきている．しかし，今後自動車の構造材料として普及が想定される熱可塑性 CFRTP や，異種金属材料との多層 CFRP や多層 CFRTP などの構造材料が多くの製造分野で検討されていることを想定すると，穴内面に欠損の発生しない高品質な穴あけ加工技術および工具寿命の延長に対する改善のニーズは必然と考えられる.

紙幅の都合で割愛したが，航空機の機体組立現場で改善が求められている CFRP/Ti 合金の多層複合材料の高精度穴あけ加工については，筆者の著書[1]を参照いただきたい.

今後，CFRP，CFRTP や他の複合材料の穴あけ加工に取り組む製造現場の技術者，大学・研究機関の研究者各位に，本稿が何らかのお役に立つことを願っている.

参 考 文 献

1) 柳下福蔵：CFRP の切削加工，日刊工業新聞社，(2014) 9-68.
2) H. Yagishita：Cutting mechanism of Drilling CFRP Laminates and Effect of Ultrasonic Torsional Mode Vibration Cutting, Transactions of NAMRI/SME, **34** (2006) 213-220.
3) H. Yagishita：Effect of Ultrasonic Torsional Mode Vibration Cutting on Drilling in CFRP Laminates, Proceedings of ASPE Spring Tropical Technology, (2007) 92-97.
4) H. Yagishita：Comparing Drilling and Circular Milling for Hole Making in Carbon Fiber Reinforced Plastic (CFRP) Laminates, Transactions of NAMRI/SME, **35** (2007) 153-160.

はじめての 精密工学

マイクロ流体デバイスと流体シミュレーション

Microfluidic Devices and Computational Fluid Dynamics/Tsutomu HORIUCHI

ものつくり大学　製造学科　堀内　勉

1. は じ め に

マイクロ流体デバイスは，基板上に微細な流路を形成し，流れを利用して，混合，反応，分離，検出などの化学操作を行うデバイスであり，扱う対象に応じてマイクロ化学デバイス，Micro TAS，Lab on a chip などとも呼ばれている．本シリーズにおいても，幾度か取り上げられ，黎明期からの技術発展の経緯や化学分析[1][2]，最新のバイオ分析[3]の具体例を学ぶことができる．

マイクロ流体デバイスの応用先と期待されている領域として，医療分析，食品分析などが挙げられる．このような分野では，試料間の交差汚染を避けるため，試料が接触する部分をディスポーザブルにしたいとの要求がある．また，微量な試料でも測定できるように，デッドボリュームが小さいものが好ましい．

流体デバイス作製において，流体の流れを事前にシミュレーションできれば，無駄な試作を減らすことができる．近年，計算機の処理能力が飛躍的に増大しており，数値流体力学（CFD, Comutational Fluid Dynamics）に基づいた流体シミュレーションは大きな成果を上げている．

本稿では，著者がこれまでに作製してきたパッシブポンプを内蔵したディスポーザブル流体デバイス[4]の作製と流速計速および流体シミュレーションの具体的手法について紹介する．

2. パッシブポンプ

マイクロ流体デバイスの送液方法として，外部からエネルギーを投入して運動エネルギーを与える送液機構（例えば，微小なダイアフラムを作りこんだもの，静電気力，表面弾性波，エレクトロウエッティング，電気浸透流，加熱による体積変化や気泡の生成を利用するものなど）のほかに，デバイス上でポテンシャルエネルギーを利用できるようにした送液機構がある．後者の送液方法はパッシブポンプと呼ばれ，径の異なる複数の液滴間の表面張力の差[5][6]，毛細管力[7]，紙の吸水力[8][9]，重力や蒸発効果などを利用した送液の研究が行われている．以下では，ディスポーザブルの観点から，構造が簡単で安価に作製できる毛細管を利用したパッシブポンプついて述べる．

壁面が親水性で接触角 θ，半径 r の毛細管を水（表面張力 γ，密度 ρ）の水面に垂直に立てると，吸い上げる高さ H は，g を重力加速度として，次式で表される．

$$H = \frac{2\gamma \cos \theta}{\rho g r} \qquad (1)$$

この毛細管を水平にすると（あるいは無重力下では），液面位置 l は次式のように数式的にはどこまでも進めることになる．

$$l = \sqrt{\frac{\gamma r \cos \theta}{2\eta} t} \qquad (2)$$

ここで，η は水の粘性係数，t は吸い始めからの時間である[10]．式(2)を時間微分すれば明らかなように，毛細管力による流速は吸引の初期が一番速く，吸引が進むにつれて低下していく．液面の進行した長さに比例した流路抵抗がかかるためである．流れを利用した化学分析では，分析精度を上げるためには流速変化が小さいことが望ましい[6]．

毛細管力は断面形状に依存する．微細加工等を利用して作製する流路の多くは断面が円形の円管か，断面が矩形の矩形管である．円管，矩形管における毛細管力 $P_{cylinder}$，P_{cuboid} はそれぞれ以下のように表すことができる[10][11]．

$$P_{cylinder} = -2\gamma(1/r)\cos \theta \qquad (3)$$
$$P_{cuboid} = -2\gamma(1/d + 1/w)\cos \theta \qquad (4)$$

ここで，r, d, w はそれぞれ円形毛細管の半径，矩形毛細管の高さと幅である．接触角は簡略化のためすべての面で θ としている．

3. ディスポーザブル流体デバイスの特性

ディスポーザブル用途に適した低コストで作製可能なパッシブポンプを内臓した流体デバイスの構造を図1に示す[4]．後に示すように，この流体デバイスは形状を工夫することで，ほぼ一定の流速で長時間流し続けることができる．図1 (a)-(c) は流体デバイスの組み立て図である．レーザ加工機でインレット用の円柱穴と15本の毛細管（$r_c = 0.2$ mm）を厚さ4 mmのアクリル板に開けた部品 (a) とアクリル基板 (c) を両面粘着シート（厚み $d = 0.05$ mm）(b) で接着して流体デバイス (d) を作製する．両面粘着シートは，カッティングプロッタで流路の形状に切り抜いてある．(e) は流速計測のためのセットアップであり，インレットに色素水溶液を滴下し，毛細管の液面の動きを流体デバイスの側面から動画撮影する．各毛細管は側面から見たとき，重ならないよう斜めに配列してある．D

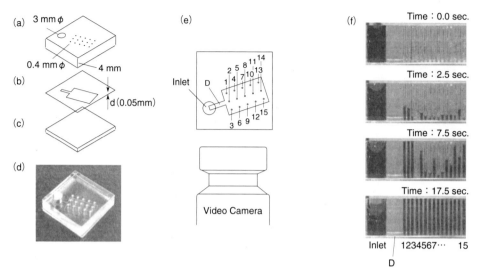

図1 集積毛細管ポンプを内蔵した流体デバイス

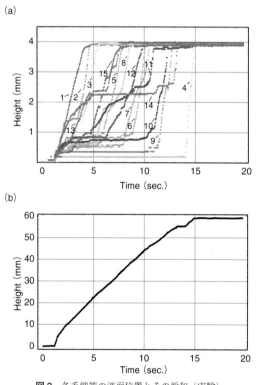

図2 各毛細管の液面位置とその総和（実験）

の位置にセンサなどを設置するとし，この場所での流速を問題とする．（f）は代表的な時刻で動画から抜き出した静止画であり，インレットと各毛細管の液面の位置を示している．画像解析によって液面位置を算出し，インレットから毛細管に流れた流量を見積もることができる．

図2（a）は各毛細管の液面位置を，（b）は各毛細管の液面位置の総和を時間の関数として表したグラフである．

各毛細管はそれぞれ独立に吸引しているように見えるが，総和は時間に対してほぼ直線状に増加している．これは点Dの位置においては流速がほぼ一定になっていることを示している．

しかしながら，このように流速がほぼ一定になるには，次式で示す幾何学的条件を満たさなければならない．

$$d < r_c \tag{5}$$

ここで，d は流路の高さであり，粘着シートの厚さに等しい．r_c は毛細管の半径である．インレットに滴下された液体は図1（e）のD点を通過し，毛細管下部が接続している領域を進行する．この接続部は断面が矩形であり，流路の高さ d に対して幅が十分広いことから，式(4)の $1/w$ の項の寄与は小さく，無視できると考えることができる．近似した式(4)と式(3)それぞれを絶対値で比較して，各毛細管で吸引される力より，接続部を進行する力の方が大きいとすれば，

$$|P_{cuboid}| > |P_{cylinder}| \tag{6}$$

となり，すなわち式(5)が成立していれば，接続部を初めに満たしたあとで，毛細管に流れ始めることになる．たとえ毛細管に吸引されたとしても，接続部に引き戻されることになる．

接続部を満たしている最中は，液面は毛細管を避けるように凸凹状に進行するため流速の変動が大きい．しかし，毛細管に流れ始めると流速はほぼ一定になる．この理由は以下のように考えられる．

毛細管力が等しい毛細管が同時に吸い上げる状況になるが，各毛細管の位置関係は同一ではないため，吸い上げのタイミングはばらつく．各毛細管は下部で接続されているため，互いに影響を及ぼす．綱引き状態にある各毛細管が，インレットからの供給を奪い合う状況になる．そのため，毛細管2本で吸い上げているときは，液面の上昇速度は1/2に，3本で吸い上げているときは1/3になる．結果

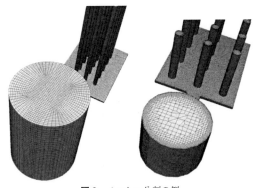

図3 メッシュ分割の例

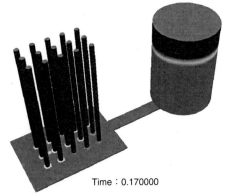

Time：0.170000

図4 混相流の界面追跡シミュレーション

的に，平均してみると，すべての毛細管が同時に吸い上げている状態に等しくなっている.

4. 毛細管ポンプの流体シミュレーション

毛細管ポンプの液面の挙動をオープンソースのソフトウェア OpenFOAM[12] を使ってシミュレーションを行った. OpenFOAM は CFD を行うためのツールボックス（C++ のクラスライブラリ）であり，豊富な計算例が付属されており，さまざまな種類の流体解析に拡張できるように設計されている. 本流体デバイスにおける毛細管ポンプのシミュレーションでは，層流条件での混相流の界面追跡モデルを利用した. 初めに前処理として流体が流れる部分の形状に合せてメッシュ分割を行うが，計算の収束性を良くするためには，分割した各セルが立方体に近く，規則正しく整列されていることが望ましい. 矩形流路の場合は分割は簡単であるが，円管の場合，円周部を多角形で構成するため，中心部との整合性を考慮しなければならない.

メッシュの作成には GUI（グラフィカルユーザインタフェース）による直感的な入力が可能なソフトウェアも利用できるが，ここでは，テキスト形式で3次元形状を作成しメッシュ分割を行う方式をとった. 毛細管の径や長さ，位置などを数式で記述することで後から変更でき，形状の最適化が容易になるためである. 図3では毛細管径，数，長さ，インレットの高さ等を変更している. 形状作成のための頂点の座標計算はオープンソースの数式処理ソフト Maxima[13] で記述し，blockMesh（OpenFOAM で標準のメッシュ分割ユーティリティ）用のファイルを出力した（図3左）. また，Maxima で3次元形状の表面を STL 形式で出力し，OpenFOAM 付属のユーティリティ snappyHexMesh や Creative Fields 社の cfMesh[14]（図3右）などを使い，メッシュを作成することもできる. 形状が複雑になると，blockMesh での作成は煩雑さを増してくる. STL 形式から変換する方法においても，複雑な形状を正しく再現するには各種パラメータの調整が必要になる.

メッシュ分割後，境界条件，初期条件を設定し求解していく. 計算コアが複数あれば，並列処理による時間短縮も

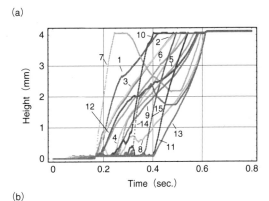

(a)

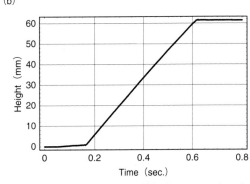

(b)

図5 各毛細管の液面位置とその総和（シミュレーション）

可能である. 求解処理終了後，解析に必要なデータを抽出しグラフ化を行ったり，3次元の可視化ソフトウェアを介して画像化，動画化を行って液体の動きを確認することができる. 今回使用したソフトウェアは，すべて無償で利用できる. また，バッチ処理も可能であり，3次元形状入力からグラフ出力，動画出力までの一連の処理を自動化することができる.

図4は毛細管半径 $r_c = 0.1$ mm，流路高さ（両面粘着シートの厚みに対応）$d = 0.075$ mm のときのシミュレーションの結果である. 図4のインレット下部から中央の矩形流路を通り，毛細管下部まで液体は満ちたが，どの毛細管

もまだ吸引していない。この 0.17 秒を過ぎてから，**図 5**（a）に示すように，各毛細管が吸引を始める。シミュレーションにおいても，各毛細管吸引はそれぞれ独立で無関係に吸引しているように見えるが，図 5（b）に示すように各毛細管の液面の総和をとると，0.17 秒から 0.6 秒まで直線的に増加している。一方，流路高さ $d = 0.15$ mm にした場合では，毛細管下部の液面の進行と，インレットに近い毛細管の吸引が同時におこり，液面の総和の増加は直線状にはならなかった。以上のことから式(5)を満たすような形状の流体デバイスでは，D 点での流速は準定常状態となっていることがシミュレーションでも確かめることができた。

なお，図 5（a）にあるように，一部の毛細管で液面が下降する現象が見られた。この現象は接続部での流速分布の変動や毛細管での液面上昇に伴う流路抵抗の増加などの要因が考えられる。

さらに，$d = 0.075$ mm の流体デバイスにおいて，重力加速度を 0 にしてシミュレーションを行っても，図 5 とほとんど同じ結果を得た。この程度のサイズの流体デバイスでは，重力の影響は無視することができ，流路の形状，配置で決まる毛細管力と流路抵抗で流速特性を把握できることが示された。

シミュレーションの求解に要する時間を短縮するために，実験とシミュレーションで流体デバイスの寸法を変えてあるが，定性的な特徴は説明できていると思われる。

5. お わ り に

今回紹介した流体デバイスは，手軽に作製することができる。レーザー加工機は近年，パーソナルなものづくり機運の高まりとともに，多くの工房に設置してある。また，装置販売系列店での加工サービスなども安価に利用できる。微細加工の設備が利用できる環境にあれば，より高度な流体デバイスも作製可能だろう。

シミュレーションにおいても，気軽にチャレンジできる。手厚いサポートがある商用ソフトに比べれば問題解決のために要するトータルの時間は大幅にかかると思われるが，時間をかけて環境を整備していく気であれば，経済的な魅力は捨てがたい。まずは，式(1)(2)のような解析解や簡単な実験とシミュレーションの比較から始めてみるのもよいのではないか。今後，計算機の処理能力がますます増大し，流体シミュレーションも多くの分野で利用されていくと予想される。その際，低コストで 3D データを自動生成する技術が重要になってくると思われる。

参 考 文 献

1) 金田祥平，藤井輝夫：マイクロ流体デバイスによるバイオ分析，精密工学会誌，**72**, 8（2006）973.
2) 中嶋秀，内山一美，今任稔彦：微小空間を利用する化学分析，精密工学会誌，**75**, 12（2009）1404.
3) 初澤毅，栁田保子：精密工学を応用したバイオデバイス作製，精密工学会誌，**80**, 4（2014）365.
4) T. Horiuchi, K. Hayashi, M. Seyama, S. Inoue and E. Tamechika：Cooperative suction by vertical capillary array pump for controlling flow profiles of microfluidic sensor chips, Sensors, **12**, 10（2012）14053.
5) E. Berthier and D.J. Beebe：Flow rate analysis of a surface tension driven passive micropump, Lab Chip, **7**,（2007）1475.
6) J. Atencia and D. Beebe：Controlled microfluidic interfaces, Nature, **437**, 7059（2005）648.
7) D. Juncker, H. Schmid, U. Drechsler, H. Wolf, M. Wolf, B. Michel, N. de Rooij and E. Delamarche：Autonomous microfluidic capillary system, Anal. Chem., **74**, 24（2002）6139.
8) A.W. Martinez, S.T. Phillips, M.J. Butte and G.M. Whitesides：Patterned paper as a platform for inexpensive, low-volume, portable bioassays, Angew. Chem. Int. Ed. Engl., **46**, 8（2007）1318.
9) T. Miura, T. Horiuchi, Y. Iwasaki, M. Seyama, S. Camou, J. Takahashi and T. Haga：Patterned cellulose membrane for surface plasmon resonance measurement, Sensors and Actuators B：Chemical, **173**,（2012）354.
10) E.W. Washburn：The dynamics of capillary flow, Phys. Rev., **17**, 3（1921）273.
11) E. Delamarche, A. Bernard, H. Schmid, A. Bietsch, B. Michel and H. Biebuyck：Microfluidic networks for chemical patterning of substrates：Design and application to bioassays, J. Am. Chem. Soc., **120**, 3（1998）500.
12) http://www.openfoam.com/.
13) http://maxima.sourceforge.net/.
14) http://cfmesh.com/.

はじめての精密工学

超仕上げ砥石のいろは

Basic Performance of Super Finishing Stone/Noboru MATSUMORI

株式会社ミズホ　**松森　昇**

1. 超仕上げ砥石の歴史

　超仕上げは，1934 年米国の自動車会社で考案された[1]．当時，鉄道輸送中の自動車に組み込まれた玉軸受やころ軸受のレース面には振動や衝撃によって，鋼球やころによる傷つきやすい薄層，すなわちブリネル圧痕の存在が分かり，この圧痕を手作業で取り除いたところ，不快な騒音は解消しその結果は好調であった．以後，これに基づいて機械的仕上げ法に改良された．この方法を軸受以外に，特に摩擦を受ける他の部品に広く応用し，超仕上げ（Super Finish）と名付けられた．

　わが国でも 1941 年頃から実用化研究が始められるも，戦中そして終戦後の混乱期に入る．実際に超仕上げが普及し始めるのは，1950 年を過ぎてからである[2]．これには簡便な汎用超仕上げ装置の市販，超仕上げ砥石メーカーの出現，研究者の努力によるところが大きい．

　その後も 1960 年頃まで，基礎的研究は活発に行われ，それにともなって，実用面での高精度・高能率・高経済性は大いに向上し，超仕上げは精密仕上げ法として広く普及する．さらに超仕上げ砥石では，1969 年に CBN（立方晶窒化ほう素）がアメリカ GE 社（現 Sandvik Hyperion 社）によって市場に出て以来，CBN 砥粒がダイヤモンド（SD）に次いで硬く，従来の WA（白色酸化アルミニウム），GC（緑色炭化けい素）砥粒の 2.0〜2.5 倍の硬さを持ち，ダイヤモンド（SD）が鋼に対して摩耗[3]しやすいのに対し，CBN は鋼に対しても安定した特性を有することから，今日では CBN ミクロンパウダーは，軸受など高性能と高寿命を要求される機械部品の摩擦面の仕上げなどに広く使用されている．図 1 は超仕上げ加工例である[4]．

2. 超仕上げ砥石の特徴

　超仕上げ砥石は，従来の砥粒（WA, GC）および超

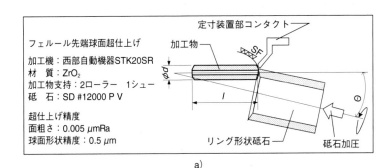

定寸装置部コンタクト

フェルール先端球面超仕上げ
加工機：西部自動機器 STK20SR
材　質：ZrO$_2$
加工物支持：2ローラー　1シュー
砥　石：SD #12000 P V

超仕上げ精度
面粗さ：0.005 μmRa
球面形状精度：0.5 μm

加工物
SF
φd
l
リング形状砥石
砥石加圧

a)

複列アンギュラーコンタクトボールベアリング外輪溝

加工機：西部自動機器 STK200WT-A
材　質：SUJ-2
加工物支持：外径サポート
砥　石：WA #3000 RH-20 V (S)
　　　：CBN #4000 K V (T3)
超仕上げ精度
面粗さ：0.04 μmRa
真円度：1.0 μm

揺動中心

超仕上げ砥石　1溝目加工　2溝目加工
アプローチアウト　インデックス　アプローチイン

b)

図 1　超仕上げ加工例
　　　a）フェルール先端端面超仕上げ
　　　b）複列アンギュラーユニットボールベアリング外輪溝

図2　各種超仕上げ砥石

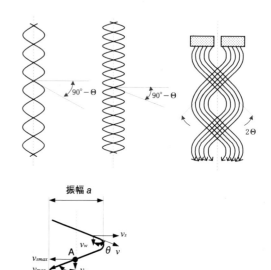

振幅 a

v_s ：砥石振動速度　　v_w ：加工物回転速度
v ：切削削速度　　　v_{max} ：最大切削速度
θ ：切削方向角　　　Θ ：最大傾斜角

図4　砥粒軌跡の変化

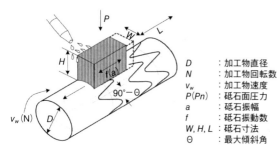

D ：加工物直径
N ：加工物回転数
v_w ：加工物速度
$P(Pn)$ ：砥石面圧力
a ：砥石振幅
f ：砥石振動数
W, H, L ：砥石寸法
Θ ：最大傾斜角

図3　円筒外面超仕上概略図
（加工物表面上の砥粒の切削軌跡）

（硬）砥粒（CBN, SD）も含めて結合剤の種類はビトリフ
ァイドボンドが主体である．これは，加工物との広い接触
面積をもつ微粒砥石を使用した定圧切削において，基本的
に切削性を強調した多孔質な砥石組成が要求されるからで
ある．図2に各種超仕上げ砥石を示す[5]．

　超仕上げ砥石の特徴を要約すると次のようである．

　1）砥粒の運動が複雑であり，仕上げ面に方向性がない．
すなわち砥石の運動軌跡は図2 b）のように交差するの
で，加工物上の一点に対し，多方向から切削作用が行わ
れ，高能率である．

　2）定圧切削で加工の進行により粗，仕上げ，バニッシ
ング作用と切削作用が変化し，鏡面仕上げもできる．

　3）切削速度は研削に比べ遅く，砥石圧力も小さいので
熱的作用が少なく，加工変質層も極めて薄い．

　4）メカノケミカル作用を有する軟質砥粒と，硬質砥粒
との複合砥粒超仕上げ砥石を実現[6][7]．

　5）砥粒一刃当たりの切り込み量を極小とする微小量切
削が可能な硬脆性材料用の多孔質（固定砥粒）超仕上げ砥
石[8][9]．

3. 超仕上げ砥石の運動軌跡

3.1　最大傾斜角 Θ

　図3は，円筒外面の超仕上げである．回転する加工面
に角砥石を面接触させて，加工物の軸方向に振動させる．

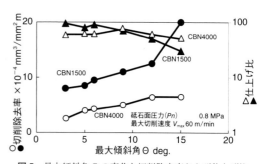

図5　最大傾斜角 Θ の変化と切削除去率および仕上げ比

このとき，加工物表面上の砥粒（砥石）の運動軌跡は正弦
波となる．加工面が広いと，図のように軸方向に砥石の送
りを与える．同じ要領で平面，円筒内面，そして玉軸受の
レース面（転走面）も仕上げられる．

　図4は砥粒軌跡の変化と，その種類について示してい
る．ここで v_s，v_w および θ は，正弦波の軸上の点Aで最
大となり，θ の最大値 Θ を最大傾斜角と呼ぶ[5]．

　ここで正弦波の形状は Θ によって決定され，
$\Theta = \tan^{-1}(af/DN)$ で求められる．

3.2　最大傾斜角 Θ と仕上げ性能

　図5および図6は[11]，CBN砥石について Θ を変化させ
た場合の，切削除去率（切削量（mm³）/砥石作用面積
（mm²）/切削距離（m）），そして仕上げ比（切削量
（mm³）/砥石損耗量（mm³））および仕上げ面粗さ Ra
（μm）である．

　図5より，Θ が大きくなると切削除去率は増加するもの

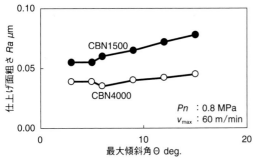

図6 最大傾斜角 Θ の変化と仕上げ面粗さ

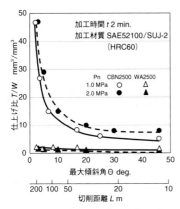

図7 最大傾斜角 Θ の変化と仕上げ比

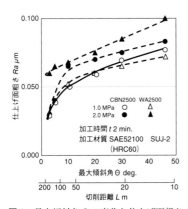

図8 最大傾斜角 Θ の変化と仕上げ面粗さ

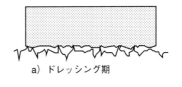

a) ドレッシング期

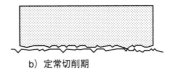

b) 定常切削期

c) バニッシング期

図9 超仕上げ砥石の仕上げ機構

とともに仕上げ面粗さは大いに改善される.

そして Pn が 1.0 MPa では，CBN および WA 砥石ともにほぼ同じ粗さが得られる.

2.0 MPa の高圧力では，WA 砥石は臨界圧力を超えたところでの脱落切削により CBN 砥石より粗くなっている.

例えば玉軸受レース面の超仕上げでは Θ を 1° 以下と非常に小さくして，工作物の周速を速くした高速切削により単位時間当たりの切削距離を大きくすることにより高能率，精密仕上げを実現できる.

4. 超仕上げ砥石の切削機構

4.1 仕上げ過程の特徴

超仕上げでは，砥石を一定圧力で加工面に押し付ける過程で，明確に区別できる三つの過程をそれぞれドレッシング期，定常切削期そしてバニッシング期と名付ける（図9）.

すなわち，ドレッシング期の前加工面のある間は，切削作用も活発化する.次いで仕上げ面粗さの向上にともなって，作用砥粒数の増加，砥粒切り込み深さの減少などを通じて，次第に微小量切削の仕上げ過程に入る.これを過ぎると，切り屑を発生せずに摩擦摩耗のバニッシングの過程に移る.

4.2 CBN 砥石の超仕上げ機構[13]

図10 は粒度 4000 メッシュで，砥粒および結合剤の体積比（%），そして曲げ強度 σ_b（MPa）を同じとしたビトリファイドボンド砥石の気孔を高融性ワックスで充填処理した CBN，SD そして WA の3種砥石について，仕上げ距離に対する切削性および仕上げ面粗さの変化を示してある.

ここで CBN と SD はバニッシング期が観察されず，初期切削期を経て，いつまでも切り屑の発生による定常切削期が続く.また一連の仕上げ過程では WA が激しい砥石摩耗と引き換えに行われるのに対し，CBN，SD のそれは

の仕上げ比は漸減している.これは Θ が大きくなると砥石損耗量の増加によるもので，すなわち図6において，仕上げ面粗さは，Θ が大きくなると粗くなる傾向にある.

図7 および **図8**[12] は，実用に近い砥石圧力 Pn を 1.0 および 2.0 MPa について，Θ を変化させた場合の仕上げ比および仕上げ面粗さをみたものである.

図7で CBN 砥石は，Θ が 5° 以下で切削距離の急増にともなって，仕上げ比が急増し経済的な超仕上げ加工が容易となる.

また図8においても，Θ がほぼ 10° 以下で切削距離急増

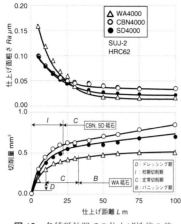

図10 各種砥粒間での仕上げ性能の差

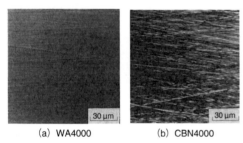

(a) WA4000 (b) CBN4000

図11 超仕上げ面の比較（超仕上げ距離 100 m）

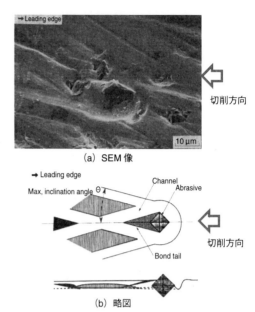

(a) SEM 像

(b) 略図

図12 砥石作用面の観察

僅少で，仕上げ比（切削量÷砥石摩耗量）は，WA の 1 に対し，CBN が 40，SD が 30 であった．**図11** は仕上げ距離が 100 m に達したときの WA と CBN 砥石の仕上げ面である．WA ではバニッシング現象で鏡面になっているのに対し，CBN では切削状態が続いて，多くの切削痕が観察され仕上げ面も粗い．

SD は CBN に比較し，切削性は少なく，仕上げ面は小さい．これは SD 砥粒が鋼に対して摩耗しやすく，鈍化した砥粒による作用と考えられる．これらの結果は，CBN を用いて WA と同じ仕上げ面粗さを得るには，より微粒砥石の選択が必要であることを示している．

図12 は CBN1500 メッシュ，ビトリファイドボンド砥石の超仕上げ後の砥石作用面である．砥石表面は，砥粒逃げ面側に削られることなく残っているボンドテール[14)15)]に支えられている砥粒と，その周辺の溝で構成されている．すなわち砥粒前縁で発生した切り屑は，砥粒側面の溝を経て，砥石後縁方向に向かって排出されることがうかがえる．

5. 砥石臨界圧力

超仕上げでは，砥石摩耗量に着目するとき，ある砥石面圧力以上では摩耗量が急増し，これにともなって切削作用と仕上げ面粗さが変化する．そこでこの圧力を臨界圧力

（Pc）と呼び，砥石および仕上げ条件の選択の目安とすることが提案されている[16)-18)]．

図13 は**図14** の砥石組織から成る図中の砥石種類で，最大傾斜角 $\Theta = 35°$ deg とし，砥石圧力（Pn）の変化に対する仕上げ性能（$W, T, Rz, T/W$）である[11)]．

Pc は WA 砥石に対し，CBN 砥石は大きく，Pc 付近で砥石損耗量 W は急増する．CBN#6000 および #8000 は目詰まり・目つぶれ型となっている．

T に関し，CBN 砥石は WA 砥石に比し高切削量であるが，目詰まり・目つぶれ型では Pc を超えたところで減少している．Rz も同様に減少する．

T/W では，CBN 砥石の G 値が WA 砥石に比べ相当に高値である．また最大（小）値は Pc よりも低圧でありこのことは，Pc（1 MPa）よりも低圧が経済的な超仕上げの条件である．

図15 は，$W-Pn$ 曲線から得られる Pc をプロットしてある．切削時間および切削距離を，それぞれ一定としたいずれの場合も，Θ が小さくなるに従って Pc は大きくなる．

6. 超仕上げ砥石の品質表示

表1 に超仕上げ砥石の品質表示例について示す．超仕上げ砥石に使用される砥粒種類は，一般砥粒が WA および GC，超砥粒が CBN そして SD である．

超仕上げ砥石の粒度は，一般砥粒では JIS R6001-1998 の微粉の粒度分布により表示される．超砥粒はこれに準じた表示とする．

超仕上げ微粒砥石の結合度は，JIS R6240-2008 のロックウェル硬度計 H スケールによる．マイナス（－）の結合度は，前後 2 回の基準荷重での圧子によるくぼみ深さの

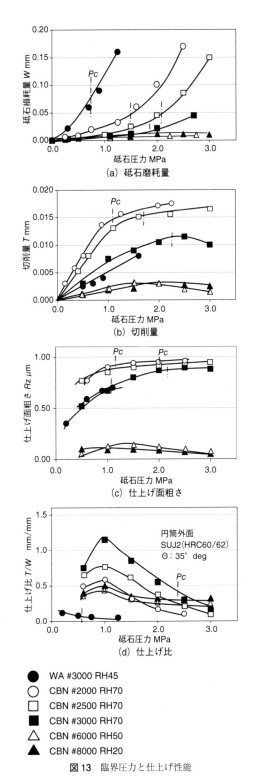

(a) 砥石磨耗量

(b) 切削量

(c) 仕上げ面粗さ

(d) 仕上げ比

● WA #3000 RH45
○ CBN #2000 RH70
□ CBN #2500 RH70
■ CBN #3000 RH70
△ CBN #6000 RH50
▲ CBN #8000 RH20

図13 臨界圧力と仕上げ性能

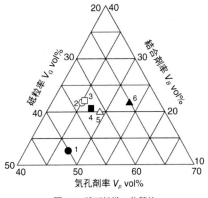

図14 砥石組織, 体積比

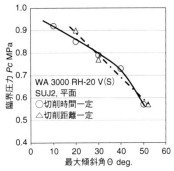

図15 最大傾斜角 Θ と臨界圧力 Pc の関係

表1 超仕上げ砥石の品質表示例

WA	3000	RH2		(11)		V	S
CBN	4000		N		(C100)	V	T3

砥粒	粒度・メッシュ (粒子径 μm)	結合度		組織 コンセントレーション (集中度) CBN, SD系	結合剤	処理
		A系, C系 (RH値)	CBN系 SD系	A系, C系		
アルミナ質 A, WA	粗目 320(40)〜 800(14)	極軟 −80〜−50	極軟 G, H, I	粗 14, 13, 12	粗 C30〜C70	V：ビトリファイドボンド	S：硫黄
炭化ケイ素質 C, GC	中目 1000(11.5)〜 2500(5.5)	軟 −40〜−10	軟 J, K, L	中 11, 10, 9	中 C80〜C130	B：レジンボンド	K, T3：油脂
合成ダイヤモンド SD	細目 3000(4)〜 6000(2)	中 0〜40	中 M, N, O	密 8, 7, 6	密 C140〜C180	M：メタルボンド	
立方晶窒化ほう素 CBN	極細目 8000(1.2)〜	硬 50〜70	硬 P, Q, R	(通常は無表示)		P：電着法	
	極硬 80以上	極硬 S, T				

差が大きく, 軟位となる.

超砥粒砥石の結合度は, アルファベット硬度で表示される.

砥石組織は, 通常は無表示である. ただし, 標準的砥粒

体積比 (%) では, WA 系で 38〜42% (組織 No. 10〜12), CBN 系で 20〜25% (C80〜C100) である.

また今日では, ビトリファイドボンド砥石の気孔に無機質あるいは有機質の処理剤を充填した処理砥石が多用されている. 処理効果としては, 1) 砥粒の補強効果, 2) 過度の目詰まり防止効果, 3) 潤滑効果[19] などである.

7. む　す　び

　超仕上げは鏡面状態の仕上げ面を迅速に得る加工法である．またその仕上げ面性質は優れ，各種機械部品の摩擦面の仕上げ法として広く応用されてきた．

　これは超仕上げが経済的，かつ短時間で美麗な鏡面仕上げと高精度を得たいという時代のニーズに応える加工法だからである．

　これに対処するため超仕上げ砥石の品質も，時代につれて大きく変化してきた．今後とも時代のニーズに応える超仕上げ砥石として期待される．

　本稿では，超仕上げ砥石の基本的作用，あるいは仕上げ機構について述べてきた．参考になれば幸甚である．

参 考 文 献

1) A.M. Swigert：The Story of Super Finish, Lynn Pub. Co., (1940).
2) 松井正己，中里昭三：超仕上作業とその原理，養賢堂 (1965)，68-179.
3) 田中義信，津和秀夫，角園睦美：高速切削に関する研究（第1報），精密機械，**30**, 8 (1964) 637.
4) 西部自動機器株式会社：技術資料
5) 株式会社ミズホ：製品カタログ
6) M. Higuchi, T. Yamaguchi, N. Furushiro et al.：Precision Engineering, **33**, 1 (2009) 65.
7) 井上善明，古城直道，山口智実ほか：2012年度精密工学会春季大会学術講演会講演論文集，(2012) 307.
8) 山口雅史ほか：2015年度精密工学会春季大会学術講演会講演論文集，(2015) 1017.
9) 山口雅史ほか：2016年度精密工学会春季大会学術講演会講演論文集，(2016) 233.
10) 精機学会編：精密工作便覧，第2巻，コロナ社 (1952) 174.
11) N. Matsumori, K. Akashi, N. Ikawa and I. Marinescu：International Horning & Micro-Finishing, SME, (1999).
12) N. Matsumori：International Horning Technologies and Applications, SME, (1988).
13) 恩地好晶，松森昴，井川直哉，島田尚一：微粒CBN砥石による超仕上げ加工機構，精密工学会，**62**, 5 (1996) 666.
14) ポール・E・グリープ：メタルボンドボラゾンCBN砥石によるホーニング，第5回工業用ダイヤモンドセミナー，ダイヤモンド工業会，(1978) 105.
15) 田中義信，井川直哉，ダイヤモンド砥石による切削に関する研究，超高速切削に関する研究（第1報），精密機械，**26** (1960) 149.
16) 淺枝敏夫，日本機械学会誌，**55**, 405 (1952) 656.
17) 松森昴，山本明：超仕上げ性能の特性値としての臨界圧力について，精密機械，**40**, 10 (1974) 852.
18) 松森昴：大阪府立工業技術研究所，機械加工技術センター資料，第142報（昭和58-1）.
19) 山本明，上田隆司：ホーニング用処理砥石における硫黄の働きについて（第1報），精密機械，**43**, 3 (1977) 309.

はじめての 精密工学

数理計画問題
—メタヒューリスティクス解法の基礎—

Fundamental Method of Meta-Heuristics in Mathematical Programing/Masashi FURUKAWA

北海道情報大学　古川正志

1. は じ め に

　設計，制御，生産管理等では，最適化を行う必要がある多くの場面に遭遇する．こうした最適化の問題は，数理計画問題（Mathematical Programing, MP）と呼ばれ，古くはオペレーションズ・リサーチを中心に発展してきたが，今は人工知能をはじめとして，広い分野で研究が進んでいる．

　MP は，数理的なアプローチが中心であるが，非線形や離散的な問題では計算の量が膨大になるため，より効率的な方法を求めるようになり，ヒューリスティクス（発見的方法，Heuristics）が発展してきた．特に，自然界の最適化を模倣したヒューリスティクスは，特定の分野のみならず広い分野で適用可能なために，メタヒューリスティクス（Meta-Heuristics, MH）と呼ばれる．よく知られたメタヒューリスティクス[1]には，遺伝的アルゴリズム（Genetic Algorithm, GA），粒子群最適化法（Particle Swarm Optimization, PSO），シミュレーテッドアニーリング（Simulated Annealing），タブーサーチ（Tabu Search, TS），アントコロニー最適化法（Ant Colony Optimization, ACO），シミュレーテッド進化法（Simulated Evolution, SimE）等が挙げられる．ここでは，GA を中心に扱うが，機会があれば，他の方法についても述べたい．

2. 最適化問題の表現と留意点

2.1 最適化問題の定式化表現

　どんな最適化問題もそれを解くためには，必ず定式化を行う必要がある．定式化を行うには，解の形を最初に約束する必要がある．今，問題の解を x とする．x は設計変数やパラメータの集まりのベクトルや特定の順序を表現する．ここで，解 x によって定まる評価関数 $f(x)$ を設定する．評価関数は設計の良さやパラメータによって決まるシステムの良さを表現している．評価関数が数式で書けないときは，変数 x を定め，シミュレーションにより求めるのも可能である．多くの問題は，$f(x)$ を最大化か最小化する解 x を求める問題になる．次に変数 x の制約条件式を設定する．制約条件とは，変数の範囲や制約変数間の関係式を意味し，複数あるのが普通である．したがって，制約条件式は $g_i(x)(i=1,2,\cdots m)$ と添字を付けて表現する．シミュレーションで評価関数を定める場合は，シミュレーション

の中に含めることもできる．設計変数 x，評価関数 $f(x)$，制約条件式 $g_i(x) \geq 0 (i=1,2,\cdots m)$ が定まると，最適化問題は，次のように書ける．

　　最小化（x について）$f(x)$
　　制約条件　$g_i(x) \geq 0 (i=1,2,\cdots m)$
　一般には，これを

$$\min_x f(x)$$

　　subject to

$$g_i(x) \geq 0 (i=1,2,\cdots,m) \tag{1}$$

のように書く．min は minimize の略である．最大化の場合は，maximize の略である max を用いる．

2.2 制約条件の取り扱い

　MH の方法の多くは，制約条件を取り込んだ最適化の定式化を用いる．問題（1）は，以下のように簡単に制約条件のない問題に変換する．

$$\min_x f(x)+\sum_i P_i \tag{2}$$

ただし，

$$P_i=\begin{cases}0: g_i(x) \geq 0 \\ \text{a large value}: \text{otherwise}\end{cases}$$

である．P_i は，制約条件を満たせば 0，そうでなければ大きな値とする．MP の勾配法に基づいた方法は微分を必要としたために，制約の扱いに気を使うことが多いが，ここでは制約があっても簡単に問題（2）の形式で解くことにする．解 x が整数か実数かは MP では大きな問題となるが，MH では整数の方が簡単な場合もあり，あまり考えないこととする．

2.3 単峰性か多峰性

　北海道の中心には大雪山と呼ばれる山がある．大雪山は実は連峰で，多くのピークをもつ山々（多峰性）から成立している．どの山に登るかは，登山口による．富士山は単峰（性）である．これと同じように評価関数の景観は，その多くは多峰性であり，一番高い峰の頂上を見つけるのが大きな問題となる．数学ではこれらの峰を極値という．一番高い峯の頂上は大域的最適値，それ以外の峯の頂上は局所的最適値と呼ばれる（**図1**）．伝統的な MP と MH の異なる点は，多峰性の中で最も高い峰を見つける工夫がなされていることである．MH でも局所的最適値に陥ることがあり，問題によっては気をつける必要がある．

L：局所解 G：大域解

図1 大域的最大値と局所的最大値

2.4 計算量

厳密ではないが，ある問題が n 個の変数で定まり，与えられたときに，以下のようであるとする．

(1) 解を与えると，その解が制約条件を満たしているかどうかを簡単に調べられる

(2) 解を一つ一つ単純に調べていくと，その計算時間（量）が指数関数的に増加する

このような問題を困難な問題（Hard Problem, HP）あるいは手に負えない問題（Intractable Problem）と呼ぶ．計算量は，n が増加すると C^n に比例して増加する．C は，ある定数である．これに対して，計算時間が n^c に比例して増加する問題もある．後者の問題の集まりは計算量が多項式オーダーなので P クラス，前者の問題の集まりは NP クラスと呼ばれる．P と NP は Polynomial Time および Nondeterministic Polynomial time の略からきている．NP クラスと同等かそれ以上に難しい問題の集まりを，NP 困難（NP-hard）なクラスという．MH は NP または NP 困難なクラスに属する問題に対して，可能な時間で有効（実行可能）解を与える点で優越性を備えている．

3. 遺伝的アルゴリズム

3.1 生物の遺伝子表現

生物の進化の過程をアルゴリズムに実現した MH は，人工知能の分野で発展し，John Holland と David B. Forgel が先駆者である．その後，これらの多くを改良した方法が進展し，一連のこうしたアルゴリズムを進化計算群と呼んでいる．ここでは，Holland が始めた最も単純な遺伝的アルゴリズム（Genetic Algorithm, GA）について述べる．

生物の細胞には染色体があり，染色体はタンパク質に巻き付いた DNA でできている．この DNA は 20 種類のアミノ酸の並びから構成され，アミノ酸を作るのがヌクレオチドである．ヌクレオチドは，A, G, C, T と 4 種類があり，アミノ酸は，4 種類の中から 3 種類が並んで作られている．実際はヌクレオチドの並びは，$4 \times 4 \times 4 = 64$ 種類ある．このアミノ酸の並びがタンパク質を，ひいては生物の個体を表現する．

コンピュータは 2 値表現を取り扱うので，上記の関係を模倣すると，アミノ酸は 6 ビットで表現できる．

DNA のアミノ酸の並びを遺伝子表現，アミノ酸からタンパク質を経て作られていく生物の個体を形質表現とここ

では呼ぶ．遺伝子表現から形質表現には，遺伝子を翻訳する機能が必要で，自然界ではこの翻訳が行われていると考えられている．

3.2 環境への適応と進化

各個体は個体群を生成する．この個体は，環境に適応しながら子孫を残していく．子孫に変わることを世代交代という．世代交代は，個体群の中で最も環境に適応した個体が，最も多く子孫を残していく．しかしながら，祖先の環境適応力が継続して受け継がれるとすると，環境の適応には限界が生じる．また，環境の変動によっては生き残れなくなる．このため，自然界では突然変異を起こすことにより，適応力の多様性を補う．この突然変異は，個体のプリミティブな部分である A, G, C, T の変化であると考えられている．これをビット表現であれば 0 から 1，あるいは 1 から 0 へとする．また，有性動物では 2 個体間の染色体が減数分裂で組み合わせられるから，このとき，遺伝子乗り換え（交差）が起こる可能性がある．これも遺伝子の突然変異である．

一般に，突然変異を起こした個体は，環境の適応力が弱いが，時々既存の遺伝子をもつ個体より適応力が強い優勢な個体が現れる．この優勢な個体は環境への適応度が大きいので，子孫を多く残し，他の個体を淘汰し，個体の進化が起きる．

3.3 コンピュータアルゴリズム

上記の過程を以下のようにアルゴリズムにする．(1) n 個の初期個体を遺伝子で作成する（遺伝子型表現），(2) 遺伝子を形質表現に翻訳する，(3) 翻訳された形質（機能）を使用して，環境適応度を計算する．適応度を計算する関数を作成する場合に，これを適応関数という，(4) 得られた環境適応度に応じて，同じ遺伝子をもつ子孫の生成（再生）を行い，n 個の個体数になるように淘汰を行う，(5) 指定した割合で，個体をランダムに選択し，遺伝子型表現で突然変異を実施し，元に戻す，(6) 指定した割合でランダムに対の個体を選択し，二つの遺伝子を交差させ，新しい対の個体を元に戻す，(7) 指定した世代交代数になれば終了し，そうでなければ (2) へ戻る．

4. 生産計画問題への適用

4.1 生産計画問題

ここでは簡単な生産計画問題[1]を取り扱う．ある工場では 2 台の機械 A，B で 2 種類の製品 1，2 を生産する．各機械での製品 1 個当たりの製造時間と利用可能時間は**表1**で与えられるとする．製品 1，2 の 1 個当たりの利益は 60 千円と 50 千円とする．利益を最大にするような各製品の製造個数 x_1 と x_2 を求める．

この問題は，以下のように表現できる．

$$\max_{x} f(x) = 60x_1 + 50x_2$$

subject to

$$2x_1 + 4x_2 \leq 80$$

表1 各機械の加工時間と利用可能時間

製　品	機械 A	機械 B
1	2 時間	3 時間
2	4 時間	2 時間
利用可能時間	80 時間	60 時間

表2 計画問題の初期値の例（未修整の適応値）

個体	遺伝子型表現		形質型表現		適応値
i	G_1	G_2	x_1	x_2	$f(x)$
0	01000101	10110110	10.823	28.549	−17923.137
1	10111110	00000111	29.803	1.0980	−8156.862
2	01110101	11010100	18.352	33.254	−17236.078
3	00010101	11010000	3.294	32.627	−18170.980
4	10100010	00011111	25.412	4.863	−8232.157
5	01110000	00110111	17.569	8.627	−8514.509
6	01001110	10000111	12.235	21.176	−18207.058
7	11111111	01110010	40.0	17.882	−16705.882
8	01001011	01010110	1.765	13.490	−8619.608
9	10111100	00000111	29.490	1.098	−8175.686

表3 最終的に得られた解

個体	遺伝子型表現		形質型表現		適応値
i	G_1	G_2	x_1	x_2	$f(x)$
0	00111111	01011111	9.882	14.902	1338.039
1	00111111	01011111	9.882	14.902	1338.039
2	00111111	01011111	9.882	14.902	1338.039
3	00111111	01011111	9.882	14.902	1338.039
4	00111111	01011111	9.882	14.902	1338.039
5	00111111	01011111	9.882	14.902	1338.039
6	00111111	01011111	9.882	14.902	1338.039
7	00111111	01011111	9.882	14.902	1338.039
8	00101111	01010110	7.372	14.902	1187.450
9	00101111	01011111	9.882	14.902	1338.039

$$3x_1 + 2x_2 \leq 60$$
$$x_1 \geq 0,\, x_2 \geq 0 \tag{3}$$

x_1 と x_2 は製品1と2の製造個数を表す．これらは，必ず0以上の大きさになる．$f(x)$ は，利益を表し，制約条件は機械 A と B の利用可能時間の制約を表す．

4.2 遺伝的アルゴルズムの適用（実数）

以下のようにアルゴリズムを適用する．

適応関数の設計　問題を制約条件を取り込んだ問題に変換すれば，

$$\max_x f(x) = 60x_1 + 50x_2 + P_1 + P_2 \tag{4}$$

となる．ただし，

$$P_1 = \begin{cases} 0 : 2x_1 + 4x_2 \leq 80 \\ -10^4 : \text{otherwise} \end{cases},\ P_2 = \begin{cases} 0 : 3x_1 + 2x_2 \leq 60 \\ -10^4 : \text{otherwise} \end{cases}$$

である．この問題では，最大化の問題を取り扱うので，制約条件を満たさないときの P_1 と P_2 の値は，十分に小さな値とする．これが環境への適応度を計算する適応関数となる．

遺伝子の設計　個体の総数を n とする．変数 x_1 と x_2 に対応する個体 i の遺伝子を G_{i1} と G_{i2} とし，それぞれ8ビットで2値（0と1）表現する．また，個体 i の遺伝子は，これらを結合して $G_i = G_{i1} \| G_{i2}$ と表現する．

翻訳器と形質表現　形質表現を変数 x_1 と x_2 とする．G_1 と G_2 は，0と1の記号列であり，この記号列をそのまま2進とみなす．2進に変換したものを B_1, B_2 とする．変数 x_1 と x_2 の範囲は，それぞれ $[0, 20]$，$[0, 20]$ であることは制約条件から分かるが，ここでは大きめにとってそれぞれ $[0, 40]$ とする．B_1 と B_2 の範囲は8ビットで考えると $[0, 255]$ となるから，遺伝子から形質への翻訳は，$x_1 = 40B_1/255$ および $x_2 = 40B_2/255$ で実行する．

初期化　個体 i の遺伝子 G_i は，乱数を使用して G_{i1} と G_{i2} に8ビット発生し，これらを結合して作成する．これを n 個体行う．

適応関数の計算　適応関数の計算は式(4)で行う．直接，式(4)を用いると，個体の子数の計算が面倒なので，適応関数を次のように修正する．

$$f(x) = 60x_1 + 50x_2 + P_1 + P_2 - f_{\min} \tag{5}$$

ここで，$f_{\min}$ は計算した適応関数の最小のものである．最も適応度の悪い個体の関数値は0になる．

淘汰　子の個体数を計算する．子の個体数の計算方法はいくつかあるが，ここでは適応度に比例して子を生成する．子 i の個体数の計算には以下の計算式を用いる．

$$n_i = \frac{f_i}{\sum f_i} n + 1 \tag{6}$$

n_i は子 i の個体数，f_i はその修正した適応関数値である．1を加えたのは，どの個体も必ず子を1個体もてるようにするためである．

次に子の個体数を，総数を n 個に限定して生成する．これは，適応関数値を大きい順にソーティングし，その順番に子の個体を個体数に基づいて作成していく．個体数の総和が n 個になると子の生成を終了する．この生成により，適応度の小さな個体は除去されていく．

突然変異　個体数に指定した割合でランダムに個体を選択する．次いで，その個体の遺伝子の位置をランダムに決定し，1ならば0に，0ならば1にして元の個体群に戻す．

交差　個体数に指定した割合で対となる2つの個体をランダムに選択する．次いで個体の遺伝子の位置をランダムに決定し，その位置以降の遺伝子を交換して新しい個体を2つ作り，これらを元の個体群に戻す．その後，指定世代数であれば終了，そうでなければ適応関数の計算と淘汰に戻る．

計算例　初期解を表2，得られた解を表3に示す．個体数 $n = 10$，突然変異率10%，交差率20% で計算している．ほぼ2000世代で，正解を得る．この問題では $x_1 = 10$，$x_2 = 15$ が正解となる．うまくいかないときは，個体数を30くらいにすればよい．200世代くらいで正解を得る．

4.3 遺伝的アルゴルズムの適用（整数）

実は4.2で述べた方法は，実数問題を取り扱う場合について述べている．この計画問題では，変数 x_1 と x_2 が整数

でないと意味をもたない．このような問題は，従来は整数計画問題と呼ばれ，解くのが非常に難しいものであった．しかし，GA では解の表現を整数と限定すればよいので，簡単になる．上記の遺伝子型表現と形質型表現を以下のように変更する．

遺伝子型表現と形質型表現　変数 x_1 と x_2 を $[0, 40]$ に限定することは先にも述べた．整数のみを取り扱うのであれば，これを2進数で直接表現すればよいことが分かる．変数の最大値が 40 であり，2進数で表すビット数は6ビットで十分である．変数 x_1 と x_2 を6ビットで表現したものを遺伝子型表現とする．

変数 x_1 と x_2 の遺伝子を2進数に翻訳した値を，先ほどと同じく B_1，B_2 とする．このとき，解 x_1 と x_2 は，単に $x_1 = B_1$ および $x_2 = B_2$ と置く．これが形質型表現となる．

後の手続きは，前とまったく同じである．$x_1 = 10$，$x_2 = 15$，適応値 1350 が整数値として得られる．

5. 巡回セールスマン問題への適用

5.1 巡回セールスマン問題

巡回セールスマン問題（Travelling Salesman Problem, TSP）とは，セールスマンが n 都市をただ一度のみ訪問し，最短距離（最小時間）で出発都市に戻る問題である．簡単にいうと一筆書きの最短距離経路を求める問題である．応用としては，ドリルやワイヤーボンディングの最小加工順序を求めたり，物流トラックの最短配達経路を決定する問題がある．これは以下のように定式化する．

$$\min_{x} f(x) = \sum_{i=0}^{n} d_{i,i+1} + d_{n0} \tag{7}$$

変数 x は，ここでは，都市を回る順序を示すものとする．例えば，$x = (2\,0\,1\,4\,3)$ のように設定する．数字は都市に付けられた番号とする．添字の i は，変数 x に現れる順番の値とする．$i = 3$ であれば都市 1 を示す（都市は 0 から番号付けする）．$d_{i,i+1}$ は，変数 x に現れる i 番目の都市と $i+1$ 番目の都市の距離とする．この値は行列 $D = [d_{i,i+1}]$ に格納しておく．経路がない場合には，十分大きな値を設定する．

5.2 遺伝的アルゴルズムの適用

TSP では，解の表現を行う遺伝型表現に少し工夫が必要となる．形質型表現は都市の巡回順序にする．ここでは，単純な順序表現を用いた方法を説明する．

適応関数の設計　適応関数は，式(7)で計算する総距離を使用する．

遺伝子の設計と初期化　個体の総数を n とする．遺伝子の形質型表現は，都市を巡回する順序をリストに格納し，直接用いる．例えば $x = (2\,0\,1\,4\,3)$ は都市を 2-0-1-4-3-2 の順に訪問するが，これを図2のようにアドレスを付けたリストに格納する．

遺伝型表現はこのリストの値を使用することができない．それはリストのある場所から二つの個体の遺伝子交差を行うと同じ都市が現れる可能性があるためである．遺伝

アドレスI	0	1	2	3	4
都市番号	2	0	1	4	3

図2　リストに訪問都市番号を与えた実順序リスト

アドレスI	0	1	2	3	4
都市番号	0	1	2	3	4

図3　初期作業リスト

アドレスI	■0	1	2	3	4
都市番号	1	3	4		

アドレスG	0	1	2	3	4
アドレスI	2	0	■0		

図4　3回目の作業リストと順序リスト（作業リストの反転の部分のアドレスが順序リストに格納される）

アドレスG	0	1	2	3	4
アドレスI	2	0	0	1	0

図5　最終順序リスト（20010）が遺伝子型表現となる

型表現の初期化は次のような方法を用いる．

1) 最初に 0 から n 番地をもつリストを作り，リストの個々のデータに番地と同じ値を都市番号として与える．これを作業リストと呼ぶ．
2) やはり，0 から n 番地をもつリストを作り，データ欄は空白にしておく．これを順序リストと呼ぶ．
3) $i = 0$ に設定する．
4) 0 から $n-i$ までの乱数を生成し，その値 k を順序リストのアドレス i 番地のデータとして格納する．
5) 作業リストの k 番地のデータを消去し，それ以降のデータを k 番地からのデータになるようにシフトする．
6) $i = n$ であれば，終了する．そうでなければ，$i = i+1$ として 4) へ戻る．

例の都市順序は**図4～5**のように格納されていく．この最終の順序リスト（図5）が遺伝型表現となる．

翻訳器と形質型表現　順序リストの翻訳は以下のように行う．

1) 前回と同じ作業リストを作成する．
2) やはり，0 から n 番地をもつリストを作り，データ欄は空白にしておく．これを実順序リストと呼ぶ．
3) $i = 0$ に設定する．
4) 順序リストの i 番地のデータを作業リストのアドレスとみなし，そこのデータの都市番号を実順序リストのデータに格納する．
5) 作業リストの i 番地のデータを消去し，それ以降のデータを i 番地からのデータになるようにシフトする．
6) $i = n$ であれば，終了する．そうでなければ，$i = i+1$ として 4) へ戻る．

でき上がった実順序リストのデータは，図2となり形質

図6 100都市TSPのGAによる初期解

図7 100都市TSPのGAによる収束解

型表現として，都市の訪問順序となる．

適応関数の計算と淘汰　適応関数は式(7)で行うが，淘汰は，今回は以下のように行う．すなわち，適応関数値の小さいものからソートし，上位20%の個体を下位20%の個体と入れ替える．20%は，淘汰圧と呼ばれ，自由に設定できる．

突然変異　個体数に指定した割合でランダムに個体を選択する．次いで，順序リストのアドレスiを乱数で決め，そこのデータを0からiまでの乱数で決定する．

交差　個体数に指定した割合で対となる2つの個体をランダムに選択する．次いで，これらの個体の順序遺伝子のアドレスをランダムに決定し，その位置以降の遺伝子を交換して新しい個体を2つ作る．これらを元の個体群に戻す．

逆位　個体数に指定した割合でランダムに個体を選択する．次いで，実順序リストのアドレスiとjを乱数で決め，アドレスiとjのデータ部分の都市順序を逆順に挿入する．その後，指定世代数であれば終了，そうでなければ

適応関数の計算と淘汰に戻る．

計算例　ランダムに生成した100都市の計算例の初期解と得られた解を図6, 7に示す．これは個体数$n = 10$，突然変異率20%，交差率30%，逆位率40%で計算している．ほぼ18000世代で，準最適解を得ているのが分かる（多くの場合，最適解は不明）．

6. お わ り に

メタヒューリスティックスとは何かと，その中で代表的な方法として遺伝的アルゴリズムについて述べた．メタヒューリスティックスには，ほかにもPSOやTSのような有用な方法がある．機会があればこれらについて紹介したい．

参 考 文 献

1) 古川正志ほか：メタヒューリスティクスとナチュラルコンピューティング，コロナ社，東京，(2012).

はじめての精密工学

はじめての真円度測定

An Introduction to Roundness Measurement/Yoshiyuki OMORI

(株)ミツトヨ　広島事業所　商品設計部　**大森義幸**

1. は じ め に

近年，機械の性能やその品質は，著しく向上してきている．それを支えているのは，構成する部品単体の精度によるところが大きい．その管理には，寸法・硬度・表面性状・形状・幾何偏差等の測定が用いられている．その中でも，加工機の主軸や丸棒のような円筒物，鋼球のような丸物形状の部品はほとんどの機械で使用されており，真円度や円筒度の測定が重要な役割を果たしている．今回は，真円度測定とはどのようなものかを紹介する．

2. 真 円 度 と は

JIS B 0621-1984[1]「幾何偏差の定義及び表示」では，「真円度とは，円形形体の幾何学的に正しい円からの狂いの大きさをいう」と定義され，表示については「真円度は円形形体（C）を二つの同心の幾何学的円で挟んだとき，同心二円の間隔が最小となる場合の二円の半径差（f）で表し（**図1**），真円度＿mm 又は真円度＿μm と表示する」と記載されている．

3. 真円度の必要性

・高精度な組立部品

一般はめ合い部品などはめ合いすきまが数 μm 以下の厳しい寸法精度の部品の場合，単なる直径寸法の管理だけではなく，「真円度・円筒度」の管理が必要となる．

・高速回転の機械の主軸と軸受

旋盤，研削盤などの回転主軸と軸受の真円度誤差は，回転振れによる高速回転時の「エネルギーのロス」や「加工部品精度不良」の要因となる．

・気密性が必要な部品

油圧バルブ・各種パッキング・エンジンバルブ・医療機器の弁などの気密性が問題になる機構では，真円度・円筒度の狂いが，漏れや圧力不足等の原因となる．

4. 真円度測定機の構成と真円度の算出方法

図2にテーブル回転式の真円度測定機[2]の構成を示す．被測定物（以下，ワークと記す）の真円度を計測するためには，まずロータリーエンコーダにて回転角を得ることのできる回転テーブルにワークを載せ，その回転角と同期してワークの表面の変位を検出できるプローブ（検出器）とで，極座標のデータ（r_i, θ_i）を取得する．測定系の基準となるのは θ 軸であり回転軸がいかに均一に保たれるかが重要で，θ 軸の軸精度を回転精度と呼ぶ．一般に回転精度は，数十 nm を有するが，μm オーダの精度の測定であれば十分無視できる．

得られた極座標データ（r_i, θ_i）は，あくまでも回転中心からのデータであり，ワークの形状だけではなく，ワークが回転中心からずれて置かれている量（以下，偏心量と記す）を含んだデータとなる．

ここで，上記のデータからワークの真円度を得るため，最小二乗法を例に計算方法を紹介する．**図3**において，各回転角における検出器の変位を $r(\theta_i)$ とする．

被測定物の平均径：R
偏心量：a（X 成分），b（Y 成分）
1回転当たりのサンプル数：n

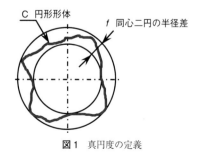

図1　真円度の定義

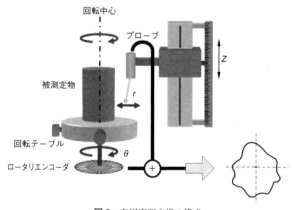

図2　真円度測定機の構成

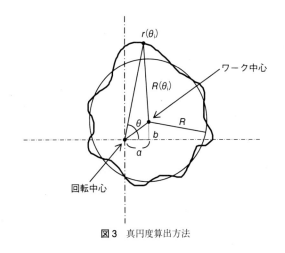

図3　真円度算出方法

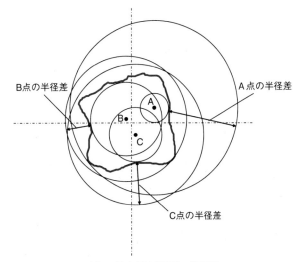

図4　最小領域真円度の算出例

（ただし，サンプルピッチは均等）とした場合

$$R = \sum (r(\theta_i))/n \tag{1}$$
$$a = 2\sum (r(\theta_i) \cdot \cos(\theta_i))/n \tag{2}$$
$$b = 2\sum (r(\theta_i) \cdot \sin(\theta_i))/n \tag{3}$$

(a, b) は，ワーク中心が回転中心からずれた量として考え，ワーク自体が持つ変位量 $R(\theta_i)$ は以下の式となる．

$$R(\theta_i) = r(\theta_i) - (a \cdot \cos(\theta_i) + b \cdot \sin(\theta_i))$$
$$- ((a \cdot \cos(\theta_i) + b \cdot \sin(\theta_i))^2/2R) \tag{4}$$

一般に $a, b \ll R$ なので式(4)は以下のように近似できる．

$$R(\theta_i) = r(\theta_i) - (a \cdot \cos(\theta_i) + b \cdot \sin(\theta_i)) \tag{5}$$

求める真円度測定値は，

$$R(\theta_i)^{max} - R(\theta_i)^{min} \tag{6}$$

すなわち，上記の偏心 (a, b) を決定し，それを中心とした同心円でワーク形状を挟んだ場合の半径差が真円度となることを意味している．

5. 真円度と基準円

真円度の求め方には，基準円を元に以下の4つの方法がある[3]．

1. 最小領域真円度／最小領域基準円
2. 最小二乗真円度／最小二乗基準円
3. 最小外接真円度／最小外接基準円
4. 最大内接真円度／最大内接基準円

2章で，真円度とは「…同心二円の間隔が最小となる場合の二円の半径差」と定義されている．これは，最小領域真円度にあたるが，他の方法はこの定義とは別の用途として使い分けされる．例えば，ピンとリングのはめ合い部品の場合，ピンは最小外接，リングは最大内接を使うなどである．ここで，真円度を決定する基準はあくまでも基準円であり，その中心が (a, b) であると考えればよい．4章で説明した最小二乗真円度は，ワークの形状に対し差の二乗和が最小となる基準円（最小二乗）を決定しその中心 (a, b) から真円度を求める方法を紹介したが，その他の方法も同じように基準となる円を目的関数とし (a, b) を決

定すれば同じ計算方法となる．具体的には，最小外接（最大内接）真円度の場合の目的関数は，円形形体に外接（内接）する半径が最小（最大）となる円．最小領域真円度の場合の目的関数は，円形形体に対し同一中心で外接する円と内接する円の半径差となる．

最小二乗法以外は，試行錯誤的に解を得る手法をとることになるが，例えば最小領域真円度の場合の一つの方法として，3つの仮の中心 A, B, C を選び，それぞれの中心における上記目的関数である半径差を求め，3つの半径差の大小関係から，中心点を移動して半径差が最小となる中心 (a, b) を決定する（**図4**）．

6. 真円度測定における測定・評価条件

これまでは，図2の測定機から得られた測定データ $r(\theta_i)$ を使っての説明であるが，実際の真円度の結果を得るまでには以下のようなデータ処理が施される．その流れを説明する[3]．

《実表面》
　　↓　中心軸直線に直角な横断面をプロービング
【測定真円度輪郭曲線】：デジタルデータ
　　↓　輪郭曲線フィルタ（ローパス）処理
【真円度輪郭曲線】：長波長成分のデータ
　　↓　基準円のあてはめ（各種真円度評価法）
【真円度曲線】：基準円からの偏差
　　↓　偏差の最大-最小
《真円度》

デジタル化された測定真円度輪郭曲線は離散データであり，長波長のみを抽出するローパスフィルタ処理が施される．（実際には，図3で説明した $r(\theta_i)$ は，このフィルタ処理が施された真円度輪郭曲線にあたる）

フィルタは，例えばカットオフ値 50 UPR（Undulation Per Revolution）と表現され，一周当たり50山の成分以

表1　真円度測定の条件

フィルタ値（UPR）	1周当たりの 最小データ数（点）	最小 d/r_t 比
15	105	5
50	350	15
150	1050	50
500	3500	150
1500	10500	500

d：基準円または円筒形体の直径
r_t：測定子先端半径
注）d/r_t が表1より小さい場合に，通過帯域内での信号（高周波成分）は，測定子先端の影響を受けてゆがむ.

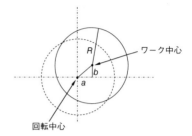

図5　偏心量による誤差

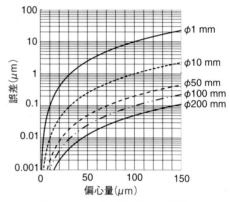

図6　ワーク径と偏心量による誤差

下の山（1-50 山）は通過させるというものである.

さらに，評価したいワークの径・カットオフ値・一周当たりの最小データ数（サンプル数）・ワークに接触し変位を得る部分（測定子）の先端半径の関係が，TS B 0027-2：2010[4]にて規定されている.

ワーク径と測定子先端径の関係は，必要なフィルタ処理された真円度輪郭曲線に対して，測定子がワークに接触する際の機械的なフィルタの影響を排除することを意味している. また，カットオフ値とサンプル数の関係は，デジタル化されたデータがサンプリング定義に従い，カットオフ値に対しエイリアシングを起こさないようにする（評価したい山に対し最低7点データを取得する）ためである. **表1**にその関係を示す.

7. 真円度測定による誤差

真円度測定機を使用して真円度等を得る場合，特に注意が必要な内容がある.
・ワーク径と偏心量
・ワーク径とワークの傾き

図2および図3で示した構成および算出方法で，得られた極座標データ $r(\theta_i)$ は，ワークの実半径が含まれていることが前提の計算となっている. しかし，実際の真円度測定機のプローブは，非常に微小な変位を得るため（デジタル分解能を上げるため，ダイナミックレンジを小さくして高分解能化している）測定範囲が多くとも数 mm の変位計が使用される. したがって，実際には回転中心からの距離は得られず，回転中心からバイアスをもった位置での変位のみを得ることになる.

これは，$a, b \ll R$ が前提となって，式(4)の第3次項（$((a \cdot \cos(\theta_i) + b \cdot \sin(\theta_i))^2 / 2R$）を無視できるとしていることが原則としてあるからであるが，$a, b \ll R$ が無視できなくなってくる場合，すなわちワーク径 R と偏心量 (a, b) が接近するような場合（**図5**）は，第3次項の影響が計算誤差として表れてくる. **図6**にワーク径と偏心量とその時に生じる真円度への誤差を示す.

また，同様に回転軸に対してワークが傾いて置かれた場合，ワークの軸に対し直角なデータは取得することができず，楕円形状のデータとなる. この場合，同じ傾きでもワーク径が大きければ大きい程誤差は大きくなる. ワークの回転軸からの傾きを β，ワーク径を ϕD とした場合，真円度に対するワークの傾きによる誤差量 E は，以下の式で求まる.

$$E \fallingdotseq (D \cdot \mathrm{Tan}^2 \beta)/4 \qquad (7)$$

以上の測定誤差を参考に，ワーク径に対し，偏心量と傾きは，要求される公差に対して適切である範囲を考慮し，ワークのセッティングを行う必要がある.

8. 真円度以外の幾何偏差の評価

図2の真円度測定機の構成に加えて，プローブが上下方向に移動する高さ方向（Z軸）の座標を得ることができれば，真円度以外の幾何偏差（円周振れ・同軸度・直角度等）も評価が可能である. ただし，どの幾何偏差においても，真円度測定機の性質である一つの断面の円周状にトレースされたデータから計算されることを理解して使用しなければならない.

また，軸の計算においてもトレースされた断面の中心を使用する場合と，得られた全データから軸を決定する場合とで差があり，本来の幾何偏差で定義されている結果を得られるものではなく，あくまでも測定要素（Z位置，断面数）に依存する結果であることは理解しておかなければならない.

図7は円周振れの例であるが，基準軸（データム）を2箇所，評価軸を1箇所測定して計算する方法を示す（**図8**）. また，測定機にワークをセットした時に起こり得る

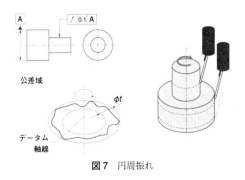

図7 円周振れ

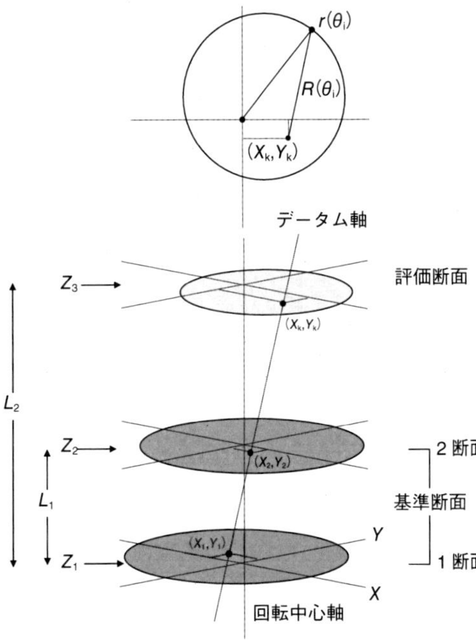

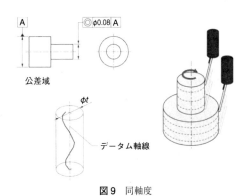

図9 同軸度

ワークが傾いて置かれた場合の例を使って説明する.

高さの違う基準軸部の2断面（基準断面）の偏心量 (X_1, Y_1) (X_2, Y_2) とその距離 L_1 からデータム軸の傾き（ベクトル）を計算し，評価断面の高さにおけるデータム軸が通る座標を (X_k, Y_k) とする．評価断面の変位を $r(\theta_i)$ とした場合，4章の式(5)から

$$R(\theta_i) = r(\theta_i) - (X_k \cdot \cos(\theta_i) + Y_k \cdot \sin(\theta_i)) \quad (8)$$

求める振れは，

$$R(\theta_i)^{\max} - R(\theta_i)^{\min} \quad (9)$$

図8 円周振れの計算例

となる.

Z 軸と回転軸が平行であれば，基準軸および評価軸を複数断面測定することで，**図9**のような同軸度（軸-軸）の評価も可能である.

9. お わ り に

タイトルを「はじめての真円度測定」としたが，特に知っておいてほしい内容についてまとめてみた．どんな測定機でも言えることだが，ワークを測定機に置けば正確な結果が得られるものではなく，今回紹介した内容を理解した上で使用することで，より正確な真円度測定を実現していただければ幸いである.

また，現在の真円度測定機は，円筒度・真直度・平面度等さまざまな幾何偏差が測定・評価できるようになってきており，単純に部品精度の合格・不合格を検査するだけにとどまらず，その測定結果から加工機の不具合や状態（主軸の振れや刃物の劣化等）を知ることもできるようになってきている．より多くの方に真円度測定機を使用していただき，生産性向上，高精度化への貢献ができれば本投稿の意味があると考える次第である.

参 考 文 献

1) 財団法人 日本規格協会：JIS B 0621：1984 幾何偏差の定義及び表示
2) 日本精密測定機器工業会：JMAS 5022：2013 真円度測定機
3) 財団法人 日本規格協会：TS B 0027-1：2010 製品の幾何特性仕様（GPS)-真円度-第1部：用語及びパラメータ（ISO 12181-1）
4) 財団法人 日本規格協会：TS B 0027-2：2010 製品の幾何特性仕様（GPS)-真円度-第2部：オペレータ（ISO 12181-2）

はじめての 精密工学

「精密に止める」：ロバスト制御

Robust Control for Precise Positioning/Kazuaki ITO

豊田工業高等専門学校　伊藤和晃

1. は じ め に

ロバスト制御とは，さまざまな理由から制御対象の動特性に変化が生じたとしても，安定かつ所定の性能を満足するよう制御することである[1]．一般に，各種製造装置や検査装置といったメカトロニクス機器に内在する位置決め機構では，案内や軸受けで発生する摩擦や，低剛性な機械要素に起因する機構振動が位置決め制御性能を劣化させる要因となる．機構振動の周波数は一定ではなく，例えばテーブル装置に搭載する負荷の重量変化にともなって振動周波数も変化する．機器の設置環境も制御性能を左右する要素の一つである．温度・湿度管理が行き届かない設置環境では，潤滑油の粘性やモータ推力定数など，温度変化するパラメータが特性変動の要因となる．また，コントローラ設計時に用いる制御対象モデルは，必ずしも実機特性を忠実に再現する必要はなく，一般にモデル化誤差が発生する．したがって，これら変動要因が存在する中で，安定かつ要求仕様を満足する制御コントローラを設計することが重要となる．

ロバスト制御理論というと，難解な数式を多用する難しい理論と捉える方も多いかと思う．もちろん前提条件を含めて基礎となる理論体系を理解しようとすれば，そのような数式に立ち向かうことも必要となる．一方で，本稿で取り扱う位置決め機構のように，それほど複雑ではない制御対象の場合，ロバスト制御理論の本質を理解することで，古典制御理論をベースとしつつも，特性変動に対するロバスト性を意識したコントローラ設計が実現できる．

本稿では，ボールねじ駆動テーブル装置を対象に，想定される変動要因について解説するとともに，ロバスト制御の一例として，温度に依存した摩擦変化に対応する適応型外乱フィードフォワード補償法について紹介する[2]．

2. 特性変動の主な要因

制御対象機器の動特性の変動要因としては，搭載負荷重量や機器の姿勢変化など動作条件によるもの，機器の個体差によるもの，温度や湿度など周辺環境によるもの，経時変化と大きく分類できる．

機器の姿勢変化による特性変動の一例を示すため，ボールねじ駆動の *XY* テーブル装置を取り上げる．**図1**は *X* 軸方向のモータトルク指令に対するモータ角度の周波数特

性である．姿勢変化として，テーブルの動作点を *X* 軸方向3カ所，*Y* 軸方向5カ所の計15カ所に変化させて測定した結果を重ねて描画している．図から，機構内部の低剛性要素や付帯設備で発生する振動モードが多数存在するとともに，テーブルの動作点に依存した特性変動が見られる．多くの場合，動作点に応じてコントローラを切り替えることはなく，このような特性変動を制御対象モデルに対するモデル化誤差として捉える．

周辺環境による特性変動の一例として，空調管理のない室内環境で，夏場（7月）と冬場（1月）のそれぞれにおいて，テーブルを一定速度で送り動作させて測定した摩擦静特性を**図2**中の各点で示す．それぞれの季節において，

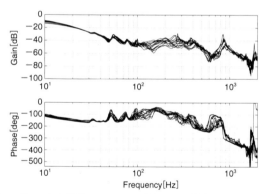

図1 ボールねじ駆動 *XY* テーブル装置の周波数特性（テーブルの動作点として，*X* 軸方向3カ所，*Y* 軸方向5カ所の計15カ所で測定）

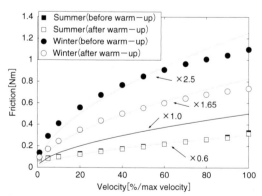

図2 周囲温度や暖機運転の有無による摩擦特性の変化（一定速度運転時のトルク指令値を摩擦推定値としてプロット）

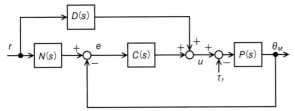

図3 既約分解表現に基づく二自由度制御系ブロック線図

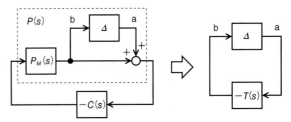

図4 制御対象の乗法変動と相補感度関数

一定区間の長時間連続動作（以下，暖機運転）を実施する前後での特性も併せて測定している．図中，実線で示す摩擦特性の粘性係数をノミナル値と仮定すると，今回取り扱うテーブル装置では，季節や暖機運転の有無によって，粘性摩擦係数は 0.6〜2.5 倍の範囲で変化する．

モータ推力定数も，温度により特性変化する要素の一つである．近年では，多くのモータに希土類磁石の一つであるネオジム磁石が用いられるが，その可逆温度係数は −0.12%/℃ 程度である[3]．例えば，加減速運転を繰り返してモータ内部温度が 20℃ から 80℃ まで上昇したとすると，モータ推力定数は約 7% 低下することになる．モータ推力定数の変化はモータ慣性値の変化と等価であり，制御ゲインの変化とも捉えることができるため，位置決め制御性能に直接的に影響を与える．

これら特性変動に対するロバスト制御の実現に向けた筆者らの取り組みを，第3章以降で紹介する．

3. ロバスト制御のための二自由度制御系設計

ロバスト制御の実現には，二自由度制御系を構成することが有効である．二自由度制御系はフィードバック（FB）補償器とフィードフォワード（FF）補償器で構成され，外乱やモデル化誤差，特性変動に対するロバスト安定性を FB 補償器，目標値に対する追従性能を FF 補償器でそれぞれ決定する．外乱抑圧性能と目標値追従性能を独立させて設計できることから，二自由度制御と呼ぶ[4]．二自由度制御系にもさまざまな形式があるが，ここでは，PTP（Point to Point）の位置決め制御を前提に，既約分解表現に基づく二自由度制御系（**図3**）を取り上げる．

3.1 スモールゲイン定理に基づく FB 補償器設計[1]

FB 補償器 $C(s)$ の設計に際しては，特性変動に対するロバスト安定性を考慮して設計する．

いま制御対象 $P(s)$ の特性変動を制御対象モデル $P_M(s)$ に対する乗法変動として捉えると，$P(s)$ は変動要素 Δ を用いて次式で表現できる．

$$P(s) = (1+\Delta)P_M(s) \tag{1}$$

これをブロック線図で表したのが，**図4**左の点線内となる．ここで，変動要素 Δ への入出力を意識して閉ループ系を表現すると図4右と変形できる．図中の $T(s)$ は，

$$T(s) = \frac{P_M(s)C(s)}{1+P_M(s)C(s)} \tag{2}$$

であり，これを相補感度関数と呼ぶ．

さて，図4右の一巡伝達関数から，閉ループ系が特性変動に対してロバスト安定である条件は，次式を満足することである．

$$|\Delta(j\omega)T(j\omega)| < 1, \quad {}^\forall\omega \tag{3}$$

これをスモールゲイン定理と呼ぶ．スモールゲイン定理を満足するコントローラを理論的に設計する手法として，H_∞ 制御理論などがよく知られている．ただし，一般的に用いられる PID 制御器に対し，振動抑制のためのノッチフィルタや安定余裕改善のための位相進み遅れ補償器といった直列補償器を組み入れることで，式(3)を満足するコントローラを設計することは難しくない．重要なことは，あらかじめ特性変動の大きさを見積もり，その中でスモールゲイン定理を満足しつつ，所定の制御性能を満足させる FB 補償器 $C(s)$ を実現することである．

3.2 既約分解表現に基づく FF 補償器設計

FF 補償器 $N(s)$，$D(s)$ については，制御対象モデル $P_M(s)$ を陽に考慮して次式のとおり決定する．

$$P_M(s) = \frac{N_M(s)}{D_M(s)}, \quad D(s) = D_M(s)F(s),$$
$$N(s) = N_M(s)F(s) \tag{4}$$

ここで，$N_M(s)$，$D_M(s)$ は制御対象モデルを既約分解したものであるが，通常は $P_M(s)$ の分子多項式と分母多項式で問題ない．$F(s)$ は，$N(s)$，$D(s)$ をプロパーとするローパスフィルタである．

本制御系の特徴であるが，図3においてモデル化誤差や外乱が存在しなければ，$\tau_f = 0$，$P(s) = P_M(s)$ となり，$D(s)$ を通過した FF 入力による出力 $\theta_M(s)$ は，次式のように，目標値 r を $N(s)$ で整形した目標軌道と一致する．

$$\theta_M = P_M(s)D(s)r = N_M(s)F(s)r = N(s)r \tag{5}$$

すなわち，本制御系は PTP 制御系を前提としているが，目標軌道 $N(s)r$ に対する軌跡追従（CP）制御系の構成となる．FB 補償器 $C(s)$ への入力は，外乱やモデル化誤差に起因する軌跡追従誤差であり，この軌跡追従誤差をできるだけ圧縮するよう制御できれば，$N(s)r$ で規定する目標軌道に沿った応答を実現できる．

4. 適応型外乱 FF 制御による温度変化にロバストな制御

前章では，ロバスト制御を実現する二自由度制御系について説明した．しかしながら，温度に依存して経時変化す

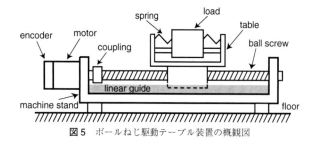

図5 ボールねじ駆動テーブル装置の概観図

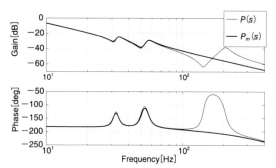

図6 制御対象モデルの周波数特性（青線：実機周波数特性に基づく高次モデル，黒線：コントローラ設計用の低次モデル）

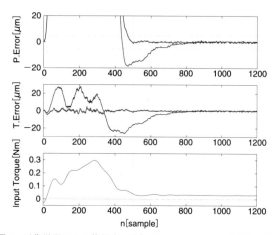

図7 反復学習による位置決め動作中の摩擦推定結果（上段：位置指令に対する偏差，中段：軌跡追従誤差，下段：外乱補償トルク（外乱推定値），青線：反復学習実施後，黒線：反復学習実施前）

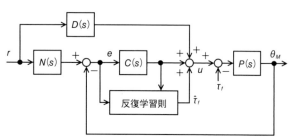

図8 反復学習則を備えた二自由度制御系ブロック線図

る特性変動に対するロバスト制御の実現にはさらなる工夫が必要となる．本章では，温度依存する特性変動に対するロバスト制御の一例として，適応型外乱 FF 補償法を紹介する．

4.1 制御対象

図5 は，本稿で対象とするボールねじ駆動テーブル装置の概観図である．モータとテーブルはボールねじを介して接続され，テーブルには付帯設備として低剛性要素を含む負荷装置を備える．案内や軸受けでは摩擦が発生して制御性能に影響を与える．位置決め制御仕様の一例は，テーブル位置換算で 20 mm の移動距離（以下，ストローク）に対し，位置指令開始後 500 sample（制御周期の 500 倍）以内に目標位置の $\pm5\,\mu m$ にモータ位置を整定させる PTP 制御系の実現である．

図6 中の青線は，モータトルク指令からモータ角度までの周波数特性である．図から，33 Hz の 1 次振動モード，56 Hz の 2 次振動モード，205 Hz の 3 次振動モードが確認できる．ここで，1 次振動モードは機台振動，2 次振動モードは負荷装置の機構振動，3 次振動モードはボールねじ機構での振動である．そのほか，本システムでは DSP によるディジタル制御を構成するため，電流制御系の遅れに加えて，補償器演算時間や D/A 変換器に起因する無駄時間要素が存在する．この無駄時間要素の影響により，高周波数領域で大きく位相が遅れている．

本システムで構成する制御系は，図3 に示す既約分解表現に基づく二自由度制御系とする．機台振動と負荷装置の機構振動を抑制する目的で，次式で示す 6 次システムを制御対象モデルとして用いる．

$$P_M(s) = \frac{1}{J_M s^2} + \sum_{i=1}^{2} \frac{K_i}{s^2 + 2\zeta_i \omega_i s + \omega_i^2} \tag{6}$$

$P_M(s)$ の周波数特性を図6 中の黒線で示す．3 次振動モードと無駄時間要素に対しては，モデル化誤差として FB 補償器 $C(s)$ によるロバスト安定化を図る．

4.2 反復学習による位置決め動作中の外乱推定

以上の制御系において，20 mm ストロークの位置決め動作を行った際の実験結果を図7 中の黒線で示す．上段は目標値に対する位置偏差（$r - \theta_M$）の目標値近傍における拡大図，中段は軌跡追従誤差 e，下段は後述する外乱推定値である．図中，外乱の影響から，最大 $25\,\mu m$ の軌跡追従誤差と約 $20\,\mu m$ のオーバシュートが発生している．

外乱抑圧性能の向上には FB 制御系の帯域拡大が一般的であるが，本システムでは 3 次振動モードと無駄時間要素が原因となり，安定性の観点から十分に帯域拡大できない．このような場合，突発的外乱に対する有効性はないが，FB 制御系の帯域拡大なしで外乱抑圧性能を向上させるために，システムに作用する外乱成分を忠実に再現できる高精度外乱モデルを獲得し，FF 則により補償することが有効である．

外乱モデルの構築に際しては，オフライン演算を前提と

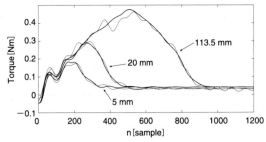

図9 遺伝的アルゴリズムによる外乱モデルパラメータの最適設計結果（青線：反復学習による位置決め動作中の外乱推定値，黒線：外乱モデル出力）

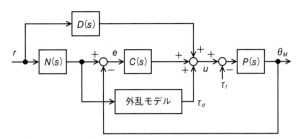

図10 外乱フィードフォワード補償を備えた二自由度制御系

する反復学習アルゴリズムを用いて，実外乱に対する時系列データの獲得を図る[5]．**図8**は，反復学習による外乱推定機能を備えた二自由度制御系ブロック線図である．詳細は文献5)に譲るが，本システムでは，外乱やモデル化誤差の影響がなければ，理想的には軌跡追従誤差は発生しない．したがって，反復学習によって軌跡追従誤差を零とする補償トルク $\bar{\tau}_f$ を得ることができれば，$\bar{\tau}_f$ は実外乱に対する時系列データと等価である．

20 mm ストロークの位置決め制御実験を行い，反復学習による外乱推定を実施した結果を図7中の青線で示す．反復学習の結果，軌跡追従誤差とオーバシュートを抑えた位置決め応答が実現できている．その際に得られた外乱時系列データ $\bar{\tau}_f$ を図中の下段に示す．

4.3　位置決め動作中の外乱モデル

外乱の主成分と考えられる非線形摩擦は，位置，速度等の条件によって変動するため，ストロークが変化すると外乱も変動する．そのため，さまざまなストロークに対応可能な汎用性のある外乱モデルを構築するには，複数のストロークに対する推定外乱データが必要となる．そこで，5 mm，113.5 mm の各ストロークに対して同様の反復学習を行い，得られた外乱時系列データを**図9**中の青線でそれぞれ示す．

外乱モデルの構造決定方法等の詳細については，紙数の都合上割愛するが，本システムでの外乱モデルを次式で定義する[5]．

$$\theta_M^* = N(s)r \tag{7}$$

$$\tau_d(\theta_M^*) = K_{C_1}\left(1 - e^{-\frac{\theta_M^*}{x_c}}\right) - K_{C_2}$$
$$+ K_v \dot{\theta}_M^* \frac{1}{K_l} + K_a \ddot{\theta}_M^* + K_J \frac{d}{dt}\ddot{\theta}_M^* \tag{8}$$

ここで，右辺第1項と第2項はクーロン摩擦に対応した位置モデル，第3項は粘性摩擦に対応した速度モデル，第4項は質量や推力定数の変化に対応した加速度モデル，第5項は残りのモデル化誤差に対応した加加速度モデルである．r は目標値，θ_M^* は目標軌道，K_{C_1}，K_{C_2} は位置摩擦係数，x_c は位置定数，$\dot{\theta}_M^*$ は目標軌道の一階微分値，K_v は粘性摩擦係数，K_l は定数，$\ddot{\theta}_M^*$ は目標軌道の二階微分値，K_a は慣性値補正係数，K_J は加加速度係数である．なお，外

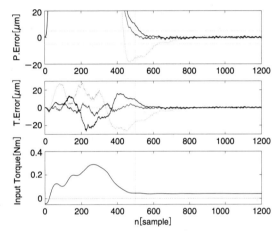

図11 外乱変動に対する固定型外乱 FF 補償の効果（上段：位置指令に対する偏差，中段：軌跡追従誤差，下段：外乱補償トルク，黒点線：温度変化前の固定型外乱 FF 補償なし，青線：温度変化前の固定型外乱 FF 補償あり，黒実線：温度変化後の固定型外乱 FF 補償あり）

乱モデルを用いた FF 補償により，理想的には $\theta_M^* = \theta_M$ となることから，外乱モデルへの入力変数には θ_M^* を用いる．

各パラメータの決定に際しては，最適化手法の一つである遺伝的アルゴリズム[6]を用いた．得られた外乱モデル出力を図9中の黒線で示す．青線で示す推定外乱を精度良く再現する外乱モデルが得られている．

4.4　固定型外乱 FF 補償

外乱モデルを用いた FF 補償の有効性および外乱変動に対するロバスト性を実験にて検証する．**図10**は，外乱モデルによる FF 補償を備えた二自由度制御系ブロック線図である．実験に際しては，温度変化にともなう外乱変動の影響を見るため，暖機運転前後における応答性能を検証する．ここでの外乱変動は，連続運転によるモータ発熱にともなうトルク定数変動，および同区間の連続往復動作による摩擦熱にともなう潤滑油の状態変動を想定している．

図11は，20 mm ストロークでの位置決め制御実験結果であり，黒点線は未補償時，青線は外乱変動前における外乱 FF 補償時，黒実線は外乱変動後における外乱 FF 補償時の応答を示す．図より，外乱変動前では，外乱 FF 補償によって未補償時に比べて軌跡追従誤差を減少でき，位置

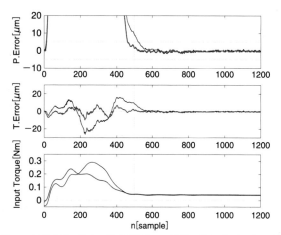

図 12 外乱変動に対する適応型外乱 FF 補償の効果（上段：位置指令に対する偏差，中段：軌跡追従誤差，下段：外乱補償トルク，青線：適応型外乱 FF 補償，黒線：固定型外乱 FF 補償）

決め制御性能を向上できている．一方，外乱変動後では，軌跡追従誤差が増加するとともに整定付近における位置決め精度も劣化している．

4.5 適応型外乱 FF 補償

前述のとおり，固定型外乱 FF 補償では温度依存する特性変動には対応できない．そこで，動作中の性能低下に対し，適応的処理を施すことで外乱変動に対するロバスト性能を確保する適応型外乱 FF 補償を導入する．具体的には，テーブル動作の各試行後に反復学習による外乱推定を行い，外乱モデル出力と比較する．その誤差が一定値を超えた際に，外乱モデルパラメータを最小二乗法により適応的に変化させる．

図 12 は，図 11 と同様の実験条件の下，適応型外乱 FF 補償を適用した場合の実験結果である．いずれも外乱変動

時の結果であるが，黒線で示す固定型外乱 FF 補償に比べて，青線で示す適応型外乱 FF 補償では，外乱モデルパラメータを適応させた結果，軌跡追従誤差を低減して位置決め制御性能を向上できている．

5. お わ り に

本稿では，位置決め機構で発生する特性変動の主な原因について取り上げるとともに，ロバスト制御を実現する制御系として，既約分解表現に基づく二自由度制御系を紹介した．また，温度に依存して変化する粘性摩擦やモータトルク定数に対するロバスト制御の一例として，適応型外乱 FF 補償法について紹介した．

位置決め機構においては，さまざまな要因から短期的・長期的に機器の特性が変化することは当たり前の現象といえる．したがって，コントローラ設計段階であらかじめ特性変動の範囲や発生条件を見積もり，コントローラ設計に生かすことが重要である．

本稿が，これから精密位置決め制御に取り組もうとする読者の参考となれば幸いである．

参 考 文 献

1) 劉康志：線形ロバスト制御，コロナ社，(2002).
2) K. Ito, N. Takigawa, M. Yamamoto, M. Iwasaki and N. Matsui : On-line Parameter Tuning of Disturbance Compensation in Precision Positioning, Proceedings of 10th International Workshop on Advanced Motion Control (AMC-2008), (2008) 672-676.
3) ネオマグ株式会社：磁石・磁気の用語辞典，http://www.neomag.jp/mag_navi/glossary/glossary_main.php?title_id=173T
4) 前田肇，杉江俊治：アドバンスト制御のためのシステム制御理論，朝倉書店，(1990).
5) 山元純文，岩崎誠，伊藤和晃，松井信行：位置決め性能向上を目指した高精度外乱モデルの構築，電気学会論文誌産業応用部門誌，**128-D**, 6 (2008) 742-749.
6) 北野宏明：遺伝的アルゴリズム，産業図書，(1993).

はじめての精密工学

プラズマ CVD

Plasma-Enhanced Chemical Vapor Deposition/Hiroaki KAKIUCHI

大阪大学　垣内弘章

1. は じ め に

　プラズマ CVD（PECVD：Plasma-Enhanced Chemical Vapor Deposition）は，一般に減圧下（100 Pa 以下）で発生させた低温プラズマ（グロー放電）を援用した CVD（化学気相成長）法であり，先端産業や科学技術の発展を支える薄膜作製技術の一つとして幅広く利用されている[1)-3)]．低温プラズマを用いた薄膜作製技術の中でも，スパッタリング法のように主として物理的な作用が薄膜成長に寄与するプロセスは，比較的古くから詳細に研究が行われてきた．一方，化学反応を伴うプラズマ CVD プロセスについては，未解明な部分がまだまだ多いのが現状である．それにもかかわらずプラズマ CVD 法は，さまざまな機能材料の薄膜（機能薄膜）を比較的低温で形成できるという優れた特徴を有しているため，工業的に非常に重要な技術であり，その応用分野はますます拡大しつつある．

　プラズマ CVD の代表的な応用例の一つとして，フラットパネルディスプレイや薄膜太陽電池のような電子デバイスの製造に不可欠な，シリコン（Si）およびその酸化物や窒化物の低温成膜が挙げられる．近年，それらのデバイスの高機能化・低コスト化に向けた研究がさかんに行われている．その中で，従来よりも高速かつ低温での薄膜作製プロセスが求められているが，その実現は，経験に基づいて一般的なプラズマ CVD 技術を改良・洗練していくだけでは困難と考えられる．これは，希薄な減圧雰囲気での薄膜作製プロセスでは，基板表面への活性種（膜成長に寄与する活性な反応種）の供給量を大幅に増加させることができない上，基板表面での膜形成反応も基板温度を高めなければ活性化されないためである．したがって，薄膜作製プロセスの高速化や低温化には，気相中や基板表面での反応過程を本質的に変えることが可能な，つまりまったく異なる性質をもったプラズマ源の利用が不可欠である．現在，そのようなプラズマ源の一つとして大気圧（常圧）プラズマが注目され，その応用に関して活発に研究が行われている[4)-14)]．

　本稿では，プラズマ CVD プロセスを理解するにあたって必要と思われる概念について，主にシラン（SiH4）を原料ガスとした Si 成膜を例に挙げて説明する．

2. プラズマ CVD の基礎的概念とプロセス

　プラズマ中では，電子が外部から印加された電圧で加速され，気体の原子や分子（気体粒子）との間で弾性衝突あるいは非弾性衝突が生じる．電子の質量が気体粒子の質量に比べて桁違いに小さく，弾性衝突の際の電子のエネルギー損失係数が非常に小さいため，電子，イオン，中性粒子（中性の気体粒子）の間の衝突周波数が低い減圧下では，電子温度（電子の運動エネルギー）がイオン温度やガス温度よりも桁違いに高い非平衡プラズマ（低温プラズマ）が生成する．低温プラズマは，気体粒子の電離度が大抵の場合 0.1％ 以下の弱電離プラズマであり，プラズマ中には，荷電粒子である電子やイオンよりも数桁高密度な中性粒子が存在する．非弾性衝突の場合は，電子の運動エネルギーの一部が気体粒子の分解や励起，イオン化などに使われる．電子温度が非常に高いため，熱 CVD では生じさせることが困難な活性化エネルギーの大きな化学反応でも，プラズマ CVD を用いれば容易に生じさせることが可能である．

　一般に，低温プラズマの励起に用いられる電磁波の周波数は，HF 帯（3〜30 MHz），VHF 帯（30〜300 MHz），UHF 帯（300〜3000 MHz）とさまざまであり，用いる周波数によってプラズマの発生形態だけでなく，電子温度や電子密度（単位体積当たりの電子の数密度）などの特性が異なる．また，放電形式（電極レイアウトや電磁界の加え方）によっても異なるプラズマが発生する[15)]．このため，用途に応じて最適な電源周波数や放電形式を選択する必要がある．薄膜作製プロセスを含め，ものづくりのプロセスにおいて最も一般的にプラズマ励起に用いられている電源周波数は 13.56 MHz（RF：Radio Frequency），放電形式は平行平板電極を用いた容量結合型であり，プラズマの動作圧力は 10〜100 Pa である．その場合，得られるプラズマの電子温度は 1〜5 eV，電子密度は 10^{10} cm^{-3} 程度である[15)]．

　大気圧のような高圧力下でプラズマを発生させると，電子，イオン，中性粒子の間の衝突が極めて頻繁に生じるため，粒子間の運動エネルギーの交換が十分に行われる．その結果，アーク放電に見られるような，電子温度がイオン温度やガス温度とほぼ等しい熱平衡プラズマ（熱プラズマ）になりやすい．ただし，後述するように，高圧力下で

49

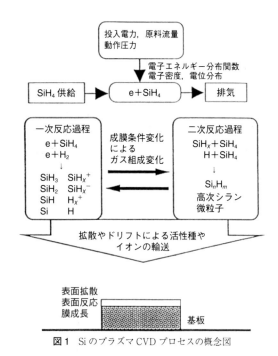

図中のテキスト:

投入電力，原料流量
動作圧力

↓

電子エネルギー分布関数
電子密度，電位分布

SiH₄ 供給 → e+SiH₄ → 排気

一次反応過程	成膜条件変化	二次反応過程
e+SiH₄	によるガス組成変化	SiHₓ+SiH₄
e+H₂		H+SiH₄
SiH₃ SiHₓ⁺		↓
SiH₂ SiHₓ⁻		SiₙHₘ
SiH Hₓ⁻		高次シラン
Si H		微粒子

拡散やドリフトによる活性種や
イオンの輸送

表面拡散
表面反応
膜成長   基板

図1 Si のプラズマ CVD プロセスの概念図

あっても熱的に非平衡な低温プラズマを生成することは可能であり，実際，大気圧下での低温プラズマが種々のプロセスに用いられている[13][14]．

上述のように，プラズマ CVD プロセスでは，高エネルギーの電子が原料の気体粒子を分解・励起し，活性種を生成する（一次反応過程）役割を主に担っている．しかし，プラズマの内部を詳細に見ると，気相反応による種々の活性種の変換や新しい活性種の生成（二次反応過程），それらの基板表面への輸送（拡散），表面における反応や膜形成過程など，さまざまな過程が同時に進行している．例えば，SiH₄ を原料ガスとしたアモルファス Si（a-Si）や微結晶 Si（μc-Si）の成膜プロセス（図1）では，気相における一次反応過程で SiH₄ 分子が中性の SiHₓ（x=0〜3）分子や SiHₓ⁺，SiHₓ⁻ 等のイオンに分解する．それらの活性種が，二次反応過程において原料 SiH₄ 分子や他の活性種と反応を起こし，分子量のより大きなさまざまな活性種（高次シラン）や微粒子を新たに生成する[16]-[19]．一方，基板表面においては，輸送されてきた種々の活性種が吸着し，表面拡散する過程において膜形成反応が生じ，Si 薄膜が成長する．成膜条件（プラズマの励起周波数や動作圧力，投入電力，原料ガス流量，基板温度など）を変化させると，気相および表面での反応過程が複雑に変化し，結果的に得られる Si 薄膜の構造や特性も変化する．SiH₄ の希釈ガスとしてヘリウム（He）やアルゴン（Ar）等の希ガスや水素（H₂）がよく用いられるが，希釈ガスの種類や量によっても反応過程は変化する[17]．

3. プラズマ CVD プロセスの高速化・低温化

図1に示すように，プラズマ CVD プロセスはさまざま

な化学反応を伴うために非常に複雑であり，気相および表面での個々の反応過程がすべてうまく目的に適合するように進行したとき，初めて所望の構造や特性をもった薄膜が成長する．実際，特性の優れた高品質な薄膜を形成するための成膜条件の範囲はかなり狭いことが経験的に分かっている．これは，高品質薄膜の成長にはある特定の種類の活性種が必要であり，その表面へのフラックスと表面での反応速度を決める基板温度が，うまくバランスしなければならないことを意味する．

SiH₄ を用いた a-Si や μc-Si の成膜プロセスでは，比較的反応性が低く，気相中で長寿命な SiH₃ 分子が高品質 Si 成長に必要な活性種であり，基本的にはその基板表面へのフラックスと基板温度の組み合わせを最適化することが，高品質な a-Si や μc-Si 薄膜を形成する上で重要となる[16][17]．また，原料 SiH₄ や希釈ガスとして用いる H₂ の分解によって生成する原子状水素は，表面での緻密な Si ネットワーク構造の形成に貢献することから，SiH₄ 流量に対する H₂ 流量の割合（H₂/SiH₄ 比）も重要な成膜パラメータである[20]．このような概念に基づいて，Si 成膜プロセスを単純に考える．一定基板温度の下で SiH₃ 分子のフラックスを増加させて成膜速度を高速化すると，表面での膜形成反応が不十分になり，成長した Si 薄膜中の欠陥密度が増加する．したがって，同時に基板温度を高めたり H₂/SiH₄ 比を大きくしたりして表面での反応を活性化しなければ，高品質な Si 薄膜成長を維持できない．基板温度を低くした場合も同様に，熱エネルギーの不足によって表面での反応速度が低下するため，SiH₃ 分子のフラックスを減らす（成膜速度を遅くする）必要に迫られる．原料 SiH₄ を予備加熱してからプラズマ中に導入すれば，表面反応が活性化され，基板温度の不足をある程度補うことができる[21][22]．しかし，表面での膜形成反応が主に基板加熱により供給される熱エネルギーに依存している状況下では，高品質 Si 成膜プロセスの大幅な高速化や低温化は非常に難しい．また，実際には，SiH₃ 分子のフラックスのみを単独で変化させることはほぼ不可能であり，図1に示すように，プラズマ中には反応性の高い分子（SiH₂ や SiH など）や二次反応過程で生成した高次シランや微粒子など，欠陥密度の高い Si 薄膜の成長につながる活性種も同時に存在する．特に，高速成膜を狙って投入電力を大きくし過ぎると，そのような膜質を低下させる活性種が生成しやすくなるとともに，H⁺ などの高エネルギーイオンにより成長膜がダメージを受けやすくなる[20][23]．つまり，高品質 Si 成膜に許容される投入電力や SiH₄ 流量などのパラメータの変化の幅はどうしても狭い範囲に限定されてしまう．このように，一般的な減圧下でのプラズマを用いる限り，高品質 Si 薄膜を形成するためには種々の成膜条件をトータルに最適化するしかなく，成膜プロセスの本質的な高速化と低温化は困難といえる．

近年，高品質な Si 薄膜を高速成膜するために，従来よりもプラズマ動作圧力を高圧力化（100 Pa 以上）したり，

プラズマ励起周波数を高周波化（13.56 MHz 以上）したりする手法が研究されている[24]-[28]. それらの手法の詳細については省略するが，プラズマ動作圧力を高圧力化すると，プラズマ中でのSiH$_3$やHの密度が増加するとともに，粒子間の衝突頻度の増加によって高エネルギーイオンが生成しにくくなり，欠陥密度の低い高品質なμc-Si薄膜が得られる. プラズマ励起周波数を高周波化するとプラズマが高密度化し，結果として成膜速度の増加につながる. 大気圧プラズマは，脱真空での低コストなプロセスの構築を念頭に置いた開発が多いが[13][14]，高品質薄膜の高速成膜の観点からも有用であると考えられる.

4. 大気圧プラズマCVD

現在，大気圧プラズマは，表面処理や洗浄，エッチング等のプロセスに応用されることが多く，薄膜作製プロセスへの応用例は非常に少ない[13][14]. これは，薄膜作製プロセスに一般的な大気圧プラズマ源を用いると，多くの場合，原料ガスの分解により生成した活性種が気相中で凝縮してダスト（微粒子やその凝集物）が多量に発生し，基板表面を汚染するという問題が生じるためである[29]-[32]. また，活性種の基板表面への輸送が拡散により制限されるため，基板上に形成される薄膜の厚さおよび構造や特性の均一性が悪くなることも理由の一つである[29]-[32]. しかし，大気圧プラズマを薄膜作製プロセスに用いることができれば，従来の減圧プラズマに比べて桁違いに大量の物質を処理できるようになり，本質的に高速なプロセスを実現できる. また，ガス温度が減圧プラズマよりも高くなるため，膜形成反応を促進するための熱エネルギーが基板表面に直接供給され，基板温度を低温化できる可能性がある. しかも，取り扱う原料ガスの性質によっては高価な真空排気系が不要になったり，装置の大型化が比較的容易であったりするため，デバイス製造コストの削減の点でもメリットは大きい.

減圧プラズマの場合と同様に，プラズマ励起周波数や放電形式によって異なる形態や性質の大気圧プラズマが生成する. 以下に，種々の大気圧プラズマ源とそれらの薄膜作製プロセスへの応用例について簡単に述べる.

4.1 誘電体バリア放電の特徴と成膜応用

最も一般的な大気圧プラズマ発生方法は，誘電体バリア放電（Dielectric Barrier Discharge：DBD）であり，エッチングや表面処理，薄膜作製等のための種々の大気圧プラズマの発生，さらにはバイオメディカル応用や新物質創成等，最先端のプラズマ科学を支える重要な技術となっている[13][14]. DBDでは，プラズマを発生させる金属電極間に絶縁体（ガラス，アルミナ，ポリマーフィルム等）が挿入され，交流（数百Hz〜数百kHz），またはパルス状の電圧を電極に印加することにより，大気圧プラズマを励起する. 電極間に大気圧における放電開始電圧以上の電圧を印加すると，ストリーマ形式の絶縁破壊が生じ，直径約0.1 mmの多数のストリーマ（放電柱）が時間的・空間的にラ

ンダムに生成・消滅を繰り返す（フィラメント状放電）. これは，放電電流が絶縁体によって遮断されると同時に，絶縁体表面に帯電した電荷による逆電界のため，個々のストリーマが1〜10 nsという極めて短い時間で消滅するためである[2].

DBDは電極構造が単純でスケールアップしやすいことから，大気開放系での低温・低コスト成膜法を念頭に置いた開発を中心に利用されており，ポリマー（SiOCH）薄膜，Si酸化膜（SiO$_2$, SiO$_x$），フッ化炭素薄膜，カーボン膜（DLCを含む）といったSi以外のさまざまな材料の薄膜作製に応用されている[5]-[11][13][14][33]-[35]. プラズマに供給する原料ガスやキャリアガスの組成，印加電圧等の放電条件を最適化することにより，比較的均一で滑らかなコーティングも可能になっているが，一般に，DBDはストリーマの集合体で，放電自体が不均質なため，薄膜の均一性が悪く，しかもパウダー状の膜が得られやすいという問題がある[29]-[32].

4.2 大気圧グロー放電の特徴と成膜応用

DBDの電極レイアウトやプラズマ励起周波数を用いた場合でも，印加電圧，ガス組成，原料ガス濃度等の条件を最適化すれば，大気圧下においても，不安定で不均一なフィラメント状放電ではなく，電極表面全体を均一かつ安定に覆うグロー放電が得られる. ただし，多くの場合，希釈ガスとしてヘリウム（He）を用いることが必要となる[13]. Heはすべての種類のガスの中で最も大気圧下での放電開始電圧が低いガスであるため，放電開始後のストリーマへの転移が緩やかに進行する. また，Heは他の希ガスよりも軽いため，粒子の拡散が効果的に起こり，電極表面全体を均一に覆うグロー放電が得られやすい. ただし，大気圧グロー放電もストリーマと同様，数μs間隔（プラズマ励起周波数に依存）の放電現象の繰り返しから構成されており，そのようなパルス放電であることが，大気圧下でも熱的に非平衡の低温プラズマが得られる理由である.

大気圧グロー放電の主な成膜応用例としては，DBDと同様，ポリマー（SiOCH）薄膜やSi酸化膜（SiO$_2$, SiO$_x$）のほか，炭化水素（SiC）薄膜などが挙げられる. 大気圧グロー放電を用いれば，同じ投入電力で比較すれば，DBDを用いた場合よりも速い成膜速度が期待できる.

4.3 プラズマ励起周波数の高周波化の有用性

上記のように，近年，大気圧プラズマが実際の成膜プロセスに応用され始めているが，放電の安定性やダスト汚染に関する問題を抱えているため，高品質な薄膜の高速形成や低温形成のためのプラズマ源として普及するには至っていない. 特に，Siのような電気特性が重要な機能薄膜の低温・高速形成プロセスへの大気圧プラズマの応用例は，一般にはほとんど見られない.

大気圧下での成膜プロセスの安定性や再現性を確保するためには，フィラメント状放電ではなく，減圧下での一般的な低温プラズマと同じような安定で均一なグロー放電を用いることが必須である. 放電を安定化させる一つの有用

な方法として，電極間に電子を捕捉できるくらいの高周波電界の利用が挙げられる．大気圧のような高圧力下においては，電子と中性粒子との間の衝突が極めて頻繁に生じるために，電子の運動が制限を受ける．その結果，13.56 MHz やそれ以上の VHF 帯の周波数の高周波電界を用いれば，電子の移動速度よりも十分に速い時間スケールで極性が反転するため，放電の不安定化を効果的に防ぐことができ，電極表面の誘電体バリアが無くても時間的に連続した安定で均一なグロー放電を得ることができる[12]．ただし，この場合でも，投入電力が大きすぎると，プラズマ中に電流が流れすぎてストリーマに転移する恐れがあるため，電極間に絶縁体を挿入（電極表面を絶縁コーティング）することが好ましい．

実際に，150 MHz の VHF 電力により大気圧下でプラズマを励起すると，1 mm 以下の微小な電極間ギャップにおいて，電極表面全体を均一に覆う安定な大気圧プラズマを発生させることができる．現段階では，プラズマの安定性を確保しやすい He を希釈ガスとして使用しているが，より安価な Ar の使用についても検討を進めている．これまでに，そのような VHF 励起大気圧プラズマ源を用い，ガス流れを制御することによって基板のダスト汚染を防いだ結果，SiO_x や SiN_x，SiC，さらには優れた電気特性をもった高品質な Si 薄膜の高速・低温形成も可能となっている[12][36][37]．

ちなみに，VHF 励起大気圧 He プラズマの電子温度は 0.1～0.5 eV，電子密度は 10^{10}～10^{11} cm^{-3} 程度と見積もられており[12]，電源周波数として 13.56 MHz を用いた一般的な容量結合型の減圧プラズマと比較してみると[15]，圧力が 3 桁程度高いのに対し，電子温度は 1 桁程度小さく，電子密度はほぼ同程度である．また，大気圧 He プラズマのガス温度は基板温度に依存し，基板温度が室温の場合ガス温度は 200～300℃，基板温度が 600℃ 程度まで上昇するとガス温度は 600～700℃ となり，あまり差がなくなる[38]．これらのことから，大気圧 VHF プラズマは熱的に非平衡のプラズマであり，しかも一般的な減圧プラズマとはまったく異なる性質をもっているといえる．おそらく，大気圧 VHF プラズマを用いた成膜プロセスでは，減圧プラズマプロセスよりも気相中での二次反応過程の膜成長への寄与が大きいと考えられるが，詳細についてはまだ不明な点が多い．

5. おわりに

減圧下でのプラズマは，半導体や電子部品工業等の先端産業の発展に大きく貢献してきた．これに対し，現在開発途上の大気圧プラズマは，成膜プロセスの低温化・高速化・低コスト化に有効なツールとして大いに期待されており，その特長を実産業で生かすべく，現在さまざまなアプローチで大気圧プラズマ技術の開発が進められている．今後，大気圧プラズマの実用化においては，成膜実験データの蓄積だけでなく，プラズマ中での化学反応やプラズマと表面との相互作用に関する理論的なアプローチも不可欠である．プラズマ CVD プロセスを理解する上で，本稿が読者諸氏の一助となれば幸いである．

参 考 文 献

1) B.N. Chapman : Glow Discharge Processes, John Wiley & Sons, New York, (1980). ［岡本幸雄訳：プラズマプロセシングの基礎，電気書院，(1985).］

2) 菅井秀郎：プラズマエレクトロニクス，オーム社，(2000).

3) M.A. Lieberman and A.J. Lichtenberg : Principles of Plasma Discharges and Materials Processing, 2nd Ed., Wiley-Interscience, New York, (2005). ［堀勝監修，佐藤久明訳：プラズマ/プロセスの原理　第2版，丸善，(2010).］

4) A.P. Napartovich : Overview of Atmospheric Pressure Discharges Producing Nonthermal Plasma, Plasmas Polym., **6** (2001) 1.

5) F. Fanelli : Thin film deposition and surface modification with atmospheric pressure dielectric barrier discharges, Surf. Coat. Technol., **205** (2010) 1536.

6) L. Bardos and H. Barankova : Cold atmospheric plasma : Sources, processes, and applications, Thin Solid Films, **518** (2010) 6705.

7) M. Kogoma, M. Kusano and Y. Kusano, Ed. : Generation and Applications of Atmospheric Pressure Plasmas, Nova, New York, (2011).

8) D. Pappas : Status and potential of atmospheric plasma processing of materials, J. Vac. Sci. Technol. A, **29** (2011) 020801.

9) T. Belmonte, G. Henrion and T. Gries : Nonequilibrium Atmospheric Plasma Deposition, J. Therm. Spray Technol., **20** (2011) 744.

10) D. Merche, N. Vandencasteele and F. Reniers : Atmospheric plasmas for thin film deposition : A critical review, Thin Solid Films, **520** (2012) 4219.

11) F. Massines, C.S. Bournet, F. Fanelli, N. Naudé and N. Gherardi : Atmospheric Pressure Low Temperature Direct Plasma Technology : Status and Challenges for Thin Film Deposition, Plasma Process. Polym., **9** (2012) 1041.

12) H. Kakiuchi, H. Ohmi and K. Yasutake : Atmospheric-pressure low-temperature plasma processes for thin film deposition, J. Vac. Sci. Technol. A, **32** (2014) 030801.

13) 小駒益弘監修：大気圧プラズマの生成制御と応用技術，サイエンス&テクノロジー，(2006).

14) 大気圧プラズマ　基礎と応用，日本学術振興会プラズマ材料科学第153委員会編，(2009).

15) 菅井秀郎：低圧力・高密度プラズマの新しい展開—ECR，ヘリコン波および誘導結合型プラズマ—，応用物理 **63** (1994) 559.

16) A. Matsuda : Thin-Film Silicon—Growth Process and Solar Cell Application—, J.J. Appl. Phys., **43** (2004) 7909.

17) Y. Hishikawa, S. Tsuda, K. Wakisaka and Y. Kuwano : Principles for controlling the optical and electrical properties of hydrogenated amorphous silicon deposited from a silane plasma, J. Appl. Phys., **73** (1993) 4227.

18) Y. Watanabe, M. Shiratani, H. Kawasaki, S. Singh, T. Fukuzawa, Y. Ueda and H. Ohkura : Growth processes of particles in high frequency silane plasmas, J. Vac. Sci. Technol., **14** (1996) 540.

19) M. Shiratani, H. Kawasaki, T. Fukuzawa, T. Yoshioka, Y. Ueda, S. Singh and Y. Watanabe : Simultaneous in situ measurements of properties of particulates in rf silane plasmas using a polarization-sensitive laser-light-scattering method, J. Appl. Phys., **79** (1996) 104.

20) A. Matsuda : Formation kinetics and control of microcrystallite in μc-Si : H from glow discharge plasma, J. Non-Cryst. Solids **59 & 60** (1983) 767.

21) Y. Hishikawa, M. Sasaki, S. Tsuge and S. Tsuda : Effect of Heating SiH_4 on the Plasma Chemical Vapor Deposition of Hydrogenated Amorphous Silicon, Jpn. J. Appl. Phys., **33** (1994) 4373.

22) D. Das, S. Chattopadhyay, A.K. Barua and R. Banerjee : Study of effects of interelectrode spacing and preheating of source gases on hydrogenated amorphous silicon films prepared at high growth rates, J. Appl. Phys., **78** (1995) 3193.

23) T. Matsui and M. Kondo : Advanced materials processing for high-efficiency thin-film silicon solar cells, Sol. Energy Mater. Sol. Cells, **119** (2013) 156.

24) M. Goerlitzer, P. Torres, N. Beck, N. Wyrsch, H. Keppner, J. Pohl and A. Shah : Structural properties and electronic transport in intrinsic microcrystalline silicon deposited by the VHF-GD technique, J. Non-Cryst. Solids, **227-230** (1998) 996.

25) F. Finger, P. Hapke, M. Luysberg. R. Carius, H. Wagner and M. Scheib : Improvement of grain size and deposition rate of microcrystalline silicon by use of very high frequency glow discharge, Appl. Phys. Lett., **65** (1994) 2588.

26) M. Fukawa, S. Suzuki, L. Guo, M. Kondo and A. Matsuda : High rate growth of microcrystalline silicon using a high-pressure depletion method with VHF plasma, Sol. Energy Mater. Sol. Cells, **66** (2001) 217.

27) U. Graf, J. Meier, U. Kroll, J. Bailat, C. Droz, E. Vallat-Sauvain and A. Shah : High rate growth of microcrystalline silicon by VHF-GD at high pressure, Thin Solid Films, **427** (2003) 37.

28) Y. Mai, S. Klein, R. Carius, J. Wolff, A. Lambertz, F. Finger and X. Geng : Microcrystalline silicon solar cells deposited at high rates, J. Appl. Phys., **97** (2005) 114913.

29) Y. Sawada, S. Ogawa and M. Kogoma : Synthesis of plasma-polymerized tetraethoxysilane and hexamethyldisiloxane films prepared by atmospheric pressure glow discharge, J. Phys. D : Appl. Phys., **28** (1995) 1661.

30) K. Schmidt-Szalowski, Z. Rżanek-Boroch, J. Sentek, Z. Rymuza, Z. Kusznierewicz and M. Misiak : Thin Films Deposition from Hexamethyldisiloxane and Hexamethyldisilazane under Dielectric-Barrier Discharge (DBD) Conditions, Plasmas Polym., **5** (2000) 173.

31) S. Martin, F. Massines, N. Gherardi and C. Jimenez : Atmospheric pressure PE-CVD of silicon based coatings using a glow dielectric barrier discharge, Surf. Coat. Technol., **177-178** (2004) 693.

32) N. Jidenko, C. Jimenez, F. Massines and J.-P. Borra, Nano-particle size-dependent charging and electro-deposition in dielectric barrier discharge at atmospheric pressure for thin SiO_x film deposition, J. Phys. D : Appl. Phys., **40** (2007) 4155.

33) Y. Suzaki, S. Ejima, T. Shikama, S. Azuma, O. Tanaka, T. Kajitani and H. Koinuma : Deposition of ZnO film using an open-air cold plasma generator, Thin Solid Films, **506-507** (2006) 155.

34) Y. Suzaki, H. Miyagawa, K. Yamaguchi and Y.-K. Kim : Fabrication of Al doped ZnO films using atmospheric pressure cold plasma, Thin Solid Films, **522** (2012) 324.

35) N. Ohtake, T. Saito, Y. Kondo, S. Hosono, Y. Nakamura and Y. Imanishi : Synthesis of Diamond-like Carbon Films by Nanopulse Plasma Chemical Vapor Deposition at Subatmospheric Pressure, Jpn. J. Appl. Phys., **43** (2004) L1406.

36) H. Kakiuchi, H. Ohmi, T. Yamada, A. Hirano, T. Tsushima, W. Lin and K. Yasutake : Effective phase control of silicon films during high-rate deposition in atmospheric-pressure very high-frequency plasma : Impacts of gas residence time on the performance of bottom-gate thin film transistors, Surf. Coat. Technol., **234** (2013) 2.

37) H. Kakiuchi, H. Ohmi, T. Yamada, S. Tamaki, T. Sakaguchi, W. Lin and K. Yasutake : Characterization of Si and SiO_x films deposited in very high-frequency excited atmospheric-pressure plasma and their application to bottom-gate thin film transistors, Phys. Stat. Sol., A, **212** (2015) 1571.

38) Y. Oshikane, H. Kakiuchi, K. Yamamura, C.M. Western, K. Yasutake and K. Endo : Ro-vibronic Structure in the Q-branch in the Spectra of Hydrogen Fulcher-α Band Emission in the Atmospheric Pressure Plasma CVD Process Driven at 150 MHz, Ext. Abst. International 21st Century COE Symposium on Atomistic Fabrication Technology, Osaka, Japan, (2006), 49-50.

はじめての 精密工学

光コムによる精密計測

High-Precision Metrology Using Optical Frequency Combs/Kaoru MINOSHIMA

電気通信大学　美濃島薫

1. 緒　　言

　超短パルスレーザー発生法として広く知られるモード同期レーザーを，光周波数軸上の極めて等間隔な光周波数モード列，すなわち光周波数の精密な物差し「光コム」（光周波数コムともいう．図1）として用いる報告がなされたのは1999年であり，20世紀中に相次いで日米独の3カ国で実現された[1-3]．それは，時間軸の超高速と周波数軸の超精密という，従来直交して進展してきた技術分野どうしが究極において融合するというドラマチックな出来事であり，その後の両者の技術に革命的な変革をもたらした．2005年には，ドイツとアメリカの研究者にノーベル物理学賞が授与されたが[4]，それから早くも10年あまりがたった．しかし，光コムの意義は単に光周波数を測る精密な「物差し」にとどまらず，光波の位相レベルの精密制御「光シンセサイザ」を実現する基盤技術であり，科学技術の根幹に関わる技術革新であるといっても過言ではない．近年，光コムの応用は，当初想定された周波数計測・標準はもとより，分光，環境，センシング，イメージング，バイオ，天文，宇宙など，広範な分野に急速に広がっている．

　モード同期レーザーが多数の光周波数モードを形成することは数学的にはフーリエ変換の関係として自明であるが，実際のモード同期レーザーにおいて，精密計測に利用価値のある高精度なモード列が実現できるようになったのは，近年のレーザー発生・制御技術の進展による．「光コム」という名前は，多数のモードがくし状に等間隔に並ぶ様子からつけられているが，近年，「光コム」と呼ばれて

精密計測の手段として注目されている高精度光は，単なるくし型形状のスペクトルをもつ光ではない．光コムは，1台のレーザーから同時に出力される，典型的には数万に及ぶ多数の光周波数モードが，各々精密な周波数値と高いコヒーレンスをもつ連続波（CW）レーザーに相当すると同時に，それらが相互に精密な位相関係を保つ高度な光である．光コムの神髄は，広帯域にわたる極めて高い等間隔性であり，かつそれが高精度に保持されるアダプティブ性である．そのため，くしの歯1本に相当する光モード周波数が，モード間隔周波数（f_{rep}）の整数倍と，その余りの定数項（f_{CEO}）の和として，2つのマイクロ波周波数のみの簡単な1次式で高精度に記述される．光周波数は数百THzの大きな値で直接測定できないが，マイクロ波周波数であれば，カウンタなどの電子機器を用いて測定できる．現在，時間・周波数の標準はマイクロ波領域にあるセシウム原子の発振周波数により定義されている．そのため，レーザーの波長（周波数）を定義に従って測定（絶対測定）するためには，マイクロ波と光周波数の何桁ものギャップを埋めなければならず，大きな困難が生じていた．しかし，光コムの等間隔に続くモードを物差しの目盛りとして用いれば，光周波数の絶対測定が容易に実現できる．すなわち，光コムは，周波数が何桁も離れたマイクロ波と光波との間の「周波数のコヒーレントなリンク」であると同時に，秒とメートルとの間の「単位のコヒーレントなリンク」を実現するものである．これにより，逆に精密さで上回る光周波数を基準として秒を定義する光格子時計[5]に代表される光時計の実現など，周波数計測・標準の分野を一変する動きが次々と起こっている．このように，光コムは人類が手にした最も精密な物差し，「光の物差し」であり，2005年のノーベル物理学賞は，その「物差し」としての意義が認められたものといえる．

　しかし，光コム技術の意義は，単なる「周波数の物差し」にとどまらない[6,7]．「周波数」は，全物理量の中で最も精密で大きなダイナミックレンジ（広い範囲と高精度）をもち，かつ成熟したエレクトロニクスの装置や手法によって扱うことができる．光コムによって，光技術とエレクトロニクス技術の垣根が取り払われ，「科学技術分野のコヒーレントなリンク」が実現された．これにより，光波の位相レベルの制御技術が革命的に進展し，従来の光源では実現できなかったレベルの精密さに加え，圧倒的なダイナ

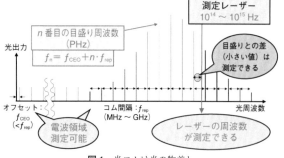

図1　光コムは光の物差し

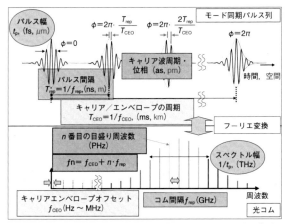

図2 光コムと超短パルス列の関係. 時間・空間・周波数の多重な基準のコヒーレントリンクによる, 多次元を網羅した制御性・精密性・ダイナミックレンジが実現される.

ミックレンジが利用できるようになってきた. 特に, 周波数軸上の光コムは, 時間軸上で超短パルス列であるように, その応用上の魅力は多次元性にある. 周波数軸上の制御性の利用により, 時間軸においても, 単独パルスの超短時間性のみならずパルス列としての性質を積極的に用いることが可能となった. これにより, フェムト秒レベルのパルス幅に加えて, 間隔時間, キャリア波の位相と周期, さらにはパルスのエンベロープに対するキャリア波の周期という, アト秒からミリ秒以上に及ぶ, 広範かつ相互に関係をもつ異なるスケールの量を内包できることになり, より高精度かつ広範囲で自在な制御を用いた応用が可能となってきた. そして, このような超短パルス列の精密性と多重性は, 光速を介して高分解能かつ広範囲な空間軸と結びつき, 時間・空間・周波数の多次元において, 圧倒的な精密さとダイナミックレンジをもつ応用が可能となったのである (**図2**).

光コムの発生技術も近年急速な発展を遂げ, 操作性の良い安定な光源技術も進展している. 特に現在標準的光源となっている光ファイバを用いたファイバコムの開発においては, 日本は世界を先導してきた[8)9)]. さらに, 波長領域も拡大し, 超短パルスの強度軸の特性を生かして種々の非線形光学現象が活用でき, X線領域からTHz波, 電波領域へと及び, 原理的にはあらゆる電磁波領域のコヒーレントなリンクが可能となってきた.

このように, 光コム技術によって, 光波を音のように自由自在に操作する光科学技術者の究極の夢をかなえるツール「光シンセサイザ」の実現に大きく近づいた. これらの光コムのポテンシャルは, まだ周波数計測以外の分野では未開拓であり, 多くの可能性が残されている. 特に, 長さ計測分野では, 日本が世界を先導してきており[10)11)], 近年, 世界的にも研究が盛んになってきている.

2. 光コムの利用法

光コムの応用では, その特長を生かした利用法が重要となるが, 主として以下の3つのカテゴリーに分類できる[12)].

(1) 周波数物差しとして利用するもの

絶対値を付与された光コムを「光の物差し」, すなわち広帯域かつ高精度な波長計として利用する. 長さの国家標準として利用され, 周波数標準や光時計の進展, 物理定数の評価などに強力な役割を果たしてきた. 近年では, レーザーの波長だけでなく, 分光器の広帯域・高精度な校正手段としても注目され, アストロコムとして, 天文分野を画期的に進展させるツールとしても期待されている[13)].

(2) 光周波数モードをCW光源として利用するもの

光コムを単なる基準ではなく, 高精度な光源として利用する応用が広がっている. 特に, 広帯域の任意光周波数発生「光周波数シンセサイザ」としての利用が注目されている. 繰り返し周波数が10GHz以上の光コムでは, 単一モードを直接フィルタで抜き出すことも可能である. 高繰り返しコムとしては, モード同期レーザーのほかに, 変調器型の光コム[14)], 非線形光学を利用したマイクロコム[15)]やラマンコム[16)]が知られているが, 現状では直接発生や絶対周波数制御が困難であるなど, 実用性が限定されている. 一般的に利用されている光コムは, 繰り返し周波数が100MHz程度であり, 単一モードを直接切り出すことは困難で, かつモード当たりの強度も弱い. そこで, 波長可変CW光源を同期させることにより, 光コムの高精度を保ったまま, 高強度かつ広帯域可変の単一モード出力を得る手法が採られる[17)]. 光コムに同期することで, 走査の範囲拡大と高精度化の両立が可能となり, 光やTHz波領域[18)]での分光やセンシングが実現されている. また, 波長走査干渉計に利用して, 大幅な変位量の拡大と高分解能の両立を実現し, 大気中でピコメートル精度をもつ変位計測に成功している[19)].

(3) 光コム全体を光源として利用するもの

「光コム光源」として, その特徴をフルに生かした利用であり, 近年盛んになってきている. さらに細分化すると, ①制御された超短パルス列光源, ②広帯域スペクトル光源, ③コヒーレント多モード光源としての利用に分けられる.

① 制御された超短パルス列光源

光コム全体をパルス光源として用いるもの. 光コムが制御された超短パルス列であることを利用する. ナノ秒などの時間で等間隔に出力されるフェムト秒などの幅の包絡線をもつ超短パルス列と同時に, パルスの包絡線に内包される位相制御されたキャリア波が利用できる. 干渉計測に用いると, パルスの包絡線に局在した, パルス内キャリア波による干渉縞が観測される. 白色光源による低コヒーレンス干渉とは異なり, パルス列内の異なるパルスが相互に干渉する (パルス間干渉)[20)]ため, 真の

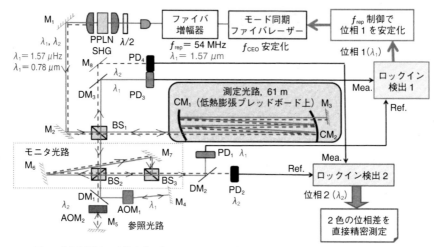

図3 空気屈折率の高精度自己補正のための2色光コム干渉計の実験配置（文献27を改変）

コヒーレンス長は，各モードの線幅で決まる．制御された光コムでは，モード線幅として1Hz以下が実現されている．パルス間干渉の利用により，低コヒーレンス干渉と任意距離測定を両立する高機能計測が可能である．また，光コムの間隔周波数とキャリアエンベロープ周波数で光路長を可変・制御できるため，機械的走査が不要となり，高速かつ高精度な計測が可能という大きな利点がある[21)~23)]．

② 広帯域スペクトル光源

光コムを広帯域光源として利用するもの．モード同期レーザー自体が広帯域スペクトルをもつが，さらに超短パルスの高強度性を生かして，コンティニュウム発生や波長変換などの高効率な非線形光学効果により超広帯域光が利用できる．連続的な広帯域スペクトルを利用するとともに，検出のスペクトル分解能がモード間隔より高分解能になると，一気に各モードの狭線幅を生かして検出分解能を超えることができる．また，分光のみならず，広帯域にわたるスペクトル成分や多数のモードに情報を乗せて同時に扱うことにより，高速性，並列性を生かした計測・情報処理応用の可能性も出てきている．

③ コヒーレント多モード光源

光コムのモード間の干渉（モード間ビート）を利用するもの．同一コム内の多数のモードどうしのセルフビート，および複数のコム間のクロスビートを利用できる．RF，マイクロ波，THzから光周波数までの非常に広帯域な合成波長の生成とみなせ，これらの電磁波を実際に発生させることも可能である．また，広帯域・高精度な変調，ヘテロダイン，ビートダウン手法として用いれば，光周波数とマイクロ波周波数の変換を用いた信号処理・計測が可能である[8)]．中でも，繰り返し周波数のわずかに異なる2つの光コムのクロスビートを用いて，光周波数領域の情報をRF領域にビートダウンし，多数のモード分解したスペクトル情報を同時に取得するデュア

ルコム法が盛んになってきている[24)]．これにより，100THzに及ぶ広帯域を一度にカバーして，各光周波数モードを分解できる高分解能と周波数絶対値をもつ高精度スペクトルを，ミリ秒程度の高速かつ高感度に取得できるようになり，光コムの応用性が大きく高まった．デュアルコム法は，精密なガス分光のほか，距離計測やイメージングなどにも応用され始めている．

以下第3章では，上述した項目（3）の「光コム光源」の実施例として，筆者らの研究から，パルス間干渉による空気屈折率補正について述べる[25)~27)]．パルス間干渉によって，干渉計の光路長を機械的走査なしに周波数走査によって変化させ，光コムを高精度に同期させることによって，高精度な空気屈折率補正が実現された．

3. 2色法による高精度な空気屈折率自己補正

光波干渉計は測長に広く用いられているが，高精度測定のためには空気屈折率補正が重要な課題である．空気屈折率は，気温，気圧等の環境パラメータを別途測定し，Ciddorの経験式[28)]などを用いて計算によって求めるのが一般的だが，実用的な環境では時間的変動や空間的分布のため，実際の光学的測定に寄与する環境パラメータを正確に測定するのは困難であり，主要な不確かさ要因となっている．さらに，これらをクリアしたとしても，経験式自体の不確かさ10^{-8}の限界がある．経験式の不確かさは原理的限界ではなく，さらに改良できれば精密計測にとって有用である．

これに対し，2波長のレーザーを用いて対象とする長さ測定を同時に行い，空気屈折率の分散関係を用いて，光学的測長結果のみから空気屈折率を自己補正する技術（2色法）が知られている[29)]．しかし，2波長の距離差を求めて補正に用いるため，実効的な測定精度が劣化し，最終精度よりも1桁以上も高精度な光学測定が必要なため，実際には高精度補正の実現は困難であった．筆者らの研究では，

光コムを用いることにより高精度な干渉位相測定を実現し，2色法による空気屈折率の高精度自己補正を実現した．

本研究の実験では，実用上優れた Er 添加モード同期ファイバレーザーによる光コム（中心波長 1560 nm，$f_{rep} = 54$ MHz）を作成し，基本波と第2高調波（780 nm）を同軸に光学系に入射し，2色ヘテロダイン干渉計を構築した（**図 3**）．光路差は約 61 m と大きくアンバランスとし，同一光コム内の 11 パルス離れた異なるパルスどうしのパルス間干渉計を用いた．測定中に環境変動によって光路の空気屈折率変動が生じると，干渉位相変動が引き起こされる．このとき，基本波の干渉位相変動を打ち消すように，パルス間隔 f_{rep} を制御した上で，第2高調波の干渉縞位相を測定すると，空気屈折率の波長分散の効果による2色の距離差を直接高精度に測定できる[25]．300 秒間の短時間測定において，2色の光路長差は標準偏差 0.6 nm で一定となり，61 m に対し 1×10^{-11} に相当する高分解能測定が実現された．

さらに，環境変動の大きな長時間評価のために，干渉信号，f_{rep} と同時に環境パラメータ（気温・気圧・湿度）を測定し，Ciddor の経験式から，2波長の空気屈折率を算出した．そして，幾何学長が一定であると仮定し，測定した2色の屈折率差と計算値を比較した結果，10 時間の標準偏差が 3.8×10^{-11} となり，本手法の有効性が確認された．次に，実際に光学距離測定結果のみを用い，2色法による空気屈折率補正を行った．このとき，空気屈折率変動は 10 時間で 1×10^{-6} であったが，補正した幾何学距離は標準偏差 1.4×10^{-8} で一定となり，超高精度な空気屈折率補正が実証された[27]．さらに，このときの評価は，測定する幾何学長自体の温度変化で制限されていたため，低熱膨張セラミクス製の台を用いて幾何学長の一定性を高めて同様の測定を行った．その結果，補正精度は 4.1×10^{-9} に達し，光学的距離測定を直接用いることで，空気屈折率の経験式自体の精度 10^{-8} を凌駕する補正精度が得られた．

また，以上では，補正精度評価の目的で幾何学長を一定とするため，環境の温度を 0.05℃ 程度に安定化させていたが，実際の距離測定においては環境を安定化させる必要はない．そこで，より大きな温度変化 0.6℃ を与えて測定を行い，2色法を適用した．その結果，得られた距離は大きな時間変動を示したが，測定光路を設置した台の熱膨張の様子とよく一致しており，実際に本方法による高精度な幾何学距離測定が示されたといえる．本手法では，2波長における光学測定の結果のみを用いて自動的に空気屈折率を補正し，幾何学距離を高精度に得られるため，実用的な応用において強力なツールとなる．例えば，精密計測において，高精度空調の必要性が大幅に緩和されれば，省エネルギー，コスト低減につながると期待される．

4. まとめと展望

光コム技術は，光周波数の精密物差しとして誕生した

が，同時に時間，空間の多次元の精密物差しである．さらに，近年，単なる「物差し」にとどまらず，光波の自在な制御を可能にし，「光シンセサイザ」を実現する基盤技術として急速な進展を遂げ，従来の光源では実現できなかったレベルの精密さに加え，圧倒的なダイナミックレンジが実現されるようになってきた．その結果，光コムの応用は，当初の周波数計測・標準のみならず，広範な分野に急速に広がっている．現在の科学技術や産業において求められる精密計測技術は，一層の高精度化と同時に，測定レンジの拡大，高感度化，高速化，高い制御性，応用に応じた適応性などが求められ，ますます高機能化している．光コム技術は，これらの要求に応える高いポテンシャルをもっている．近年，光源技術においても，実用的な技術の進展が著しく，今後ますますの応用拡大が期待される．

本稿で紹介した空気屈折率補正の研究は，現在，中国清華大学の Dr. Guanhao Wu，産総研 稲場 肇博士，東京理科大卒業生の新井 薫氏，高橋真由美氏，電気通信大学院生 宮野皓貴氏との共同研究である．JST，機器開発，科研費 25286076，JST，ERATO 美濃島知的光シンセサイザの助成を受けて実施された．

参 考 文 献

1) Th. Udem, J. Reichert, R. Holzwarth and T.W. Haensch : Absolute optical frequency measurement of the cesium D1 line with a mode-locked laser, Phy. Rev. Lett., **82** (1999) 3568-3571.

2) D.J. Jones, S.A. Diddams, J.K. Ranka, A. Stentz, R.S. Windeler, J.L. Hall and S.T. Cundiff : Carrier-envelope phase control of femtosecond mode-locked lasers and direct optical frequency synthesis, Science, **288** (2000) 635-639.

3) K. Sugiyama, A. Onae, T. Ikegami, S.N. Slyusarev, F.L. Hong, K. Minoshima, H. Matsumoto, J.C. Knight, W.J. Wadsworth and P.J. Russell : Frequency control of a chirped-mirror-dispersion-controlled mode-locked Ti : Al2O3 laser for comparison between microwave and optical frequencies, Proc. SPIE, **4269** (2001) 95-104.

4) http://nobelprize.org/physics/laureates/2005/index.html

5) H. Katori, M. Takamoto, V.G. Pal'chikov and V.D. Ovsiannikov : Ultrastable Optical Clock with Neutral Atoms in an Engineered Light Shift Trap, Phy. Rev. Lett., **91** (2003) 173005.

6) 美濃島薫：フェムト秒物理計測，O plus E, **177** (1994) 105.

7) 美濃島薫：フェムト秒技術の光計測への応用，O plus E, **21** (1999) 1159.

8) T.R. Schibli, K. Minoshima, F.L. Hong, H. Inaba, A. Onae, H. Matsumoto, I. Hartl and M.E. Fermann : Frequency metrology with a turnkey all-fiber system, Opt. Lett., **29** (2004) 2467-2469.

9) H. Inaba, Y. Daimon, F.L. Hong, A. Onae, K. Minoshima, T.R. Schibli, H. Matsumoto, M. Hirano, T. Okuno, M. Onishi and M. Nakazawa : Long-term measurement of optical frequencies using a simple, robust and low-noise fiber based frequency comb, Opt. Exp., **14** (2006) 5223-5231.

10) K. Minoshima and H. Matsumoto : High-accuracy measurement of 240-m distance in an optical tunnel by use of a compact femtosecond laser, Appl. Opt., **39** (2000) 5512-5517.

11) 美濃島薫：フェムト秒光コムを用いた高精度距離計測技術，精密工学会誌 **72**, 8 (2006).

12) 美濃島薫：精密長さ計測のための光コムによる干渉計測，光学，**37** (2008) 576-582.

13) T. Steinmetz, T. Wilken, C. Araujo-Hauck, R. Holzwarth, T.W. Haensch, L. Pasquini, A. Manescau, S. D'Odorico, M.T. Murphy, T.

Kentischer, W. Schmidt and T. Udem : Laser Frequency Combs for Astronomical Observations, Science, **321** (2008) 1335-1337.

14) M. Kourogi, K. Nakagawa and M. Ohtsu : Wide span optical frequency comb generator for accurate optical frequency difference measurement, IEEE JQE, **29** (1993) 2693-2701.

15) P. Del'Haye, A. Schliesser, O. Arcizet, T. Wilken, R. Holzwarth and T.J. Kippenberg : Optical frequency comb generation from a monolithic microresonator, Nature, **450** (2007) 1214-1217.

16) T. Suzuki, M. Hirai and M. Katsuragawa : Octave-Spanning Raman Comb with Carrier Envelope Offset Control, Phy. Rev. Lett., **101** (2008) 243602.

17) T.R. Schibli, K. Minoshima, F.L. Hong, H. Inaba, Y. Bitou, A. Onae and H. Matsumoto : Phase-locked widely tunable optical single-frequency generator based on a femtosecond comb, Opt. Lett., **30** (2005) 2323-2325.

18) T. Yasui, K. Hayashi, R. Ichikawa, H. Cahyadi, Y.-D. Hsieh, Y. Mizutani, H. Yamamoto, T. Iwata, H. Inaba and K. Minoshima : Real-time absolute frequency measurement of continuous-wave terahertz radiation based on dual terahertz combs of photocarriers with different frequency spacings, Opt. Exp., **23** (2015) 11367-11377.

19) T.R. Schibli, K. Minoshima, Y. Bitou, F.L. Hong, H. Inaba, A. Onae and H. Matsumoto : Displacement metrology with sub-pm resolution in air based on a fs-comb wavelength synthesizer, Opt. Exp., **14** (2006) 5984-5993.

20) T. Yasui, K. Minoshima and H. Matsumoto : Stabilization of femtosecond mode-locked Ti : Sap laser for high-accuracy pulse interferometry, IEEE JQE, **37** (2001) 12-19.

21) Y. Yamaoka, K. Minoshima and H. Matsumoto : Direct measure-ment of the group refractive index of air with interferometry between adjacent femtosecond pulses, App. Opt., **41** (2002) 4318-4324.

22) J. Ye : Absolute measurement of a long, arbitrary distance to less than an optical fringe, Opt. Lett., **29** (2004) 1153-1155.

23) Y. Nakajima and K. Minoshima : Highly stabilized optical frequency comb interferometer with a long fiber-based reference path towards arbitrary distance measurement, Opt. Exp., **23** (2015) 25979-25987.

24) I. Coddington, W.C. Swann and N.R. Newbury : Coherent Multiheterodyne Spectroscopy Using Stabilized Optical Frequency Combs, Phys. Rev. Lett., **100** (2008) 013902.

25) K. Minoshima, K. Arai and H. Inaba : High-accuracy self-correction of refractive index of air using two-color interterome-try of optical frequency combs, Opt. Exp., **19** (2011) 26095-26105.

26) G. Wu, K. Arai, M. Takahashi, H. Inaba and K. Minoshima : High-accuracy correction of air refractive index by using two-color heterodyne interferometry of optical frequency combs, Meas. Sci. Technol., **24**(1) (2013) 015203.

27) G. Wu, M. Takahashi, K. Arai, H. Inaba and K. Minoshima : High-accuracy correction of air refractive index by using two-color heterodyne interferometry of optical frequency combs, Sci. Rep., **3** (2013) 1894.

28) P.E. Ciddor : Refractive index of air : New equations for the visible and near infrared, Appl. Opt., **35** (1996) 1566-1573.

29) P. Bender and J. Owens : Correction of optical distance measure-ments for the fluctuating atmospheric index of refraction, J. Geophys. Res., **70** (1965) 2461-2462.

はじめての
精密工学

プローブ顕微鏡を用いた
微細加工・マニピュレーション

Nanofabrication and Manipulation Using Scanning Probe Microscopes / Futoshi IWATA

静岡大学　岩田　太

1. はじめに

走査型プローブ顕微鏡（Scanning Probe Microscope：SPM）は，先端が鋭利なプローブを用いて，試料表面上を走査することにより，さまざまな表面物性を高分解能に取得できる顕微鏡である．SPM はまた，その探針先端と試料表面との強い相互作用を積極的に利用した，表面微細加工やマニピュレーション装置としても用いられている[1]．SPM を用いたナノスケールの加工技術は，ナノエレクトロニクス，ナノマシンといった基礎デバイスの試作技術をはじめ，生体分子のマニピュレーションなど幅広い分野における応用が期待され，盛んに研究されている．本稿では，SPM の測定原理を概説した後，これまでに筆者が取り組んできた，SPM を用いた微細加工技術をいくつか紹介させていただく．プローブ先端で表面をスクラッチ切削する除去加工やプローブ先端から物質を吐出する堆積加工，さらにはそれらの技術をバイオ試料へのマニピュレーションに応用した例について述べ，SPM 微細加工法の有用性について解説する．

2. SPM の原理

図 1（a）に SPM の一般的な装置構成の概要を示す．鋭くとがったプローブを試料表面にナノメートルレベルで近接させ，プローブ先端と試料表面の間に働く物理量を検出する．その状態でプローブを表面形状に沿って走査することにより，試料表面の物性分布を高い空間分解能で取得する．どのような物理量を測定するかは，どのようなプローブと検出器を用いるかによってさまざまであり，現在，さまざまなタイプの SPM が存在している．その代表的なものとして，走査型トンネル顕微鏡（Scanning Tunneling Microscope：STM）[2]は金属プローブ先端と導電性試料表面の間で流れるトンネル電流を検出し，表面の電子状態密度分布を画像化する．そのほか，プローブ先端と試料表面の間で働く原子間力を検出して表面形状を取得する原子間力顕微鏡（Atomic Force Microscope：AFM）[3]や試料表面の光反射や蛍光といった光物性をプローブ先端で検出して光学像を取得する走査型近接場光学顕微鏡（Scanning Near-field Optical Microscope：SNOM）[4]等があり，材料解析やバイオ観察など広い分野で用いられている．また，SPM は図 1（b）に示すようにプローブ先端によりさまざまな相互作用を用いることにより，表面の計測だけでなく，切削といった除去加工や材料吐出による堆積加工などさまざまな微細加工にも応用できる．

3. 除去加工

3.1 AFM を用いた金属膜の切削加工

SPM を用いた加工技術として最もシンプルで代表的なものは，AFM のプローブを用いて表面を直接スクラッチする方法である．図 2（a）に AFM のプローブであるカンチレバー探針と検出器の構成を示す．探針と試料表面の間に働く微弱な力は，このカンチレバーのたわみ量として測定される．たわみ量は，レーザーダイオードとフォトディテクタからなる光テコ法により検出される．カンチレバーを強く押し込むことで強い荷重を印加可能であり，表面を切削加工できる．しかしながら，この手法は硬い材料表

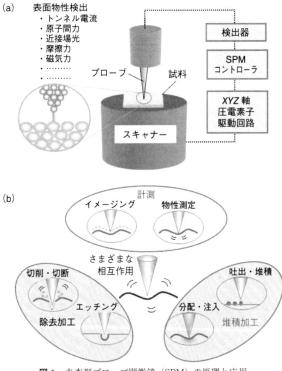

図 1　走査型プローブ顕微鏡（SPM）の原理と応用
（a）SPM の構成概要，（b）探針と試料の相互作用とさまざまな応用

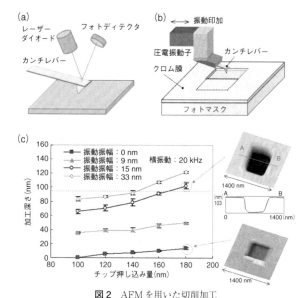

図2 AFMを用いた切削加工
(a) AFMプローブと検出器，(b) ナノ振動切削法，(c) フォトマスクの加工結果

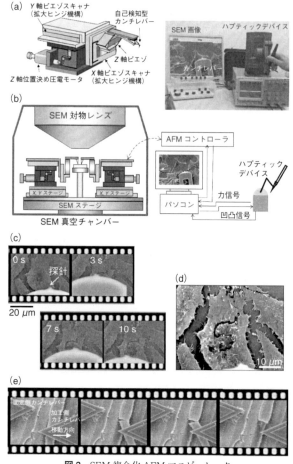

図3 SEM複合化AFMマニピュレータ
(a) 小型AFMマニピュレータ，(b) SEMとの複合化構成，(c) 細胞表面を描画加工している様子，(d) 細胞に描画した 'S' 文字，(e) 複数プローブ操作によるラット眼球水晶体線維の切断

面では強い荷重で何度も繰り返し引っかく必要があり，制御性良く加工することが困難な場合が多い．そこで，カンチレバーを微小に高周波振動させながら走査することにより，硬い表面でも高効率に加工可能なナノスケール振動切削が有効である．図2(b)に装置構成を示す．圧電振動子で振動させたカンチレバー探針を用いて試料表面をスクラッチすることにより，振動なしでは切削が困難な表面を低荷重で制御性良く加工可能である．

図2(c)は，集積回路のフォトリソグラフィーで用いられるフォトマスク表面の金属膜をマスクリペア技術として振動切削した例である[5]．探針材料には，耐摩耗性の良好なダイヤモンド製を使用した．丸印で示したように，振動条件を最適化することで振動なしに比べて著しく効率が向上しており，一回の走査スクラッチで膜厚100 nmのクロム層のホール加工を実現している．このように，AFMを用いて微細な表面切削が可能である．

3.2 AFMを用いたバイオ試料の顕微解剖

AFMを用いた切削加工技術は材料表面のみでなく，バイオ試料等のマニピュレーションにも用いられる．図3(a)は，バイオ試料の顕微解剖を目的として筆者の研究室で開発したAFM型マニピュレータである[6)7]．細胞や組織といった顕微解剖において探針先端の位置決めやマニピュレーションの様子をその場観察するために電子顕微鏡（Scanning Electron Microscopy：SEM）と複合化できるように，AFM本体の寸法は縦60 mm，横40 mm，高さ35 mmと小型設計されている．カンチレバーのたわみ検出は，ひずみ抵抗を有する自己検知型カンチレバーを用いることで，光テコ検出器を必要としないシンプルな装置構成とした．また，このAFMユニットは，プローブの位置決

め粗動機構と微動・走査機構を有したスタンドアロン型とした．このように，小型でシンプルかつスタンドアロンな設計により，図3(b)に示すように複数台のマニピュレータを顕微鏡試料台に搭載でき，マルチプローブでの操作を可能にしている．さらに，オペレータの操作性向上を考慮したヒューマンインターフェイスとして，ハプティックデバイス（力覚デバイス）を用いた制御システムを開発した．これにより，ハプティックデバイスのハンドルを通して，オペレータは指先に表面凹凸情報を感じながら，マニピュレーション操作を行うことができる．図3(c)は，上記の装置を用いてHeLa細胞（ヒト子宮頸がん由来の細胞培養株）について，マニピュレーションした例である．このように，SEM観察下においてハプティックデバイスのハンドルを押しこむことにより細胞表面に対して強い荷重を印加し，試料表面の凹凸応答信号を指先に感じながら，スクラッチ加工することができる．図3(d)はこの操作により，細胞表面にSの文字（Shizuoka Univ. の頭文字）をスクラッチ描画した結果である．このように，

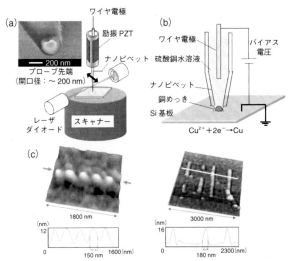

図4 ナノピペットを用いた微細めっき堆積加工
(a) ナノピペット SPM の構成，(b) 銅めっき加工の構成，(c) 銅の
ドットとラインパターンの加工結果

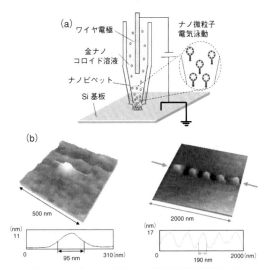

図5 ナノピペットを用いた微細電気泳動堆積加工
(a) ナノ微粒子電気泳動堆積の構成，(b) ドットパターンの堆積加
工結果

SEM 観察下において AFM をマニピュレータとして使用することで，探針先端を位置決めし，試料表面を操作性良く加工できる．

本システムは，SEM 試料台に配置した複数台のマニピュレータを用いたマルチプローブでの協調作業も可能である．図3 (e) は，2台のマニピュレータを用いてラット眼球のレンズ（水晶体）を構成する水晶体線維というひも状の細胞を切断した結果である．試料を挟んで左右に配置した2台のマニピュレータのうち，図3 (e) の SEM 画面の左側に位置するカンチレバーは，左手によるハプティックデバイス操作により試料表面が動かないように押さえつけており，画面右側のカンチレバーは，右手によるハプティックデバイス操作により押さえつけながら横に動かすことで，水晶体線維をスクラッチ切断した．このように，SEM 観察しながら，複数台のマニピュレータをナイフとフォークのように操作することができるなど，本装置が顕微解剖等の複雑なマニピュレーションにおいて良好な操作性を有することが分かる．

4. 堆 積 加 工

4.1 ナノピペットを用いた材料の局所堆積加工

プローブの先端から物質を吐出することができれば，試料表面に物質を塗布・堆積させることが可能となる．筆者の研究室では，さまざまな液体を充填することが可能なナノピペットを SPM のプローブとして用いることで，プローブ先端の液体と材料表面の局所的な相互作用を利用した微細堆積加工法を開発している[8)9)]．鋭利な先端を有するナノピペットプローブは，キャピラリーガラス管（外径 1.0 mm，内径 0.6 mm）を市販のピペットプラーを用いて熱引き加工することで作製できる．プローブ先端の SEM

像を図4 (a) に示す．先端には直径 200 nm 程度の開口が存在することが分かる．ピペットプラーの熱引き条件（レーザー温度や張力など）を詳細に設定することで，数十 nm 程度の開口を形成することも可能である．これらのプローブを用いて表面形状を測定する方法としては，プローブ先端を横方向にわずかに振動させるシェアフォース制御が適用できる．図4 (a) にシェアフォース検出の装置構成を示す．ピペットプローブは，励振用の圧電振動子に取り付けられ，プローブの共振周波数付近にて振動振幅 2〜3 nm 程度で振動させる．この振動しているプローブを試料表面に近づけると，プローブ先端と試料表面の間に微弱な力が働き，振動振幅や共振周波数が変化する．この振幅や周波数変化を検出することで，プローブ先端と試料表面の間の距離制御が可能となる．プローブの振幅は，先端付近に照射されたレーザ透過光を分割フォトディテクタで検出し，コントローラを用いて一定に保つことでプローブ高さを制御している．本装置を用いた加工例として，本稿ではナノピペットに金属イオン溶液を充填することでシリコン基板表面に微細めっき加工した例[8)]を紹介する．また，金属ナノ微粒子のコロイド溶液を充填することで，微細に電気泳動堆積した例[9)]についても紹介する．

図4 (b) は，ピペットプローブに硫酸銅水溶液を充填させ，シリコン基板表面に微細な銅めっき加工を行う構成を示している．ピペットプローブ内には電極ワイヤが挿入されており，シリコン基板との間に電圧を印加することでプローブ先端領域にのみ銅の微細めっきを形成できる．図4 (c) は，プローブを走査しながら表面上の加工点においてプローブ先端をシリコン表面に接近させ，電圧を印加することで連続的に形成された銅めっきのドットである．反応時間を一定にすることで，再現性良くドット形成されている様子が分かる．また，電圧を印加しながらライン描画

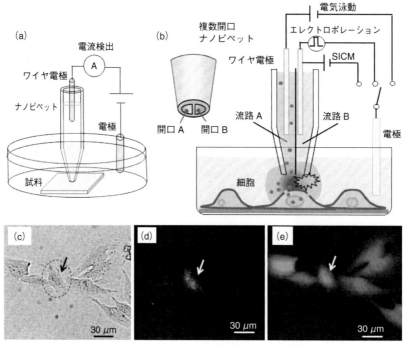

図6 ナノピペットを用いた単一細胞への分子導入

(a) SICM の構成，(b) 複数開口ナノピペットによる細胞へのエレクトロポレーション法，(c) HeLa 細胞の明視野顕微鏡像，(d) PI 導入後の蛍光顕微鏡像（（赤色）蛍光が導入した細胞），(e) 生存確認の蛍光顕微鏡像（（緑色）蛍光は生存細胞）

することで，ラインパターニングも可能である．図4（c）に SU（Shizuoka Univ. の頭文字）のラインパターンを示す．これらの微細パターニングは，数十 nm の開口径のピペットを用いることでより微細な加工を実現できる．また，縦方向に堆積することで立体造形も可能であり，デバイス作製技術として期待できる．

次に，ナノピペットにナノ微粒子のコロイド溶液を充填し，電気泳動を利用してナノ微粒子を局所的に堆積させる手法について述べる[9]．**図5**（a）は，金ナノ微粒子のコロイド溶液を充填させたピペットプローブ内において電気泳動を利用して，金ナノ微粒子をシリコン基板へ堆積させる構成を示している．コロイド溶液内の金ナノ微粒子は負に帯電しているため，溶液が充填されたピペットプローブ内に電極ワイヤを挿入し，基板との間に電界を形成することでナノ微粒子はピペット先端へと移動し，開口を介して基板上へ微細に堆積していく．図5（b）は，シリコン基板上において金コロイド溶液を充填したピペットプローブを表面に接近させ，電圧を印加することで堆積させた金ナノ微粒子のドットパターンである．金ナノ微粒子を再現性良く堆積できていることが分かる．印加電圧と堆積時間を調整することで，ナノ微粒子の堆積量を制御することも可能である．電気泳動を用いた本手法は，溶液中に分散させたコロイド微粒子を化学反応等で変化させることなく，そのまま基板に堆積させることが可能である．よって，金微粒子以外にも DNA やカーボンナノチューブ，バイオ試料な

どナノスケールのさまざまな物質のコロイド溶液において適用可能であり，広い分野での応用が期待できる．

4.2 ナノピペットによる細胞への分子導入

ナノピペットにより物質を吐出する技術は，液中環境でピペット先端を位置決めすることで，バイオ試料へのマニピュレーションに応用できる．特に生細胞への外来遺伝子や色素導入は，遺伝子の機能や構成要素を研究するうえで大変重要である．走査型イオン伝導顕微鏡（Scanning Ion Conductance Microscope：SICM）は，ナノピペットをプローブとして液中環境において動作させることが可能なSPM であり，バイオ試料の観察に適している[10][11]．筆者の研究室では，SICM を用いて単一の生細胞へ分子導入する技術を開発している[12][13]．**図6**（a）に SICM のプローブと検出器の構成を示す．液中環境においてピペット内に挿入されたワイヤ電極とシャーレの電解液内に配置した電極との間に電圧を印加することにより，ピペット開口に微弱なイオン電流が流れる．このイオン電流は，ピペット先端と試料表面の距離に依存することから，この電流を検出し制御することで，ナノピペット開口を試料表面近傍に非接触で位置決めすることが可能である．この状態でナノピペットを走査することで，高分解能な表面形状像を取得できる．われわれは，図6（b）に示すように複数開口を有するナノピペットを SICM のプローブとして用いることにより，単一細胞に低侵襲で分子導入する手法を開発した[13]．すなわち，複数の開口を用いてピペット先端の位置

決めと分子導入するための電気穿孔法（エレクトロポレーション）を行う多機能化を実現している．本手法による分子導入プロセスについて示す．図 6 (b) において，流路 A には導入する分子を含む試薬溶液を充填し，流路 B にはシャーレ内溶液と同じリン酸緩衝液を充填する．まず流路 B の電極を接続し，SICM の機能を用いてナノピペット先端開口 B をターゲット細胞の膜表面近傍に位置決めする．次に，流路 A の電極を接続することで電気泳動により開口 A から導入試薬を細胞表面上に吐出する．この状態で流路 B の電極に電圧パルスを印加すると，開口 B 付近に形成される強い電界により細胞膜に微細孔が形成（エレクトロポレーション）される．この結果，細胞膜表面付近に吐出された試薬を細胞内に低侵襲で導入することができる．

この単一細胞エレクトロポレーション法を用いて HeLa 細胞に蛍光試薬を導入した結果について示す．図 6 (c) は，細胞の明視野の顕微鏡像である．図中の点線に囲まれた細胞に対し，赤色蛍光を示す核染色液である Propidium Iodide（PI）を導入した．図 6 (d) は，導入した PI の発光を示す蛍光顕微鏡像である．ターゲットの細胞のみが（赤色）蛍光を示しており，分子導入されていることが確認できる．図 6 (e) は細胞の生存性を示す蛍光試薬（Calcein-AM）で染色された細胞である．周囲の細胞と同様に（緑色）蛍光を示していることから，分子導入した細胞が生存していることが分かる．このように，ナノピペットを用いた物質吐出技術は，バイオ試料へのマニピュレーションにも応用可能である．

5. ま と め

プローブ先端と試料表面に生じるさまざまな相互作用を利用した微細加工法やマニピュレーション法について，われわれの取り組みを紹介した．こうした SPM 技術は，微細なデバイスの作製や加工，生体試料のマニピュレーションなど理工学や生物，医学分野など広い領域で活用できる．今後も，ナノテクノロジーを支えるツールとして，

SPM 関連技術のますますの発展が期待される．

参 考 文 献

1) 岩田太，佐々木 彰：微細加工ツールとしてのプローブ技術，応用物理，**73**, 5 (2004) 490.
2) G. Binnig, H. Rohrer, Ch. Gerber and E. Weibel : Tunneling through a controllable vacuum gap, Appl. Phys. Lett., **40** (1982) 178.
3) G. Binnig, C.F. Quate and Ch. Gerber : Atomic Force Microscope, Phys. Rev. Lett., **56** (1986) 930.
4) D.W. Pohl, W. Denk, and M. Lanz : Optical stethoscopy : Image recording with resolution $\lambda/20$, Appl. Phys. Lett., **44** (1984) 651.
5) F. Iwata, K. Saigo, T. Asao, M. Yasutake, O. Takaoka, T. Nakaue and S. Kikuchi : Removal method of nano-cut debris for photo-mask repair using an atomic force microscopy system, Jpn. J. Appl. Phys., **48** (2009) 08JB20-1-4.
6) F. Iwata, K. Kawanishi, H. Aoyama and T. Ushiki : Development of a nano manipulator based on an atomic force microscope coupled with a haptic device : a novel manipulation tool for scanning electron microscopy, Arch. Histol. Cytol., **72**, (2009) 271.
7) F. Iwata, Y. Mizuguchi, H. Ko and T. Ushiki : Nanomanipulation of biological samples using a compact atomic force microscope under scanning electron microscope observation, J Electron Microsc., **60**, 6 (2011) 359.
8) F. Iwata, Y. Sumiya and A. Sasaki : Nanometer-scale metal plating using a scanning shear-force microscope with an electrolyte-filled micropipette probe, Jpn. J. Appl. Phys., **43** (2004) 4482.
9) F. Iwata, S. Nagami, Y. Sumiya and A. sasaki : Nanometre-scale deposition of colloidal Au particles using electrophoresis in a nanopipette probe, Nanotechnology **18** (2007) 10531.
10) P.K. Hansma, B. Drake, O. Marti, S.A. Gould and C.B. Prater : The scanning ion-conductance microscope. Science **243** (1989) 641.
11) T. Ushiki, M. Nakajima, M. Choi, S.J. Cho and F. Iwata : Scanning ion conductance microscopy for imaging biological samples in liquid : A comparative study with atomic force microscopy and scanning electron microscopy, Micron **43** (2012) 1390.
12) F. Iwata, K. Yamazaki, K. Ishizaki and T. Ushiki : Local electroporation of a single cell using a scanning ion conductance microscope, Jpn. J. Appl. Phys., **53** (2014) 036701.
13) S. Sakurai, K. Yamazaki, T. Ushiki and F. Iwata : Development of a single cell electroporation method using a scanning ionconductance microscope with a theta nanopipette, Jpn. J. Appl. Phys., **54** (2015) 08LB04 (6page).

半導体プロセスの CMP 技術

CMP Technology for Semiconductor Device Manufacturing/Manabu TSUJIMURA

(株)荏原製作所　辻村　学

1. はじめに

著者と CMP の出会いは 1980 年代後半. その時は青天の霹靂, 驚きを通り越して悪い冗談か悪い夢かというのが最初の印象だ. 著者はそれまで半導体製造装置用の真空システムを開発していたので, 正に「一点の曇りなく, 清浄を保つために究極の真空に挑戦」していた. それがいきなり一転して「泥だらけ (砥液のこと), ゴミだらけ (砥粒のこと) のスラリにウェーハをこすり付けるプロセス」を開発せよと (図1). 研磨はめっきと同じく「汚い・きつい・経験依存の 3K プロセス」といわれ, 半導体製造とはまったく縁のない世界と思っていたのに. それでもお客様が言うのだから間違いはないのだろうと, まずはすべての先入観を捨てて「CMP とは何でしょうか?」と聞くところから始めた.

2016 年現在, その CMP は最先端半導体デバイス製造にはなくてはならない主プロセスにまで成長してしまったのだから, 二度目の驚き・青天の霹靂だ.

本稿の内容には, 著者が CMP の開発に携わってきた人たちに聞いた話がかなり含まれるので, その箇所の真意のほどはよくわからない. 本稿では, 歴史の事実認識よりも, 歴史が言いたかったことをお伝えできればよいと思い, 了解を得て引用し紹介する.

CMP が正に 21 世紀に現れ, 半導体デバイス製造を救った主役の一人であるということは疑いのない事実だ. 歴史の生き証人の一人となり本稿を書かせていただくことは, この上もなく光栄に思う. 以下, そんな CMP がどのように発展してきたのか, そして今後どのように進化するのかを説明する.

2. 導入期の話から

CMP は, 1980 年代初めに IBM によって最初に導入された技術だ. 導入当初の CMP とは Chemical Mechanical Polisher (化学的機械研磨装置) の略だが, 半導体デバイスの平坦化に使われているプロセス装置で, 元々はベアウェーハ製造に使われている研磨装置の応用だと教えられた. ここで最初の間違いに気が付いた. スターティングマテリアルであるウェーハを作っている装置なのだから, 「洗浄すればきれいになる」ということだ. 他のドライプロセスのように高温ではない, 100℃ 以下のプロセスだから, 見た目は汚くても汚染は成膜中までは拡散していないということに気付いた.

次に, この CMP の役目は半導体デバイスの平坦化だということ. さらに, 半導体デバイスは微細化が進み, 多層配線化が進む中, デバイス製造の平坦化が必須になってきていた. そして, この CMP の平坦化性能は他の手法[1]を圧倒していたそうだ. そのため, 「使ってみるとやめられない麻薬だ」という物騒な話まで出てきた.

CMP 開発当初に既に考えられていた平坦化プロセスイメージを図2に示す.

研磨というと前述のような 3K イメージが先行していたため, 当時の開発者はネーミングに一工夫した. 研磨 (Polisher) と言わず CMP と呼ぼうと決めたそうだ. これなら, 何か革新的なプロセスのような気がする. 新しい開発をするときには, このようなアジテーションも必要だと教えられた.

2004 年前後には, Polisher 以外の湿式平坦化装置がい

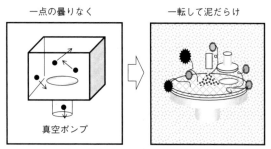

一点の曇りなく　　一転して泥だらけ

真空ポンプ

図1 真空プロセスと CMP プロセス

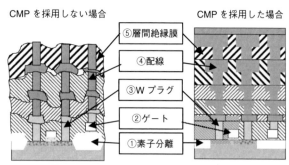

CMP を採用しない場合　　CMP を採用した場合

⑤層間絶縁膜
④配線
③W プラグ
②ゲート
①素子分離

図2 CMP によるデバイスの平坦化イメージ[1]

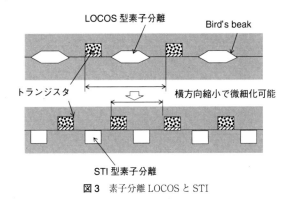

図3 素子分離 LOCOS と STI

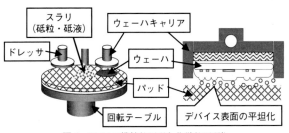

図5 CMP の機械的原理と化学的原理[1]

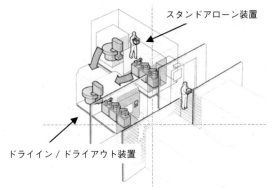

図4 ドライイン/ドライアウトコンセプト[1]

ろいろ開発され，これらの技術に新しいネーミングが提唱されたことで，一時期ユーザが混乱する時期があった．そこで，著者らが「平坦化統一論」[2]という論文で，すべての湿式平坦化装置技術をまとめてみた．その後，2007年のMRS学会でもこのPolisher（研磨）をPlanarization（平坦化）と置き換えて使っているが，これらをまとめて全部平坦化装置だという意味でCMP（Polisher）をCMP（Planarization）に置き換えたといわれている．著者もCMPの名付け親に敬意を表し，この意見に賛同し，著書には必ずこのCMP（Planarization）を使っている．CMPの最初のアプリケーションは何だったのか？　層間絶縁膜や配線と思いがちだが，実は素子分離だ．

図3に示すように，それまでの素子分離技術であるLOCOSはBird's beak（鳥のくちばし）[3]があり，横方向の微細化にとって不利な技術だった．それをSTI（Shallow Trench Isolation）という埋め込み研磨技術で一気に解決しようとしたのだ．

①素子分離，②ゲート，③Wプラグ，④配線，⑤層間絶縁膜の5種を図2に示したが，これらは1980年代初期に既に考えられていたものだ．これ以外にも，膜に埋め込まれた突起物の除去などあらゆる応用が考えられていた．そして，現在CMP用途は，FEOL（Front End Of Line）からBEOL（Back End Of Line）はもちろん，TSV[4]

（Through Silicon Via）プロセスまで幅広く用いられる．

3. 成長期へ

実は，当初かなり使い勝手が悪く，「平坦化性能は良いが，使いにくい」という悪評高いプロセスだった．**図4**に示すように，これほど汚い装置は，一般のクリーンルームに入れることができないため，特別のCMP室を設けて装置を設置し，しかも研磨部と洗浄部は分かれていた．さらに，研磨後一旦ウェーハを乾かすと砥粒が除去しにくいというので，研磨後ウェーハを水につけて人が洗浄機まで運んでいた．正に前述の3Kそのものだった．

それを救ったのが，ドライイン/ドライアウトコンセプト[5]だ．今では当たり前のように洗浄機が研磨機にビルトインされており，ウェーハは他のドライ装置並みに扱える．少なくともこの時点で，二つのK「汚い・きつい」は新しいK「きれい・簡単」に生まれ変わった[6]．

クリーンルームの中で使えるとなると，各社目の色が変わってきた．イノベーションには，技術革新に加えて市場爆発が必須だ．研磨による平坦化プロセスはデバイスメーカによる技術革新だが，ドライイン/ドライアウトコンセプトにより使いやすくなり，市場爆発を誘因したのは装置メーカだ．CMPは，正しく21世紀に半導体製造プロセス用として生まれたイノベーションだといえる．さらに市場が大きくなるにつれ，各社各大学などでの研究も盛んになり，最後のK（経験依存）も新しいK（科学的）に進化している．結果としてCMPの旧3Kは，新3K「きれい・簡単・科学的」といわれるようになり，CMPは成長期を迎えることになる．

4. 原理とアプリケーションを簡単に

ここで基礎に戻ってCMPの原理を簡単に紹介しておく．

図5にCMPの機械的原理と化学的原理を，一般的に用いられるロータリー型CMPで説明する．CMPの機械的作用は式(1)に示すプレストンの式に従うものとし，研磨速度は荷重と相対速度に比例する．

$$PR = kPV \tag{1}$$

・PR：研磨速度（m/s）　　・P：研磨圧力（Pa）
・k：定数（Pa^{-1}）　　・V：相対速度（m/s）

次に化学的作用を簡単に説明する（⇑は，CMPでの除去を示す）．

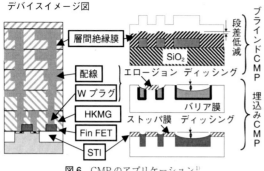

図6 CMPのアプリケーション[1]

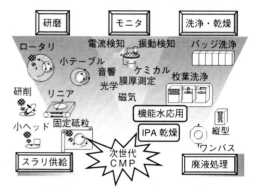

図7 CMPシステムの変遷と将来[1]

（1）　絶縁層の酸化膜（SiO₂）

Si酸化膜（SiO₂）は，シリカ砥粒（SiO₂）で共磨りすることが基本である．同じ材料どうしだと傷が入りにくいためと考える．それでも傷が入るので，SiO₂を溶かすアルカリ溶液を用いて表面を滑らかにする（式(2)）．砥粒での加工は機械的要素，アルカリ溶液で滑らかにするというのが化学的要素である．

$$SiO_2 + （砥粒） + （アルカリ液） \rightarrow SiO_2 \Uparrow \qquad (2)$$

（2）　タングステン配線（W）

Wなどの純金属を砥粒で加工すると傷が入る．そこで，Wの表面を酸化した後（式(3)），これをSiO₂などの砥粒で機械加工する．この酸化プロセスが化学的，加工が機械的である．

$$W + 酸化剤 \rightarrow WOx \Uparrow \qquad (3)$$

（3）　銅配線（Cu）

基本はWと同じだが，Cuは酸化膜にするのではなく，Cuを錯体にしてから機械加工をする．その際に，Cuは酸化しながら錯体にする（式(4)）．この作用を化学的，できた錯体を加工するのが機械的である．

$$Cu + 酸化剤 \rightarrow Cu^{2+}$$
$$Cu^{2+} + 錯化剤 \rightarrow Cu（錯体）\Uparrow \qquad (4)$$

図6にCMPの適用箇所を分類して示す．STI，層間絶縁膜（ILD）各層，タングステン（W）プラグ，メタル各層を示している．これをCMPの立場からは，CMPストッパ膜のない「ブラインドCMPプロセス」とストッパ膜のある「埋込みCMPプロセス」に大別できる．

層間絶縁膜の研磨は，均質膜のブラインドCMPプロセスであり，主として段差低減性能が要求される．STIは，Si₃N₄などのストッパ膜のある埋込みCMPプロセスであり，ストッパ膜内の均一性向上やディッシング低減が要求される．配線は，バリアを含む埋込みCMPプロセスであり，ディッシングやエロージョン低減が要求される．ディッシングとは，配線部分が皿のように過研磨される現象であり，エロージョンとは，配線間の酸化膜が過研磨される現象である．

現在最先端デバイスで採用されているHKMG（High K Metal Gate）や3次元トランジスタ，さらにTSV用のCMPも上記に分類できる．

5.　CMP装置構成の進化

次にCMPの装置構成とその進化を紹介する．CMPシステムとは図7に示すとおり，研磨，洗浄・乾燥，モニタ，スラリ供給，廃液処理，パッド，スラリなどの他に管理技術・自動化技術などを含めたものをいう．

（1）　研磨部

80年代はベアシリコン研磨から始まったため，ロータリー式が主流だった．当時は装置性能としてスループット重視でマルチヘッドやマルチテーブルの装置が種々出てきた．

90年代，微細化とともに平坦化要求が厳しくなり，制御のしやすいシングルヘッド装置が好まれた．また，あらゆる開発機種が登場した時代でもある．図7には省スペース目的で開発された小テーブル型，ウェーハを上向きにしてウェーハより小さなヘッドで研磨する小ヘッド型，パッド側を回転ではなく直線運動にしたリニア型，研削型，固定砥粒型など，これまでに開発された形式を網羅した．

（2）　洗浄・乾燥部

従来のCMPは洗浄とは別装置だったが，クリーンルームに設置するために，洗浄をビルトインした．洗浄方式はPVAスポンジを用いた物理式から，薬液を用いたもの，オゾン水やイオン水などの機能水を用いたもの，乾燥にはIPAを用いたものなどが開発されている．

（3）　モニタ

ナノオーダの加工をするCMPには，加工状態をモニタすることが必須で，摩擦検知方式，振動検知方式，渦電流検知方式，光学式検知方法のほかいろいろな方式が開発されている．

6.　今後のCMP技術俯瞰[7]

CMP技術の過去と現在までを述べてきた．これからは未来の話だ．2020年前後の半導体予測から始める．1年先さえ読めないといわれた半導体技術について一介の装置屋が何を言うかと，笑われるのを覚悟で述べる．数か月先の話はアナリスト，100年先の技術を考えるのは科学者，そしてそれらを総合して技術を俯瞰し5年・10年先のビジ

半導体デバイスはどう変わるか？
①NoMore Moore　　　　　　　④More Moore!
　ロジック微細化の終焉　　　　　低消費電力の低減
　メモリ微細化の終焉
　　　　　　　　⑤新不揮発メモリが SCM として
②More Than Moore：微細化に頼らない進化（例：IoT など）
　　　　　　　　③ Beyond CMOS! 新しいデバイス

デバイスメーカは？　2020 年までは従来どおり①対応で微細化開発
　　　　　　　　　　2020 年前後では②③④⑤と幅広く対応

セットメーカは？　　ハイエンドセットは③開発を急ぐ
　　　　　　　　　　ローエンドセットは②でアイデア勝負
　　　　　　　　　　そのほかに農業や医療など新しい分野を開く

装置メーカは？　　　2020 年までは従来どおり①⑤などの開発助勢
　　　　　　　　　　2020 年前後では③④のための開発助勢
　　　　　　　　　　顧客要求を満足させるべく幅広活動が必須

図8　2020 年俯瞰

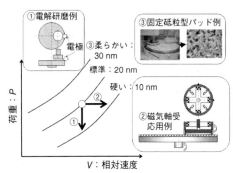

図9　平坦化未来技術

ネスを考えるのがエンジニアの使命だからだ。

　まずは 2020 年前後の半導体を俯瞰し、そしてその中で CMP がどう進化すべきかを述べる。

（1）No More Moore

「2020 年ムーアの法則・微細化の終焉」が叫ばれている。ロジックは 5 nm 世代、DRAM は 1X 世代、そして 3DNAND も 98 層に到達する。確かに現在の CMOS トランジスタの物理的微細化は、終焉を迎えるもしくは鈍化する。

（2）More Than Moore

　2020 年前後は、微細化に頼らずに、従来のデバイスでアイデア勝負する時代だ。いわゆる IoT などの進化だ。

（3）Beyond CMOS

　2030 年には現在の CMOS 以外の新しいデバイスが実用化されると期待している。ここまでは巷間でいわれていることだが、さらに以下を付け加える。

（4）More Moore

　現在の CMOS で、微細化に頼らずに低消費電力化を図り、従来の物理的寸法 CD（Critical Dimension）から低消費電力化 CD（Current Density）へとフェーズが変わるだろう。

（5）新不揮発メモリ

　新不揮発メモリが SCM（Storage Class Memory）として期待されている。

　よって、デバイスメーカも装置メーカも、微細化の終焉などと言っている暇はなく、図8 に示すように、やるべき事は山のようにある。そして、CMP は「0 への挑戦」[8]。平坦化要求もウェーハ清浄度もすべてが「0 レベル」を追求する。かつて開発途上で諦めたアイデアも復活させる必要があるだろう。

　例えば、CMP には図9 に示すようなアイデアがある。平坦化性能は、①荷重は低い方が、②相対速度は速い方が、③パッドは剛性が高い方が良くなるという事実が分かっている。そこで、

①　電解研磨のような手法で荷重 0 を目指す。かつて性

能は良くても断念した経験があるが、これを一工夫。

②　磁気軸受応用などで、相対速度を極端に上げて見る。この場合、もちろんパッドやスラリ流れなどを一工夫。

③　今でも固定砥粒型パッドは一部採用されているが、さらなる工夫が必要だ。

　これ以外にもアイデアはまだまだある。「0」を追求するのだ。アイデアは ∞ になければ太刀打ちできない。

7. お わ り に

　1980 年代に開発され、1990 年に突如登場し、2000 年代には半導体製造プロセスの主役に踊り出た CMP の過去・現在・未来を紹介した。半導体デバイスは、巷間でムーアの法則の終焉が叫ばれ、いかにも半導体製造装置もなくなってしまうがごとく議論されているが、まったくの的外れであることを付け加えておきたい。半導体はそして CMP は、過去も現在もそして未来もハイテクトップの技術であり、市場もまだまだ進化の途中である。関連する科学者やエンジニアはこれを信じて、さらなる開発に邁進しよう。泣き言を言う前に実行だ。

参 考 文 献

1) 辻村学：半導体ウエットプロセス最前線，工業調査会，(2007) 174.
2) M. Tsujimura et al.：General Principle of Planarization Governing CMP, ECP, ECMP & CE—Low down force planarization technologies, Proceedings of VLSI Multilevel Interconnection Conference, Tampa, Florida, September (2004).
3) 前田和夫：はじめての半導体プロセス，技術評論社，(2012) 151.
4) 辻村学：開発の極意と実践，工業調査会，(2008) 172.
5) パテント US5885138, Method and Apparatus for DRY-IN DRY-OUT Polishing and washing of a semiconductor device.
6) 辻村学：開発の極意と実践，工業調査会，(2008) 172.
7) M. Tsujimura：Paradigm Cliff 2020—The future of semiconductor device and CMP technologies—, ICPT2014, Kobe, Japan, (2014) 8.
8) M. Tsujimura：The way to zeros：The future of semiconductor device and chemical mechanical polishing technologies, Jpn. J. Appl. Phys., **55**, 6S3 (2016) 06JA01-6.

はじめての精密工学

プラズマ・イオンプロセスによる薄膜の製造とトライボロジー

Fabrication of Thin Solid Coating and Tribology with Plasma and Ion Beam Process/Hiroyuki KOUSAKA and Noritsugu UMEHARA

岐阜大学　上坂裕之，名古屋大学　梅原徳次

1. は じ め に

DLC（Diamond-Like Carbon）膜やダイヤモンド膜等のカーボン系硬質膜は，高硬度であるため高い耐摩耗性が期待される．さらに，その表面構造の多様性により低せん断強度の軟質層の形成[1]や水素分子や水分子の吸着[2][3]による表面エネルギーの低下による超低摩擦の実現が期待できる．そのような耐摩耗・超低摩擦特性のさらなる追求のために，窒素を含有した非晶質窒化炭素膜（a-CNx 膜）のトライボロジー特性の研究が行われている．また，従来のDLC 膜の製造技術面での課題に取り組むために，マイクロ波を利用した高密度プラズマ支援成膜の研究が行われている．

2. 高密度プラズマ支援成膜技術とトライボロジー特性

2.1 高密度プラズマ支援成膜技術

プラズマ支援成膜技術とは，成膜原料ガスをプラズマ化して得られるラジカルやイオンの堆積作用により，機能膜を成膜する技術である．プラズマの密度は電子の密度で代表され，電子の温度や原料ガス密度が一定であれば，電子の密度が高いほど生成・維持されるラジカルやイオンの量が増え，成膜レートが増加する．したがって，高い電子密度のプラズマを利用することが成膜レートを増加させるキーである[4]．最終的にトライボロジー特性を目的とする成膜，すなわち機械部品への成膜において，高密度プラズマ支援成膜技術には二つの流れがある．一つ目は，多数の基材を同時成膜するための大型チャンバー内のプラズマ密度を全体的に高めるやり方である（図1）．例として文献5)の方法が挙げられる．使用されている装置（Hauzer techno FlexiCoatVR850）のカタログによると，チャンバー壁に取り付けた複数の軸対称表面波励起マイクロ波プラズマ源[6]-[8]において高密度プラズマを生成し，チャンバー内の成膜エリアに拡散させることで，基材周辺のプラズマ密度を上げている．このような方法は，高密度化のために投入される電気的エネルギーの影響を多数の基材で平均的に受け止める方法であり，大型装置による大量バッチ処理のための典型的な増速手法である．二つ目は，投入される電気的エネルギーの影響を一つ～少数の基材に集中させるやり方である．これは，小型装置による一品（または少量）フロー処理のための増速手法である．われわれは，高密度プラズマ支援成膜技術のうち，小型装置による一品（または少量）フロー処理を志向して，MVP 法による超高速成膜技術の研究を行ってきた．

2.2 MVP 法による超高速成膜技術

小型装置による少量（または一品）フロー処理のための高密度プラズマ支援成膜技術として，容易に思い浮かぶのは図2のような装置構成であろう．高密度プラズマ生成部には，非減圧下では各種の大気圧プラズマ源[9]，減圧下ではホローカソードプラズマジェット[10]の利用が考えられる．しかしながら，これらの噴出型のプラズマ生成法は，凹凸，曲面，内面などへの成膜を不得手としているため[4][11]，成膜面が平面に近い必要がある．つまり図3のよ

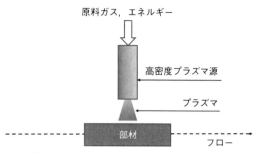

図1 大型装置よる大量バッチ処理のための高密度プラズマ支援成膜技術

図2 小型装置による少量（または一品）フロー処理のための高密度プラズマ支援成膜技術（噴出型プラズマ生成）の模式図

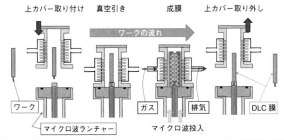

図3 超高速 DLC 成膜技術を用いた省スペース・一品・短時間処理型 DLC 成膜装置のコンセプト（基材包囲型プラズマ生成タイプの高密度プラズマ支援成膜技術が必要となる）

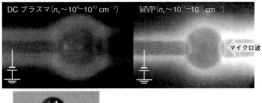

図5 立体形状を有する金属基材に沿って生成される DC 放電による低密度プラズマおよび MVP 法によるマイクロ波励起・高密度・基材近接プラズマ

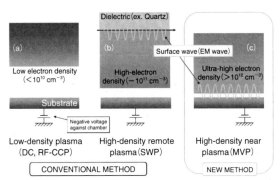

図4 プラズマ生成法の模式図：(a) DC プラズマ，(b) SWP（リモート型高密度プラズマの一例），(c) MVP（基材近接型高密度プラズマ）

うに3次元形状面に対して，小型装置による一品（または少量）フロー処理を実現するには，噴出型のプラズマ生成法は適さない．そこで3次元形状への追従性の高い，基材包囲型の高密度プラズマ生成法として MVP（Microwave-sheath Voltage combination Plasma）法が考案された．

2.2.1 MVP 法によるマイクロ波励起・高密度・基材近接プラズマの生成原理と特徴

上坂らが基材面近傍のプラズマ密度を増加させるために用いる MVP 法の原理を簡単に説明する．**図4** (c) に示すように，同手法では基材面形状に沿って形成されるプラズマ-イオンシース境界に沿って表面波モードのマイクロ波を伝搬させ，そのエネルギーによってプラズマが生成維持され，基板近傍で $10^{11} \sim 10^{12}$ cm^{-3} を超える高い電子密度のプラズマが得られる[12)-14)]．基材は外部からの電圧印可手段によってチャンバーに対して負にバイアスされており，基材面と接するイオンシースにおいてバイアス量と同程度の電圧降下が生じる．バイアス量を増やしてシース電圧を増大するとシース幅が拡大し，その結果表面波の伝搬方向（プラズマ-イオンシース境界に平行な方向）の減衰定数が小さくなり，プラズマが金属面に沿って広がるように生成される[14)]．ガス圧力にもよるが，シース電圧が数10 V 程度以上にならなければ，表面波は波長程度の距離を超えて伝搬することができないため，実質的に基材面の処理に用いることができない．したがって，DLC 成膜を

はじめとする金属部材面の処理に応用するという技術的な観点からは，マイクロ波の投入と併せて基材への 100 V 程度を超えるバイアスの印加が必須である．このような基材包囲型の高密度プラズマ生成現象（**図5** 右）は，マイクロ波とシース電圧印可の協働効果によって発現するため，得られるプラズマを Microwave-sheath Voltage combination Plasma と呼ぶ．なお，従来法である基板に電圧を印加する方法（DC 放電プラズマや CCP）においてもプラズマ密度は基板近傍で最も高くなるが（図4 (a)），電子密度は $10^8 \sim 10^{10}$ cm^{-3} 程度にしかならない[13)]．図4 (b) のようなリモートタイプの高密度プラズマ源では，共鳴的に高密度プラズマが得られる領域と基材との距離が離れており，基材面近傍でのプラズマ密度は生成領域ほど高くはない（文献5）の手法はこのタイプである）．MVP 法による高密度プラズマは，DC 放電プラズマや CCP などと同様に，基材面を包囲するように生成される（図5 右）．MVP 法は電子密度が $10^{11} \sim 10^{12}$ cm^{-3} に達する高密度プラズマを得ることができる唯一の基材包囲型プラズマ生成法といえる．

2.2.2 MVP 法による超高速 DLC 成膜とトライボロジー特性

MVP 法をプラズマ CVD タイプの DLC 成膜に活用することで，従来法による〜1 μm/h 程度の成膜レートを大幅に超えることが期待された．そこで**図6**に示す小型チャンバーを用い，**表1**に示す成膜条件（MW + DC 欄）で MVP 法による DLC 成膜を行った[15)16)]．また，従来法である DC 放電プラズマとの比較のために，MVP 法による DLC 成膜条件からマイクロ波投入だけをなくした条件（表1の DC 欄）での成膜を行った．膜厚の影響を避けるために膜厚が 500〜550 nm 程度となるように成膜時間を調整した．DC 放電プラズマおよび MVP による DLC 成膜時間中の最終的な基材温度は，それぞれ 80℃ および 270℃ となった．さらに，DC 放電プラズマと MVP 法とを基材温度の影響を排して比較するために，DC 放電プラズマによる成膜中にヒーターで最終的な基材温度が 270℃ になるように制御する実験（表1の DC + Heater 欄）も行った．

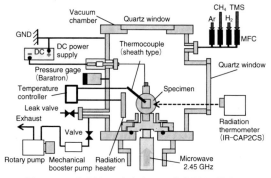

図6 MVP 法を用いた超高速 DLC 成膜装置の模式図

表1 成膜条件（出典：文献 15））

		DC	DC + Heater	DC + MW
Gas flow, sccm	Ar		40	
	CH$_4$		200	
	TMS		20	
Total gas flow Q_{total}, sccm			260	
Pressure P, Pa			75	
Deposition time t, sec.		750	1200	12
Microwave (2.45 GHz)	Peak power			1 kW
	Pulse frequency			500 Hz
	Duty ratio			50%
Bias	Voltage		−500 V	
	Pulse frequency		500 Hz	
	Duty ratio		50%	
Temperature T, ℃		80	270	270

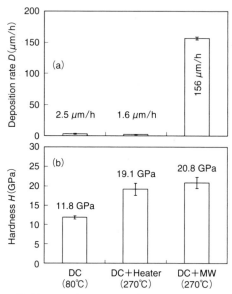

図7 DC 放電と MVP 法による DLC 成膜結果 (a) 成膜速度と (b) 膜の硬度（出典：文献 15））

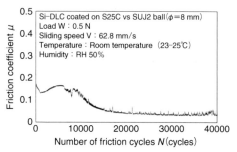

図8 MVP 法により超高速成膜された Si-DLC 膜の摩擦試験結果の一例

　図7 に示すように DC 放電プラズマによる成膜レートと膜硬度はそれぞれ 2.5 μm/h および 11.8 GPa であった．一方，MVP 法による成膜レートと膜硬度は，それぞれ 156 μm/h および 20.8 GPa であった．基板温度を制御した DC 放電プラズマによる成膜の場合には，成膜レートと膜硬度はそれぞれが 1.6 μm/h および 19.1 GPa となった．DC 放電プラズマによる二つの結果から，基板温度が成膜結果を大きく左右していることが分かる．高温ほど硬度が増加し，レートが下がるように判断できる．膜硬度は密度と強く相関しており，軟らかい膜は低密度な分だけ膜厚で見た際のレートが大きくなる．そのような影響があるため，DC 放電と MVP 法の成膜レート面の比較を行うには，硬度の値が比較的近くなっているケース，すなわち DC + Heater 欄および MW + DC 欄の成膜条件下での結果を比較するのがよい．両結果を比較すると，MVP 法を用いて 1000 W のマイクロ波を付加したことにより，DC 放電プラズマを用いる従来法と比べて 100 倍程度の成膜レートが達成されたといえる．本実験では，実用上の最低限の硬度（20 GPa）を満たしながら，156 μm/h もの成膜速度が実現されている．

　この MVP 法により超高速成膜された Si-DLC 膜の摩擦特性を例として示す．テトラメチルシランと他のガスの流量比を調整することにより得られた膜は Si を 5.6 at%（H，C，Si の合計を 100%）含有しており，膜硬度はヌープ硬度で 2700 HK であった．このテストピースを，ピンオンディスクタイプの装置を用いて ϕ8 のベアリング鋼球（SUJ2，JIS）を相手としてしゅう動させた．試験は大気開放環境下で行われた．摩擦係数の計測結果を**図8** に示す．図のように，相手球と Si-DLC 膜がなじんで摩擦係数の変化が落ち着いたところで，0.05 の摩擦係数を示した．MVP 法により超高速成膜された異なる組成の Si-DLC 膜についても総括すると，典型的に 5～25 at% の Si-DLC 膜に対して，0.03～0.07 程度の摩擦係数が得られている．これは，実用化されている Si 含有 DLC 膜の摩擦係数の既報値[17] と同程度であり，したがって，低摩擦化メカニズムも同文献が提唱するメカニズムと同様ではないかと考えられる．超高速成膜された Si-DLC 膜が，従来法による Si 含有 DLC に対して摩擦特性で劣ることはないようである．よって，MVP 法は次世代の省スペース・一品・短時間処理型 DLC 成膜プロセスのための有力なコア技術候補といえよう．

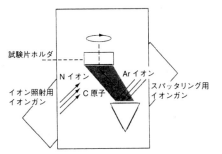

図9 イオンビーム支援蒸着法による a-CNx 膜コーティングの模式図

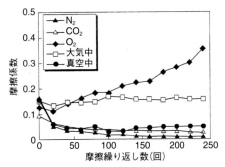

図10 種々の雰囲気中におけるイオンビーム支援蒸着法による a-CNx と窒化ケイ素球の摩擦係数の変化

3. イオンビーム支援成膜技術とトライボロジー特性

3.1 イオンビーム支援成膜技術

スパッタ装置による成膜の場合スパッタのためのイオンの生成源として主として放電プラズマが用いられており，放電プラズ中にターゲットが浸された構造で膜生成を行っていた．これに対して，プラズマ中からイオン種を取り出し，任意の電圧で加速することが可能なイオンガンを用いる手法がある．イオンガンを用いてターゲットをイオン衝撃してスパッタ粒子を生成して膜を作成する方法が，イオンビームスパッタリングである．一般に，イオンビームスパッタ装置ではターゲットに入射するイオンが斜め入射することになり，スパッタ粒子エネルギーの向上が期待できる．さらに，膜生成領域は比較的高真空（10^{-5}-10^{-4} Torr）に保つことが可能となる[18]．

また，他の成膜方法と複合して，特定のイオン種をイオンガンから供給することで特定のイオン種を含む複合膜の成膜が可能となるイオンビーム支援成膜法も行われている．イオンビームを用いた PVD 成膜法では，ターゲットの原子や供給するガスイオンのエネルギーや供給量を自在に変化させることが可能であり，種々の新材料の開発が容易となる．

3.2 非晶質窒化炭素膜（a-CNx 膜）のイオンビーム支援成膜法による成膜とその特性

3.2.1 イオンビーム支援蒸着法による a-CNx 膜の成膜とトライボロジー特性

DLC 膜やダイヤモンド膜等のカーボン系硬質膜の耐摩耗・超低摩擦特性のさらなる追求のために窒素を含有した非晶質窒化炭素膜（a-CNx 膜）の成膜方法とトライボロジー特性の研究が行われている．窒化炭素膜は，β-C_3N_4 型の結晶となればその硬さはダイヤモンド以上であると理論的に予測されている[19]．また，部分的に結晶化した a-CNx でも，硬度が増加し，耐摩耗性をさらに向上させることが考えられる．さらに，成膜時の窒素含有によるグラファイト状の構造変化層の促進や窒素を含む官能基による各種ガスや水および潤滑油の吸着による特異な摩擦特性の発現が期待できる．

このように期待される窒化炭素であるが，自然界には存在しない．そこで，梅原らは高エネルギーを付与できるイオンビーム支援蒸着法により成膜を試みている[20][21]．

図9に，イオンビーム支援蒸着法による a-CNx 膜の成膜方法を示す．イオンビームミキシング法により直径 50 mm，厚さ $350\,\mu m$ の単結晶 Si (111) 基板上に CNx 膜を成膜する．シリコン基板を基板ホルダーに取り付けた後，クライオポンプにより真空チャンバー内を 1×10^{-6} Torr 以下に排気する．基板表面の吸着物を取り除くために窒素イオン（加速電流 1 keV，イオン電流密度 100 mA/cm^2）で 5 分間スパッタクリーニングした後，カーボンターゲットにアルゴンイオン（加速電圧 1 keV，イオン電流密度 30 mA/cm^2）を Si 基板に照射することで，Si 基板に対しイオンビームスパッタリングを行う．これと同時に，窒素イオン（加速電圧 0～10 keV，イオン電流密度 0～40 mA/cm^2）を Si 基板に照射することにより，基板上で C と N のミキシングを起こし，CN 膜を成膜する．膜厚はいずれの実験でも約 100 nm である．成膜速度は約 1.4 nm/min である．

得られた膜の窒素含有量も XPS により測定されたが，11 at% と小さかった．また，構造がラマン分光法で調べられ，a-CNx 膜のスペクトルが DLC 膜のスペクトルと似ており，炭素の sp^2 結合と sp^3 結合が混在していることが明らかになった．TEM で回析像が得られ，結晶化が乏しいアモルファス構造であることが確認された．また，薄膜評価装置により押し込み硬さが求められ，Si ウエハが 7 GPa であるのに対し，a-CNx は約 21 GPa であった[20][21]．

このような非晶質窒化炭素膜（a-CNx 膜）において，乾燥窒素中で摩擦係数が 0.01 以下となる超低摩擦[20][21]が発生することが明らかになっている．図10に，種々の雰囲気中における摩擦係数に及ぼす摩擦繰り返し数の影響を示す．同図より，大気中と酸素中において，摩擦係数が摩擦繰り返し数とともに増加していることが分かる．一方，窒素中，高真空中，一酸化炭素中では減少し，乾燥窒素中では 0.01 以下の超低摩擦に至っていることが分かる．さらに，添加剤を含有しないベース油（PAO 油）中での低摩擦[22]が報告されている．また，その超低摩擦機構の解明のために，構造変化層の窒素の含有率[23]，硬さ[24]やオーバー

コートの影響[25]が明らかにされ，a-CNx 膜の摩擦誘導構造変化層による超薄膜固体潤滑であることが提案されている．さらに，最近，この構造変化層の STEM-EELS による局所領域の詳細な構造解析が行われ，超低摩擦になる場合の構造変化層は，広い層状構造ではなく，小さな層状破片のクラスターで，密度が減少していることが明らかになってきた[26]．さらに，最近，カーボン系硬質膜の超薄膜固体潤滑の実証および構造最適化のために摩擦面構造変化層のその場評価装置が提案され，その有効性が実証されている[27]．今後は，このような，摩擦時の摩擦面その場観察をさらに行い，摩擦と表面微構造の関係を詳細に明らかにすることが求められる．

　3.2.2　イオンビーム支援フィルタードアーク法による a-CNx 膜の成膜とトライボロジー特性

　前項で示したように，イオンビーム支援蒸着法で成膜した a-CNx 膜は乾燥窒素中で超低摩擦，潤滑油中で低摩擦を示した．しかし，その硬さが約 21 GPa 程度であり，さらに高硬度で超低摩擦と耐摩耗性を両立させるカーボン系硬質膜が求められた．そこで，a-CNx における sp³ 結合の割合を向上させ硬質化させながら，かつ低摩擦のために表面粗さを減少させる方法として，フィルタードアークデポジッション法（FCVA 法）が用いられた．本手法におけるアークデポジッション法で発生するカーボン粒子のイオン化率は，蒸着に比べて高く，基板へバイアスを加えることにより基板に達する際のカーボンイオンエネルギーが高いことから sp³ 結合の割合が高い ta-C（テトラゴナルカーボン）となる．ここで，さらに窒素イオンビームを成膜チャンバーに取り付けることで，高エネルギーのカーボン粒子と窒素イオンが基板上で混合され高硬度の a-CNx が成膜されることを試みた．なお，カーボン粒子は電磁力により粒径が分離されるため，ドロップレットを形成する大きなカーボン粒子がフィルタリングされ，その結果，基板と同様の表面粗さの小さなカーボン系硬質膜が成膜可能となる[28]．

　図 11 にイオンビーム支援フィルタードアーク法による a-CNx 膜の成膜方法を示す[29]．滝川らにより提案された T 型のダクトを有するフィルタードアーク成膜装置[30]に ECR 窒素イオンビーム照射装置を付けた複合成膜装置である．成膜前に 5×10^{-4} Pa まで排気し，成膜基板を Ar イオンボンバードメントし，成膜した．窒素の加速電圧は 100 V，基板のバイアス電圧は -100 V である．窒素イオンビームの電流密度を変化させ，窒素の分圧を制御することで a-CNx 膜における窒素の含有率を変化させることが可能であり，最大窒素含有率は 11 at% である．窒素の含有率の増加とともにラマン分光分析による ID/IG 比は増加し，膜硬さも窒素が含有しない場合の 75 GPa から窒素を 11 at% 含有した場合の 30 GPa まで変化させることが可能である．成膜後，ボールオンディスク装置で，a-CNx 膜を成膜したディスクと SUJ2 球のベース油である PAO4 油中で摩擦摩耗試験を行った．その結果，イオンビーム支

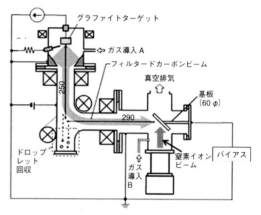

図 11　イオンビーム支援フィルタードアーク法による a-CNx 膜の成膜方法の模式図

援蒸着法により成膜された a-CNx 膜に比べて，イオンビーム支援フィルタードアーク法による a-CNx 膜が著しく小さい比摩耗量を示すことが明らかになった．この傾向は窒素含有率が多いほど顕著であり，窒素含有率の増加とともに膜は軟化したにもかかわらず，比摩耗量が減少したという常識と異なる結果から，今後窒素含有による a-CNx 膜の超耐摩耗メカニズムの解明が待たれる．

4．おわりに

　プラズマ・イオンプロセスによる成膜とトライボロジー特性として，カーボン系硬質膜の成膜とその特異なトライボロジー特性を紹介した．従来，実用的なすべり摩擦を伴うトライボロジー材料としては，油中で軟質な金属材料が用いられてきた．その場合，軟質であるため高面圧や高温下での耐摩耗の実現は困難であった．現在，自動車エンジンをはじめ，多くの機械はコンパクトとなり，高い性能を発揮するためには過酷な面圧やすべり速度条件でのすべり面が必要となり，硬質でありながら低摩擦と耐摩耗および信頼性を確保する新しいトライボロジー材料が求められている．そのためには，プラズマ・イオンプロセスの利用がさらに重要になってくると思われる．

参　考　文　献

1) J.C. Sanchez-Lopez, A. Erdemir, C. Donnet and T.C. Rojas : Friction-induced structural transformations of diamondlike carbon coatings under various atmospheres, Surface and Coatings Technology, **163-164** (2003) 444-450.

2) A. Erdemir, O.L. Eryidmaz and G. Fenske : Synthesis of diamond like carbon films with superlow friction and wear properties, J. Vac. Sci. Technol., **A18** (4) (2000) 1987-1992.

3) A. Erdemir : The role of hydrogen in tribological properties of diamond-like carbon filmsOriginal Surface Coatings and Technology, **146-147** (2001) 292-297.

4) 電気学会・プラズマイオン高度利用プロセス調査専門委員会 : プラズマイオンプロセスとその応用，オーム社，(2005)．

5) N. Win Khun, A. Neville, I. Kolev and H. Zhao : Effects of Substrate Bias on Tribological Properties of Diamondlike Carbon

Thin Films Deposited Via Microwave-Excited Plasma-Enhanced Chemical Vapor Deposition, Journal of Tribology, **138** (3) (2016) 031301-1-031301-6.

6) M. Tuda and K. Ono : New-type microwave plasma source excited by azimuthally symmetric surface waves with magnetic multicusp fields, Journal of Vacuum Science & Technology a, **16** (5) (1998) 2832-2839.

7) H. Kousaka and K. Ono : Numerical analysis of the electromagnetic fields in a microwave plasma source excited by azimuthally symmetric surface waves, Japanese Journal of Applied Physics Part 1-Regular Papers Short Notes & Review Papers **41** (4A), (2002) 2199-2206.

8) 岸根翔, 上坂裕之, 梅原徳次 : 表面波励起プラズマによる金属円筒内面への高速ダイヤモンドライクカーボン成膜, プラズマ応用科学, **14** (2006) 73-80.

9) J.S. Chang : 大気圧プラズマの物理と化学, プラズマ・核融合学会誌, **82** (10) (2006) 682-689.

10) H. Pedersen, P. Larsson, A. Aijaz, J. Jensen and D. Lundin : A novel high-power pulse PECVD method, Surface and Coatings Technology, **206** (22) (2012) 4562-4566.

11) 上坂裕之 : 細穴内面へのプラズマ CVD・DLC コーティング法の最前線, 月刊機能材料, **34** (2) (2014) 38-46.

12) H. Kousaka, N. Umehara, K. Ono and J.Q. Xu : Microwave-excited high-density plasma column sustained along metal rod at negative voltage, Japanese Journal of Applied Physics Part 2, **44** (33-36) (2005) L1154-L1157.

13) H. Kousaka and N. Umehara : Study on the axial uniformity of surface wave-excited plasma column sustained along a metal rod, Trans. Mat. Res. Soc. Japan, **31** (2) (2006) 487-490.

14) H. Kousaka, J.Q. Xu and N. Umehara : Pressure dependence of surface wave-excited plasma column sustained along metal rod antenna, Vacuum, **80** (11-12) (2006) 1154-1160.

15) H. Kousaka, Y. Takaoka and N. Umehara : Ultra-high-speed Coating of Si-containing a-C : H Film at over $100\,\mu m/h$, Procedia Engineering, **68** (2013) 544-549.

16) H. Kousaka, T. Okamoto and N. Umehara : Ultrahigh-Speed Coating of DLC at Over 100 mu m/h by Using Microwave-Excited High-Density Near Plasma, IEEE Transactions on Plasma Science, **41** (8) (2013) 1830-1836.

17) 森広行, 高橋直子, 中西和之, 太刀川英男, 大森俊英 : 大気中無潤滑下における DLC-Si 膜の低摩擦特性, 表面技術, **50** (6)

18) (2008) 401-407.

18) 中川茂樹 : 実用薄膜プロセス―機能創製・応用展開―, エヌティーエス, (2009) 62.

19) A.Y. Liu and M.L. Cohen : Prediction of new low compressibility solids, Science, **245**, 841 (1989).

20) N. Umehara, M. Tatsuno and K. Kato : Proc. ITC Nagasaki, Nitrogen lubricated sliding between CNx coatings and ceramic balls, (2001) 1007-1013.

21) K. Kato, N. Umehara and K. Adachi : Friction, wear and N_2-lubrication of carbon nitride coatings, Wear, **254** (2003) 1062-1069.

22) 小河雄一郎, 野老山貴行, 梅原徳次, 不破良雄 : 潤滑油中における CNx 膜の超低摩擦現象の発現, 日本機械学会論文集 (C 編), **75**, 752 (2009) 1088-1093.

23) T. Tokoroyama, M. Goto, N. Umehara, T. Nakamura and F. Honda : Effect of nitrogen atoms desorption on the friction of the CNx coating against Si3N4 ball in nitrogen gas, Tribology letters, **22**, 3 (2006) 215-220.

24) 木村徳博, 月山陽介, 野老山貴行, 梅原徳次 : 窒素中で超低摩擦を発現する極表面層の機械的特性の評価, 機械学会論文集 (C 編), **76**, 772 (2010) 3794-3799.

25) 王懐鵬, 野老山貴行, 梅原徳次, 不破良雄 : CNx 膜の摩擦摩耗特性に及ぼすカーボンオーバーコートの影響, 日本機械学会論文集 (C 編), **75**, 754 (2009) 1859-1865.

26) H. Inoue, S. Muto, X. Deng, S. Arai and N. Umehara : Structure analysis of topmost layer of CNx after repeated sliding using scanning transmission electron microscopy electron energy-loss spectroscopy, Thin Solid Films, **616** (2016) 134-140.

27) H. Nishimura, N. Umehara, H. Kousaka and T. Tokoroyama : Clarification of relationship between friction coefficient and transformed layer of CNx coating by in-situ spectroscopic analysis, Tribology International, **93**, 660 (2016) 660-665.

28) 池永勝 : 高機能化のための DLC 成膜技術, 日刊工業新聞社, (2007) 102.

29) X. Deng, T. Hattori, N. Umehara, H. Kousaka, K. Manabe and K. Hayashi : Tribological properties of ta-CNx coatings with different nitrogen content under oil lubrication conditions, Thin Solid Films, **621** (2017), 12-18.

30) H. Takikawa, K. Izumi, R. Miyano and T. Sakakibara : DLC thin film preparation by cathodic arc deposition with a super droplet-free system, Surf. Coat. Technol., **163-164** (2003) 368-373.

はじめての精密工学

レーザ光の特性が加工に及ぼす影響について

The Influence of Characteristics of Laser Light on Processing/Junichi IKENO

埼玉大学　池野順一

1. は じ め に

　超硬合金やダイヤモンド，セラミックスなど硬い材料や鋼板などを自在に高速に切断し，プリント基板などに毎秒数千個の速さで穴開けする．機械加工で実現することが不可能なこんな加工をやってのけるのがレーザ加工である．1970年代に上市されて以来，レーザ加工は時代のニーズに対応する加工法として注目を集めてきた．今では，一部のレーザ加工装置は，コストダウンのため町工場でも大活躍している．一方，機械系の学科を出た若手でも，レーザ加工はいまひとつなじみがない．大学の実習教育といえば，ほとんどが旋盤やフライス盤などの機械加工であり，レーザ加工を取り入れているところはまだ少ない．しかも，レーザ加工の工具は「光」で，波動の性質と粒子の性質を併せもち，この世で最速，かつ質量ゼロの人が手にもつことのできないエネルギーそのものであると説明を受けたら，やはり使用を躊躇するであろう．

　本稿は，これからレーザ加工をやってみたいと思う若手を対象に基礎的なことがらにしぼって解説してみたい．そこでまず，レーザ加工とはどんな特徴をもつ加工なのかを紹介し，次に工具であるレーザ光の特性が加工にどんな影響を及ぼすのかについて述べてみたい．ここでは，実用化されたレーザ加工の最先鋒である，発熱を原理とした「熱加工」について主に解説する．ただし，せっかくなので近年急速に実用化が進む発熱を原理としない「非熱加工」としてもレーザ加工にも触れることにする．レーザ加工は，勘所さえ押さえれば，取り扱いも容易で可能性に満ちた便利な加工法である．

2. レーザ加工の特徴

　熱加工としてのレーザ加工には，以下の特徴がある．

　1）機械加工では難削材料である高融点材料，耐熱合金類，セラミックス，宝石，ダイヤモンドなどでも容易に加工ができる．

　2）レーザ光は，μm オーダの微細加工が可能である．半導体チップのリペアやセキュリティー技術（ミシン目が動物の形状をしたコンサートチケットなど）にも利用される．

　3）非接触加工であるため，工具摩耗の心配がない．また，機械的な刻印とは異なり加工反力がないため，変形な

く薄い缶の表面に製造年月日などを刻印できる．

　4）光は高速遠隔走査が可能であるため，自動車の車体の溶接では加工装置台数を減らせ，シーム溶接が可能である．高い生産性と車体強度の向上に貢献している．

　5）照射条件を適切に選べば，加工ひずみや熱変形の少ない高品位加工が可能である．

　6）透明な窓を通して内部空間にある材料の加工が可能である．水晶振動子の振動数を精密に調整することなどに役立っている．

　7）透明材料自体の内部加工が可能である．クリスタルガラスの中にレーザを入射し，焦点部で微小クラックを形成すると，白い立体画像が浮き上がる．よく見かけるアクセサリーである．また，産業界では，内部クラックを直線的に連鎖させてシリコンなどの硬脆材料を高速に切り分ける加工（ダイシング）が実用化されている．一方，医療分野でも水晶体嚢という膜が濁る後発白内障の治療のため，膜の手前にある水晶体に YAG レーザを照射し透過させ，水晶体嚢に穴を開けることで視力回復を図っている．

　8）電子ビーム加工，イオンビーム加工は，真空を必要とするが，レーザ加工は必要とせず，雰囲気を自由に選択することができる．例えば，ステンレスの切断時に，不活性ガスを吹き付けて光沢のある切断面を形成したり，厚い鋼材を能率良く切断するために酸素を吹き付けて燃焼させるなど，アシストガスの利用が可能である．

　9）X線など有害なものを放出しないため，ランニングコストを低く抑えることができ，加工装置も簡便である．

　10）工作機械やロボットに取り付けて，自動加工が容易である．

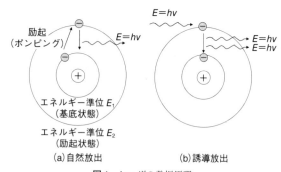

図1　レーザの発振原理

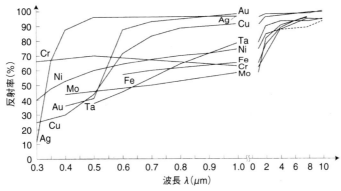

図2 金属材料における反射率と波長の関係[1]

11）穴開けや切断などの除去加工，溶接や肉盛りなどの付加加工，金属やガラスを曲げる変形加工，表面改質加工などさまざまな加工ができる．

3. レーザ光の特性と加工への影響

3.1 レーザ光の発振原理と特性

レーザ光の発振原理を図1に示す．イオンがエネルギーを与えられると，最外殻の電子が励起されエネルギーの高い軌道に遷移する．この電子は，その軌道にとどまれず，そのうち基底状態に戻る．この時，軌道間のエネルギー（プランク定数×振動数）を光として自然放出する．したがって，ここで放出された光は，いつでも同じ波長となる．また，多くの励起されたイオンの中の一つが自然放出すると，次々と雪崩のように光が放出される現象を光の誘導放出という．この時生まれた光は，波長も位相もそろった干渉性に優れた光（コヒーレント光という）となる．この光は集光性にも優れ，干渉で強め合うため，材料の除去加工に有利である．例えば，波長も位相も異なる30Wの蛍光灯では集光してもまったく加工できないが，同出力のレーザ光なら，集光部で金属を瞬時に沸騰させ除去することが可能である．

3.2 波長が加工に及ぼす影響

励起されたイオンの種類で発振するレーザ波長は異なる．レーザ加工で使用される主な波長は，短いもので193nmの紫外（エキシマレーザ），長いものでは10.6μmの遠赤外（炭酸ガスレーザ）である．エキシマレーザは，半導体露光装置用光源として活路を見出し，今やレーザ装置のなかでもトップクラスの売り上げを誇っている．炭酸ガスレーザは，ステンレスや軟鋼，アクリル，ガラスなどの切断に使用され，産業界を代表するレーザである．これと並んで産業界で多用されるのが，近赤外レーザのYAGレーザ（基本波1064nm）である．この1064nmの波長は，ガラスレンズが使用できるため，安価な光学系が組めるという大きなメリットがある．さらに，レーザ光の優れた干渉性を利用すれば，非線形結晶によってレーザ波長を短くすることができる．例えば，1064nmの半分の波長532

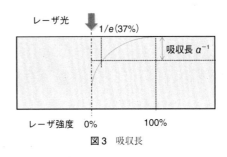

図3 吸収長

nmを第2高調波SHGという．同様に，1/3の波長355nmを第3高調波THG，1/4の波長266nmを第4高調波FHGという．これにより，一台のレーザ発振器で赤外〜紫外までのレーザ光が使用でき大変便利なレーザである．

3.2.1 吸収率

図2は各種材料における波長ごとの反射率を示している．材料表面では反射と吸収が生じており，吸収を知るためには反射率を調べるのが最も簡便な方法である．レーザ加工で材料を除去するには，一般的にその材料に対して吸収率の高いレーザ波長を選ぶのがよい．これは，レーザ光が吸収されると材料表面で格子振動による発熱が生じ，変質，溶融，沸騰，飛散といった熱加工ができるためである．図中，FeやCuは，近赤外よりも500nm付近の可視域で吸収率が上がっていることを意味しており，可視域のレーザで加工を行う方が効率的である．さらに，紫外域に目を向けてみると，どの材料でも吸収率が高くなっている．ならば紫外線レーザを用いれば，もっと除去加工は容易ではないかと思われるかもしれない．しかし，有機材料では効果が認められるものの，無機材料では期待される除去加工はほとんど期待できない．理由は後述するが，この点には注意が必要である．

3.2.2 吸収長

深穴加工をしたいときには，吸収率のほかにも「吸収長」に配慮して，レーザ波長を選定する必要がある．吸収長とは図3に表すように，材料内部に侵入した光の強さが1/e（約37%）に減衰するまでの侵入深さを表してい

る．例えば，ガラスに1パルスで深穴加工をしたいときに
は，深くまで侵入するレーザ光の使用が望ましい．YAG
レーザ（1064 nm）では，シリカ（SiO$_2$）の吸収率は数％
と小さいが吸収長は10 mmと長く，ガラス板の深くまで
レーザ光は侵入する．もし，シリカ中に1064 nmの吸収
物質が成分として含まれていれば，YAGレーザの光軸上
（照射部）では板厚方向の大部分が加熱され，1パルスで
貫通するほどの深穴加工が可能である．

3.2.3 光子エネルギー

前述したように，光には波動と粒子の両方の特性があ
る．ちなみに光子エネルギー（eV）は，おおよそ（1240
÷波長（nm））で表すことができ，紫外域のように，短い
波長の光ほど高い光子エネルギーをもつ．よって，紫外線
レーザによる加工では，物質間の結合を引き離す「光解
離」が生じる．日常，経験することとして，真夏の海岸や
真冬のゲレンデでの日焼けが例として挙げることができよ
う．肌は有機物であるため，炭素間の結合エネルギーを
3.7（eV）とすると，日焼けの原因となる紫外線の波長は，
上述の関係式から335（nm）以下であることがわかる．
また，日焼けはバーナーであぶられたような熱さを伴わな
い．これは，紫外線レーザ加工でも同様であり，光解離を
利用したレーザ加工は「非熱加工」と呼ばれている．波長
193 nmのエキシマレーザが，半導体露光装置の光源とし
て利用されるゆえんである．また，紫外領域で金属の吸収
率が高くても，必ずしも飛散を伴う熱的な除去加工ができ
ないのは非熱加工だからである．

3.2.4 集光性

熱加工が可能なレーザであれば，集光径を小さくしてエ
ネルギー密度を高くすれば，小さなエネルギーでも金属な
どを局部的に溶融，沸騰させることができる．レンズの収
差を無視すれば，集光径は一般的に（2.44×波長×焦点
距離÷ビーム直径）で求めることができる．よって，あ
る波長のレーザを絞り込むには，焦点距離の短いレンズに
ビーム径を広げたレーザ光を入射させるのがよい．微細加
工の現場では顕微鏡用対物レンズを用い，その瞳径までビ
ーム径を拡大したレーザ光を入射しているのをよく見かけ
る．

ほかにも二つほど集光径に影響を及ぼす因子がある．そ
の一つは「広がり角θ（mrad）」である．このθはビーム
の直進性を示す指標であり，発振したビームが1 m先で
何mm広がるかを表している（0.8 mmなら0.8 mrad）．
集光径は，この広がり角θの2乗に比例するため，集光性
を重視する微細加工では，レーザの選定項目として見逃せ
ない．もう一つは「ビームモード」である．ビームモード
は発振するビーム断面（円形）内の強度分布を示してい
る．シングルモードとマルチモードがある．**図4**にモー
ドの例を示す．図中（a）はガウシアン分布でありシング
ルモード（TEM$_{00}$）を示す．このモードのレーザが集光
すると，一つの鋭いピーク強度が形成され，3.2.4で示し
た式中の係数2.44は1.27と小さくなる．また，レーザの

（a）シングルモード　　（b）マルチモード

図4　ビームモード

出力が小さい場合，ガウシアン分布のごく中心部のみが加
工しきい値を超えたとすれば，集光径よりも微小な穴開け
加工が可能となる．ちなみに，TEM$_{00}$の∞はX，Y方向
の強度の谷数を表しており，ピークが一つのシングルモー
ドでは，谷部がX，Y方向にないため00となる．図中
（b）にはマルチモードの例を示す．これは，X方向に二
つの谷部，Y方向に一つの谷部があるため，TEM$_{21}$と表
記される．低いピークが複数あり，集光部で鋭いピークを
つくることはできない．ただし，大きなエネルギーが得ら
れ，溶接や表面処理など広い面積を満遍なく加熱するため
には便利なモードである．

3.3 発振形態が加工に及ぼす影響

レーザ光は共振器内で増幅され，あるタイミングで発振
される．その発振形態には連続発振とパルス発振の二つが
ある．ここでは，加工によく用いられるパルス発振につい
て述べる．

3.3.1 パルス発振方法の種類

パルス発振には主に三つのタイプがある．産業界で一般
的に使用されているタイプは，そのうちの二つである．一
つは，イオンを励起するためのランプ（フラッシュラン
プ）をパルスで点灯させて発振させるタイプである．これ
は，1パルスで大きなエネルギーが得られるものの，パル
ス幅（1パルスの発振時間）はms，μsオーダと長い．繰
り返し発振周波数は〜500 Hz程度で，高周波化には限界
がある．したがって，なめらかな切断などには不向きで，
穴開けなどに利用される．もう一つは，連続発振するレー
ザに「Qスイッチ」というパルス化する装置を付けて発
振させるタイプである．これは本来，連続発振するレーザ
光を装置内でいったんせき止め，たまってきたところで一
気にパルスとして発振させる仕組みである．1パルス当た
りのエネルギーは小さいものの，パルス幅はnsオーダと
短くでき，パワー密度（W/cm^2）は大きくできる．繰り
返し発振周波数も〜MHzと高くすることができるため，
切断など連続加工を仕上がり良く高速に行うのに適してい
る．

三つ目のパルス発振タイプは，ピコ秒（ps），フェムト
秒（fs）で発振する超短パルスである．これまで単一波長
で位相のそろった光がレーザ光だと紹介してきたが，この
超短パルスレーザはブロードな波長分布をもっている．し
たがって，すべての位相がそろった瞬間（ps，fsオーダ）

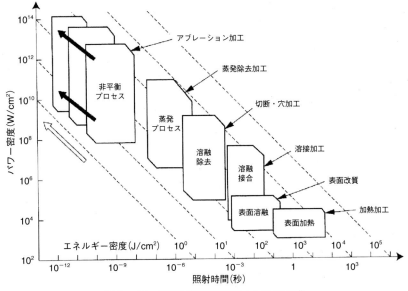

図5 パワー密度と発振時間に対する加工領域[2]

だけ発振させることで，超短パルスを生み出している．パルスエネルギーはmJ以下と小さいが，パワー密度は極めて高く，繰り返し発振周波数は，数百kHzと高周波のものが市販されている．

3.3.2 パワー密度

図5にパワー密度（W/cm^2）と照射時間（s）の関係を示す．図中，右下ほど連続発振に近く，パワー密度（単位面積・単位時間当たりの投入エネルギー）が小さいことを示している．この領域で，レーザは表面加熱など熱源として使用されている．一方，図中左上にいくほど，照射時間（パルス幅）が短く，パワー密度が大きいことを示している．この領域では，瞬時に材料を昇華させて除去する「アブレーション加工」が可能である．

3.3.3 パルス幅

ここでは，もう少し「パルス幅」について述べてみたい．一般的に，パルス幅の短いレーザは，精密加工に適している．その主な理由は，熱影響が少なくなるためである．熱の拡散規模を知る目安として熱拡散長（$2 \times$（熱拡散係数 × パルス幅）$^{0.5}$）が用いられている．例えば，熱拡散係数 10^{-7} のポリマー材料にパルスレーザを照射した場合を考える．パルス幅10 nsの短パルスレーザなら，熱拡散長は100 nmとなる．パルス幅100 fsの超短パルスレーザでは，熱拡散長は1 nmとなり，パルス幅が短いほど熱影響層が小さい．とくに超短パルスレーザでは，溶融部がほぼないため，サブμm精度の精密で微細な加工が可能であり，これも「非熱加工」に分類されている．ただし，大規模な加工は苦手であり，照射部では強烈な衝撃波が発生する．硬脆材料などでは，除去を促進させようとあまり出力を高くしてしまうと，衝撃波による亀裂ダメージが入ってしまうので注意が必要である．

3.3.4 多光子吸収

超短パルスレーザが引き起こす特異な現象に，「多光子吸収」がある．これは，従来のレーザ加工では不可能な加工を可能にする大変利用価値の高い現象である．超短パルスレーザの集光部では，光子エネルギー密度が極めて高くなるため，物質の励起に複数の光子が関与する．例えば，515 nmのグリーン光を集束し，材料の励起に二つの光子が関与し，光子エネルギーはあたかも2倍，すなわち紫外光（257 nm）と等価となる．もしも，紫外線硬化樹脂内でこのレーザを集光させると，焦点部のみに樹脂の硬化が生じる．このレーザ焦点を樹脂内で3次元走査させれば3次元造形物を創成することも可能である．また，透明有機導電性膜内部に集光させれば，共役二重結合を切断することも可能である．有機導電性膜の回路を形成するには，基板上に回路形状に膜を塗る方法と，基板上にベタ塗りした膜から絶縁部だけを除去する方法がある．しかし，いずれも膜の有無による光の透過率差が大きく透明でなければならない膜に回路が写り込んでしまうという致命的な欠点があった．ところが，超短パルスレーザを用いれば前述したように共役二重結合を光解離するだけで絶縁処理ができるため，膜の視認性が保たれることがわかり，現在タッチパネルへの応用が期待されている．このように，多光子吸収という現象は，透明材料における高機能加工で新たな可能性を広げている．

4. お わ り に

1960年に世界で初めてレーザ発振に成功したメイマン氏は，レーザを「多芸多才なる装置」と称し，これに多くの人が関わり，人類にとって最も有用な応用技術を見出してほしいと願っていた．現在は，低価格でメンテナンスフ

リーのレーザ発振器も入手でき，まさにメイマン氏の願い
をかなえる時代になったといえよう．レーザ加工に興味を
もつ若手の卓越したアイデアで，メイマン氏の願いをかな
えていただければ幸いである．冒頭にも述べたとおり，こ
こでは基礎的なことだけを平易に解説するよう努めたが，
それゆえに詳細を省き，物足りなさを感じた方もあろうか
と思う．あとは，あまたある優れた専門書に委ねたい．

参 考 文 献

1) 池野順一：はじめての生産加工学 2　応用加工技術編，講談社，
　(2016) 64.
2) 池野順一：はじめての生産加工学 2　応用加工技術編，講談社，
　(2016) 65.

はじめての精密工学

信頼性の高い圧力測定のために
—圧力の国家標準から現場の圧力測定まで—

Reliable Pressure Measurements from National Pressure Standards to Measurements in Industrial Fields/Hiroaki KAJIKAWA

国立研究開発法人 産業技術総合研究所　梶川宏明

1. はじめに

　気象観測と予報のための大気圧測定，空調管理のための差圧の測定と制御，高圧ガスの安全管理や化学・製造プラントのプロセス管理のための圧力測定と制御，高圧力を利用した材料加工など，圧力の測定と制御は幅広い科学技術・産業分野で必要不可欠である．さまざまな測定原理の圧力計が存在し，必要な精度に応じて選択されているが，現場で実際に圧力計から読み取った値は，どの程度（何桁目まで）信頼できるのだろうか？　より信頼性の高い測定のためには，どのような管理や使い方が必要だろうか？また，現在，どこまで高精度な圧力測定が可能で，何が測定精度を決める要因になっているのだろうか？

　圧力測定の信頼性を確保するためには，まず，圧力の「物差し」となる標準が必要である．最も基本となる「物差し」は，物理的な定義に基づいて実現される．圧力は，単位面積当たりに働く法線方向の力として定義される．静止した流体においては，任意の一点の圧力はすべての方向に等しい大きさをもつ（静水圧性）．圧力標準は，この静水圧性を前提に設定されている．国際単位系（SI）では，圧力の単位として主に Pa（パスカル）が使われ，1 Pa は，1 m² 当たりに 1 N（ニュートン）の力が加わっているときの圧力と定義される．圧力標準はこの定義に基づき実現される．

　日本では，国立研究開発法人 産業技術総合研究所（以下，産総研）で日本の圧力と真空の標準を開発・維持し，校正を通じて産業界や一般のユーザーに標準を供給している．現在，産総研で整備している圧力と真空の標準は 10^{-9} Pa（1 nPa）から 10^9 Pa（1 GPa）まで約 18 桁にわたる[1)2)]．圧力範囲や圧力媒体によって適用できる物理法則が違うため，標準の実現方法は複数あり，圧力範囲や達成可能な不確かさに応じて使い分けている．

　圧力標準は，液柱形圧力計と重錘形圧力天びんの 2 種類の装置を用いて整備されている．物理的な定義式に基づいた測定が可能で，安定性・信頼性に優れた装置であるが，その性能を十分に発揮させるためには，影響要因の管理と熟練した取り扱い技術が必要となる．**図1**には，液柱形圧力計と重錘形圧力天びん，およびその関連技術によって実現される 1 Pa から 1 GPa までの日本の圧力標準について，その実現方法と，測定精度を表す相対拡張不確かさ（$k=2$）を示した．2 章では，これらの 2 種類の装置の測定原理と測定の不確かさに影響する要因について紹介する．

　一方，現場の圧力測定には，取り扱いが容易で，利便性の高いさまざまな圧力計が利用される．出力形態で分類すると，大きく，デジタル圧力計（デジタル表示装置またはデジタル信号出力を備えた圧力計）と機械式圧力計（弾性素子の圧力による変形量を機械的に拡大して圧力を表示する指示圧力計）に分けることができる．これらの圧力計は，小型・軽量で，価格も比較的安く，取り扱いや管理も容易であるが，その目盛り付けには標準器による校正を必要とする．特にデジタル圧力計は，近年，分解能が高く安

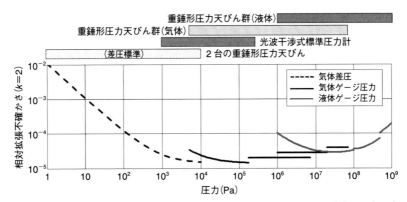

図1　産総研で整備している圧力標準（1 Pa〜1 GPa）の実現方法と相対拡張不確かさ（$k=2$）

定性の優れた製品が開発され，現場計測のみならず管理用の標準器としても利用される機会が増えてきた．産総研においても，圧力標準の整備や供給体制の中でデジタル圧力計を活用する研究開発を行ってきた[3]．3章では，デジタル圧力計を例に，現場で信頼性の高い圧力測定を行うための圧力計の管理・利用方法，留意点について述べる．

2. 圧力の国家標準と不確かさ要因

2.1 液柱形圧力計

液柱形圧力計は，発生圧力と，作動液体の液柱による圧力とをつり合わせて圧力を測定する装置である．圧力は，液体の密度，重力加速度，そして測定する圧力とつり合う液柱の高さの積により求められる．密度の大きい水銀を作動液体に用いた液柱形圧力計が，主に大気圧付近（約100 kPa）での圧力標準を実現するために用いられ，相対的に 10^{-6} 程度の不確かさで測定を実現することができる．測定に必要なパラメータのうち，測定場所の重力加速度は 10^{-7} 程度の不確かさで管理できるため，液柱形圧力計による圧力測定の主な不確かさ要因は，密度と液柱の高さの測定である．

水銀の密度を 10^{-6} 程度の相対不確かさで管理するためには，純度の高い管理された水銀を用いるとともに，装置全体の温度を詳細に測定し，均一性を保つことが不可欠である．水銀の熱膨張係数は 1.8×10^{-4}/K と大きいため，水銀を保持する装置全体にわたって，10 mK 以下での温度管理と測定が必要になる．

液柱の高さの測定も非常に重要である．大気圧に相当する水銀柱の高さ（約760 mm）を 10^{-6} の相対不確かさで測定するためには，1 μm 程度の不確かさで液面位置を測定する必要がある．一般的な液柱形圧力計では，液面位置を水平方向から読み取るが，高精度な測定のためには鉛直方向から液面位置を測定する．産総研では，白色光の干渉じまを利用するマイケルソン式の光波干渉計を用いて液柱の上部から液面の高さを測定しており，この装置を「光波干渉式標準圧力計」と呼んでいる[4]．米国国立標準技術研究所（NIST）では，水銀柱の底面に設置した水晶振動子を用いて，超音波の反射で水銀柱の高さを測定している[5]．水銀液面での反射を利用する場合，水銀柱の口径を大きくして液面の曲率を小さくするなどの工夫も必要となる．また，振動による液面の擾乱も測定を妨げる大きな要因となるため，対策が必要となる．

液柱形圧力計は，大気圧付近では非常に小さい不確かさで圧力測定を実現できるが，応用できる圧力範囲が限られる．作動媒体に水やオイルなど密度が小さい液体を用いることで，低い圧力範囲での利用が可能であるが[6]，高い圧力の測定には，測定圧力に比例した高さの液柱を設置する巨大な設備が必要となり，温度等の環境制御も容易ではない．また，上述のように，温度制御や周囲の振動等により必要な精度を確保するための管理・操作に時間がかかるため，日常的な校正には，次に紹介する重錘形圧力天びんを

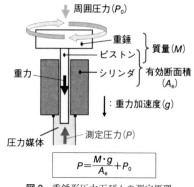

$$P = \frac{M \cdot g}{A_e} + P_0$$

図2　重錘形圧力天びんの測定原理

用いることが多い．

2.2 重錘形圧力天びん

重錘形圧力天びんは，わずかな隙間で精密にはめ合うことができるように製作されたピストン・シリンダと，質量が既知の重錘からなる[7][8]．図2に示すように，重錘形圧力天びんは，ピストンおよび重錘にかかる重力とピストンに働く圧力による力とをつり合わせて圧力を測定する装置である．ピストンをシリンダ内部で回転させることにより，調心作用によりピストンとシリンダの機械的な接触を防いでいる．使用する圧力範囲に応じて，適切な材質・構造・有効断面積のピストン・シリンダを選択でき，広範囲の圧力測定に利用可能である．圧力範囲や利用分野に応じて，気体または液体の圧力媒体を使用する．産総研では，気体媒体では窒素，液体媒体ではセバシン酸ジオクチル（通称セバケイト）を使用している．

重錘形圧力天びんによる測定圧力（P）は，ピストンおよび重錘にかかる重力（$M \cdot g$）をピストン・シリンダの有効断面積（A_e）で除して求めることができる．測定圧力の相対拡張不確かさは，圧力に依存し 10^{-6} から 10^{-4} 程度である．

ピストンと重錘の質量は，10^{-6} 程度の不確かさで測定・管理することができる．重力の計算には，周囲の環境による浮力補正を行う．前述のように，使用場所の重力加速度は 10^{-7} 程度の不確かさで管理できる．また，圧力媒体が液体の場合は，ピストンとシリンダの隙間に存在する圧力媒体の表面張力の寄与も考慮する．これらを総合し，ピストンと重錘にかかる重力の相対不確かさは 10^{-6} 程度となる．

重錘形圧力天びんによる圧力測定で最も重要なのがピストン・シリンダの有効断面積の評価である．ピストン・シリンダの有効断面積は，ピストン底面の断面積そのものではなく，ピストン側面に働く力や，ピストンとシリンダの隙間を流れる圧力媒体による粘性揚力の影響も含んだ，実効的な面積となる．通常，有効断面積は，標準状態（参照温度，大気圧）での有効断面積に，測定時の温度と発生圧力による補正を行って求める．補正係数（温度係数および

圧力変形係数）は，材料の物性値や特性試験により評価する．高い圧力では，圧力変形係数の不確かさが圧力測定の支配的な不確かさ要因となる．

標準状態での有効断面積は，ピストンとシリンダの直径，真円度等の形状測定を詳細に行い，計算することができる[9]．圧力測定時の有効断面積を精確に評価するためには，圧力発生時のピストンおよびシリンダの形状と，ピストンとシリンダの隙間での圧力分布の両方を知る必要がある．圧力分布が与えられたときのピストン・シリンダの形状を有限要素法で計算し，ピストンとシリンダの形状が与えられたときのピストンとシリンダの隙間での圧力分布を流体力学的に計算して，計算が収束する形状，圧力分布で有効断面積を評価することができる[10]．このような精密な形状測定と計算を行った複数のピストン・シリンダを群管理することにより，現在，数 MPa で 1×10^{-6} 程度[11]，1 GPa で 1×10^{-4} の相対拡張不確かさが主張されている[12]．

また，水銀柱圧力計や他の重錘形圧力天びんとの比較から有効断面積を決定し，ピストンおよびシリンダの材料特性や特性評価から圧力依存性を評価することも可能である．産総研では，1 GPa までの非常に高圧での圧力標準を整備するため，シリンダの外周面に圧力（制御圧力）を印加してピストンとシリンダの隙間を制御することができる「隙間制御型ピストン・シリンダ」を利用している．制御圧力による有効断面積の相対変化量を評価することで，圧力変形係数を独自に評価することが可能である[13][14]．この隙間制御型ピストン・シリンダを利用する方法で，1 GPa で約 2×10^{-4}（0.02%）の相対拡張不確かさでの圧力測定を実現している（図1参照）．

3. 現場における圧力計測の信頼性確保のために

実際の現場における圧力測定のために一般的に用いられるデジタル圧力計や機械式圧力計では，その出力と圧力値を対応付けるために標準器による校正が必要である．校正の不確かさに，圧力計の特性や実際の使用環境に由来する不確かさが加わり，現場での圧力測定の不確かさが決まる．現場で使用される圧力計まで高精度かつ効率的に圧力標準を供給するため，産総研では遠隔校正[15]やヒステリシス差の影響を低減する新しい校正方法の提案[16]などを行ってきた．

現場での圧力測定の信頼性を確保するためには，使用者の側でも，定期的な校正とそれに基づいた性能の管理が必要である．デジタル圧力計の場合，一般的に一年に1回以上の校正が推奨されている．校正証明書には，校正結果として，被校正器の表示値と，その時の標準器による圧力値（校正圧力値）およびその不確かさが記載される．デジタル圧力計では，JIS 規格の JIS B 7547[17]で，共通して要求される基本的な計量性能が規定されており，主要な不確かさ要因としては，ヒステリシス差（昇圧過程と降圧過程での校正値の差），表示分解能または安定性，温度特性，姿勢特性，供給電源変動の影響，直線性などが挙げられてい

る．校正結果の不確かさ評価は，上記の要因を考慮して行われるが，管理された校正室環境での評価に基づくため，カタログ上の製品精度よりも小さい値となる場合が多い．そのため，校正で評価される要因に加え，各測定現場で個々の使用環境や使用方法に応じた評価を行うことが望ましい．以下では，校正で得られた結果を基にして，実際の圧力計の使用方法に合わせて，使用者が評価することが望ましい特性について述べる．

・ヒステリシス差

圧力計のヒステリシス差は，通常の校正では階段型の加圧方法で昇圧過程と降圧過程の測定を行って評価される．ただし，圧力計の出力値は，使用時の最大圧力や事前加圧の有無，昇圧・降圧操作の履歴によって影響を受ける場合がある．精密な測定が必要な場合は，校正時の加圧方法と実際の測定時の加圧方法との違いについても注意する必要がある．昇圧過程と降圧過程で別々に校正結果が報告されている場合は，校正結果から使用者自身でヒステリシス差の影響を評価する必要がある．事前に校正機関に加圧方法や結果の報告について相談してもよい．

・環境および設置姿勢の影響

環境（温度，相対湿度，大気圧など）の影響は，校正証明書に記載された環境条件下で評価されていることが多い．そのため，実際の使用環境が校正時と異なる場合には，製造業者の提供する温度係数などを基にして校正結果に対して補正を行い，測定の不確かさに含む必要がある．

また，圧力計の感圧部の構造により，出力が設置姿勢に影響を受ける可能性もある．JIS B 7547 では，±3° 傾けたときの影響を不確かさとして考慮するように定めている．センサタイプで取り付け姿勢を変えることができる圧力計の場合，使用時と同じ設置姿勢で校正を行うことも有効である．

・長期安定性（経時変化）

圧力計の感圧部の部材の経時変化や使用による影響などにより，圧力計の校正値は経時変化する[18]-[20]．経時変化量は，圧力計の測定原理や感圧部の構造，使用する圧力範囲，使用方法・頻度などにより異なるため，個別に評価する必要がある．通常は，圧力による感圧部の変形に関係のない成分（ゼロ点）と圧力に応答する成分（スパン）とに分けて考える．ゼロ点の経時変化については，毎回の使用前に圧力を印加しない状態（圧力ゼロ）でゼロ点のオフセット処理を行い，補正することも可能であるが，スパンの経時変化は定期的な校正によって評価する必要がある．通常，校正結果の不確かさには長期の経時変化の影響は含まれていないため，過去の校正結果と比較するなどして，使用者が自ら評価する必要がある．一例として，水晶振動子式圧力計の 0 MPa（ゼロ点）および 250 MPa での校正値の経時変化を図3に示した[21]．経時変化は一定ではなく，時間がたつにつれて変化が緩やかになっている．また，250 MPa での校正値の経時変化量が 0 MPa（ゼロ点）の変化量よりも大きくなっているため，ゼロ点のオフセット

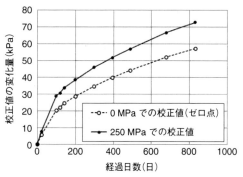

図3 デジタル圧力計（フルスケール 280 MPa）の校正値の経時変化の例

処理だけなく，定期的な校正による経時変化の確認が必要となる．

また，特殊な環境で使用する場合には，通常とは異なった経時変化となる可能性もある．例えば，長期間一定の圧力をかけ続けて使用する場合や，一定のサイクルで圧力変化させながら測定する場合などは，実際の加圧条件に合わせた評価が必要となる．

4. ま と め

信頼性の高い圧力測定のためには，測定に影響を与える要因を，個々の装置特性や要求精度に応じて管理する必要がある．本稿では，現在の圧力の国家標準器として使用されている液柱形圧力計と重錘形圧力天びんについて，現在達成可能な圧力測定の不確かさとその影響要因を紹介した．また，圧力標準に連鎖した校正結果を利用しつつ，現場における圧力測定の信頼性を高めるための圧力計の管理と留意点について簡単に紹介した．本稿が，圧力計の使用者が個々の使用環境に応じて必要な精度で信頼性の高い圧力測定を行うための一助となれば幸いである．

参 考 文 献

1) https://unit.aist.go.jp/riem/pv-std/
2) 圧力真空標準研究室：圧力真空標準の研究開発と校正サービス，精密工学会誌，**77**（2011）755.
3) 小畠時彦，小島桃子，梶川宏明：圧力計測の信頼性向上と国際相互承認―工業用デジタル圧力計の計量標準体系への組み込み―，シンセシオロジー，**4**（2011）209.
4) 大岩彰：新しい光波干渉式標準気圧計，計量研究所報告，**45**（1996）63.
5) C.R. Tilford：The speed of sound in a mercury ultrasonic interferometer manometer, Metrologia, **24**（1987）121.
6) A.P. Miiller, C.R. Tilford and J.H. Hendricks：A Low Differential-Pressure Primary Standard for the Range 1 Pa to 13 kPa, Metrologia, **42**（2005）S187.
7) JIS B 7610：2012 重錘形圧力天びん，日本規格協会．
8) JIS B 7616：2013 重錘形圧力天びんの使用方法及び校正方法，日本規格協会．
9) R.S. Dadson, R.G.P. Greig and A. Horner：Developments in the Accurate Measurement of High Pressure, Metrologia, **1**,（1965）55.
10) G. Buonanno, G. Ficco, G. Giovinco and G. Molinar：Ten years of experience in modelling pressure balances in liquid media up to few GPa, Universita degli Studi di Cassino,（2007）.
11) Th. Zandt, W. Sabuga, Ch. Gaiser and B. Fellmuth：Measurement of pressures up to 7 MPa applying pressure balances for dielectric-constant gas thermometry, Metrologia, **52**（2015）S305.
12) W. Sabuga et al.：Finite element method used for calculation of the distortion coefficient and associated uncertainty of a PTB 1 GPa pressure balance—EUROMET project 463, Metrologia, **43**（2006）311.
13) P.L.M. Heydemann and B.E. Welch：4.（Part 3）. Pressure Measurements III—Piston Gages, Experimental Thermodynamics, Vol II, Part 3, International Union of Pure and Applied Chemistry,（1975）147-202.
14) H. Kajikawa, K. Ide and T. Kobata：Precise determination of the pressure distortion coefficient of new controlled-clearance piston-cylinders based on the Heydemann-Welch model, Rev. Sci. Instrum., **80**（2009）095101.
15) T. Kobata, M. Kojima and H. Kajikawa：Development of remote calibration system for pressure standard, Measurement, **45**（2012）2482.
16) H. Kajikawa and Kobata：Pressure gauge calibration applying 0-A-0 pressurization to a reference gauge, ACTA IMEKO, **5**（2016）59.
17) JIS B 7547：2008 デジタル圧力計の特性試験方法及び校正方法，日本規格協会．
18) T. Kobata：Characterization of quartz Bourdon-type high-pressure transducers, Metrologia, **42**（2005）S235.
19) J. Singh, A. Kumar, N.D. Sharma and A.K. Bandyopadhyay：Reliability and Long Term Stability of a Digital Pressure Gauge（DPG）Used as a Standard-A Case Study, MAPAN, **26**（2011）115.
20) M. Kojima, T. Kobata and K. Fujii：Long-term stability and zero drift of digital barometric pressure gauges, Metrologia, **52**（2015）262.
21) H. Kajikawa and T. Kobata：Characterization and successive maintenance of transfer standard for APMP inter-laboratory comparison of hydraulic pressures, Proceedings of the SICE Annual Conference 2016,（2016）782.

はじめての精密工学

ハーモニックドライブ®（波動歯車装置）について

An Introduction to HarmonicDrive® and Strain Wave Gearing/Yuya MURAYAMA

(株)ハーモニック・ドライブ・システムズ　村山裕哉

1. はじめに

ハーモニックドライブ®（以下，HD）は，(株)ハーモニック・ドライブ・システムズの商標であり，減速機である波動歯車装置の一つとして一般的に知られている．この減速機は，米国の C.W. Musser 氏により "Strain Wave Gearing" の名称で 1955 年に発明された[1]．その後，米国での製造販売を行っていたユナイテッド・シュー・マシナリー（USM）社から，(株)ハーモニック・ドライブ・システムズの前身である(株)長谷川歯車が 1964 年に技術導入し，翌年より日本での生産を開始した．

この減速機は，薄肉歯車の弾性変形を利用したユニークな機構により一段で非常に大きな減速比が得られるとともに，ノンバックラッシなどの優れた特長を有していたが，10 年近く用途模索時代が続き，世の中に浸透していなかった．その後，1978 年にヨーロッパで産業用ロボットの関節駆動を油圧から電動化への手段として HD が採用されたことがきっかけとなり，産業用ロボットをはじめとし，半導体製造装置や液晶搬送装置，工作機械などモーションコントロール用の減速機として幅広く使用されることになった．

ここでは，波動歯車装置の構成などの基礎について解説し，HD の特長や高精度化について紹介する．

2. 波動歯車装置の基礎

2.1 構成

波動歯車装置にはさまざまなタイプが存在するが，ここでは図 1 に示す基本型のカップタイプの HD を例に説明する．波動歯車装置は次の三つの部品によって構成されている．

① フレクスプライン（以下，F/S）
薄肉で柔軟にたわむ金属弾性体の部品であり，開口部の外周に歯が切られている．
② サーキュラ・スプライン（以下，C/S）
剛体リング状の部品であり，内周に F/S と同モジュールの歯が 2 枚多く切られている．
③ ウェーブ・ジェネレータ（以下，W/G）
楕円状のカムの外周に，薄肉のボールベアリングがはめられ，全体が楕円形状をした部品．ベアリングの内輪は楕円カムに固定されているが，外輪はボールを介して弾性変形し，波動歯車装置の機構上の要所である波動運動を発生させる．

2.2 動作原理

波動歯車装置は，K-H-V 型遊星歯車（図 2）に分類される．K-H-V 型遊星歯車とは，太陽歯車（内歯車）の軸を K，キャリヤ軸を H，遊星歯車軸を V で表したとき，その 3 軸を遊星歯車を構成する駆動軸，従動軸，固定軸に使うものである．一般的には，内歯車軸を固定し，キャリヤ軸を入力として駆動し，遊星歯車軸の自転を自在継手で出力として取り出す．この場合の速比 R は，内歯車の歯数を Z_i，遊星歯車の歯数を Z_p として，

$$R = -\frac{Z_p}{Z_i - Z_p} \tag{1}$$

となる（右辺が負の場合は入力と出力が逆回転になることを表す）．

波動歯車装置では，C/S が内歯車，W/G がキャリヤ，F/S が遊星歯車と自在継手に相当する．C/S を固定，W/

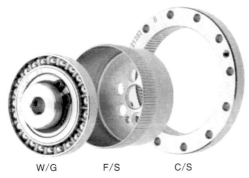

図 1　カップタイプの HD

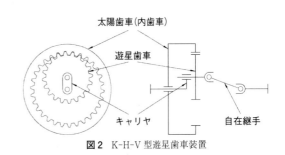

太陽歯車(内歯車)
遊星歯車
キャリヤ
自在継手

図 2　K-H-V 型遊星歯車装置

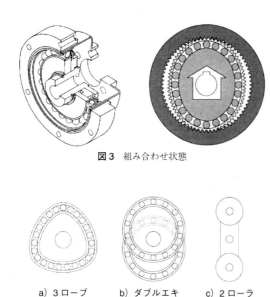

図3 組み合わせ状態

a) 3ローブ

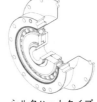
b) ダブルエキ
　　セントリック

c) 2ローラ

図4　W/Gの実現例

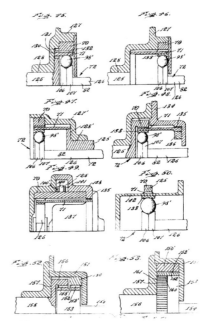

図5　特許[1]における自在継手の実現形態

Gを入力，F/Sを出力とした場合の速比は，F/Sの歯数をZ_f，C/Sの歯数をZ_cとして，K-H-V遊星歯車と同様に

$$R = -\frac{Z_f}{Z_c - Z_f} \qquad (2)$$

となる.

　通常のK-H-V型遊星歯車と波動歯車装置の主な違いは，キャリヤの偏心をF/Sを楕円状にたわめることで実現している点である．W/GをF/Sに，それらをC/Sへと3要素を同軸上に組み合わせると，F/SはW/Gによって楕円状にたわめられ，楕円の長軸部分2箇所でC/Sと歯がかみ合い，短軸の部分では歯が完全に離れた状態となる（図3）．C/Sを固定し，W/Gを回転させると，長軸位置が移動しF/SとC/Sの歯のかみ合い位置も順次移動していく.

2.3　種類

　波動運動を生じさせるためのW/Gの形状は，楕円形状に限ったものではなく，三角形でも四角形でも波動歯車装置として成立し，さまざまな種類がある．楕円形状の場合を2ローブ，三角形の場合を3ローブ（図4a），四角形の場合を4ローブと呼ぶ．ローブ数がnの場合，C/SとF/Sの歯数の差はnの倍数となる．例えば速比100を最小の歯数差にて実現しようとした場合，2ローブでは$Z_f = 200$，$Z_c = 202$となり，3ローブでは$Z_f = 300$，$Z_c = 303$となる．このとき，2ローブに比べて3ローブは歯のサイズが2/3と小さくなり，真円からのたわみ量は小さくなるが，たわませたときの曲率は，3ローブのほうが大きくなる．したがって，3ローブのほうが変形させたときの応力が大きくなることから，2ローブが主流となっている．さらに，2ローブの実現形態としては，楕円状のカムと弾性変形する薄肉ベアリングという組み合わせではな

く，真円状の通常のベアリングを二つ偏心させて使うダブルエキセントリックという方式（図4b）や，ローラを二つ用いる2ローラという方式（図4c）などがある.

　F/Sにおいては，特に自在継手の実現方法においてさまざまな種類がある．C.W. Musser氏のStrain Wave Gearingの特許[1]では図5のように多様な形態が示されている．また，現在ラインアップされているHDの種類を図6に示す．カップタイプおよびシルクハットタイプは，F/Sの筒状の胴部および板状のダイヤフラムの部分が弾性変形することでたわみ軸継手となっている．一方で，パンケーキタイプは，F/Sと同じ歯数のC/S（サーキュラ・スプラインD）を用いたギアカップリングとなっている．ギアカップリングのパンケーキタイプに比べ，たわみ軸継手のカップタイプとシルクハットタイプは，回転伝達精度や効率の点で優れている．カップタイプに対してシルクハットタイプは，ダイヤフラム部を外側にとっており，外径は大きくなるが，中空径を大きくとることができる．パンケーキタイプも同様に中空径を大きくとることができ，軸方向長さも抑えられることから，ギアカップリングのデメ

リットがあっても使われる場合がある．

組み合わせ方を変えた例として，C/S を外歯車，F/S を内歯車とし，F/S をたわませて内側の C/S とかみ合わせるという方式もある[2]．このとき，W/G は最外部となる．ただし，減速機として使う場合に，高速回転する W/G が最外部にあるため，イナーシャが大きくなるといったデメリットがあり，あまり使われていない．

以上のように，波動歯車装置は多様な実現形態をとることができる．

3. HD の特長と高精度化

USM から技術導入し，1965 年に国産第一号が製造されて以来，今日に至るまでさまざまな市場要求に応えるべく HD は進化し続けてきた．HD の特長と，さまざまな進化のうち，高精度化に絞って紹介する．

3.1 特長

HD の主な特長として，次の項目が挙げられる．

① 同軸上一段で 1/30〜1/320 という高減速比が得られる．波動歯車装置は，歯の大きさに応じたたわみ量をもたなければならず，高減速比は歯が小さいため得意とするが，低減速比は歯が大きくなるため，たわみ量を大きくとらねばならず不得意である．低減速比化の開発により現在は 1/30 まで実現できている．

② 一段で高減速比が得られることから，小型，軽量な装置とすることができる．

③ 機構上，かみ合い歯面にプリロードをかけることができるため，バックラッシュをほとんどゼロにできる．

④ 同時かみ合い歯数が多いため，回転精度が高い．

⑤ 同じく，同時かみ合い歯数が多いため，トルク容量が大きい．

⑥ 基本部品点数が F/S，C/S，W/G とわずか 3 点のため，装置に組み込みやすく，また，大きな中空径や特殊形状への適応など，設計の自由度に優れている．

⑦ 外径サイズが 13〜330 mm までと幅広いラインアップがある．HD ではサイズを型番で表し，型番は F/S の歯車の基準ピッチ円径をインチで表した値の 10 倍となっている．例えば，#20 とは，F/S の基準ピッチ円径が 2 インチ（50.8 mm）であることを示している．現在のラインアップは，#3〜#100 までの 17 種類となっている．最小の #3（**図 7**）は外径 13 mm であり，F/S のカップ部の肉厚は約 70 μm，最大速比 100 での歯車のサイズはモジュール 42 μm である．

⑧ 図 6 で示した種類を基本としながら，外形形状は同じで高強度のタイプや，トルク容量は劣るものの軸方向を短くしたものがあり，サイズや速比のバリエーションを含め，用途に応じて適したものを選ぶことができる．

3.2 高精度化

HD に求められる性能のうち，特に高精度化への要求は高い．産業用ロボットでは関節となる HD の先に長いア

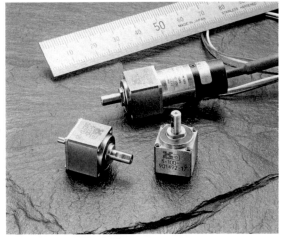

図 7 #3 の HD

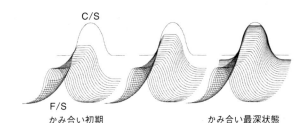

図 8 IH 歯形のかみ合い

ームが付くことが多く，HD の角度伝達精度が振動として表れ問題となることがある．角度伝達精度とは，任意の回転角を入力に与えたときの理論上回転する出力の回転角度と実際に回転した角度との差である．例えば CSG-20-80-2A-GR という製品では，角度伝達精度は 2.9×10^{-4} rad（1 arc-min）以下であり，角度伝達精度を上げた特殊品では，1.5×10^{-4} rad（0.5 arc-min）以下である．角度伝達精度を悪化させる主な原因は，C/S と F/S の歯車誤差である．歯車誤差は，設計，加工，組み付けの各段階で対策を行っている．

まず，設計においては IH 歯形の発明が挙げられる[3]．C.W. Musser 氏の発明から IH 歯形の発明までの間，HD にはインボリュート歯形が用いられていた．インボリュート歯形は，歯切り工具の製作の容易さや歯切り加工の容易さなどのメリットがあるが，HD では同時かみ合い歯数を増やせないというデメリットもあった．これに対し，1989 年に発明された IH 歯形は，F/S の楕円変形による歯の移動軌跡を解析し，その移動軌跡を基にした歯形とすることで同時かみ合い歯数を大幅に増やすことができるようになった[4]．IH 歯形にて，C/S の歯に対する一つの F/S の歯の移動軌跡を計算し，C/S の歯形と，W/G を 3° 回転させたごとの位置に F/S の歯形をプロットしたものが**図 8** である．図 8 左は F/S が短軸からかみ合い始めるまで，図 8

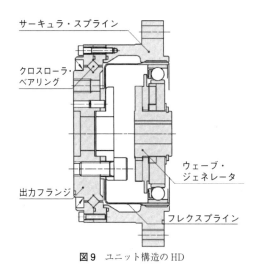

図9 ユニット構造の HD

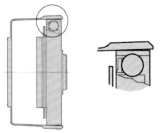

図10 カップタイプのコーニング

右は長軸まで，図8中はその中間までを示している．C/S歯形とF/S歯形が接触していることがかみ合っていることを示し，かみ合い初期の状態からかみ合い最深の状態まで，連続してかみ合っていることが分かる．同様の図をインボリュート歯形で描くと，最深部（図8右と同じ状態）のみでのかみ合いとなる．IH歯形では，同時かみ合い歯数が増えることで，歯車のもつピッチ誤差が平均化され，角度伝達精度を向上させることができた．さらに，HDのねじり剛性も上がることで振動特性も向上した．

加工誤差に対しては長年，加工機械，加工治具，歯切り工具などの改良をしてきた．

組み付け時に歯車誤差を生む要因は，各部品の同軸度や直角度などの精度の悪化や，取り付け面の影響を受けて各部品が変形することなどである．これらの対策として，出力支持軸受けが一体となったユニット構造が開発された（図9）．ここで使われている出力支持軸受けは，クロスローラ・ベアリングである．クロスローラ・ベアリングは，回転軸に対し +45°の角度と -45°の角度で交互にローラが配置されている軸受けで，ラジアルとスラストの両方の荷重を受けられるコンパクトな軸受けである．ユニット化により精度が安定することに加え，組み付けやすさも向上することから，スカラロボットなどの多くのロボットにユニット構造のHDが採用されている．

高精度化の取り組みは現在も続いている．カップタイプやシルクハットタイプは，単体では真円形状であるものを軸方向の一端に楕円形状のW/Gを入れて変形させているため，F/Sの楕円変形量が軸方向で違うというコーニングと呼ばれる現象が生じる（図10）．このため，軸方向のす

べての箇所で図8のようなかみ合いをさせることは難しく，最適な歯形についてはさまざまな研究がなされている[5][6]．また，減速機単体ではなくモータやコントローラまで含め，制御対象を正確にモデル化し，適切な補償器を設計して振動を抑制する，といった研究もなされている[7][8]．

4. お わ り に

米国で発明された波動歯車装置は，日本に技術導入された後，産業用ロボットに代表されるさまざまなモーションコントロール用途に採用され，その厳しい市場要求によって大きな進化を遂げながら普及してきた．今回は，波動歯車装置の基礎やHDの特長を紹介したが，新たな用途への適用など，さらなるモーションコントロールの発展につながれば幸いである．また，減速機の性能向上は，ロボットや装置の性能向上に必要不可欠な要素の一つとなるため，日本が得意とする緻密な解析技術，優れた加工機械と技能によって，市場の動向や要求に応えるべく，取り組みを続けていく所存である．

参 考 文 献

1) C.W. Musser : U.S. Pat., 2906143, (1959).
2) C.W. Musser : U.S. Pat., 2931248, (1960).
3) S. Ishikawa : U.S. Pat., 4823638, (1989).
4) Y. Kiyosawa, S. Ishikawa and M. Sasahara : Performance of a strain wave gearing using a new tooth profile, Proc. of ASME Int. Power Transmission and Gearing Conf., **2** (1989), 607-612
5) S. Ishikawa : U.S. Pat., 6167783 B1, (2001).
6) S. Ishikawa : A strain wave gearing with wide range meshing of teeth, VDI-Berichte2108, (2010) 1259-1268.
7) 山元純文，岩崎誠，沖津良史，佐々木浩三，矢島敏男：波動歯車装置の角度伝達誤差に対するモデル化と補償（第1報），精密工学会誌，**76**, 10 (2010) 1206-1211.
8) 岩崎誠，飼沼誠，山元純文，沖津良史：波動歯車装置を含む位置決め機構の厳密な線形化手法による非線形補償，精密工学会誌，**78**, 7 (2012) 624-630.

はじめての
精密工学

はじめての電鋳

Introduction of Electroforming/Hidekazu MIMURA

東京大学　三村秀和

1. はじめに

　電鋳は，高精度に作製されたマスター表面に厚く金属を析出し，それを分離することで，マスター表面の反転形状を得る方法である．マスター表面は，超高精度な表面や微細パターンが施された表面であり，機械加工等さまざまな方法により時間をかけて作製される．図1に，筆者のグループで電鋳により製造した回転体ミラーを示す[1]．これらは，マスターの転写により作製されており，研究室で高精度なミラーを量産している．電鋳法の用途としては，このような高精度ミラーの作製，金型の製造，マイクロパターンの複製などが挙げられる[2]．

　金属のめっき（電解析出：電析）に関する研究は，硬度，平滑性などの幾何学的な特徴をもつ表面の創成や，特殊な磁気特性，電気特性をもつ機能性表面を実現するというさまざまな目的がある．そのため，有機物から金属まで多種多様な物質を取り扱っている．一方，電鋳の目的は基本的に形状の転写のみであり，材料は析出が容易なNi，Cuに限られている．形状を維持するため，数mm以上の厚みで電析を行う．調整すべき電析パラメータは，転写精度に大きく影響する析出金属の内部応力となる．電鋳で重要なNi電析の条件は，実は30年ほど前からほとんど変化していない[2]．筆者の想像ではあるが，当時に提案された条件で良好な表面の転写ができるため，転写精度を向上させる必要性がなかったと思われる．その結果，電鋳は工業分野において広く使用されているにもかかわらず，電鋳そのものの研究は極めて少ない．電鋳を使った論文は多くあるのだが，電鋳の基礎研究や電鋳法の改善に関する論文は少ない．

　これまで，多くの場合において電鋳で作製した表面の精度と粗さは，マスター表面に起因してきた．しかしながら，近年のマイクロ加工技術，超精密加工の発展により，複雑なマイクロ構造や原子レベルの平坦性と形状精度を有する表面が実現されている．[3][4]

　こうした表面を電鋳により転写した場合，転写表面の精度は電鋳により決定される．すなわち，今後，電鋳の転写精度向上が必要となり，電鋳そのものの基礎研究が重要になってくると考えている．

　筆者は電鋳を10年にわたって研究をしており，本執筆の機会を得た．本稿では自らの経験・研究で得た知識をもとに電鋳を紹介したい．

2. 電鋳とは

2.1 電鋳に必要な知識

　電鋳法における電析は，化学反応であるため化学の基礎的な知識が必要である．化学反応の中でも電流を流す電気化学反応であるため，電気回路の知識が必要となる．また，長時間にわたる溶液攪拌やフィルターによる精製が必要であり，機械工学の知識がないと生産設備を造ることはできない．さらに，高精度なものづくり技術のため，マスター形状や電鋳の性能を評価するための精密測定の知識も必要となる．このように，電鋳の実施・開発には広範な知

図1 電鋳法による作製例．筆者の研究室で作製している高精度回転楕円ミラー

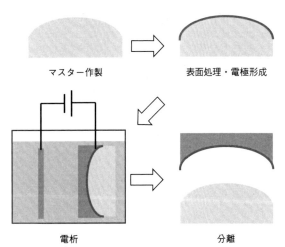

マスター作製　　　　　表面処理・電極形成

電析　　　　　　　　　分離

図2 電鋳プロセス

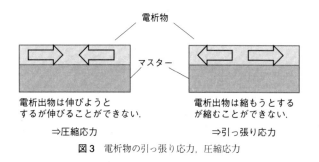

電析物は伸びようと
するが伸びることができない.

⇒圧縮応力

電析出物は縮もうとする
が縮むことができない.

⇒引っ張り応力

図3 電析物の引っ張り応力，圧縮応力

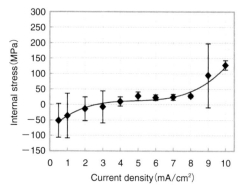

図4 電流密度と内部応力の関係の一例.（表1の条件とは異なる.条件は参考文献1）を参照のこと）

表1 典型的なスルファミン酸ニッケル浴のパラメータ

電解液の種類	スルファミン酸ニッケル
電解液の濃度	250〜450 g/L
添加物	塩化ニッケル 0〜10 g/L
	ほう酸 30〜40 g/L
電流密度	〜100 mA/cm²
電解液温度	50〜60℃

識が求められる.

　一般的な電鋳は，**図2**に示すようにマスター表面の処理（電極形成），金属電析，マスター表面と電析物の分離から構成される．マスターが金属以外の場合においては，真空蒸着法を用いて電極層を形成する．また，良好な分離のため，酸化などの表面処理を行うこともある．次に，電解液の中で電気を流すことで，陰極のマスター表面に金属が析出される．最後に析出された金属とマスターを分離する.

　化学的に安全な電解液から容易に析出できる金属は，Ni，Cu，Fe である．転写される表面が使用される表面であるため，酸化，腐食をしてはいけない．このため，電鋳で用いられる主な金属は腐食に強い Ni となる.

　高精度な電鋳を安定的に行うためのポイントは以下の2点である.

2.1 電鋳のポイント1—電極形成と分離—

　一つ目は，マスター表面と電析物が，電析出後良好に分離可能なことである．電鋳法では，電析中は分離しないが，電析後に意図的に分離する必要がある．そのため有機溶剤による剥離層を設ける場合がある．さまざまな方法があるが，一例として，電析をする前に数 nm と極めて薄い有機溶剤を塗布し，有機物層を分離面とする方法がある[2]．分離時には，一般的に加熱もしくは冷却を行う．マスター材料と析出金属の熱膨張の違いを利用し分離する．マスターが金属の場合は大きな力をかけることも可能であるが，ガラスやシリコンなどの材料の場合，マスターの破損の恐れがあるので，分離時に加える力に限界がある.

　一方，良好な分離を行う方法として，密着力を精密に調整し電極を形成するという方法もある[5]．Cr 原子は，ガラス，Si，各種金属とも密着力が高く接着材の役割を果たす．この方法では，マスター上において電極を形成する前に Cr 原子をわずかに成膜することで，電析中には分離しないが，電析後，電極とマスターの間で分離可能なようにする.

2.2 電鋳のポイント2—電析出膜の内部応力調整—

　二つ目は，析出される金属の内部応力の低減である．ウェットプロセスである電析に限らず，ドライプロセスの蒸着も含めて，表面上に物質を創出する際，その物質内部に応力が発生する．**図3**のように，内部応力は引っ張り応力と圧縮応力に分けられる．内部応力が大きいと分離後に大きく変形し，時には電析中に剥離する場合がある.

　Ni 電鋳のための電解液の溶液の種類は複数ある．この中で，内部応力を小さく調整できる電解液としては，スルファミン酸ニッケル（Ni（H₂NSO₃）₂）溶液をベースとした「スルファミン酸ニッケル浴」が主流である．この浴を用いると，**図4**に示すように，析出する Ni 膜の内部応力を電流密度の調整によりほぼゼロに調整できる[1]．**表1**にある典型的な Ni 電析のパラメータを示す．電析物の内部応力は，電流密度，温度，電解液濃度，添加物，攪拌の仕方など，電析に関するパラメータのすべてが影響する．内部応力発生の原因は一つではなく完全には明らかにされていない.

　表面上に物質を成長させるプロセスにおいて，析出する瞬間は，析出原子は表面にあるが，上部に次々と原子が成長すると固体の内部となる．そのため，析出した瞬間の状態と，固体の内部に入った状態では，安定した原子の位置が異なる．エネルギー的に安定になるように原子が動こうとする．この動きが内部応力の原因となる．また，電析の場合，初期においては電極表面と析出金属の原子格子間隔の不整合により大きな応力を発生させる．電析条件が悪いと，電析膜が成長した段階でも 100 MPa 以上の大きな内部応力が発生する.

　Ni 電析の場合は水素発生を伴う．電析膜内の水素含有量は内部応力に大きく影響すると報告されている．水素発生に影響する pH 値は，高精度に調整する必要がある．Cu の場合は，電析表面において水素は発生しないので，Ni 電析に比べて内部応力を小さくすることが容易である.

図5 電鋳のための電析例

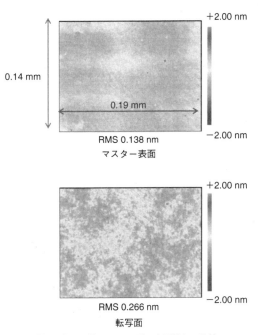

0.14 mm
0.19 mm
+2.00 nm
−2.00 nm
RMS 0.138 nm
マスター表面

+2.00 nm
−2.00 nm
RMS 0.266 nm
転写面

図6 転写面とマスター面の表面粗さの比較

スルファミン酸ニッケル液を用いる場合，一般的には溶液温度が50℃から60℃でNi電析を行っている．pHを安定させるためのホウ酸，陽極の溶解を促す塩化ニッケル，電析面に付着した気泡を除去するための界面活性剤などを加える．電流密度が100 mA/cm²前後において内部応力がゼロとなり，電流密度が高いと引っ張り応力，電流密度が低いと圧縮応力となる[2]．

3. はじめての電鋳

「はじめての電鋳」ということで，簡単に良好な平滑表面を得ることができる電鋳例を紹介しよう．ここでは，電鋳で必要なものは，マスター表面，スルファミン酸ニッケル溶液，ビーカ，直流電源，陽極としての硫黄含有Niである．通常は塩化ニッケル，ホウ酸などの添加物を加えるが，1回限りで溶液を廃棄する電析であれば不要である．スルファミン酸ニッケル溶液は容易に薬品会社から購入可能である．

図5にNi電析の様子を示す．マスター表面は，ガラス板にNiを蒸着したものを用いる．Niを蒸着する際Crを事前に微量付着させ，少なくとも電析中には剥がれないようにしておく．Crの量を中途半端に付着させると電析後ガラス表面と電極間でうまく剥がれる[5]．陽極はNiが溶出する側である．硫黄が含有していないNi電極は表面が酸化されてしまいNiは溶出されにくい．そのため陽極面上で酸素発生が起こりpHが変化する．硫黄含有Niは硫黄が1%とわずかに含まれているだけであるが，硫黄の作用により表面が酸化されずにNiが安定的に溶出する．

スルファミン酸ニッケル溶液の濃度を高めに設定すると，良好な電析が得られやすい．濃度が低いと，電析するためには溶液温度を高くする必要がある．濃度が高いと，25℃程度でも電析が可能である．この中に，陽極板と電極付きのガラスを浸す．後は，電流密度（単位面積当たりの電流値）を1 mA/cm²〜10 mA/cm²に調整し，電流制御により電圧を印加すると，Niが陰極表面に析出する．内部応力が大きいと電析中にたわみ電析物が外れることがある．内部応力は，温度，撹拌の仕方で変化するので，電流密度を変えて調整を行う必要がある．Ni電析の場合は，

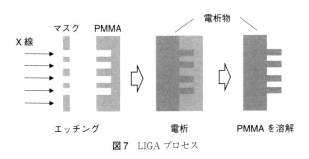

X線
マスク　PMMA
電析物
エッチング　電析　PMMAを溶解

図7 LIGAプロセス

トータル電流量に対するNi電析に使用される電流量の割合は90%を超えるので，ファラデーの電気分解の法則から，電析厚みを見積もることができる．

図6は，図5の装置で筆者が実験を行ったときの，白色干渉顕微鏡により転写表面を評価した結果である．厚みは約300 μmである．マスター表面とほぼ同じ平滑性をもつ表面が実現されている．このような簡単な装置でも0.5 nm（RMS）以上の平滑面を量産できる．

4. 電鋳の将来性

高精度な表面や複雑なマイクロパターンを作製するためには，大変な時間と労力を要する．電鋳法によりこうした表面の量産が可能となる．また，近年発展した他の手法と組み合わせることで電鋳法の可能性が広がっている．

マイクロパターン形成の最先端の研究の例として，X線リソグラフィと組み合わせたLIGAプロセスが挙げられる[6]．図7にLIGAプロセスを示す．一般的に，マイクロパターンを形成する際，アスペクト比（溝の深さとパター

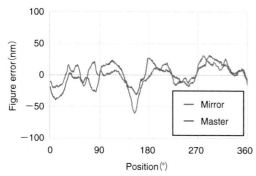

図8 図1の回転楕円ミラー作製における転写精度

ン幅の比）が高いほど作製が困難となる．これを実現するために，指向性が高く高輝度な放射光（Synchrotron Radiation：SR）のX線を利用する方法がある．放射光を利用し作製したマイクロパターン構造をもつ基板をマスターとし電鋳を行うことで，放射光でしか作れない構造を量産することができる．日本国内では，兵庫県西播磨のSPring-8に隣接しているニュースバル放射光施設には，二つのLIGAプロセス専用のビームラインがある[7]．同施設では，PMMA（ポリメチルメタクリレート）と呼ばれるレジスト材料の放射光露光により，数10 mm四方の大面積においてサブミクロンの周期構造で10以上のアスペクト比のマイクロパターンの形成が報告されている[6]．このパターンを電鋳法により転写することで，高アスペクト比のマイクロ構造を作製できる．

また，筆者の研究であるが，電鋳法によるナノ精度の転写例も紹介する[1]．この研究では，通常50℃以上のNi電析温度を常温にし，かつ，無攪拌条件とすることで，高精度な電鋳法を実現した．常温にすることで温度変形を抑制している．無攪拌とすることで流れムラによる応力分布を均一化する．無攪拌のため気泡が付着するが，定期的に減圧をすることで付着した気泡を除去できる．この研究は，実際に図1のX線用の高精度な回転楕円ミラー製造に利用さている[8]．**図8**に示すように10 nmレベルの転写精度が実現されている．超高精度な光学素子が転写により作製可能となった．開発した電鋳法で作製したミラーにより，

X線がナノ集光可能であることが示されている[8]．

5. お わ り に

電鋳の目的は，前述したようにマスター表面を高精度に転写することである．図8に示した転写性能示すグラフは，測定再現性のレベルで一致しており，さらに高い転写精度をもつ可能性がある．将来，シングルナノの精度で転写が可能になるのではと考えている．このデータは，回転楕円ミラーという光学素子作製における転写精度であるが，これ以外のさまざまな形状の転写に応用可能であると考えている．

超高精度な表面や複雑なマイクロパターンを形成するには，大変な労力が必要である．電鋳法を利用すれば，単品生産では費用的に採算が合わなくても，複数生産することで費用的な問題が解決される．

筆者は，簡単に，ナノ構造を転写でき，ナノ精度で転写できる電鋳法は，さまざまな応用があると感じている．今後，電鋳に関する研究者の増加を望んでおり，本稿をきっかけに興味をもっていただければ幸いである．

参 考 文 献

1) 久米健大，三村秀和：電鋳法によるナノ精度形状転写プロセスの開発―常温ニッケル電析条件の検討とマンドレルの高精度転写―，精密工学会誌，**80**，6（2014）582-586．
2) 谷口彰敏：詳解・最新電鋳技術―特性・母型処理・微細加工・作製事例―，情報機構，（2008）．
3) 川崎実：電鋳技術の基本と応用製品，表面技術，**55**，12（2004）811．
4) 山原利行：光ディスク原盤の高速電気電鋳，表面技術，**55**，11（2001）730．
5) H. Mimura, S. Matsuyama, Y. Sano and K. Yamauchi : Surface replication with one-nanometer-level smoothness by a nickel electroforming process, International Journal of Electrical Machining, **16**（2011）21-25.
6) 内海裕一：LIGAプロセス―マイクロデバイスへの応用と今後の展望―，放射光，**18**，3（2005）136-147．
7) ニュースバル放射光施，http://www.lasti.u-hyogo.ac.jp/NS/
8) H. Motoyama, T. Sato, A. Iwasaki, S. Egawa, K. Yamanouchi and H. Mimura : Development of high-order harmonic focusing system based on ellipsoidal mirror, Rev. Sci. Istrum., **87**, 051803（2016）.

生活環境へ拡張する画像処理

Image Processing for Advanced Human Life/Jun-ichiro HAYASHI

香川大学　林純一郎

1. は じ め に

近年は深層学習に代表されるように人工知能（AI）ブームである．このブームの波は画像処理の世界へも波及し，これまで実験室や工場などの限られた世界で活用されてきた画像処理技術が生活環境へも普及し，一般的になりつつある．筆者が印刷機メーカーに勤めていた頃は数 MB の極めて小容量のメモリ空間で実行できる画像処理に限られていたが，現在ではメモリ価格の下落によりスマートフォン等の携帯端末ですら数 GB のメモリを搭載しており，さまざまな画像処理技術が搭載されつつある．

本稿では，工場や実験室内環境で利用されてきた基礎的な画像処理手法を人々が日々生活している実環境へ応用する事例を取り上げる．さらに，工場や実験室内など整備された環境とは異なり，実環境は照明等さまざまな外的要因が発生する非整備環境であるがゆえの課題を交えて述べる．具体的な実環境として，夜間の道路を対象とした水たまり検出を目的とした基礎的な画像処理手法の応用例を用いる．この研究は，筆者研究室 OB が卒業研究として実施[1,2]したものであり，夜間自転車で走行中に水たまりに気づかずハンドルをとられて転びそうになったことをきっかけとしたものである．関連する研究を調査したところ，路面湿潤状況の検出[3]-[6]についてはいくつか見つかるものの，水たまりの有無を対象とした研究は見当たらなかった．

2. 画 像 の 理 解

ここでは画像処理の基本となる画像について解説する．これまでの「はじめての精密工学」の記事[7]-[9]にもあるように，画像とは普段われわれが目にしているアナログの世界をカメラやスキャナ等の光学装置を用いて標本化（Sampling）および量子化（Quantization）によって取得したディジタルデータの集まりであり，画像を構成する要素の単位である画素（pixel）の集合として記述されている．一般に，画像における標本化は物質空間に対してカメラ等に映る二次元の映像を離散化して格子状にすることであり，量子化は空間内における物質の明るさなどを離散化して階段状にすることである．具体的には，図1 に示すように一般に左上を原点とし，水平方向に W 分割，垂直方向に H 分割した格子状の各々の点 (x, y) について，明るさを離散化した画素 $f(x, y)$ が $W×H$ 画素の二次元配列として構成される．カメラの仕様に，「画素数」等と記載されている値がほぼこれに相当する（実際には撮像素子の有効画素数のデータを取得し，記録するフォーマットに応じて離散化される）．ここで注目する画素の明るさは，量子化によって 8 bit（$2^8 = 256$ 階調）などの離散化された値であり，カラー画像では光の三原色である Red, Green, Blue（RGB）の各チャンネルについて同様に離散化することで 24 bit（$2^8 × 2^8 × 2^8 ≒ 1670$ 万色）のフルカラー画像として構成される．近年では各チャンネル 8 bit を超える値で取得可能なカメラも普及しつつある．実際の用途で使用するカメラ等から取得した画像はカラー画像であるが，解説の簡略化や解説する画像処理手法の理解を容易にするため，以下では画素の値として明るさのみを用い，注目する画素の明るさ（以下，輝度値）を $f_i(x, y)$ $(i = 0, 1, \cdots, W×H)$ とする．C.E. Shannon の標本化定理[10]をはじめとする標本化や量子化についての詳細および数理的研究については文献 11）を参照されたい．

以上が画像についての解説であるが，実際の用途ではこの画像が時間軸方向に膨大な数集まった動画像を対象とする場合が多数である．俗にいう「パラパラ漫画」をイメージしてもらえば分かりやすいと思うが，一枚の画像をフレームと呼び，1 秒間に 30 枚のフレームを対象とする場合，30 fps（frame per second）のように表記する．

3. 光の反射特性と道路表面の特徴

ここでは水たまりを検出するために着目した光の反射特性と道路表面の特徴について解説する．光が反射する際，図2（a）に示す鏡面反射成分と図2（b）に示す拡散反射

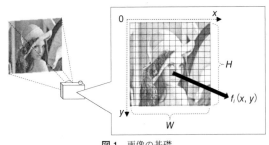

図1　画像の基礎

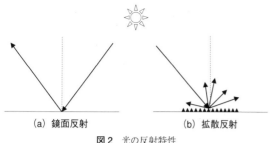

(a) 鏡面反射 (b) 拡散反射

図2 光の反射特性

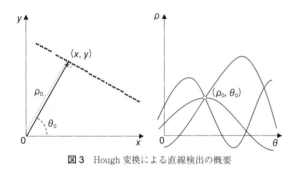

図3 Hough 変換による直線検出の概要

図4 Hough 変換による道路境界線と消失点の検出

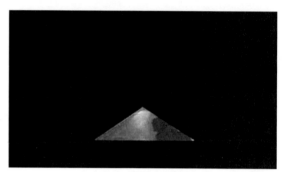

図5 道路領域の検出

成分に分けることができる．水たまりのような平面においては，図2（a）のように入射光は鏡面反射し，反射光は別の一方向へ反射する．一方で，道路のような凹凸のある表面においては，図2（b）のように入射光はさまざまな方向へ拡散反射する．二つの反射成分は式(1)および式(2)によって表され，輝度値の差により水たまりを検出できる可能性があると考えられる．ここで f_k は注目画素の輝度値 f_i の周囲8近傍の輝度値，d は注目画素とこれらの差分の累積値，T_h は反射成分を分離するための二値化の閾値を表す．

$$\sum_{y=0}^{H-1}\sum_{x=0}^{W-1} f_i(x, y) = \begin{cases} 1(d \geq Th) \\ 0(d < Th) \end{cases} \quad (1)$$

$$d = \sum_{k=0}^{8}(f_i - f_k) \quad (2)$$

4. 水たまり検出手法

ここでは，道路上における水たまりを検出する画像処理の流れと各処理の適用について解説する．以下で示す処理結果の一例は，一般的に普及している安価なドライブレコーダーを用い，夜間道路上を動画像として撮影したものを対象としている．動画は，1フレーム当たり，1920×1080画素，30 fps で撮影した．

4.1 Hough 変換を用いた道路領域の検出

まず，水たまりが存在する可能性のある道路の領域を抽出するため，直線検出手法として一般的に知られているHough 変換[12]を用いる．ここでは画像内の複数の直線を検出し，複数直線に共通する交点を消失点として検出，検出した消失点を基準として水たまりを検出するための道路

領域を抽出し，水たまり検出の対象領域とする．

直線の方程式として，傾き a と切片 b を用いた $y = ax + b$ を学習したと思うが，Hough 変換はこの傾き a と切片 b の代わりに，**図3**に示すように原点からの符号付き距離 ρ と角度 θ を用い，式(3)によって直線を表現する．このように書くと分かりにくく感じる読者もいるかもしれないが，筆者が授業等で学生に説明するときは，画像上で対象となる画素を中心とした直線を回転（θ 軸）させ，すべての対象画素上から仮定される直線のうち，積み重ねられた値である投票値（図3右の丸印）が高いものを (ρ_0, θ_0) からなる直線として検出するものとイメージしていただきたい．

$$\rho = x \cos\theta + y \sin\theta (0 \leq \theta < \pi) \quad (3)$$

Hough 変換を用いて複数直線を検出，消失点を検出した一例を**図4**に示す．図4中，2本の交差する線で示したものが道路境界線として検出されたものであり，この直線の交点を消失点として検出し，下方の領域を道路領域として抽出したものを**図5**に示す．図5の道路領域では，右側に水たまりがあり暗く表示され，これ以外の道路領域では拡散反射により明るく表示されていることが分かる．

4.2 フィルタ処理と二値化による道路と水たまり領域の識別

次に道路領域において，道路表面であるか水たまり表面であるかを判別するために，エッジ検出手法の一つであるLaplacian フィルタを用いる．Laplacian フィルタは，空間二次微分を計算しエッジを検出するフィルタであり，輝度

1	1	1
1	−8	1
1	1	1

図6 Laplacian フィルタの一例

図7 反射成分の分離結果

図8 水たまりと道路領域の識別結果

33%

図9 水たまり領域検出結果

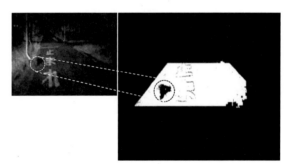

図10 ペイントのある道路での実験結果

値の差分が極端に大きな部分を検出することができる．一般的に，エッジ検出や先鋭化に用いられる二次微分フィルタの一種である．Laplacian フィルタには，注目画素の上下左右の画素に基づく4方向のものと，これに斜め方向を加えた8方向のものがあるが，**図6**に一例として8方向の Laplacian フィルタを示す．注目画素を含む8近傍の画素値に対して，図6の係数を乗算して合計した値を注目画素の画素値として更新する．

ここで Laplacian フィルタは，凹凸のある道路表面の細かなエッジを検出し，注目画素近傍の差分値を基に差分値の閾値処理によって道路表面と水たまり表面の反射成分を分離するために用いる．図5を基に，前述した式(1)および式(2)によって反射成分を分離した結果の一例を**図7**に示す．図7から，反射成分の分離については確認できるが，図中白で示す拡散反射成分はあくまで道路上の反射成分であり，水たまり領域と道路領域として区別する必要がある．そこで，反射成分の分離で用いた閾値 T_h を基準に，道路領域と水たまり領域を区別するため係数 α を設定し，二値化の閾値 $T_h + \alpha$ によって二値化処理を行う．α は経験的に求めた $\alpha = 6\sim8$ とした．**図8**に同処理結果の一例を示す．

以上の処理をカメラから取得した各フレームに対して適用し，道路領域における水たまり領域の割合を基に，水たまりの有無を判定する．道路領域における水たまり領域の割合から水たまりを検出した一例を**図9**に示す．図中で示した数字が水たまり領域の割合である．ここで，「止まれ」や白線等のペイントが存在する道路において，ペイント部を水たまりと誤検出する恐れがないかどうかの疑問が生じると思う．**図10**にペイントが存在する道路における

実験結果の一例を示すが，文字輪郭部において多少の誤検出が生じるものの，文字表面は拡散反射成分として検出されており，問題なく分離することができた．

4. お わ り に

本稿では，基礎的な画像処理手法の解説とともに，人々の生活環境へ拡張する画像処理の応用事例を交えて解説した．これら基礎的な画像処理手法や最新の研究に基づく画像処理手法は，近年ではフリーのライブラリとして公開されているものも多く，アルゴリズムを理解していなくとも結果を得ることができる便利な世の中になったと感じる．しかし，実環境は照明条件等をはじめとし，さまざまな外的要因が発生する非整備環境であるがゆえの課題を多く抱えており，ライブラリのみでは対応できない場合も存在

(a) 複雑な形状の文字を対象とした文字領域推定手法

(b) 自己位置推定を目的としたピクトグラム検出と方向推定

図 11 生活環境へ拡張する画像処理技術の一例

し，現場の技術者を悩ませていることも事実である．具体的な実環境として，夜間の道路を対象とした水たまり検出を目的とした基礎的な画像処理手法の応用例を挙げて実験結果を示したが，もちろん 100% 誤認識がない結果を得ることは困難である．筆者の研究室では，「人のように」「人を守るために」「人を支援する」ビジョン技術についての研究と題して生活環境への拡張を目指した画像処理技術の応用に取り組んでおり，その一例を**図 11** に示す．図 11 （a）は書籍や紙媒体の電子化や印刷機・複写機等における「文字写真混在モード」を対象として，書籍のタイトルや飾られた文字など複雑な形状文字を文字として抽出することを目的とした研究[13]であり，図 11 （b）は GPS 情報等を得られない場所において自己位置を推定することを目的

とした研究[14]の例である．

　最後に，本稿が画像処理の理解と実利用に役立てば幸いである．

参 考 文 献

1) 花田，林：光の反射特性に基づいた道路表面における水たまりの検出の検討，平成 27 年度電気関係学会四国支部連合大会講演論文集，(2015) 195.
2) 林：暗所における光の反射特性に基づいた道路表面の水たまり検出手法，平成 28 年電気学会電子・情報システム部門大会講演論文集，(2016) 612-614.
3) 上田，堀場，池谷，大井：画像処理を用いた路面湿潤状況検出方式，情報処理学会論文誌，**35**, 6 (1994) 1072-1080.
4) 板倉，堤，竹鼻：反射の偏光特性を利用する車両搭載用路面湿潤状態検出センサ，照明学会論文誌，**66**, 10 (1982) 20-24.
5) 山田，上田，堀場，津川，山本：画像処理による車載型路面状態検出センサの開発，電気学会論文誌 C 電子・情報・システム部門誌，**124** (2004) 753-760.
6) 久野，杉浦，吉田：車載カメラによる路面状態検出方式の検討，電子情報通信学会論文誌 D-II 情報・システム，(1998) 2301-2310.
7) 梅田：はじめての精密工学〜画像処理の基礎〜，精密工学会誌，**72**, 5 (2006) 583-586.
8) 菅野：はじめての精密工学〜エッジ検出の原理と画像計測への応用〜，精密工学会誌，**78**, 7 (2012) 589-593.
9) 梅田：はじめての精密工学〜精密工学のための画像処理〜，精密工学会誌，**81**, 9 (2015) 836-839.
10) C.E. Shannon and W. Weaver：The Mathematical Theory of Communication, Univ. Illinois Press, (1949).
11) 興水：標本化・量子化理論と画像技術イノベーション，非破壊検査，**65**, 6 (2015) 261-268.
12) P.V.C. Hough：Method and means for recognizing complex patterns, U.S. Patent, 3069654, (1962).
13) 森谷，林：階層的領域分割による射影を用いた文字領域推定手法の検討，電気学会研究会資料，PI-15-50, (2015) 27-30.
14) 滑，林：屋内における撮影位置推定を目的としたピクトグラム認識，動的画像処理実利用化ワークショップ 2017 講演論文集，(2017) 94-99.

はじめての精密工学

データマイニングを活用した
モノづくりの意思決定支援

Decision Aiding of Manufacturing Using Data-Mining/Hiroyuki KODAMA

岡山大学　児玉紘幸

1. は じ め に

近年の CAD（Computer Aided Design）/CAM（Computer Aided Manufacturing）システムの発達により，非熟練の技能者であっても，工作機械加工において必須な NC（Numerical Control）プログラムの構築が容易となってきた．しかしながら，工程設計を考慮した使用工具の設定や，切削条件の決定には，熟練技能者の暗黙知に頼っているのが現状である．特に中小企業の多い日本において，多品種少量生産が主流の現場では，熟練者の暗黙知を体系化することが困難であるため，非熟練技能者の習熟過程を円滑化し，多様な条件決定を支援するシステムの構築が必要となる．実験計画法や機械学習を応用した，最適な切削条件決定プロセスに関係する研究は多々見られるが，すべての切削工具や被削材に対して，柔軟に適用可能な切削条件決定システムを提案する研究は少ないようである．一方で，近年の製造業において，モノのインターネット IoT（Internet of Things）技術を製造現場に実装していくことが当たり前となりつつある．IoT 技術において，現場で取得したビッグデータを一元管理し，それらのデータから傾向を抽出する目的として，データマイニングの技術が注目されている．そこで本稿では，数あるデータマイニング手法の中で，代表的な手法の特徴や製造業分野への適用方法を解説するとともに，具体的な適用例として，工具カタログデータに対してデータマイニング手法を適用した意思決定支援システム（カタログマイニングシステム[1]）の紹介を行う．

2. データマイニングの定義と利用目的

データマイニングとは，有益なパターンやルールあるいはノイズを含むデータベースに蓄積された膨大なデータ（ビッグデータ）から，価値ある情報を発掘する方法のことである[2]．**図1**に示したデータマイニングの概念図のように，データマイニングを行うことにより専門家も気づかない新しい仮説・知識を発掘することがデータマイニングの醍醐味である．

近年において，データマイニング技術は医学，化学，経営学のみならず，さまざまな分野で用いられており，一部で製造システムへの応用も試み始められている．データマイニング手法の発展により，数々の知識発見に基づいた意

思決定システム，すなわち KDD（Knowledge-Discovery in Database）システムが提案されてきた[3]．KDD システムは，数々のパラメータが複雑な相関関係を有するような大規模データ（例えば POS データや株価，消費者アンケート結果など）から有益な知識発見を行うまでの全体のプロセスを示すのが一般的である．特に製造分野において，多くの研究成果により KDD システムの発展が推進されてきており，プロセスレベルでの応用例[4]として，製造現場の機器メンテナンス頻度の予測や，欠陥の発見，設計，製造，品質保証，スケジューリングなどの意思決定支援システムに応用可能な知識を抽出することができるようになった．近年では，上記の技術を応用したトレンド解析手法を適用することにより，製造現場での IoT システムに実装されている．データマイニングの特徴は，解析の目的に合致した最適な解析手法を幾つか組み合わせることにより，データに忠実なルール生成が行えることである．これは未知なるルールの発見という利点をもつが，多数の解釈困難なルールを生成してしまうという問題点も内在しており，解析の特性をよく理解して，抽出された結果の解釈を行わなければ，正しい結果は出力されない．また，データマイニングの最終目的は意思決定，つまり問題解決であり単なる予測ではない．ここでデータから新知識獲得までの模範的なフローを**図2**に示す．複数のプロセスは独立して存在しており，一連の流れにより新知識が獲得できるが，さらに質の良い新知識を獲得するには，繰り返して精錬していくことを示している．データマイニングの過程においては，データの傾向を見える化し，各プロセスで得られた知見を解析者がさまざまな角度で考察が行える点にある．

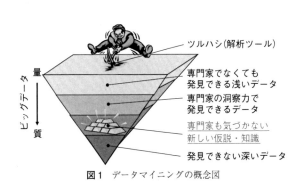

図1 データマイニングの概念図

量 → 質
ビッグデータ

ツルハシ（解析ツール）

専門家でなくても
発見できる浅いデータ

専門家の洞察力で
発見できるデータ

専門家も気づかない
新しい仮説・知識

発見できない深いデータ

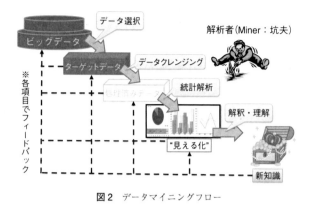

図2　データマイニングフロー

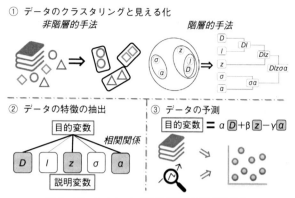

図4　データマイニングの代表的な解析手法概念

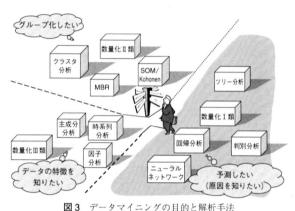

図3　データマイニングの目的と解析手法

3. データマイニングにおける代用的な解析手法

　データマイニングで取り扱うデータの形態は，量的データ（例えば，1，2，3…などの数値データ）や，そのままでは演算のできない質的データ（例えば，誕生日や血液型），時系列データなどが存在する．それぞれのデータの形態に合わせて，使用可能な解析手法は異なる．

　図3に，データマイニングをする上で目的に沿った代表的な解析手法を示す．これらの解析手法は，図1中の統計解析プロセスで使用される．解析の目的は，一般的に大きく三つに大別できる．すなわち，①データのグループ化，②データの特徴抽出，③データの予測である．図2では，それぞれの目的に最適な解析手法がいくつか示されているが，データマイニングに精通していないエンジニアでも，取り扱いのしやすい代表的な手法をそれぞれの目的について選択した．すなわち，目的①ではクラスタ分析，②では主成分分析，③では回帰分析について，それぞれその特徴や使い方を解説する．図4にそれぞれの解析の特徴概念図を示す．詳細な計算アルゴリズムなどは，それぞれ文献を参照していただきたい．次章において，各解析手法の具体的な適用例を紹介する．

3.1　データをグループ化する

　データマイニングの用語として，「グループ化する」こ

とは，「クラスタリング」と同義に扱われることが多い．クラスタリングは，属性間の距離などを基準にして，似通っている属性をもつデータをグループ化して，クラスタを生成するものである．クラスタリングの手法は，数値分類法とも呼ばれ，大きくは変数クラスタ分析などに代表される階層的手法と，K-means法に代表される分割最適化手法（非階層的手法とも呼ばれる）に分けられる．クラスタリングの目的としては，大規模データの相関関係を見える化することにより，データの全体の特徴を把握することや，似たような属性を有するデータの集合を集めることにより，次なる解析手法を適用した段階での新知識の抽出や解釈の精度を高め，その過程を解析者にとって少しでも容易にすることが挙げられる．階層的手法の特徴は，クラスタ間の融合の順序とその類似度を表すデンドログラム（樹状図：図4）が形成されるという特徴がある．そのため，解析の初期段階として，全体のデータの構造を相関関係の観点から見える化を行う最適な手法であると考えられるが，デンドログラムの形状は，クラスタの融合を決定する幾つかの種類を有する評価関数に依存するため，その評価関数の選択には試行錯誤を有する．非階層的手法の特徴は，クラスタ間の融合の順序はランダムであるが，データの分布を多次元的にクラスタリングすることによって見える化し，全体のデータの分布の特徴が把握できる点にある．一般的には，両解析手法は組み合わせて適用し，データの構造を分析することが多い．

3.2　データの特徴を抽出する

　ここでは，量的データ（数値データ）に対して適用可能な解析手法として，主成分分析を対象とする．主成分分析とは，多変量（多次元）が有する相関関係を取り除くことで，少数の次元に統合化し，見える化や特徴的なパターンの抽出を図る分析手法として用いられる．すなわち，多変量データの統合・縮約を目的とし，分析の効率化と多変量データの視覚化が行える便利な手法である．また，主成分分析によって抽出された特徴を定量化する手法として，主成分回帰が適用されている．また，相関のないデータ（例えば，一定値の数値データ）に対して，主成分分析の手法

は適用できないことに注意すべきである．近年では，主成分回帰手法よりも，データの特徴抽出精度の高い発展的な手法として，最大情報係数 MIC（Maximal Information Coefficient）や機械学習アルゴリズムの一種であるランダムフォレストを導入した結果が報告されている[5]．多くの場合，データの特徴の抽出と，データの予測は組み合わせて解析に導入されることが多いため，ビッグデータの有する特徴を，より効率的に精度良く抽出可能な手法を適用することが重要である．

一方で，前節で解説したクラスタリングの手法も組み合わせて適用することにより，見える化されたデータの相関関係を補助的に解釈することにより，さらに有意な特徴の抽出が行える．

3.3 データを予測する

データマイニングの解析手順は，解析者の知見や解析の目的に合わせて適宜決定することが可能であると前述したが，データの予測プロセスは，データのクラスタリングおよび特徴抽出を行った後に，ある程度予測に必要な変数やクラスタを特定した段階で行われることが多い．数ある予測手法の中でも，よく使われるのは回帰分析である．回帰分析は目的変数（量的変数データ）を，説明変数を用いて予測した回帰式であり，両者の相関関係を定量的に評価するための手法として使われる．回帰式中に説明変数が二つ以上存在する場合は，重回帰分析と定義されている．回帰式の予測精度を示すパラメータとして，0〜1の範囲の数値で決定係数（寄与率）が使われる．決定係数が1に近ければ近いほど，予測精度は高いと評価できる．一方で，決定係数が，0.5を下回る場合は，説明変数と目的変数の相関関係が小さいため，高い予測精度は保証できない．回帰式を構成する説明変数の，目的変数に対する相関関係の定量値としては，標準化偏回帰係数が使われる．標準化偏回帰係数の高い説明変数を選ぶことによって，回帰式の決定係数は高くなる傾向にある．データマイニングの観点からは，回帰式を構成する説明変数の標準化偏回帰係数を参考にして，どのような変数が，目的変数に対して影響度合いが強いのかを判別し，なぜそのような変数が影響度合いを有するのかを考察（解釈）することが重要である．考察にあたり，上記で紹介したデータをグループ化する手法や，特徴を抽出する手法によって得られた結果も併せて行うことにより，包括的なデータの傾向が俯瞰できるのがメリットとなる．特に重回帰分析では，互いに相関関係の強い説明変数を二つ以上使用して回帰式を作成した場合，多重共線性を示すことにより，予測される値のとり得る範囲が広くなり，結果が安定しなくなる．そのため，変数クラスタ分析と主成分回帰を併用することによって，重回帰分析の解析を行う前に，説明変数間で相関の高い変数を明らかにし，より目的変数に対して相関の強い説明変数を取捨選択してから，回帰式に用いることによって，予測精度をある程度保証することが可能となる．

4. 工具カタログデータマイニング

4.1 意思決定支援システムとしての役割

上記で述べた解析手法をそれぞれ適用した意思決定支援プロセスの適用事例として，著者が取り組んできた工具カタログデータマイニング技術について紹介する．

近年の CAM システムでは，非熟練技能者でも比較的簡単に NC プログラムとして工具パスが作成できるように進化してきたが，加工に使用する工具の切削条件（例えば，主軸回転数 S rpm，テーブル送り速度 F mm/min，切り込み量 Pf mm および An mm）は自動決定できない．すなわち，NC 工作機械の運動学的な指令の決定は，熟練技能者の暗黙知的な経験や知見に頼っていることが多く，一般的に体系立てられていないため，非熟練技能者がそれらを受け継ぐのに長期間を要する．工具の切削条件の決定には，加工する被削材料の材料特性や加工形状，工具を保持するホルダーの突き出しの剛性や工具自体の材質，刃部の形状，コーティングの種類，工作機械の剛性など，多岐にわたる条件をそれぞれ考慮して決定する必要がある．最終的にその切削条件により，工具の摩耗状況が変化し，要求精度の確保が困難となり，製品の製作にかかるコストや納期に大きな悪影響を与える．特に，切削に関する知見の浅い非熟練技能者にとって，最適な切削条件の決定は難しく，それらの決定には試行錯誤的な切削実験を要する場合が多く，相当な時間や被削材料，工具，労働力を無駄にしてしまう．これを解決することが不可欠である．したがって，工具や切削条件の決定を支援するシステムを構築していくことで，設計から製造までのプロセスを合理化することができると考えられる．

ここで，非熟練技能者は，工具カタログに記載されている切削条件推奨条件表を基に，条件設定を行うことが多い．しかしながら，カタログは工具メーカの工具に対する膨大な知識を集めた加工技術に関するビッグデータであるため，工具形状や被削材によって条件が多岐にわたることから，条件設定に時間がかかり非効率である．また，そのようなデータベースを単に参照データとして用いるのではなく，熟練技能者の有する，暗黙知的な切削条件決定に関する知識が集約された情報源として扱うことで，そこから切削条件決定に有意な知見を抽出していくことが可能であると考えた．

4.2 カタログマイニングプロセス

切削条件の決定支援のためのカタログマイニングプロセスの概要図を**図5**に示す．データベースとして工具カタログデータを用いる．データマイニングにおいて特に重要なのは，データの獲得，選択，データクレンジングである．データを解析可能な形に変換するプロセスが，新知識発見のために必要な全プロセスに占める割合は70〜80%であるといわれている[6]．しかし，工具カタログデータにおいては，すでに工具メーカで実験を繰り返した結果に基づく良質なデータが大量に存在していると考えられるた

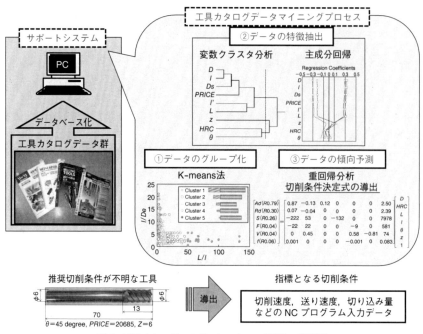

図5 工具カタログへのデータマイニング手法の適用例

め,解析者にとってデータの獲得,選択に時間を割く必要はない.また,カタログには,すでに数値で表示されている工具データが多くデータクレンジングの多くを省略できるものと考えられる.そのため,カタログマイニングでは,クレンジングの次のプロセスであるデータのクラスタリングが特に重要になると考えられる.そこで,データ構造解析手法(非階層型解析手法)であるK-means法によって工具形状によるビジュアル的なクラスタ分けを行った.次に統計解析手法として,階層型解析手法である変数クラスタ分析により,変数間の関係をビジュアル的に表現することでデータ構造の階層を把握する.そこで抽出された切削条件決定に有意な変数を用いた重回帰分析により切削条件式を導出し,工具形状(直径,全長,刃長,刃数)と切削条件について考察する.マイニングによって得られた知見の解釈のために,推奨切削条件が未知の材料に対して実際に導出された切削条件を用いて切削実験を行った.導出された切削条件決定式に工具パラメータを代入することによって,工具カタログに推奨切削条件が記載されていない被削材料であっても,指標となる切削条件決定のための試行錯誤的な実験を最小にし,ある程度実用的な切削条件を迅速に導出できることが示せた.

5. お わ り に

本稿において,データマイニングの紹介とともに,代表的な手法の特徴について概説した.また,製造分野におけるデータマイニングの具体的な応用例として,工具カタログデータマイニングについて紹介した.貴重なお時間を割いて本稿をご覧になられた方に,少しでもデータマイニングの面白さや,適用範囲の広さをご理解いただければ幸いである.デジタル化が進む社会でデータを有用に活用することの効果が認められることで,製造現場にデータマイニングを適用する研究が,世界的に今よりも発展していくことを期待する.

参 考 文 献

1) H. Kodama, T. Hirogaki, E. Aoyama and K. Ogawa : Proposal of Ball End-milling Condition Decision Methodology Using Data-mining from Tool Catalog Data, Journal of Precision Engineering, **79**, 10 (2013) 964-969.

2) K.B. Irani, J. Cheng, U.M. Fayyad and Z. Qian : Applying Machine Learning to Semiconductor Manufacturing, IEEE Expert, **8**, 1 (1993) 41-47.

3) G. Christine and D. Alan : Knowledge Discovery from Industrial Database, Journal of Intelligent Manufacturing, **15** (2004) 29-37.

4) W. Sakarinto, H. Narazaki and K. Shirase : A Knowledge-based Product Model Data for Integrating CAM-CNC Operation, LEM21, (2009) 95-100.

5) T. Sakuma, T. Hirogaki, E. Aoyama and H. Kodama : Proposal of tool catalog data mining process with maximal information coefficient MIC, Proc of JSPE, (2017).

6) 元田,山口,津本,沼尾:データマイニングの基礎,情報処理学会, **10** (2006).

はじめての精密工学

頭を強打すると脳に何が起こるのか
—脳震とうでも発症する高次脳機能障害の怖さ—

Biomechanics of Traumatic Brain Injury and Higher Brain Dysfunction/Shigeru Aomura

首都大学東京　青村　茂

1. は じ め に

　人間が頭部に衝撃を受けると，脳挫傷等の局在性脳損傷や脳震とう等のびまん性脳損傷を発症する．局在性脳損傷は脳表面の局部的なひずみや急激な圧力変動，びまん性損傷は脳内の広範囲に発生するせん断応力やひずみが原因といわれている．これらの損傷は脳の活動に重大な影響を及ぼし，時には死に至るし，運よく命を取り留めてもその後に高次脳機能障害を発症する場合も多い．衝撃と一口に言っても転倒や転落，交通事故やスポーツ中の事故から凶器や拳での段打などさまざまで，衝撃時の一瞬の状況の違いで実にさまざまな症状を呈するが，その因果関係はすべて力学的に説明されるべきことであるが，そのメカニズムはほとんど知られていない．例えば，ボクシングで顔面にパンチを受けると水（脳脊髄液）に浮いている脳があちこちの頭蓋の内壁にぶつかるなどという話がまことしやかに語られるが，現実にはそのようなことは起こらない．

　人間は頭部の重量の体に占める割合が他の哺乳動物に比べて非常に大きい．重い頭を体の頂点で支えながら二足歩行をするといろいろなものにぶつかるし，転倒，転落はもとよりさまざまな打撲の対象となる．事故や犯罪等においても被害を受けやすい部位であるし，スポーツでもボクシングやアメリカンフットボールでは標的にさえなる．脳へのダメージが積み重なり，引退後にさまざまな脳の障害を発症する例が米国では社会問題化している．

　一昨年，NFL がフィラデルフィアの連邦裁判所において慢性外傷性脳症（CTE）を発症した 5000 人の元選手と 10 億ドルで和解したニュースが大きく取り上げられた．NFL を引退した約 2 万人のうち，将来的に 6000 人がアルツハイマー病や認知症になる恐れがあると推定されており，和解案では 1 人平均 19 万ドル（約 2280 万円）の賠償金を受け取る．30 代や 40 代でパーキンソン病と診断された場合や，脳の損傷が死因だった元選手には最高で 500 万ドル（約 6 億円）が補償される[1]．

　交通事故でも歩行者は当然頭部に損傷を受けるが，乗員もシートベルトで体は守られても頭部には首を介して強力な衝撃加速度が加わるし，エアバッグも頭部に強烈な衝撃を与える．

　厚生労働省による平成 22 年の人口動態統計によれば，不慮の事故での死亡者数は 4 万 732 人で，交通事故や転倒・転落が上位であるが，これらは頭部外傷による損傷が多いといわれている．また，交通事故分析センターの報告によると，交通事故による死亡者に占める頭部損傷の割合は実に 60% 近くに達している（図 1）．さらに多くの人が後遺症に悩まされ，社会復帰や日常生活を送る上で大きな妨げとなっている．交通事故やスポーツ中の事故等の外傷性脳損傷（TBI）や脳血管障害に起因する高次脳機能障害は，患者数の増大とともに深刻な社会問題であり，わが国では 1 年間に 2 万 5600〜3 万 8400 人の発症があるとの報告があり（日本の高次脳機能障害者の発症数，高次脳機能研究 **31**, 2, 2011），患者総数は数十万人ともいわれているが病態の定義や罹患期間などが多岐にわたることから，信頼性の高い一定の数の報告はない．

　さらに近年，これまで軽視されてきた脳震とう等の軽症頭部外傷が繰り返し（セカンドインパクト）により重症化や慢性化し，高次脳機能障害の一因となる危険性や事例が指摘され，その診断と対応が求められている．しかし，これらの主原因である脳神経損傷は CT や MRI で直接観察可能な病態を示さないことから有効な診断方法がなく，迅速な対応が困難な状況にある．特に TBI に起因する障害は若年層に発症率が高く，その急ぎの対応が切望されている．

　本解説では，「はじめての精密工学」シリーズであるので，さまざまな話題を提供しようと思う．人間の最も重要な部位である頭部が衝撃を受けた際に頭蓋内で何が起こり，その結果どのような症状が発症するのかそのメカニズムを，数値計算や細胞実験を基に実際の事故の症例の検証をまじえながら力学的観点から解説する．

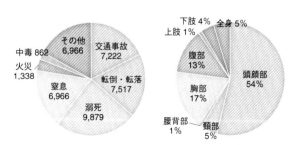

図 1　不慮の事故による死因別割合（平成 22 年）（左）と交通事故による死亡例の主要損傷部位の割合（平成 16〜20 年の合計）（右）

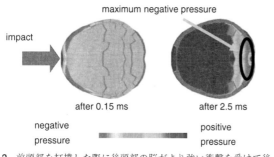

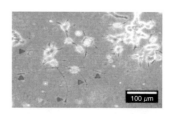

図2 前頭部を打撲した際に後頭部の脳がより強い衝撃を受けて後頭部に対局脳挫傷を発症した例[2].

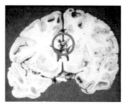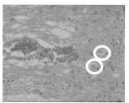

図3 軸索瘤を損傷の前後や時間経過ごとに測定し，比較することによって，損傷度合や経時進行を評価することができる．神経突起にできた瘤の様子（▲印）[5]（上），軸索にできた瘤の様子[6]（中），死亡後の病理解剖により脳幹部で観察されたβ-APP（横浜市大医学部藤原研究室提供）（下）

2. さまざまな頭部打撲と典型的な症状

2.1 局在性脳損傷

・脳挫傷

　頭部への強い衝撃が要因で脳に断裂やむくみ（浮腫），小出血などの損傷が生じる病態で，急激な圧力変動が原因．特に負圧が損傷に大きく関与し，時には数ミリ秒のうちに現実に起こり得る最大負圧 −100 Kpa に近い負圧が発生する．打撃部位とは反対側の脳表面が広範囲にわたり障害を受けることもある．脳内出血を併発する場合が多く，運動麻痺・嘔吐・意識障害の症状が起き，治療後も半身麻痺や視力障害などの後遺症が残る場合がある．骨折や脳表面の出血等の症状が観察されやすく，死因とされることが多い．語り尽くされているかのような脳挫傷においてもその発症メカニズムには多くの疑問が残る．脳は厚く丈夫な頭蓋骨に囲まれ脳脊髄液で満たされた完璧な圧力容器であるため，頭蓋と脳が接触することはない．そのことが広範囲の出血や対局脳挫傷の原因となる．

　前頭部打撃後，ほぼ 2.5 msec の短時間で後頭部に最大負圧を生じるが打撃直後の応力波が後頭部に到達する 0.15 msec では脳内には大きな圧力や応力は発生していない．その後頭蓋が両側から徐々に変形していき，両側からの変形が後頭部で出合った瞬間に大きな負圧が発生する．発生までの時間は頭部の固有周期と一致する[2]．これは頭蓋の振動の第一波がまさに始まる瞬間の現象であるが，減衰が大きいために振動はすぐに消滅する．このような大きな力が加わっても頭蓋と脳が接触することはない．

・硬膜下血腫

　硬膜と脳の間に血腫を生じる病態．血液が硬膜と脳の間にたまり短時間でゼリー状に固まり脳を圧迫する．原因として，硬いものでの頭部打撲や回転性の外力による橋静脈（脳表と硬膜の間にある静脈）の断裂等が挙げられる．急性の場合は，受傷直後に血腫ができ頭蓋内圧亢進や激しい頭痛や吐き気などの症状が表れる．慢性の場合は3週間から数カ月後に血腫が作られ症状が表れる．

・脳挫滅等

　脳挫傷が頭部への衝撃で脳機能に損傷を受けるのに対し，脳挫滅は骨折等により脳への直接の衝撃により脳の組織が破壊された状態．組織の一部が壊死する．

・頭蓋骨折

　頭蓋骨の骨折で，頭蓋骨に線上のひびが入る線上骨折，頭蓋骨が内側にへこむ陥没骨折，頭蓋骨の底辺（頭蓋低）に生じる頭蓋低骨折等がある．力学的な観点からいえば，骨折と打撃の強さの因果関係は比較的明快であり，その有無が事故時の状況を推察する上で貴重な情報となる．

2.2 びまん性脳損傷

・脳震とう

　頭部へのさまざまな衝撃により，脳細胞が一時的に機能停止または一部が損傷を受ける病態．意識消失もあるが6時間以内に回復する．受傷直後に意識障害，頭痛，嘔吐の症状が起きる．脳震とうは病理学的な痕跡を残さないことや，一定の時間経過後に回復の兆しを見せるのでこれまで軽視されてきたが，近年，繰り返すことによる重症化が問題視されているが，現在も安静にしている以外に適切な対処法はない．

・DAI（Diffuse Axonal Injury）

　DAIは頭部に働く水平や回転を含む加速度により発生するひずみによる神経細胞の損傷が原因とされている．衝撃を受けた後，6時間以上意識障害が続く．受傷直後から高度の意識障害が生じ，治療後も記憶障害，認知障害などの後遺症が残る．DAIのメカニズムを解明する上で重要なのは，頭部内の応力やひずみの状態がある程度予測可能な現在，衝撃力と神経細胞損傷の定量的な関係を評価することである．神経細胞は衝撃に対してどこまで耐えられるのか，突起や軸索は切れるのかあるいは損傷するのかなど，力学パラメータとの関係が数多く報告されている[3].

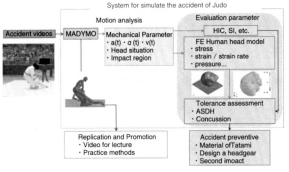

図4 事故時のビデオ入力から全身モデルによる事故の再現と有限要素解析を通して頭部損傷の詳細を求めるシステム

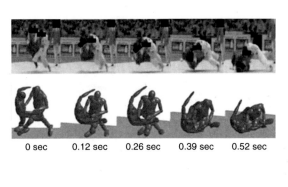

図5 柔道の試合での投げ技による頭部の畳への衝突を捉えたビデオの全身モデルによる再現（上），およびFE解析の結果（下）（資料提供：日本スポーツ振興センターマルチサポート事業の柔道担当鈴木利一氏）

また，細胞が構造的に破壊されなくとも機能的に障害が生じることもあり，その予後経過の観察が重要である．

神経細胞の損傷度合を評価する際に，軸索に生じた膨張，すなわち軸索瘤を観察する方法が一般的であるが，この瘤は軸索間輸送物質の一つであるβアミロイド前駆体タンパク質（β-Amyloid Prosecure Protein：β-APP）の蓄積である．図3に実際に衝撃によって形成された瘤および病理解剖によって実際に脳幹部にβ-APPの蓄積が観測された様子を示す．

これまでさまざまな症状を局在性損傷とびまん性損傷とに特徴的に分類して説明したが，実際にはそれらの症状が併発することも多く，特に重度の脳挫傷においてはDAIもほぼ確実に発症している可能性が高いことが報告されている[4]．

3. 頭部損傷事故の再現と脳神経損傷予測[7]

頭部外傷における事故はたかだか1/100秒程度の間に起きる力学現象であり，被害者は自分に一体何が起きたのか分からない場合が多い．さらに目に見える骨折や出血が収まっても神経損傷は観察できないし，仮に高次脳機能障害が発症/進行していても診断は困難である．近年，計算力学や画像処理の目覚ましい進展を背景に，これまで不可能であったTBIの事故の再現から脳内の神経損傷の予測までが高い精度で実施できるようになっている．ここでは，マルチボディによる全身シミュレーションと頭部有限要素モデルによる頭部損傷詳細解析システム（図4）を用いて柔道，アメリカンフットボール，自転車事故の再現と脳損傷の予測を行った例を紹介する．なお，全身モデルによるシミュレーションにはMADYMO，頭部有限要素モデルにはTHM（Tokyo metropolitan Head Model）を用いた．

3.1 柔道全日本選手権での脳震とう発症事例

受傷者は2013年世界柔道選手権大会の試合中に，大外刈りの技をかけられて頭頂部を畳で強打し，短時間（約1分）の意識障害があり頭痛を訴えた．逆行性健忘も認められ，医療ドクターにより脳震とうと診断された．事故時の様子はビデオに記録されており，動画のコマ送り画像とシ

ミュレーションで作成した動作を比較した結果を図5（上）に示す．シミュレーションにより算出した頭部重心の並進・回転速度を初期条件として有限要素解析を行った（図5（下））．衝撃解析で得られた頭蓋内に発生した最大ひずみは0.26（発症閾値は0.10〜0.15程度），ひずみ速度46/sおよびミーゼス応力は9.9 kPaであり，脳震とうを発症するには十分な値であった．

3.2 アメリカンフットボールの試合での脳震とう発症事例[8]

ビデオは図6に示すように30 fpsで二つの方向，エンドラインとサイドラインから2台のビデオ・カメラで録画された．負傷したプレーヤーは背番号27のディフェンシブ・バック・プレーヤーで，右側頭部を打撲した．チームのスポーツトレーナーは脳震とうを疑い，プレーヤーをすぐにゲームから退場させて緊急治療室に向かわせた．そこで，当該選手は医療ドクターにより脳震とうと診断された．日本大学アメリカンフットボール部では米国のNeurology 2013のAcademyのガイドラインに基づき，頭部のCTを含む精神的外傷評価を実施しており，Cogsportテストにパスするまでの約2週間，表1に示されるガイドラインに従って回復に向けた毎日の段階的な運動を指示された．

衝突動作の再現では各々のフレームでMADYMOとビデオを比較し，両者の動作が一致するまで衝突選手の初期姿勢と速度を微妙に調節した．それより得られた衝突速度を初期条件として，二つのヘルメットをかぶったヘッド・モデルを用いてFE解析を行った．計算の結果，衝突された選手は脳内の最大ひずみ0.25，ひずみ速度66/sと脳震とうを発症するのに十分な値であった．一方，衝突した方

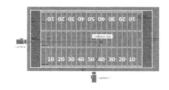

Camera 1

Camera 2

図6 アメリカンフットボールの試合での脳震とう発症事故の再現
と部損傷予測．2台のビデオカメラの設置位置（上），ビデオ
映像から全身モデルによる衝突の再現（中），ヘルメットモデ
ルを含む頭部有限要素解析（下左）と求められた最大応力と
最大ひずみ（下右）（資料提供：日本大学アメリカン・フット
ボール部）

表1　脳震盪を発症した選手の復帰までのトレーニングプログラム
（資料提供：日本大学アメリカン・フットボール部）

Date	Exercise
1st day : injured day	· loss of consciousness（−） · loss of memory（−） · headache（＋） · CT scan（no findings）
8th day	· no physical symptoms · pass Cogsport test
9th day	· 30 min. jogging
10th day	· running 40 yds×10 · agility · 60% weight training
11th day	· position skill menu · 80%～weight training
12th day	· normal training after medical clearance
13th day	· game play

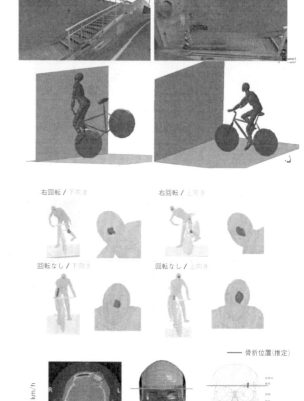

図7 自転車で坂を下る途中で曲がり切れなくて，高速でコンクリ
ート壁に激突した例（上）．ビデオ等の画像情報が残っていな
いため，打撲と骨折位置を手掛かりにさまざまな衝突姿勢を
試行した（中），CT画像と骨折位置の比較と骨折程度検証
（資料提供：独協医科大学）

の有無による，筋肉や神経を含む防御反応を考慮すること
は，その検証も含めて現状では困難である．

3.3　自転車走行中にコンクリート壁に激突し高次脳機能障害を発症

　青年が自転車で坂を下る途中で折り返しのカーブを曲が
り切れずにコンクリート壁に激突した．急性硬膜外血腫，
顔面挫創，頭蓋底骨折，脳挫傷を発症し，左眼を失明する
とともに高次脳機能障害を発症した．救急搬送から3週間
後に退院するもさらに鼻出血で入院等を繰り返した．この
例ではビデオ等の画像データは残っておらず，医療データ
とカルテの記述を基に事故の再現と脳損傷の計算を行っ
た．本ケースでは左眼上部と頭蓋底の骨折および脳挫傷の
発症を手掛かりに，数多くのシミュレーションを実施して
衝突姿勢と速度を求めた．衝突速度は32km/h以上で頭
蓋の最大ひずみは左眼付近で0.053（発症閾値 0.035[9]，脳
挫傷を示す脳実質の最大ミーゼス応力は11.6kPa（発症閾

の選手もひずみ0.17，ひずみ速度21/sと脳震とうの発症
域であったが，実際には発症していない．このことは衝突
の瞬間の一瞬の短い間に衝突を予測したか，しなかったか
によるところが大きい．シミュレーション時に衝突の意識

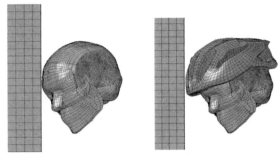

図8 自転車のコンクリート壁への衝突事故におけるヘルメット装着の有無の比較. ヘルメットの装着により骨折や脳挫傷の危険性が大幅に軽減される[11].

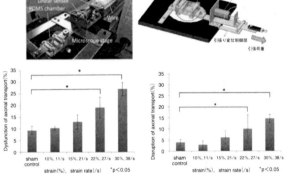

図9 ひずみとひずみ速度を独立に制御できる対神経細胞衝撃引張り負荷装置(上左)と伸縮可能な細胞保持チャンバ(上右), ラット大脳皮質由来初代培養神経細胞を用いたβ-APPの蓄積観察による機能不全(下左)および機能遮断の増加(下右)

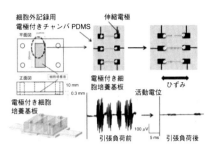

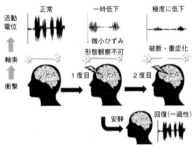

図10 フレキシブル電極と方向制御による細胞電位計測(上), セカンドインパクトの重症化と電位変化. 第1撃後の電位計測に基づき第2撃を避ける危険発信が重要(下)[13]

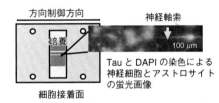

図11 細胞培養チャンバ上の神経軸索の方向制御

値8.6 kPa[10]であった. また, 神経損傷を表すひずみは左脳で0.48, ひずみ速度300/s以上と非常に高い値を示しており, 相当に厳しい状況であったことが推測される.

この事故のケースではヘルメットを装着していなかったことが重症化の一因であったため, ヘルメットを装着していた場合の頭部損傷率の検証を行ったところ, 骨折を示す最大ひずみは0.053から0.003へ, 脳挫傷を示す脳実質の最大ミーゼス応力は11.6 kPaから8.9 kPaへと大幅に減少することが判明した(図8).

4. 脳神経細胞の耐衝撃特性の評価

計算力学により事故の再現から衝撃時の脳や頭蓋の応答が詳細に求められるようになった現在, さまざまな力学的な刺激と神経細胞の耐性との関係を明らかにする必要がある. ここではさまざまな神経細胞の衝撃実験を紹介する.

4.1 一軸衝撃引張りによる神経細胞の耐衝撃特性評価[12]

頭部外傷は衝撃が原因であり, 通常の細胞実験に比してひずみ速度が大きい傾向にある. ここではひずみとひずみ速度を独立に制御できる衝撃引張り装置を開発し, 一定速

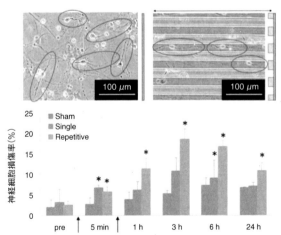

図12 通常の培養法による神経軸索(上左)と方向制御による培養(上右). 1時間間隔で2度の弱い引張りを繰り返すことにより損傷率が有意に上昇する例[13]

度での引張りを可能にして, 広範囲なひずみ/ひずみ速度の正確な独立制御を実現している. 神経細胞への衝撃引張り負荷実験の結果, ひずみとひずみ速度の増加とともに神経軸索の機能不全や機能遮断の増加が観察される(図9).

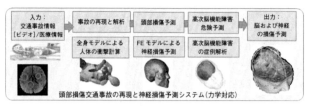

図13 現在，軽度脳損傷の部位や損傷程度を客観的な医療データとして保存する方法がない．再発防止のために事故の再現から頭部神経損傷の部位や損傷程度を詳細に計算し，可視化を含めて診療情報の一部として保存する試みが始められている．

4.2 "repeated mild" 繰り返し弱衝撃実験

近年，脳震とうの繰り返しによる重症化が指摘されており，神経細胞に対して弱刺激を繰り返し与えてその挙動を観察する "repeated mild" 衝撃試験が強く求められているが，そのためにはいくつかの困難な問題を克服しなければならない（**図10**）．

・弱衝撃の範囲では一度の衝撃負荷ではタンパクの漏出が起こらず，損傷の形態観察による評価が困難
・細胞の活動電位の変化による機能変化を観察したいが，実験系が衝撃に耐えられない
・通常の培養では細胞の軸索の伸長方向がランダムであり，衝撃の繰り返しで細胞群の様相が変わり繰り返し衝撃後の同一細胞の追従観察が困難

等々がある．現在それらを克服するために実施している電位測定と，細胞の軸索方向伸長制御を紹介する．

伸縮性があり，衝撃負荷による電極の破損・剥離がない電極付き細胞培養基板により衝撃負荷と活動電位測定を同時に行う．この実験系の確立より神経細胞に負荷するひずみ・ひずみ速度，活動電位の振幅・周波数，衝撃ひずみ負荷直後に生成する軸索瘤の数・径と生成部位に蓄積する軸索輸送タンパク質の経時的な対応関係を明確にすることが可能となる．

4.3 神経軸索方向制御培養

微細加工により作製した微細溝に細胞接着強化溶液をコーティングし，培養面に微細溝をスタンプして細胞接着面を作製する．接着面に沿って神経軸索の方向制御を行い，任意の場所に細胞を培養させることで，同一の細胞の観察を容易にし，衝撃前後の神経軸索の損傷評価を経時的に行うことが可能となる（**図11，12**）．

4.4 診断への貢献

現在，高次脳機能障害が疑われる頭部損傷において，頭痛や目まいを繰り返したり人格に変化を及ぼすなど，社会生活に支障を来す兆候がありながら，適切な証明の方法がないために労災がおりないなどの不利益を被る社会問題がある．特に繰り返しの重症化が問題となっている脳震とう等の軽度のDAIの場合には，医療機関にかからない場合も多く，仮にかかっても客観的な神経損傷データが残らない．現在，**図13** に示される事故の再現から頭部の神経損傷の詳細までを予測し，医療データの一部として脳震とうの繰り返し予防のための診療の支援に用いられる活動が始められている．

参 考 文 献

1) 日本経済新聞「NFL集団訴訟，健康被害で和解　賠償金計1200億円」（2015年4月23日）
2) S. Aomura et al. : Dynamic Analysis of Cerebral Contusion under Impact Loading, J. of Biomechancal Science and Eng'g, **3**, 4 (2008) 499-509.
3) C. Deck and R. Willinger : Improved head injury criteria based on head FE model, Int. J. of Crashworthiness, **13**, 6 (2008).
4) 張月琳，青村茂ほか：局在性能損傷とDAIの併発の可能性について，日本保健科学学会誌，**13**, 3 (2010) 112-121.
5) H. Nakadate and S. Aomura : Progression to cell death correlates with neurite swelling induced by stretch injury, Journal of Biomechanical Science and Eng'g, **7**, 4, (2012) 406-415.
6) Min, D.T. et al. : Partial interruption of axonal transport due to microtubule breakage accounts for the formation of periodic varicosities after traumatic axonal injury, J. of Exp. Neurology, **233** (2012) 364-372.
7) 張月琳，韓露，細野大樹，松田雅弘，新田収，中楯浩康，紙谷武，青村茂：症例の再現解析による柔道中の頭部損傷発症リスクの評価，日本実験力学会，**17**, 2 (2017) 153-161.
8) S. Aomura, Y. Zhang, H. Nakadate, T. Koyama and A. Nishimura : Brain Injury Risk Estimation of American Football Player Based on Game Videos, J. of Biomechanical Science and Eng'g, **11**, 4 16-00393 (2016).
9) R.W. McCalden et al. : Age-Related Changes in the Tensile Properties of Cortical Bone. The J. Bone and Joint Surg Am, **75**, 8 (1993) 1193-1205.
10) R.T. Miller et al. : Finite Element Modeling Approaches for Predicting Injury in an Experimental Model of Severe DAI, 42nd Stapp Car Crash Conference Proc., (1997) 277-291.
11) 及川昌子：交通事故による自転車乗員頭部外傷の発生要因解明と頭部保護に関する研究，首都大学東京博士（工学）学位論文，(2017).
12) S. Aomura, H. Nakadate, Y. Kaneko, A. Nishimura and R. Willinger : Stretch-induced functional disorder of axonal transport in the cultured rat cortex neuron, Integrative Molecular Medicine, **3**, 3 (2016) 654-660.
13) H. Nakadate, E. Kurtoglu, S. Shirasak and S. Aomura : Repetitive stretching enhances the formation of neurite swellings in the cultured neuronal cells, Integrative Molecular Medicine, **3**, 4 (2016) 723-728.

はじめての 精密工学

研削加工における計測技術と その応用

Measuring Techniques and Their Applications in Grinding Process/Kazuhito OHASHI

岡山大学　大橋一仁

1. は じ め に

　研削加工は，高速度で回転する研削砥石を工作物に干渉させ，両者の相対運動をさせることによって，工作物を切りくずとして除去し，所定の形状寸法ならびに表面性状に仕上げる機械加工法の一つである．精密な機械部品や金型などの仕上げ工程あるいは半導体，光学材料などの生産工程に研削加工は多く採用されている．

　研削の作業方式には，主に**図1**に示すような円筒研削，平面研削，内面研削，心なし研削が挙げられ，これらのほかにも歯車の歯面のプロファイル研削や切削工具の切れ刃の研削など，砥石と工作物の相対運動や工作物形状によって研削作業の方式は多岐にわたる．近年では，研削盤自体の精度やNC制御技術がかなり向上し，エンジンのカムシ

ャフトやクランクピンあるいは複雑な曲面を有する金型などを高精度に研削する技術も実現されている．さらに，研削盤メーカを代表としてIoTの利用が研削加工においても検討されている．その実現には，研削現象が反映されたデータを計測し，研削状況を把握することとともに，それらを解析することによって最適な研削のためにどのように対処するかを決定することが不可欠である．本稿では，一般的に実施される研削したワークの品質評価のための計測ではなく，研削加工の状況解明のためのインプロセスあるいはオンマシン計測技術について説明する．

2. 研削加工における計測技術の必要性

　研削加工を体系的に表現すると，**図2**のような研削加工システムとして表すことができる[1]．

　研削加工の良否の判断は，主に工作物1個当たりの加工時間や単位時間当たりの研削量によって表される加工能率あるいはそれに要するコスト，寸法精度および形状精度で表される加工精度，仕上面粗さや研削面表層部に残留する加工変質層あるいは表面機能などの品質，および作業環境によって評価される．これらは研削システムの最終出力であり，それぞれについて具体的には**表1**に示すような内容によって評価され，それぞれの場合に要求される項目が評価対象に設定される．

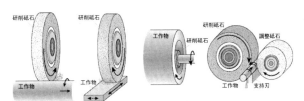

(a)円筒研削　(b)平面研削　(c)内面研削　(d)心なし研削

図1　主な研削方式

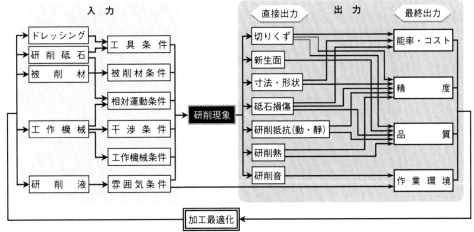

図2　研削加工システム

表1 研削加工の最終出力（評価項目）

能率・コスト	サイクルタイム
	ドレスインターバル
	クーラント交換インターバル
精　　度	寸法精度
	形状精度
品　　質	表面粗さ

品　　質	加工変質層	硬度
		残留応力
		研削焼け
		スクラッチ
		クラック
	表面機能	反射特性
		トライボ特性
		密封特性

| 作業環境 | 臭気 |
| | 人体への影響 |

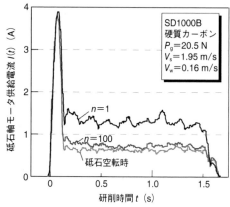

図4 定圧研削における砥石軸モータの電流の変化

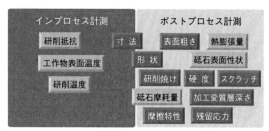

図3 研削における計測形態

この最終出力である研削結果を決定づけるのは研削現象であり，その研削現象はシステムの入力である各研削条件，すなわち工具条件，被削材条件，相対運動条件，干渉条件，工作機械条件，雰囲気条件があり，使用する研削盤，選定する研削砥石，研削液，さらにドレッシング作業などに支配される．当然ながら，これら最終出力のデータが要求を満たしていればその研削加工に問題はないと判断されるが，要求を満たしていない場合は，満たすべく入力である研削条件を再設定し，研削加工を最適な状態に近づける試みが繰り返される．しかし，最終出力は複雑な研削現象の総合的結果であり，最終出力のみから研削現象を解明することは困難である．したがって，最終出力から研削条件を最適化するにはよほどの経験や勘が必要となることが多い．また，表の各評価項目のほとんどが研削終了後の計測評価によることもその一因である．

研削条件の最適化においてどの入力条件をどのように設定するかを判断するには，研削現象の把握が不可欠である．その参考となるのが，研削現象にともなって発生する切りくず，新生面，砥石損傷，研削抵抗，研削熱，研削音などの直接出力である．しかし，現実に生産現場で直接出力がデータとして求められることはまれで，円筒研削や内面研削において，定寸装置を用いて工作物の外径や内径寸法の管理が実施される程度である．その場合の研削サイクルに着目すると，CNC研削盤内において，仕上り寸法に

関して図に示す研削加工システムにおける最適化のルーチンが機能し，干渉条件の最適化を実現していることになる．

3. 研削加工における計測技術と応用

前章で述べたように，研削加工を最適化・高度化するためには，研削現象にともなう直接出力の項目を機上において，できればインプロセスで計測することが肝要である．

図3に一例として，円筒研削に関わる計測対象とそれぞれの計測形態を示す．図中の白抜き文字は，研削結果の評価対象（最終出力）を示す．現在，円筒研削においては，定寸装置により測定される外径がインプロセスで機上測定される程度でしかなく，ほとんどの評価対象は研削後にポストプロセス計測しているのが現状である．

一方，図中に黒文字で示す研削現象の直接出力のうち，研削抵抗や工作物表面温度についてはインプロセス計測が可能である[1]が，生産現場での実施はまだ少ない．以下では直接出力の計測のうち，比較的容易に実施可能なものとその応用事例を説明する．

3.1 研削抵抗

研削抵抗は，研削現象を最も反映し，かつ比較的容易に計測が可能な研削現象値であり，その大きさや変動は研削状況を把握するためには大変有用である．

研削抵抗の最も容易な計測法は，砥石軸モータの電流（電力）をクランプメータで計測することである．図4は，硬質カーボンの定圧ドライ研削の1サイクルにおける砥石駆動モータの電流値の変化をクランプメータにより測定した例[2]である．この例では，ドレッシング後に100個単位の工作物を連続して研削しており，1個目の工作物を研削する場合に比べて100個目の工作物の研削では，定常研削状態の電流が小さく，砥石の研削性能が低下していることがわかる．なお，砥石の空転時においても同様な供給電流の変化が認められ，この電流値と個々の研削時の電流値との差から研削主分力を求め，砥石の切れ味を判断，さらにはドレッシングタイミングを判断するデータとして活

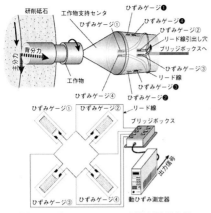

図5 ひずみゲージによる研削抵抗測定法

表2 研削温度の種類とその影響

研削温度の種類	影響を及ぼす研削現象	研削結果への影響
砥粒研削点温度	砥粒の破砕・摩耗	寸法精度
砥石研削点温度	工作物表面の熱損傷	品質低下
砥石表面温度	砥石熱変形	寸法精度
工作物温度分布	工作物の熱変形	寸法精度
工作物表面温度	工作物の熱変形の推定	寸法精度

(a) 熱電対の原理（ゼーベック効果）

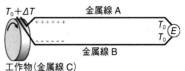

(b) 工作物表面温度測定の原理

図6 熱電対による研削温度測定の原理

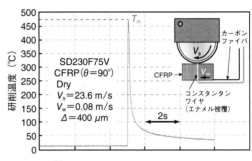

図7 CFRPの研削温度測定法と測定例

用することができる.

図5 は，円筒プランジ研削における研削抵抗をひずみゲージを用いて計測する手法[3]である．工作物支持センタの芯押台から突出する円筒部分に 90° ごとに2枚1組でひずみゲージを接着配置し，対向する位置にある1組と併せた4枚のひずみゲージによって図のようなブリッジ回路からなる測定システムを構成し，ブリッジボックスを介して動ひずみアンプに接続することで研削抵抗の背分力と主分力を計測することができる．ひずみゲージを用いる方法は比較的センサ構成の自由度が高く，ひずみゲージの接着や配線方法，加工液からの保護方法や測定データの処理方法などのテクニック[3]を習得すれば，比較的安価に研削抵抗を計測することができ，平面研削でも実施可能である．また，圧電型力センサを用いても研削抵抗は測定できる．この方法はやや高価ではあるが，高感度かつ高剛性で研削抵抗が計測可能であるため精密研削には特に有用である.

3.2 研削温度

研削加工では負のすくい角を有する多数の微小な砥粒が高速に工作物を微小切削するため，砥石と工作物との接触領域において比較的多くの研削熱が発生する．研削熱は研削面近傍の加工変質層の生成に影響するほか，加工中の工作物の熱変形を誘発し寸法誤差を増大することにもつながる．研削温度として表2のものが定義[4]され，それぞれ研削結果の検討内容に応じて計測評価される.

研削温度の測定には光ファイバを用いたIR測定法もあるが，本稿では比較的容易に測定可能な熱電対法を紹介する．図6 (a) は，熱電対による温度測定の原理を示す.

熱電対を構成する2種類の金属のうち，一方を工作物とし，接点を研削点とすることで，砥粒研削点温度，砥石研削点温度を測定することができる.

図7 は，CFRPにコンスタンタン線を埋め込み，研削温度を測定した例である．CFRPは金属ではないが，カーボンファイバとコンスタンタン線の間で熱電対を構成することによって研削温度を測定することができる．砥石研削点温度は，わずかな時間であるが500℃程度に達し，研削面近傍の熱影響を評価する指針となる．なお，砥粒研削点温度を測定する場合は，砥粒の切削現象が瞬時であるため，サブGHzの極めて高い周波数帯域のストレージ機能を有するオシロスコープ等が必要となる．また，図6 (b) のように離間した熱電対線を研削中の工作物表面に接触させると，工作物を介した回路に発生する電位差は，研削面の熱電対線と接する点の温度を示すことになる.

研削温度の計測法は，工作物表面温度の測定を除いては工作物への追加工が必要であり，生産ラインでの適用は不可能であるが，研削現象を明らかにする上では有用である.

3.3 ワーク寸法

研削加工では，砥石を設定量だけ切り込んでも，砥石の摩耗，砥石軸や工作物支持部の変位などのために，加工量は設定した砥石切込み量とは一致しない「切残し現象」[5]が生じる．しかし，量産工程における円筒研削や内面研削では図8 に示すような定寸装置を用いることによって，

図8　円筒研削盤の定寸装置

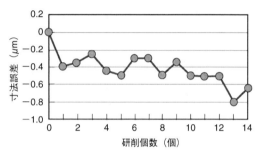

図9　研削における計測形態

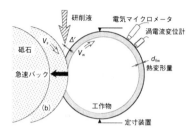

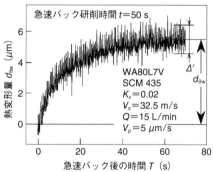

図10　円筒研削における熱変形量測定法とその測定例

研削による寸法誤差をかなり小さくすることができる．それでも，**図9**に示すように寸法誤差は変動[6]し，ミクロンレベルの寸法精度が要求される場合は問題となる．この原因は研削中の工作物の熱変形であり，定寸装置では計測する加工量に熱変形量も含まれるため，研削中の熱変形量を個別に求めることが必要となる．さらに量産工程では，砥石の切れ味などが刻々と変化し続けるため，安定した研削を実現するには個々研削サイクルにおいて熱変形量をインプロセスで求めることが必要となる．

　図10は，円筒研削における熱変形量測定法とその測定例[7]である．研削中に砥石を急速バックし，そのままクーラントを供給しながら工作物を温度変化がなくなるまで回転させることで，その時点の工作物の熱膨張量を測定することができる．この手法も生産と同時に実施することは不可能であり，研削抵抗や工作物の非研削部の熱変形量から熱膨張量をインプロセスで求める方法も提案されているが，いずれも工作物の熱変形量との校正が必要となるため，上記の方法で各研削時点における熱変形量をあらかじめ求めざるを得ないのが現状である．

　なお，研削熱による工作物の熱変形も寸法誤差発生の一要因であるが，研削抵抗のインプロセス計測によってこれを補正し，サブミクロンレベルの高精度な円筒研削を実現する技術も開発されている[8]．

4. お わ り に

　研削の加工現象は多くの因子が関係する複雑な現象であ

る．したがって，理想とする研削結果にアプローチするには研削現象の解明が不可欠である．そのためには，研削現象の反映された情報をタイムリーに機上で把握することが必要となる．この計測技術とその解析技術が相まって，研削現象の解明に至るし，それを利用した研削技術の高度化が成し得られる．さらに近年では，IoTの活用も視野に入れた加工技術の開発が進められており，研削加工における計測技術の重要性はますます高まりつつある．そのためには，これまでの概念を超えた新たな計測技術の出現も必要と考える．その意味で，現在はまだ実用化に至っていない計測技術もその片鱗が見えているものもあり，今後の測定技術の進歩や測定対象を捉える工夫によって，研削現象の全貌が明らかにされるとともに，高度な研削技術の到来が待望される．

参 考 文 献

1) 中島利勝, 鳴瀧則彦：機械加工学, コロナ社, (1983) 6.
2) 塚本真也, 大橋一仁, 藤原貴典：研削加工の計測技術—最新の計測技術とそのノウハウ—, 養賢堂, (2005) 53.
3) 砥粒加工学会 (編)：図解 砥粒加工技術のすべて, 森北出版, (2011) 210.
4) 1) の 156.
5) 岡村健二郎, 中島利勝：研削の過渡特性 (第1報), 精密機械, **38**, 7 (1972) 580.
6) 山本優：クルマづくりにおける精密円筒研削技術, クルマづくり NEXT, ニュースダイジェスト社, (2011) 186.
7) 中島利勝, 塚本真也, 原田真：研削熱における変形が寸法生成過程に及ぼす影響の研究, 精密機械, **51**, 8 (1985) 1588.
8) 山本優, 塚本真也：円筒研削における熱変形量を考慮した寸法誤差最小化技術, 砥粒加工学会誌, **53**, 7 (2009) 423.

はじめての
精密工学

高速視覚フィードバック制御の ロボット応用

Robot Application of High-Speed Visual Feedback Control/Akio NAMIKI

千葉大学　並木明夫

1. はじめに

近年，さまざまな分野で視覚認識能力を備えたロボットの開発が進められている．視覚は多様な環境情報を含んでおり，人のように器用な作業を実現するためには必須の感覚である．一方，現状，視覚フィードバックによって制御されるロボットの動作速度は十分ではない．産業ロボットのティーチング・プレイバックの動作速度が非常に高速であるのに対して，人間が行うような複雑で器用さを要する作業を知能ロボットで高速に実行するのはいまだに難しい課題である．

筆者らの研究グループでは知能ロボットの作業能力の向上を目指して，kHz オーダーでの高速視覚認識が可能な高速ビジョンシステムと，それを用いたロボットの高速視覚フィードバック制御の研究を進めてきた．本稿では，これらの研究の現状について紹介する．

2. ロボットに必要とされる速さとは

図 1 は一般的なロボットの視覚フィードバック制御システムの構成図であり，感覚系，処理系，運動系の三つの要素からなる．感覚系は視覚・力覚・関節角などのセンサ，処理系は実時間コンピュータ，運動系は減速機やモータからなるアクチュエータを意味する．ロボットの動作の高速化は，それぞれの要素における高速化が必要となる．感覚系と処理系は主にロボットの「反応速度」に対応するのに対して，運動系は「運動速度」に対応する．

2.1 ロボットで必要とされる反応速度

ロボットの反応速度はどの程度必要だろうか？　人間では，視覚認識は約 30 Hz（約 33 ms ごと）である．ただし，視覚刺激から腕が反応するまでの時間はより長く，単純な光刺激でも 150～225 ms である．このように人間の反応速度は必ずしも速くはない．

それでは，ロボットにおいても同じレベルの認識速度，反応速度で十分であろうか？　ロボットと生体の大きな違いは，材質や質量である．多くのロボットは金属部品からなり，電磁モータで駆動されるので，同サイズでは生体に比べて重くなってしまう．そのため，人間レベルの視覚フィードバック速度では十分ではない．

一般に，ロボットを安定にフィードバック制御するには，1 kHz 以上の制御レートが必要なことが知られている．これは通常の 30 Hz の視覚センサでは実現不可能であり，1 kHz 以上の高速ビジョンを用いることが必要になる．

2.2 高速ビジョン

高速ビジョンとは，画像センサによる画像取得から画像処理，画像認識までを高速度で行う統合システムである[1-3]．工業計測に用いられる記録用高速度カメラとは異なり，画像センサと画像処理装置が一体化しており，リアルタイムかつオンラインで画像処理結果を出力できる．そのため，視覚フィードバック制御に適している．

2.2.1 高速ビジョンの特徴

高速ビジョンを用いると，ロボットからは対象の運動や変形の速度が相対的に遅くなり，あたかも静止しているかのように見える．これには次のような利点がある．

①　ダイレクトな視覚フィードバック制御

ロボットを視覚によってダイレクトにフィードバック制御することで，ロボットの視覚刺激に対する反応速度を高めることができる．

②　高速に移動・変形する対象の追跡・計測

人間の目には見えないような高速動作でも計測可能となる．

③　画像処理の簡略化・ロバスト化

フレーム間の画像の変化が微小になることにより，画像処理自体を簡略化できる．例えば，特徴点探索を行う場合，前フレームでの検出位置の近傍のみを探索するだけで十分となる．また，短時間に多数回の画像計測が可能となるため，画像のノイズを統計的に除去することも容易となる．

このような高速ビジョンによる視覚処理は，人間における視覚処理とは異なるアプローチであるが，人間以上の信頼性，繰り返し精度を求められるロボットに適している．

図 1　視覚フィードバック制御

図2 高速アクティブビジョンシステム

図4 高速運動が可能なロボットアーム：（左）Barrett Arm／Hand，（右）高速アーム・ハンド

図3 高速ハンド：(a) 3指高速ハンド，(b) 指先旋回型ハンド，(c) 二重旋回型掌をもつハンド，(d) 冗長指ハンド

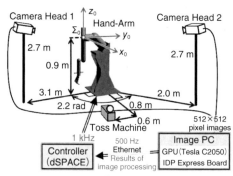

図5 高速マニピュレーションシステム

2.2.2 高速ビジョンの実装

高速ビジョンには，①画像センシングの高速化，②カメラから処理装置への画像転送の高速化，③画像処理の高速化，が必要となる．1 kHz レベルでの高速化を実現するためには，通常のカメラや PC での演算だけでは難しく，(a) 画像センサと並列演算装置を一体化させたビジョンチップ，(b) 高速カメラと FPGA（Field-Programmable Gate Array）等による専用並列演算回路を用いたビジョンシステム，(c) 高速カメラと GPU（Graphical Processing Unit）を用いたシステム，等が開発されている．また，高速ビジョンを搭載した視線方向を制御するアクティブビジョンシステムも開発されている（**図2**）．

2.3 高速ロボット

高速視覚フィードバック制御の効果を最大限に活用するためには，運動系の高速化も必須である．特に「応答性」と「動作速度」が重要であるが，前者では，高出力化のために低質量かつ高減速比が求められるのに対して，後者では速度向上のために低減速比が求められ，相反した要求を満たす必要がある．

2.3.1 高速ハンド

筆者らは，適切なタイミングで大電流を流すことで，高出力と軽量性を両立させたロボットハンドを開発している．ロボットの指は軽量なので後述のアームに比べると高速化が容易であり，各指は約 0.1 秒で全開可能となった．

各関節は，小型ハーモニックドライブ減速機を用いたアクチュエータモジュールからなり，配置を変えることでさまざまなタイプの高速ハンドが開発されている（**図3**）

2.3.2 高速動作可能なアーム

アームは質量が大きいので，高速動作の実現はより難しくなるが，研究用途で開発例がある．例えば，Barrett Arm[4]はワイヤ駆動により低摩擦・低慣性・高応答性を実現している（**図4**左）．

筆者らも高速運動に適したロボットアームを開発した．瞬時最大トルクを重視して各軸 1：50 の低減速比とし，大電流を流せるよう外部に電流容量の大きいドライバを設置して，通常よりも数倍速い動作を可能とした（図4右）．7自由度関節をもち，先述の高速ハンドを手先に搭載することで，器用さと高速性を両立できる．

3. 高速視覚フィードバックによるマニピュレーション

以下では，高速ビジョンと高速ロボットを統合したさまざまな研究成果について紹介する．

3.1 ダイナミックマニピュレーション

ダイナミックマニピュレーションとは対象に加速度を加えて操りを行う手法である．従来の位置や速度を操る場合に比べて，操作速度を劇的に向上できる可能性がある．

3.1.1 ボールジャグリング

筆者らは，ステレオ高速ビジョンと高速ハンドアームを用いてボールジャグリングの研究を行っている[5]（**図5**）．多指ハンドを用いることで高度な操作が実現できる一方

図6　2ボールジャグリング

図7　ロボットハンドによるけんの把持：（左）触覚装備ハンド，（右）けんを握った状態

図8　けんによる球のキャッチ

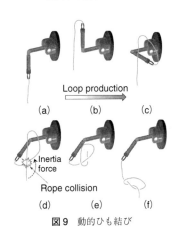

図9　動的ひも結び

で，自由度が高くなるために制御は難しくなる．ここでは，①運動連鎖に基づく効率的な投げ上げ，②高速視覚フィードバックによる高精度キャッチング，により，二つのボールを片手でジャグリングさせることに成功した（**図6**）．このようなハンドアームでのジャグリングの例は世界初である．

3.1.2　けん玉

人間と同様，けんをロボットハンドに握らせた状態での玉のキャッチを実現している[6]（**図7**）．けんのもち方が試行ごとに異なるが，高速ビジョンと触覚センサの双方によって把持したけんの位置計測を行うことで，安定した操作を実現している（**図8**）．視覚と触覚はどちらも1 msのレートであり，情報統合が滑らかかつ信頼性の高いものとな

っている．

3.2　柔軟物ハンドリングへの応用

ロボットにとって，ひも・布・紙のような柔軟物の操りは困難なタスクである．その理由の一つとして，動作途中に形状が大きく変化してしまうことが挙げられる．従来の生産ラインのように，視覚認識と操り制御を分けて順に行うというのでは対応できず，同次並列的に行う必要があり，高速ビジョンが効果的となる．

3.2.1　動的ひも結び

無重力下では柔軟ひもの端点をある一定速度で動かすことで，端点の軌道をなぞるようなひもを制御できる．これは，新体操競技においてリボンで形状を作るのに類似した操作であり，重力下においても，ひもの運動を高速化することで近似的に同様の状況をつくることができる．**図9**は，この原理を利用した動的ひも結びのプロセスである．ロボットアームでひもの端点をもち，まずひもを輪の形に作り（a～c），次に輪とひもの端を衝突させて輪を作ることにより（d～f），空中でひも結びを実現している[7]．

3.2.2　布折り畳み

山川らは，高速ビジョンとロボットハンドの統合システムで，布の瞬時折り畳みを実現している[8]．ここでは，布の形状を高速ビジョンによりリアルタイム計測するとともに，ロボットハンドの動作も高速化することで形状操作を瞬時に行う．布は弾性の小さい柔軟物体なので，端部を高速に動かすことにより全体の形状制御が可能となる（**図10**）．

3.2.3　折り紙

高速ビジョンの導入途中ではあるが，紙の操り制御も実現されている（**図11**）[9]．紙の認識を3次元ビジョンにより行うとともに，オクルージョンによる視覚情報の欠落を補うために，紙の物理モデルを用いた形状推定を行っている（**図12**）．現状では四つ折りまでを高精度で行うことが可能である．現状は，通常の3次元センサを用いているが，高速ビジョンをコアとした3次元センサへの置き換えを進めている．

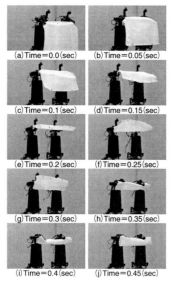

(a) Time=0.0 (sec)　(b) Time=0.05 (sec)

(c) Time=0.1 (sec)　(d) Time=0.15 (sec)

(e) Time=0.2 (sec)　(f) Time=0.25 (sec)

(g) Time=0.3 (sec)　(h) Time=0.35 (sec)

(i) Time=0.4 (sec)　(j) Time=0.45 (sec)

図10　動的布折り畳み

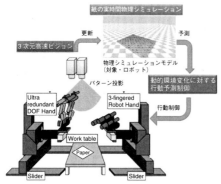

図11　多指ハンドによる紙折りシステム

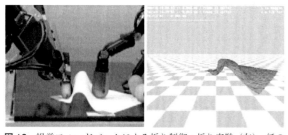

図12　視覚フィードバックによる折り制御：折り実験（左），紙の形状認識（右）

3.3　動的ヒューマンロボットインタラクションへの応用

　人と対戦を行うようなロボットシステムにおいても高速ビジョンは効力を発揮する．その一例として，エアホッケーロボットシステムの開発が挙げられる[10]（図13）．ロボットアーム自体の運動速度は人間よりも劣っているが，高

図13　エアホッケーロボット（連続写真を重ね合わせたもの）

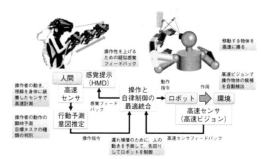

図14　知能化マスタ・スレーブ制御

図15　マスタ・スレーブロボットによるボールキャッチング

速ビジョンにより認識性能を人間よりもはるかに高くすることで，互角以上に対戦することが可能となっている．ロボットの動作は高速ビジョンの情報をもとにリアルタイムで最適制御されており，その能力が最大限に活用されている．

　このようなエンターテイメントロボットでは，単に人間の動作に反射的に動くだけでなく，戦略に基づくインテリジェンスが求められる．本システムでは，対戦相手の動作も認識し，先の展開を予測することで最適な打撃位置，強さ，方向を選択している．

3.4　操作ロボットへのアシスト制御への応用

　近年，危険作業用において，人間が直接操作するマスタ・スレーブロボットの必要性が高まっている．通常のマスタ・スレーブでは通信と動作の遅れのために，作業速度の高速化は困難であったが，これに対して操作者の動きを

予測するとともに，スレーブ側で操作制御と高速視覚フィードバック制御を統合することで作業の高速化を実現している[11]（図14）．図15はボールキャッチングを行っている例であり，通常では遅れのためにこのような高速動作は難しいが，動作予測と視覚フィードバック制御によりスムーズなキャッチングが実現できている．これは高速ビジョンにより人間よりも高速に環境認識することで，人間の動作を先回りしてアシストしているためである．

4. お わ り に

本稿では，筆者らの研究を中心に，高速ビジョンのロボットマニピュレーション応用を中心に紹介した．ほかにも，Dynamic compensation[12]，1 ms オートパンチルト[13]，2足歩行制御[14]など，高速視覚フィードバック制御の応用システムは多様な広がりを見せている．高速性に特化した高速ビジョンはリアルタイム視覚制御のキーデバイスとして今後普及していくことが期待される．

参 考 文 献

1) 石川：高速ビジョンとその応用，応用物理，**81**, 2 (2012) 115-120.
2) 並木，石川：高速ビジョンの応用展開，日本ロボット学会誌，**32**, 9 (2014) 766-768.
3) M. Ishikawa, A. Namiki, T. Senoo and Y. Yamakawa：Ultra-High-speed Robot Based on 1 kHz Vision System, IEEE/RSJ Int. Conf. Intelligent Robots and Systems, (2012) 5460-5461.
4) http://www.barrett.com/
5) 木崎，並木，脇屋，石川，野波：高速多指ハンドアームと高速ビジョンを用いたボールジャグリングシステム，日本ロボット学会誌，**30**, 9 (2012) 102-109.
6) A. Namiki and N. Ito：Ball Catching in Kendama Game by Estimating Grasp Conditions Based on a High-Speed Vision System and Tactile Sensors, Int. Conf. Humanoid Robots, (2014) 634-639.
7) Y. Yamakawa, A. Namiki and M. Ishikawa：Dynamic High-speed Knotting of a Rope by a Manipulator, Int. Journal of Advanced Robotic Systems, **10**, (2013).
8) 山川，並木，石川：高速多指ハンドシステムを用いた布の動的折りたたみ操作，日本ロボット学会誌，**30**, 2 (2012) 225-232.
9) A. Namiki and S. Yokosawa：Robotic Origami Folding with Dynamic Motion Primitives, IEEE/RSJ Int. Conf. on Intelligent Robots and Systems, (2015) 5623-5628.
10) A. Namiki and S. Matsushita：Hierarchical processing architecture for an air-hockey robot system, IEEE Int. Conf. Robotics and Automation, (2013) 1187-1192.
11) A. Namiki, Y. Matsumoto, Y. Liu and T. Maruyama：Vision-Based Predictive Assist Control on Master-Slave Systems, IEEE Int. Conf. on Robotics and Automation, (2017) 5357-5362.
12) S. Huang, K. Shinya, N. Bergström, Y. Yamakawa, T. Yamazaki and M. Ishikawa：Dynamic compensation robot with a new high-speed vision system for flexible manufacturing, Int. Journal of Advanced Manufacturing Technology, (2018) 1-11.
13) 奥村，奥，石川：アクティブビジョンの高速化を担う光学的視線制御システム，日本ロボット学会誌，**29**, 2 (2011).
14) T. Tamada, W. Ikarashi, D. Yoneyama, K. Tanaka, Y. Yamakawa, T. Senoo and M. Ishikawa：High-speed Bipedal Robot Running Using High-speed Visual Feedback, IEEE/RAS Int. Conf. Humanoid Robots, (2014) 140-145.

はじめての精密工学

メッシュ処理

Mesh Processing/Takashi KANAI

東京大学　金井　崇

1. はじめに

　近年では，計算機を利用した工業用製品の設計・解析・製造において，メッシュの利用が一般的になっている．例えば，工業用X線CTなどの形状計測装置より得られる形状情報からメッシュを構築し（**図1**），さまざまな目的のために利用されている．

　これまでに「はじめての精密工学」では，
・3次元スキャニングデータからのメッシュ生成法
　（Vol. 71, No. 10）
・意匠曲面生成の基礎（1）立体形状からの表現
　（Vol. 80, No. 9）
・意匠曲面生成の基礎（2）細分割曲面による表現
　（Vol. 80, No. 10）
においてメッシュの内容を扱ってきた．本稿では，これらの記事となるべく重複せず，かつこれからメッシュの研究や実務に携わる予定の精密工学の方々にとって有益となる情報を提示したいと思う．具体的には，メッシュ処理の基礎として，形状表現手法やデータ構造，メッシュの基本処理，最後にメッシュを利用した研究開発のためのリソースについて述べたい．

2. メッシュの基礎

2.1 ポリゴンとメッシュ

　数学的な表現として，平面の多角形のみを用いた形状表現を**ポリゴン**（polygon）（あるいは**ポリゴンメッシュ**（polygon mesh））と呼ぶ．このポリゴンの中でも，特にすべての面が最小構成である3角形で表されるような形状表現を**3角形メッシュ**（triangle mesh）（あるいは単に**メッシュ**（mesh））と呼ぶ．ただし，シミュレーションの分野では，単にメッシュというと四面体メッシュや六面体メッシュのことを指す場合があるので，これらの分野の方と議論するときにはご注意いただきたい．以下の議論では，特に断りのない限り，メッシュは3角形メッシュを指すことにする．

　メッシュは平面の集まりであり，幾何学的には**区分線形曲面**（piecewise linear surface）として位置づけられる．パラメトリック曲面などの曲面表現式と比べ，一つの面としての表現力は乏しいが，多くの面を使うことで，滑らかで複雑な曲面形状を近似的に表現できる．また，面どうしの接続について，パラメトリック曲面では，格子状に並んでいる必要があるなどの制約があるが，メッシュについては特に制約はない．これを**任意接続性**（arbitrary connectivity）と呼ぶ．このことが，多くの面を使って形状を表現する点での自由度の高さにつながっているといえる．

2.2 メッシュのデータ表現

　メッシュを計算機上で構築する際，主に以下の情報により構成される．

位相情報　頂点v，面f，エッジeおよび要素間の隣接関係を示すグラフ構造Gにより構成される．

幾何情報　各頂点は3次元座標値 $\mathbf{v}_i \in \mathbb{R}^3$（$i=1 \cdots N, N$ は頂点の数）をもつ．

属性情報　各頂点，もしくは各面，各エッジに付随する情報．例えば，法線ベクトル，テクスチャ座標，色情報など．

　これらの情報の管理方法として，いくつかのデータ表現手法がある．以下に二つのデータ表現手法として，インデックス面群による表現とポリゴンスープについて述べる．

　インデックス面群（indexed face set）による表現は，コンピュータグラフィックスの分野でよく使われる代表的な表現手法である．**図2**はその一例を示したもので，頂

図1　X線CTの計測情報から構築したメッシュデータの例（提供：東京大学　鈴木・大竹研究室）

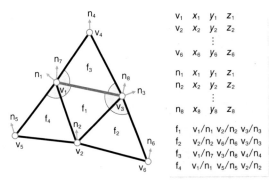

図2 インデックス面群によるデータ表現

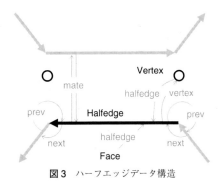

図3 ハーフエッジデータ構造

点と面によるグラフ構造を表している．頂点はそれぞれ3次元座標値 **v** が定義され，また，各頂点における法線ベクトル **n** も定義されている．これらはそれぞれ並び順に番号が与えられる．面を構成する頂点や法線ベクトルは，これらの番号を指定する形で定義される．このように要素を番号で管理することで，頂点や法線ベクトルを共有していることを表せる．エッジについては，これらの情報を使えば復元できるため，明示的に表現する必要はない．インデックス面群によるデータ表現は，市販されているほとんどの CAD ソフトウエアや CG ソフトウエアで，データの入出力が対応されている．有名なデータ形式としては Wavefront OBJ 形式や VRML 形式等がある．

一方で，**ポリゴンスープ**（polygon soup）による表現は，個々の面が独立に定義されているような形式となっている．すなわち，一つの面が三つの頂点の座標値により定義されている．この形式では，仮に二つの面が同じ座標値の頂点を有しているとしても，それら二つが同じ頂点であるという保証はない．したがって，頂点や面の接続関係を構築するには，座標値の一致判定などの幾何処理が必要となる．また，独立に頂点が定義されているため，その分同じ座標値の頂点を複数もつことになり，よってデータ量が増加することとなる．ただし，表現形式としてはシンプルであり，CAD データから出力されるメッシュの形式（例えば STL 形式など）で用いられている．

2.3 メッシュモデリングのためのデータ構造

計算機上でメッシュモデリングを行うためには，メッシュの各要素にすばやくアクセスするためのデータ構造が必要となる．モデリングでよく使われる基本的な操作としては，例えば，ある頂点に隣接する頂点群や面群の情報を取得する操作がある．このような操作をする際にデータ構造が構築されていれば，必要な情報がすばやく得られる．

メッシュモデリングのためのデータ構造については，70〜80年代に研究開発されたソリッドモデリング[1]のデータ構造を使用することが多い．以下では，その背景となる**ソリッドモデル**や，代表的なデータ構造の一つである**ハーフエッジデータ構造**（halfedge data structure）について説明する．

2.3.1 ソリッドモデル

一般的にソリッドモデルで扱われる立体は**二多様体**（2-manifold）と呼ばれている．二多様体の立体では，立体境界（表面）上の任意の点が常に円盤と等しい近傍をもつ．ソリッドモデルのデータ構造は，基本的には二多様体の立体を扱うものとして考えられたものである．なお，二多様体として扱うことのできない立体は**非多様体**（non-manifold）と呼ばれ，非多様体を扱うためにはデータ構造の拡張が必要となる場合が多い．

二多様体の立体においては，次の**オイラーの多面体定理**（Euler's polyhedron formula）が成り立つ．

$$\#v - \#e + \#f = 2 - 2\#g \qquad (1)$$

ここで $\#v, \#e, \#f$ はそれぞれ頂点数，エッジ数，面数を示す．また $\#g$ は種数（穴の数）であり，球と同相の立体では $\#g = 0$，トーラスと同相の立体では $\#g = 1$ となる．このオイラーの多面体定理の関係を保持したまま行う形状操作を，**オイラー操作**（Euler operation）という．

2.3.2 ハーフエッジデータ構造

ソリッドモデルの表現方法の一つとして**境界表現**（boundary representations）がある．この表現は，頂点，エッジ，面のデータとその接続関係をグラフで保持することにより立体を表現する．境界表現を表すデータ構造の一つとしてよく利用されるのが，ハーフエッジデータ構造（**図3**）である．

ハーフエッジデータ構造は，一つのエッジを，向き付けされた二つのエッジ（ハーフエッジ）に分割することで表現する．一つの面におけるハーフエッジ Halfedge は隣接のハーフエッジと接続されており，next と prev で隣接のハーフエッジを行き来できる．また，頂点への接続（vertex），隣接面の対応するハーフエッジとの接続（mate）がされている．法線ベクトルやテクスチャ座標などの属性をもつ場合，ハーフエッジからの接続をもっておくこともできる．また，頂点 Vertex からは自分を指すハーフエッジのうち一つと接続され（vertex），また，面 Face は，面を構成するハーフエッジの一つと接続される（halfedge）．

個々のハーフエッジからは，独立した頂点や属性をもつことができる．このため，隣接面で異なるテクスチャが貼

られる場合や，鋭角なエッジをもつ場合（図2のエッジ
(v_1, v_3)）において，隣接面の対応する二つのハーフエッ
ジでそれぞれ異なるテクスチャ座標や法線ベクトルをもた
せることができる．このことは，ハーフエッジデータ構造
を利用することの一つの利点である．

ハーフエッジデータ構造は，一つのエッジにつき二つの
ハーフエッジをもつことになるため，他のデータ構造に比
べてデータ量が増大する．特にデータ量が問題となるよう
な場合での一つの解決策としては，モデリングに必要なと
きにだけデータ構造を構築し，必要なくなった時点で破棄
する，という使い方も考えられる．

3. メッシュの基本処理

本章ではメッシュの基本処理について述べる．まず，メ
ッシュの処理においてよく用いられる，離散微分幾何量の
計算方法について述べる．そのあと，メッシュの処理とし
てよく用いられる簡略化およびパラメータ化について概説
する．特に，簡略化については，ハーフエッジデータ構造
を利用したエッジ消去操作について具体的な操作方法を説
明する．

3.1 離散微分幾何量の計算

曲面の微分をもとにした幾何学的な量である微分幾何量
は，メッシュの形状評価や各処理手法の中でよく用いられ
る．概念としては連続的な曲面のものに倣っている．パラ
メトリック曲面の微分幾何量として，曲面の法曲率（nor-
mal curvature）は第一基本形式と第二基本形式により計
算され，法線を含む法断面の向く方向によって異なる値を
とる．このとき，とり得る値の極大値と極小値を主曲率
（principal curvature）と呼び，主曲率のとる方向を主方
向（principal direction）と呼ぶ．平均曲率は主曲率の平
均，ガウス曲率は主曲率の積で表される．詳細な説明や式
については，文献2）に掲載されているので参照されたい．

上記の微分幾何量については，曲面が微分可能であるこ
とが必要である．すなわち，曲率の定義には二階微分の存
在が必要となる．しかし，メッシュは基本的には区分線形
曲面であるため，これらの微分幾何量を直接計算すること
はできない．これに対し，メッシュの離散的な微分幾何量
は，多様体曲面上における一般化されたラプラス作用素
（Laplacian operator）である，**ラプラス–ベルトラミ作用
素**（Laplace-Beltrami operator）の離散化によって求めら
れる[3]．

頂点 v_i 上のある関数 f における，離散化されたラプラ
ス–ベルトラミ作用素は以下のように表せる．

$$\Delta f(v_i) := \frac{1}{2A_i} \sum_{v_j \in \mathcal{N}_1(v_i)} (\cot \alpha_{i,j} + \cot \beta_{i,j})(f_j - f_i) \quad (2)$$

この式が，非常に有名な余接公式（cotangent formula）
と呼ばれるものである．$\alpha_{i,j}, \beta_{i,j}$ は，**図4**に示す頂点 v_i の
1近傍（1-ring neighborhood）$\mathcal{N}_1(v_i)$ の形状のうち，エッ
ジ (v_i, v_j) の両端の面における対角の角度を示す．また A_i
は，頂点 v_i のボロノイ領域の面積を示す．

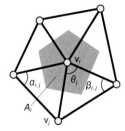

図4 頂点 v_i の1近傍形状

160 M faces　　1.4 M faces　　142979 faces　　13460 faces

図5 メッシュの簡略化[4]

ラプラス–ベルトラミ作用素は平均曲率法線に関連する
量である．座標関数 **v** を式(2)に適用することで，離散平
均曲率は以下の式で求められる．

$$H(v_i) = \frac{1}{2} \|\Delta \mathbf{v}_i\| \quad (3)$$

また，離散ガウス曲率は

$$K(v_i) = \frac{1}{A_i}(2\pi - \sum_{v_j \in \mathcal{N}_1(v_i)} \theta_j) \quad (4)$$

で表せる．ここで θ_j は頂点 v_i を含む面の角度を示す（図
4参照）．

3.2 簡略化

簡略化（Simplification）は，面の数の多いメッシュから
なるべく形状の特徴を保存しつつ，面の数を削減する技術
である．簡略化手法として最も有名なのは，Garland らに
よって提案された手法[4]であろう．Garland らは，メッシ
ュの各頂点における，隣接面との距離の自乗和（Quadric
Error Metric, QEM）を評価関数とした，頂点収縮（ver-
tex contraction）の繰り返しによる簡略化アルゴリズムを
提案した．頂点収縮とは**エッジ消去**（edge collapse）の一
般化操作であり，実際にはエッジ消去操作で代替される．
この手法の特徴として，(1) 簡略化の各段階において，最
適な頂点位置の計算が単純化されている，(2) 折り目や角
の特徴が保存される，などが挙げられる．**図5**は，この
エッジ消去操作によるメッシュの簡略化を大容量メッシュ
に適用できるよう拡張した手法[5]により得られた，約1億
6000万面のメッシュの簡略化結果である．

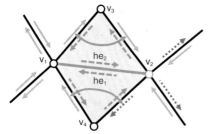

図6 エッジ消去操作における消去エッジの周りの形状

ここで，ハーフエッジデータ構造により表現されている
メッシュにおいて，実際にエッジ消去操作がどのように行
われるかを見ていきたい．**図6**に，エッジ消去操作にお
いて消去されるエッジの周りの形状を示す．ここではエッ
ジ (v_1, v_2) を消去の対象とし，エッジ消去の操作をするこ
とでその両端の面 (v_1, v_2, v_3)，(v_1, v_2, v_4) およびエッジ
(v_2, v_3)，(v_2, v_4) が削除され，頂点 v_1 と v_2 が結合される
（v_2 が削除される）．この際，エッジ消去にともなうハー
フエッジデータ構造の操作は以下の手順で行われる．

1) 図の点線のハーフエッジは，指し示す頂点が v_2 と
   なるものである．これを，結合先の頂点 v_1 に差し替
   える．
2) 図の破線のハーフエッジが削除される．よって，も
   し v_1, v_3, v_4 から指し示されるハーフエッジが削除さ
   れる場合は，有効なハーフエッジに差し替える．
3) 図の湾曲した両矢印が示す二つのハーフエッジのメ
   イトを差し替え直す．
4) 図の破線のハーフエッジ，頂点 v_2，およびエッジ
   (v_1, v_2) の両端の二つの面を削除する．

3.3 パラメータ化

パラメータ化（Parameterization）は，メッシュの全体
もしくは一部をより単純なプリミティブへ展開する操作で
ある．ここでいう単純なプリミティブとしては，平面や
球，円柱等が挙げられる．パラメータ化をもとにした応用
技術は数知れず，例えばテクスチャマッピングやリメッシ
ュ，モーフィング，曲面データの当てはめ，CADデータ
の修復等がある．より単純なプリミティブに展開すること
で，メッシュ上での形状処理を代替し，より簡便にする役
割を果たしている．

平面上へのパラメータ化において，パラメータ化の品質
の尺度として，**等角**（conformal），**等面積**（equiareal），
等長（isometric）が挙げられる．等角は，もとのメッシ
ュとその平面への像において角度（形状）が保存されるこ
とをいう．ただし，この写像では大きさは保存されない．
逆に，等面積は大きさ（面積）は保たれるが形状は保存さ
れない．等長は，形状と大きさが両方保存されるような写
像である．

このうち，等角パラメータ化については，以前より研究
されている[6)7)]．この等角パラメータ化では，頂点近傍に

おける離散ディリクレエネルギを最小にするようなパラメ
ータを計算する．このエネルギはパラメータに関する二次
形式となり，よって線形連立一次方程式を解くことで得ら
れる．これに対し，最近では等長パラメータ化に関して実
用的な速度で計算できる手法が提案されている[8)]．**図7**
に，等角パラメータ化と等長パラメータ化の例について示
す．図の右に計算されたパラメータを，左に計算されたパ
ラメータを用いたテクスチャマッピングの結果を示す．等
角パラメータ化では，大きさが保存されないために，頭部
の頂点パラメータが中央に集まってしまう．一方，等長パ
ラメータ化では，全体的にパラメータが分散され，形状と
大きさ共に保存されているのが見てとれる．

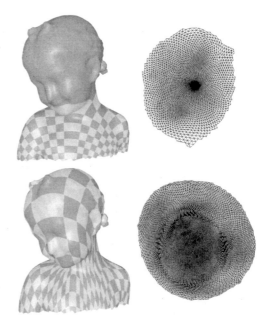

図7 上段：等角パラメータ化[7)] 下段：等長パラメータ化[8)]

上記の平面パラメータ化は，メッシュが円盤と同相の形
状であるときにのみ有効である．より一般的な閉じたメッ
シュに対しては，メッシュをあらかじめ小さなパッチに分
割し，パッチごとにパラメータ化した結果を一つの平面内
に並べ，**アトラス**（atlas）と呼ばれる平面パッチの集合
を生成することが多い[7)]．

4. メッシュの理解をより深めるには？

最後に，これからメッシュの勉強をしたい，メッシュに
関するプログラムを書いてみたい，メッシュの研究開発を
したい，という人向けの情報を提示する．まず，メッシュ
の知識を得たい場合は，比較的よくまとまった書籍[9)]があ
るので，こちらをまず参照されたい．基本的な概念のほ
か，本稿でも述べた簡略化やパラメータ化，さらに平滑
化，リメッシュ，修復，変形などの処理についての論文の
紹介がよくまとまっている．

次に，現在活発に開発され使われているオープンソース

のライブラリやソフトウエアについて紹介する．ただし，これらのライブラリなどを利用したソフトウエアの販売については，ライブラリの使用や配布に関する許諾や条件について十分に調査した上でご対応いただきたい．

CGAL CGAL (Computational Geometry Algorithms Library)[10]は，ヨーロッパの複数の研究機関で開発されている，計算幾何学の分野におけるアルゴリズムをまとめたライブラリである．非常に多くの機能をサポートしており，メッシュについてはハーフエッジデータ構造もサポートしている．また，サンプルコードやマニュアルも充実している．プログラミングするにはC++言語のテンプレートに関する高度な知識が必要であること，多くの機能がある分，ライブラリのサイズが非常に大きく，また，付加的なライブラリ（Boostライブラリなど）が必須となる．

OpenMesh OpenMesh[11]は，独アーヘン工科大学のCGグループが開発している，メッシュを表現・操作するためのC++言語のライブラリである．メッシュに特化した軽量ライブラリであり，また，ハーフエッジデータ構造をサポートしている．メッシュの勉強とともにプログラムを作ってみたいという人にとっては適している．ただし，マニュアルがきちんと整備されておらず，簡単なチュートリアルとサンプルコード，それと関数リファレンスしかないのが難点である．

libigl libigl[12]は，瑞チューリッヒ工科大学のインタラクティブ幾何研究室で開発された，シンプルなC++言語の幾何処理ライブラリである．基本的にはヘッダーファイル群だけで利用することができる（コンパイルして静的ライブラリを作ることも可）．サンプルコードが非常に充実しており，メッシュ処理から表示まで一通りそろっている．そのため，それらのサンプルコードを必要に応じて切り貼りしていくことで，目的とする機能のプロトタイププログラムがなんとなくできてしまう，という利点がある．しかし，メッシュのデータ構造がやや特殊であり，少し込み入ったプログラミングをするには慣れが必要となるかもしれない．

MeshLab MeshLab[13]は，伊ISTI-CNRリサーチセンタ

ーで開発された，メッシュ編集のソフトウエアである．メッシュに関する非常に多くの処理（クリーニング，簡略化，細分割処理，平滑化，離散曲率計算，曲面再構築など）ができる．さまざまなフォーマットのファイルの入出力をサポートしている．

参 考 文 献

1) M. Mäntyla : An Introduction to Solid Modeling. Computer Science Press, Inc., New York, NY, USA, (1987).
2) G. Farin Curves and Surfaces for CAGD : A Practical Guide, Morgan Kaufmann Publishers Inc., San Francisco, CA, USA, 5th edition, (2002).
3) M. Meyer, M. Desbrun, P. Schröder and A.H. Barr : Discrete differential-geometry operators for triangulated 2-manifolds. In Hans-Christian Hege and Konrad Polthier, editors, Visualization and Mathematics III, Springer, Berlin, Heidelberg, (2003) 35-57.
4) M. Garland and P.S. Heckbert : Surface simplification using quadric error metrics. In Proceedings of the 24th Annual Conference on Computer Graphics and Interactive Techniques, SIGGRAPH '97, ACM Press/Addison-Wesley Publishing Co., 209-216, New York, NY, USA, 1997.
5) H. Ozaki, F. Kyota and T. Kanai : Out-of-core framework for QEM-based mesh simplification. In Proceedings of the 15th Eurographics Symposium on Parallel Graphics and Visualization, PGV '15, Aire-la-Ville, Switzerland, Switzerland, Eurographics Association, (2015) 87-96.
6) M. Desbrun, M. Meyer and P. Alliez : Intrinsic parameterizations of surface meshes. Computer Graphics Forum (Proc. Eurographics 2002), **21**, 3 (2002) 209-218.
7) B. Lévy, S. Petitjean, N. Ray and J. Maillot : Least squares conformal maps for automatic texture atlas generation. ACM Trans. Graph., **21**, 3 (2002) 362-371.
8) M. Rabinovich, R. Poranne, D. Panozzo and O. Sorkine-Hornung : Scalable locally injective mappings. ACM Trans. Graph., **36**, 2 (2017) 16 : 1-16 : 16.
9) M. Botsch, L. Kobbelt, M. Pauly, P. Alliez and B. Lévy : Polygon Mesh Processing, AK Peters, (2010).
10) CGAL : The Computational Geometry Algorithms Library. https://www.cgal.org/.[Online ; accessed 22 January 2018].
11) OpenMesh. https://www.openmesh.org/.[Online ; accessed 22 January 2018].
12) libigl-Asimple C++ geometry processing library. http://libigl.github.io/libigl/.[Online ; accessed 22 January 2018].
13) MeshLab. http://www.meshlab.net/.[Online ; accessed 22 January 2018].

鋳造の基礎

Fundamention of Casting/Sadato HIRATSUKA

岩手大学　平塚貞人

1. はじめに

鋳造とは，材料（主に鉄・アルミ合金・銅合金などの金属）を融点よりも高い温度で熱して液体にした後，これを目的の形をもった鋳型に流し込み，冷やして目的の形状に固める加工方法のことである．

鋳造に使用する型のことを鋳型といい，鋳造でできた製品のことを鋳物[1]という．

鋳造は古代からある加工方法で，5000 年以上も昔にエジプト，トルコ，中国で鋳物の製造が始まっていることが知られている．わが国における古代鋳物の代表的な例は，仏像や茶の湯釜であり，さらに古くは銅鐸がある．また，江戸時代での量産品鋳物の代表例として，鋤，鍬，鍋，釜などがある．砂を型に利用した砂型鋳造は寺の梵鐘の製造などで用いられていた．現在でも，大量生産品の鋳造に幅広く用いられている．

鋳造技術の特徴として，
(1)　希望の形状（精密・複雑）の作製が可能である．
(2)　重量の制限が少ない．
(3)　大部分の金属・合金が鋳造可能である．
(4)　量産・非量産のどちらも可能である．
(5)　リサイクルが可能である．
などが挙げられる．

2. 鋳物の作り方

2.1 砂型鋳造

鋳物を作る場合，その形状や大きさ，生産数量などによっていろいろな方法が採られているが，**図 1** は最も一般的な砂型鋳造法による鋳物の製作過程を示したものである．

砂型鋳造法は，鋳型を耐火性に富む鋳物砂で作り，それに溶けた金属（これを湯と呼ぶ）を流し込んで固まらせる方法である．この方法では，いろいろな形状や大きさのものを比較的容易に作ることができ，しかも，鋳型の解体も容易で，また，鋳物砂は繰り返し使用できるため鋳型の製作費が安いなどの多くの利点がある．

2.2 鋳型

鋳造では鋳型を用いて複雑形状を作り出す．鋳型は材質によって何種類かに分類されるが，複雑形状を付与しやすく高温でも安定で，溶湯と反応しない材料が用いられている．

また，溶湯は鋳型に作り込まれた空隙（キャビティー）内の空気と置換させる必要があるため，鋳型そのものに通気性をもたせるか，キャビティーから外部へ空気を排出するための工夫が必要となる．代表的な鋳型は砂型および金型である．通常，鋳型は分割して作製したものを組み合わせて利用するが，基本となるのは見切り面と呼ばれる面で分かれた二つの鋳型である．見切り面には，溶湯を製品部に充填するための堰（ゲート）および湯道（ランナー）が設定される．

図 2 に示すようにまず模型と呼ばれる原型を作製し鋳型内に収める．模型にはその材質により木型，樹脂型，金型などがある．模型の上から砂を充填し，その後鋳型を反転させ模型を引き抜き，溶湯を充填するためのキャビティーを作る．製品部，堰，湯道，押湯部が木型で作られる．上型と下型を別々に製作し，見切り面を合わせることで最

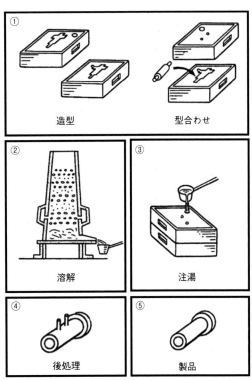

① 造型　　型合わせ
② 溶解
③ 注湯
④ 後処理
⑤ 製品

図 1　鋳物を作る一般的な工程図

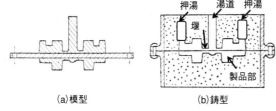

図2 模型と鋳型と鋳物

終的な砂型が完成する.

3. 鋳 造 材 料

3.1 鋳鉄

鋳鉄[1]は,炭素(C)を 2.14〜6.67% を含む Fe-C 合金であり,炭素の含有量が 2.1% 以上のものである.実際には炭素(C)を 2〜4%,けい素(Si)を 1〜3%,マンガン(Mn)を 0.3〜2.0%,りん(P),硫黄(S)を含んでいるものが多く使用されている[1].

鋳鉄は炭素量が多いと黒鉛(グラファイト)が晶出する.黒鉛は黒色をしており,炭素量の多い鋳鉄はその断面の色からねずみ鋳鉄と呼ばれている.

ねずみ鋳鉄の中には,黒鉛が花片の集合したような形をしているものがあり,これを片状黒鉛鋳鉄という.片状黒鉛鋳鉄は振動を吸収する能力つまり減衰能が優れている.また,黒鉛は潤滑剤的な役割があり,熱伝導が良いので摩擦熱を逃がしやすく,振動吸収能が高く,熱衝撃にも優れている.この特性を生かして工作機械用ベッドやテーブル,ディーゼルエンジン用シリンダライナ,ケーシング,クランクケース,油圧機械用羽根車等に使用されている.

また,マグネシウム(Mg),セリウム(Ce)などを加えて組織中の黒鉛の形を球状にして強度や延性を改良した鋳鉄を球状黒鉛鋳鉄という.または,ノジュラー鋳鉄,ダクタイル鋳鉄とも呼ばれている.球状黒鉛鋳鉄は,引張強さ,伸びなどが優れ,ねずみ鋳鉄よりも数倍の強度をもち,粘り強さ(じん性)が優れている.強度の必要な自動車部品,水道管(ダクタイル鋳鉄管)などに使用されている.

白鋳鉄は,鉄の炭化物であるセメンタイト(Fe_3C)が晶出して破断面が白銀色をしている.炭素が少なかったり,特にけい素が少ないと凝固時に炭素が黒鉛結晶とならずにセメンタイトという化合物となる.セメンタイトは硬いので,耐摩耗部品として使用されている.

3.2 鋳鋼

鋼の鋳物を鋳鋼[1]と呼ぶ.鋳鋼は,炭素鋼鋳鋼と合金鋼鋳鋼に大別され,合金鋼鋳鋼は,添加元素の多少により,低合金鋼と高合金鋼に分類されている.

鋳鋼は炭素(C)量により,0.20% 以下のものを低炭素鋼,0.20〜0.50% 範囲のものを中炭素鋼,C 0.50% 以上のものを高炭素鋼と呼んでいる.

炭素鋼鋳鋼は,焼きなまし,焼きならし処理を施して使用され,ブラケットや自動車,鉄道車両部品等に使用されている.

炭素鋼には種々の低炭素鋼があり,マンガン(Mn),クロム(Cr),モリブデン(Mo)などを添加して耐食,耐熱,耐摩耗性などを向上させた特殊鋳鋼として低 Mn 鋼,マンガンクロム鋼鋳鋼,モリブデン鋼鋳鋼などがある.建設機械等の構造材や耐摩耗部品として用いられて,建設機械に使用されている.代表的な部品にはキャタピラ,ローラーがある.

高合金鋼鋳鋼として,ステンレス鋼鋳鋼,耐熱鋼鋳鋼,高 Mn 鋼鋳鋼がある.破砕機に用いられる耐摩耗部品,鉄道車両部品として連結器の部分が鋳鋼品で作られている.

3.3 アルミニウム合金

アルミニウム合金鋳物[1]は,軽量で,熱・電気伝導,耐食性,機械的性質,リサイクル性に優れている.

Al-Cu-Mg 系合金(AC1B)は,強じん性に優れた合金で,切削性が良く,電気伝導性に優れているため,架線用部品,航空機用油圧部品,自転車用部品などに使用されている.

Al-Cu-Si 合金(AC2A,AC2B)は,機械的性質,鋳造性,被削性,溶接性に優れているいるため,自動車部品であるマニホールド,デフキャリア,シリンダヘッド,マニホールドなどに多く使用されている.

Al-Si 系合金(AC3A)は,流動性が良く,耐食性,溶接性に優れているが,機械的性質や被削性がやや劣る.そこで,カバーやケースなどの薄肉で複雑形状の鋳物に使用されている.

Al-Si-Mg 系合金(C4A,AC4C,AC4CH)は,機械的性質と鋳造性に優れている.自動車のエンジン部品,マニホールド,ミッションケース,クラッチケース,船舶用部品,車両用部品などに使用されている.

Al-Si-Cu 系合金(AC4B)は,機械的性質と鋳造性に優れているが,耐食性がやや劣る.クランクケース,シリンダヘッドなどの自動部品,電気機器用部品,産業機械用部品などに使用されている.

Al-Cu-Ni-Mg 系合金(AC5A)は,高温強度,切削性,耐摩耗性に優れ,空冷シリンダヘッド,航空機用のエンジン部品などに使用されている.

Al-Mg 系合金(AC7A)は,機械的性質,切削性,耐食性に優れているが,鋳造性がやや劣る.架線金具,船舶用部品,化学用部品,食品用部品に使用されている.

Al-Si-Ni-Cu-Mg 系合金(AC8A,AC8B,AC8C))は,熱膨張係数が小さく,耐熱性,耐摩耗性,鋳造性に優れている.自動車用のピストン,プーリー,軸受に多く使用されている.

Al-Si-Cu-Ni-Mg 合金(AC9A,AC9B)は,耐熱性,耐摩耗性に優れ,特に熱膨張係数が小さいので自動車用のピストンに使用されている.

3.4 銅合金

銅合金鋳物[1]は,電気伝導性,熱伝導性,耐食性に優

れ，強度，耐摩耗性，軸受特性が良いという特徴がある．

黄銅鋳物は，銅と亜鉛の合金で真ちゅうとも呼ばれている．鋳造性，耐食性，耐摩耗性に優れている．電気部品，計器部品，建築金物などに使用されている．

高力黄銅鋳物は，黄銅鋳物にアルミニウム（Al），鉄（Fe），マンガン（Mn），すず（Sn），ニッケル（Ni）などを添加した合金で，耐食性や耐摩耗性に優れた合金で，船舶用のプロペラ軸受などに使用されている．

青銅鋳物は，銅（Cu）とすず（Sn），亜鉛（Zn），鉛（Pb）の合金で，鋳造性，耐圧性，耐摩耗性，耐食性に優れ，鋳肌も美麗である．美術鋳物や軸受，バルブ，ポンプ胴体などの機械部品などに使用されている．

3.5 マグネシウム合金

マグネシウムは実用金属の中で最も軽い金属で，比強度，振動吸収性，電磁シールド性に優れている．

Mg-Al-Zn系合金は，アルミニウム（Al）と亜鉛（Zn）を添加した合金である．Znを1%含むAZ91D合金は，機械的性質と鋳造性に優れている．特にダイカスト用のAZ91D合金は，高純度耐食性合金として，自動車用部品，コンピュータ用部品，携帯電話用部品，各種ハウジング類，スポーツ用部品などに広く使用されている．

Mg-Al系合金は，MgにAlを10%添加した合金である．強度が高く，鋳造性，耐食性を改良した合金である．自動車用のエンジン部品，一般用途の鋳物に使用されている．

Mg-Zn-Zr合金[1]は，ZnとZrを添加した合金である．Zrが添加されると結晶粒が微細になり，鋳造性と機械的性質が向上する．ZK61Aは，レーシングマシン用のホイールなどの鋳物に使用されている．

3.6 亜鉛合金

亜鉛合金鋳物[1]は，低融点で鋳造性，切削性に優れている．Zn-Al-Mg-Cu系合金で，代表的なZA8（Alを約8%，Cuを約1%添加した合金）は，融点が低く，流動性が良い．高い強度，めっき性，耐クリープ性に優れている．自動車用のドアハンドル，ステアリングロッド，ベアリングなどに使用されている．

ZA12（Alを約12%，Cuを約1%添加した合金）は，硬さが高く，強度特性，クリープ特性，寸法安定性に優れた合金である．バスのドアノブ，置き時計などに使用されている．

ZA27（Alを約27%，Cuを約2%添加した合金）は，強度と硬さが高く，クリープ特性に優れている．強度が必要な自動車のドライブトレーン，シートベルトの巻き取り部品などに使用されている．

4. 各 種 鋳 造 法

4.1 ダイカスト法

ダイカスト法は，湯に圧力を加え，金型の湯口から短時間に湯を注入して，鋳物を作くる方法である．同一鋳型で鋳物を数万個，数十万個と作ることができ，大量生産用に

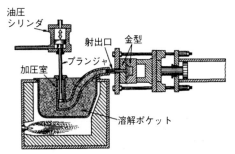

図 3 ホットチャンバーダイカスト

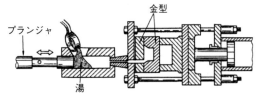

図 4 コールドチャンバーダイカスト

適している．

ダイカスト法の特徴は，寸法精度や鋳肌が良く，生産速度が速くて単価も安くなり，組織が緻密で機械的性質が良好な薄肉鋳物ができ，多少流動性が悪い金属でも鋳造可能である．ダイカスト法の主な特徴を挙げると，次のとおりである．

(1) 形状が正確で，寸法精度の良い鋳物が得られるので，鋳造後の仕上げ工程を減らすことができる．

(2) 薄肉の鋳物が作れるので，鋳物を軽量化することができる．

(3) 緻密で材質の均一な鋳物が作れる．

(4) 同一の鋳型を繰り返し使うので，鋳造がはやく大量生産ができる．

(5) 金型を使うので，融点の高い鋳物や厚肉の鋳物には適さない．

(6) 湯を金型に高速で圧入するため，空気や酸化物が鋳物に巻き込まれ，巣ができやすい．

ダイカストマシンには大きく分けるとホットチャンバーダイカスト（**図3**）とコールドチャンバーダイカスト（**図4**）の二つの形式がある．

ホットチャンバーダイカストは溶解炉をもち，溶湯を金型内に圧入するための加圧室は溶湯中に浸せきしていて，炉中の溶湯は加圧室に移動してプランジャポンプで金型内に圧入できるようになっている．この形式は鋳造圧力が5〜20MPaで，すず（Sn），亜鉛（Zn）を主体とした低融点合金の鋳造に適している．

コールドチャンバーダイカストは，溶解炉が鋳造機と別になっていて，溶融地金は別に加圧室に供給されて，直ちに金型内に圧入される．ホットチャンバーダイカストに比べ鋳造圧力が20〜230MPaと大きく，アルミニウム

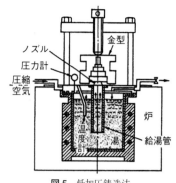

図5　低加圧鋳造法

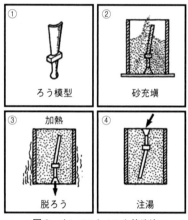

図6　インベストメント鋳造法

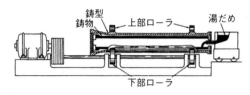

図7　遠心鋳造法

4.3　インベストメント鋳造法

　インベストメント鋳造法は，ろうのような融点の低いもので模型を作り，その周りを耐火性の材料で包み込んだのち，模型を溶かしてろうを流出させ，鋳型を作る方法である．ジェット機関やディーゼル機関の部品など複雑な形状の工業製品や美術工芸品など機械加工が困難な製品の鋳造に多く用いられている．ロストワックス鋳造法とも呼ばれている．図6に工程例を示す．インベストメント鋳造法の主な特徴を挙げると次のとおりである．
　(1)　ほとんどあらゆる種類の金属の鋳物に利用できる．
　(2)　複雑な形状のものでも，鋳型を分割しないので正確にできる．
　(3)　鋳肌がなめらかで寸法精度も高い．
　(4)　製作個数の多少に関係なく利用できる．
　(5)　鋳物の大きさが制限される．

4.4　遠心鋳造法

　図7に示す遠心鋳造法は，回転している鋳型に湯を鋳込み，遠心力を利用して，加圧しながら凝固させて作る方法で，水道管やガス管などのパイプあるいはシリンダーライナーなど中空の鋳物を作る場合に用いられている．
　この鋳造法は，中子や湯口，押湯が不要になり，外側表面層の組織が緻密な製品が得られる．遠心鋳造機には横形と立形があるが，後者は短いものに限られる．
　遠心鋳造では高速回転粒より溶湯を鋳型内面に押し付けて凝固させる．その凝固過程で遠心力の差により不純物を分離し，精度の良い鋳物を作れるが，一方，凝固直後の金属は弱く，き裂が発生する危険もある．そこで材質，肉厚偏差などを考慮しながら回転数をどのくらいにするかを決めなければはならない．

5.　ま　と　め

　鋳造法は，金属加工法の一種で，金属を溶かして，砂や粘土，鉄などの金属で作った鋳型の中に流し込んで冷やして固めたもので，さまざまな形を自由に作り出せるプロセスである．鋳物は，自動車部品，機械部品，生活用品に広く使用されている．

参　考　文　献

1)　西直美，平塚貞人：トコトンやさしい鋳造の本，日刊工業新聞社，(2015) 10, 74, 76, 78, 82, 84, 86.

（Al），マグネシウム（Mg）などを主成分とする比較的溶融温度の高い金属の鋳造に適している．

4.2　低加圧鋳造法

　低加圧鋳造法は，密閉された溶解ポット内の湯に空気で圧力（0.03～0.07 MPa）を加えて管を通して押し上げ，管の上部に設置した金属製の鋳型に注湯して鋳物を作る鋳造法で，シリンダヘッドやホイールなどアルミニウム合金の鋳造に用いられている．加圧は注湯初期には徐々に行い，溶湯が鋳型に衝突して飛散することを防ぐ．また，加圧された湯は押湯の効果をもち，凝固終了時に圧力を下げると管内の湯は溶解ポットに戻るので，欠陥の少ない鋳物を作ることができる．低加圧鋳造法の主な特徴を挙げると，次のとおりである．
　(1)　湯表面の酸化膜などの巻き込みが少ないので，欠陥の少ない鋳物ができる．
　(2)　湯口部は回収されるので，材料に無駄がない．
　(3)　一般に重力金型鋳物に比べて，寸法精度も良い．
　(4)　加圧のため湯回りが良く，複雑な形状の鋳物を作ることができる．
　(5)　鋳物の大きさが制限される．

はじめての
精密工学

最大実体公差方式　解説（前編）
—機械製図の Ⓜ とは何か？—

An Explanation of Maximum Material Requirement（1st）
What is the "Ⓜ" in Mechanical Drawing?/Shinya SUZUKI and Tadao KOIKE

長野工業高等専門学校　鈴木伸哉，監修　想図研　小池忠男

1. は じ め に

日本の機械製図は，欧米諸国に比べて非常に遅れていると指摘[1]されている．日本では，企業においても，教育機関においても寸法公差を主体とした図面が多い．幾何公差を普及させようという取り組みがされているが，それでもやはり，幾何公差の理解が難しいと捉えられている．その難しさの一つに最大実体公差方式（Maximum Material Requirement，以後Ⓜと記す）がないだろうか．

まず，言葉の表記が難しい．例えば，表題の最大実体公差方式，あるいは最大実体実効状態のように漢字が続いて，その中に意味を捉えにくい言葉が交じっていたり，MMR，MMC，MMVC，MMS，MMVSのように英語の頭文字をとったりして表現がされる．上記は物事を正確に記述するために必要であるが，その半面，初学者にとっては親しみにくくなっているように思う．

次に，Ⓜの利点が捉えづらくないだろうか．Ⓜは公差の緩和，すなわち加工費用の低減のためだけにあって，精密な箇所に適用できないという一部の理解だけが先行していないだろうか．著者の理解では，必要な状態を表現するために必要なもので，精密なはめあいや位置決めを定義する場合にも必要である．これは，以後の解説で明らかにする．

著者は，この分野を習得・研究するために，アメリカのUniversity of North Carolina at Charlotte の Edward P. Morse 教授の下に留学する機会に恵まれた．そこで，成果の一端として，どこまでやさしくⓂを解説できるかを試みることにした．やさしく解説することに重点を置いたので，記述に不完全な点があるが，それに関しては，いくつかの専門書[2][3]があるので，それらを参照していただきたい．

2. サイズ公差と幾何公差

Ⓜを述べる前に，まずサイズ公差と幾何公差について解説する必要がある．サイズ公差[2]とは，以前まで寸法公差と呼ばれ，いわゆる公差を±値で表すものである．このサイズ公差は，円筒（軸や穴），相対する平行二平面（キーやキー溝）などのサイズ形体に適用される．よって，サイズ公差（±）で，穴の中心の位置や仮想上の点を指定すべきではない．サイズ形体以外の形体は，幾何公差で指定

されるべきである．

上記の「形体」という言葉は，なじみがないかもしれない．形体は "feature" の訳語で，元の意味は「特徴」である．例えば，履歴型の3次元CADのモデリングでは，一つずつ突起やカットをする作業があり，それは形体すなわち特徴を追加していく作業である．3次元CADでフィーチャと片仮名で呼ばれていることから，形体という言葉は，実はなじみのない言葉ではない．

話を元に戻して，このサイズ公差は，名前のとおり「大きさ」だけを規制して，形の正確さを規制しない．図1にサイズ公差と，幾何公差の中の真円度公差が指示された円形の例で示すように，サイズ公差は円が大きいか小さいかを規制するが，どれだけ円がいびつであるかは規制しない．一方，幾何公差はこの例の場合，真円に近いかどうかを規制し，円の大きさに関係しない．このように，大きいか小さいかと，真円に近いかどうかを別々に規制する．これがISO/JISで採用されている独立の原則である．主題であるⓂでは，これらに関係性が生じる．ここから学習者の混乱が起こりやすい．

3. はめあいと形状・姿勢・位置の公差

本章では，図2に示す軸と穴のはめあいを考える．まず，図2（a）の左側の図面のように軸径が φ9±0.5，穴径が φ10±0.5 のはめあいを考える．説明のために，公差は

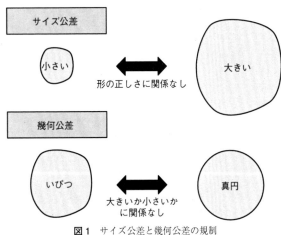

図1　サイズ公差と幾何公差の規制

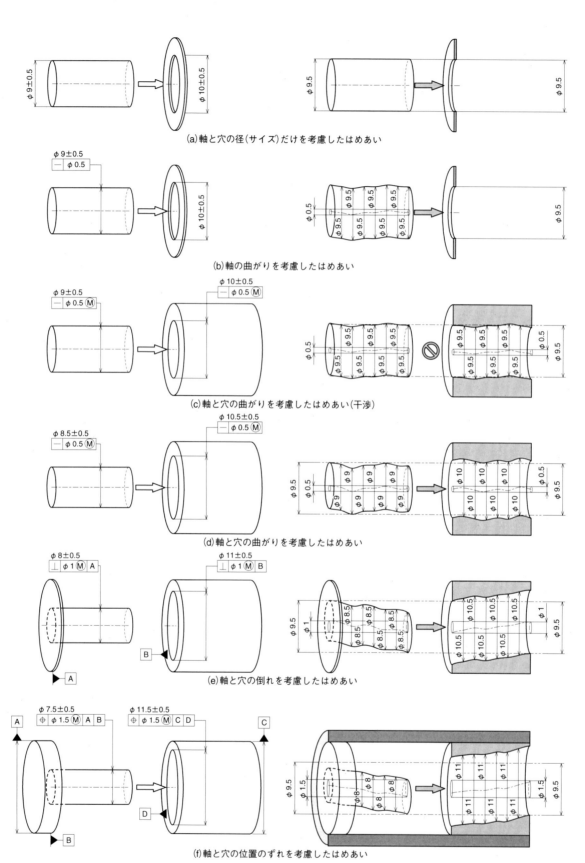

(a) 軸と穴の径(サイズ)だけを考慮したはめあい

(b) 軸の曲がりを考慮したはめあい

(c) 軸と穴の曲がりを考慮したはめあい(干渉)

(d) 軸と穴の曲がりを考慮したはめあい

(e) 軸と穴の倒れを考慮したはめあい

(f) 軸と穴の位置のずれを考慮したはめあい

図2　軸と穴のはめあい

誇張されている．図 2 (a) の右側に示すように，軸と穴の径がそれぞれ φ9.5 であっても，軸は穴に入る．この状態を最大実体状態（Maximum Material Condition, MMC）と呼ぶ．軸は最も大きく，穴は最も小さい．ここでは「**最もきつい状態**」と記述する．

さて，図 2 (b) では，軸の曲がりを考慮に入れ，板は穴の曲がりを考慮する必要がないほど薄いと見なすことができれば，これでも，**最もきつい状態**で軸は穴に入る．この軸や穴の曲がりは，形状（form）の公差の真直度（straightness）で規制される．

さて，軸と穴のはめあいにおいて，図 2 (c) のように板に厚みがあった場合はどうだろうか．このような深い穴をまっすぐ開けることは容易ではないため，穴の深さや加工方法に応じた曲がりを考慮する必要がある．ただし，穴が倒れていたとしても，軸は穴に合わせて倒れることができる．軸と穴に許される曲がりがそれぞれ 0.5 であれば，軸径を φ8.5±0.5，穴径を φ10.5±0.5 と緩くして，図 2 (d) に示すように最もきつい状態での軸径は φ9，穴径は φ10 で，それぞれ最も大きい曲がりの量 0.5 を足しても，φ9.5 を境に互いが干渉しない．

なお，図 2 (c) ～ (f) の幾何公差にはⓂが付加されている．図 2 の指示では，Ⓜが付加されると円筒表面を規制しており，Ⓜがなければ円筒の中心線を規制していることに注意する必要がある．これは後述することにして，ここではⓂをあまり意識しないことにする．

次に，図 2 (e) に示すように，軸にフランジがあったものとして考えてみる．二つの部品が組み立てられるとき，フランジの部分の面が相手部品に接触するので，二つの穴の倒れが影響を及ぼす．この倒れは，姿勢（orientation）の公差の中の直角度（perpendicularity）で規制される．この倒れの中には，曲がりが含まれている．もし，曲がりの方が大きかったら，倒れは何を指しているのか分からなくなる．よって，常に倒れの大きさは，曲がりの大きさを含む．図 2 (e) では，曲がり 0.5 で，曲がりを含んだ倒れが 1 であるように描かれている．軸と穴の曲がりを含む倒れがそれぞれ 1 のときには，軸径が φ8±0.5，穴径が φ11±0.5 でなければ二つの部品は組み立てられないことになる．

さらに，図 2 (f) に示すように，二つの部品が外周にぴったりとはまる筒で位置を規制されていて，隙間はないものとする．このように部品が拘束されると，軸と穴の位置を考慮しなければ，組み立てができない．先ほどの曲がりと倒れの関係と同様に，この位置のずれは位置（location）の公差の中の位置度（position）で規制される．もし曲がりや倒れの方が大きい場合，位置のずれは何を指しているのか分からなくなるので，位置のずれは，常に曲がりと倒れの大きさを含む．図 2 (f) では，曲がり 0.5 で，曲がりを含んだ倒れが 1 で，それらを含んだ位置のずれが 1.5 であるように描かれている．最後にまとめると，3 種の公差は以下のように大小関係をもって設定する．

> **形状の公差 ≦ 姿勢の公差 ≦ 位置の公差**
> **（曲がり）　　（倒れ）　　（位置のずれ）**

姿勢の公差（倒れ）を設定すると，それには形状の公差（曲がり）を含む．同様の考え方で，位置の公差を設定すると，それには姿勢（倒れ）と形状（曲がり）の公差を含む．

4. はじめてのⓂ

Ⓜの指示には，（幾何公差の）公差値に指示するか，データムに指示するか，または，その両方に指示するかの 3 通りがある．

4.1 幾何公差にⓂを指示する方法

図 2 (c) に真直度 φ0.5 にⓂを付加した図面を**図 3** に示す．この図面の解釈は，Ⓜのとき（＝最もきつい状態）のみ真直度 φ0.5 となる．では，それ以外ではどうなるかというと，「軸径（サイズ）が公差内で小さくできた分だけ，幾何公差を大きくしてもよい」というように，言葉に置き換えてみると分かりやすい．これは倒れや位置のずれの場合でも同様である．

> **軸/穴が緩ければ，その分だけ曲がってもよい**
> **軸/穴が緩ければ，その分だけ倒れてもよい**
> **軸/穴が緩ければ，その分だけ位置がずれてもよい**

これを読めば，Ⓜの指示が加工費用の低減のためで，精密な位置決めに用いられないだけと捉えられても仕方がないかもしれない．確かに，位置決めの穴が緩くできて，その分だけ位置がずれてもよければ，機能を果たさなくなるかもしれない．別の言い方をすれば，不用意に公差を許容すれば，その結果，がたが大きくなるので精密な箇所には適用できないということであり，この問題については JIS にも記述[1]がある．しかし，実は，適切に公差を設定すれば，Ⓜは位置決めにも有効に用いることができる．

また，日本の関連書籍では，Ⓜの解説で**図 4** に示す動的公差線図をよく用いるが，アメリカの関連書籍では表を使う．表 1 の右端の列ではⓂの指示で軸径と曲がりの合計が常に 9.5 を超えないことが分かりやすく示されている．一方，動的公差線図ではⓂで許容できる公差が増えている様子が分かりやすい．このように，2 つの表現手法にはそ

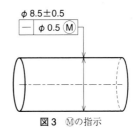

図 3　Ⓜの指示

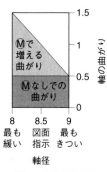

図 4 動的公差線図

表 1 φ8.5±0.5 の軸に関わる公差一覧

はめあいの状態	Ⓜの指示なし			Ⓜの指示		
	軸径	曲がり	計	軸径	曲がり	計
最もきつい	9.0	0.5	9.5	9.0	0.5	9.5
	8.9	0.5	9.4	8.9	0.6	9.5
	8.8	0.5	9.3	8.8	0.7	9.5
	8.7	0.5	9.2	8.7	0.8	9.5
	8.6	0.5	9.1	8.6	0.9	9.5
図面の指示	8.5	0.5	9.0	8.5	1.0	9.5
	8.4	0.5	8.9	8.4	1.1	9.5
	8.3	0.5	8.8	8.3	1.2	9.5
	8.2	0.5	8.7	8.2	1.3	9.5
	8.1	0.5	8.6	8.1	1.4	9.5
最も緩い	8.0	0.5	8.5	8.0	1.5	9.5

れぞれに優れた点がある．ここでは，**表 1** を使って φ8.5 の軸について，Ⓜを表現してみる．Ⓜの指示がなければ，φ8～9 の間で軸径のばらつきに関わりなく，軸の曲がりは 0.5 で一定で，軸径と曲がりを加えた合計は，軸径に応じて変化する．それに対して，Ⓜの指示がされると軸径が最もきつい状態で曲がりが 0.5 であり，軸径が小さくなるに応じて曲がりの幾何公差が増える．それでも軸径と曲がりの合計は変わらない．軸径が最も緩い φ8 では許容する曲がりが 1.5 もあり，随分大きく許すようにも思える．しかし，いずれにせよ最もきつい状態で軸径と曲がりを合わせた合計を 9.5 まで許しているのであるのだから，同じことなのではないだろうか．このように考えると，読図者は最大実体公差方式を理解しやすい．

（次号へ続く）

参 考 文 献

1) JIS B 0420-1：2016 製品の幾何特性仕様（GPS）―寸法の公差表示方式―第 1 部：長さに関わるサイズ，日本規格協会，(2016) 40.
2) 小池忠男：幾何公差の使い方・表し方―世界に通用する図面づくり 実用設計製図，日刊工業新聞社，(2009).
3) 大林利一：幾何公差ハンドブック〔増補版〕図例で学ぶ―ものづくりの国際共通ルール，日経 BP 社，(2012).
4) JIS B 0023：1996 製図―幾何公差表示方式―最大実体公差方式及び最小実体公差方式，日本規格協会，(1996) 5.

はじめての
精密工学

最大実体公差方式 解説（後編）
―機械製図の⒨は精密と無縁なのか？―

An Explanation of Maximum Material Requirement (2nd)
Is the ⒨ of Mechanical Drawing Irrelevant to Precision Engineering?/Shinya SUZUKI and Tadao KOIKE

長野工業高等専門学校　鈴木　伸哉，監修　想図研　小池忠男

（先月号より，幾何公差の最大実体公差方式⒨をなるべく平易に解説する試みをしている．先月号では，2章でサイズ公差と幾何公差について，3章ではめあいと形状・姿勢・位置の公差について，4章の4.1節で幾何公差に⒨を指示する方法について解説してきた．本稿はその続きである．章や節，図表の番号は，先月号に続いている）

4.2　データムに⒨を指定する方法

倒れや位置のずれは，必ず何かに対しての倒れや位置のずれなので，その基準となる何かを指定する必要がある．図2（e）は，フランジ面とその相手となる面であり，図2（f）の位置のずれでは，フランジ面と部品の外周を包む円筒である．ただし，厳密には，これらはデータム形体で，データムとは，そこから導かれる仮想的・理想的な（この場合）平面や直線である．ここでは，その区別を厳密にしない．なお，データムに⒨が指定できるのは，軸，穴，キー溝のようなサイズ形体をデータムにする場合に限られる．

幾何公差に指示する⒨の意味は，「最もきつい状態」を指定することであった．これはデータムに関しても同様であり，データムを「最もきつい状態」で設定するという意味である．これだけでは理解に苦しむと思われるので，例を示す．

まず，⒨の指定がない場合，実際に加工されたデータム形体の大きさ（サイズ）に合わせて，データムは設定される．例えば円筒であれば，旋盤のスクロールチャックやドリルチャック，コレット，エクスパンドマンドレル，三次元測定機など，相対する二平面であればマシンバイスといったものを用いて，データム形体のサイズに合わせて調整する．

⒨が指定されている場合，上記と異なり，ピン，穴，溝，キーといった調整可能でないものを用いて，データムを設定する．では，このときの計測用の治工具のピンのサイズはどうすべきかといえば，穴の最もきつい状態の径に合わせるほかに良い手段がない．したがって，最も緩い状態で部品が加工された場合どうなるのかという疑問が湧く．その場合は，部品が安定して位置が決まらない，いわゆるがたが生じる．部品を計測するたびに，このがたが生じては，正確に計測することができないではないかと思う人も多いだろう．しかし，例えばデータム形体がϕ1〜2mmほどの穴であったら，調整可能なピンのような治工具

を製作できるだろうか．おそらくそれは困難であったり，設備費用が高くなったりするであろう．

このように，データムに⒨を付加するかどうかは，計測においては取り付け状態の違いを示している．なお，組み立て時においては，相手部品との組み付け状態を示すことになる．

5.　幾何公差を0に設定するとは？

公差を0に設定して図面を出すと，設計部門の課長や加工部門の方のお叱りを受けるであろう．現実の技術に完璧なものなどあり得ないということである．ただ唯一，幾何公差に⒨を適用した場合のみ，幾何公差を0に設定することが許されている．しかし，これは完全なものを製作するよう指示しているのではない．すでに述べたように，⒨の解釈は，曲がりでいえば，

> 軸/穴が緩ければ，その分だけ曲がってもよい

であった．曲がりが0，すなわち $-\,\phi0$⒨ とは，

> 軸/穴が，最もきつければ曲がってはならないが，
> 緩ければその分だけ曲がってもよい

と記述できる．実際は「曲がってはならない」ということは，現実的ではないので，加工としては，最もきつい状態のサイズを避けつつ，曲がりも含めて，サイズ公差の中になければならない．なお，この $-\,\phi0$⒨ は，包絡の条件Ⓔと同義である．この幾何公差に0を設定する方法は，曲がりだけではなく，倒れや位置のずれにも適用できる．

> 軸/穴が最もきつければ，倒れてはならないが，
> 緩ければその分だけ倒れてもよい

> 軸/穴が最もきつければ，位置はずれてはならないが，
> 緩ければその分だけ位置がずれてもよい

ただし著者は，ϕ0⒨を薄板や非常に短いピンなどに適用することは勧めるが，深穴や板に立てられた細長いピンといったものに適用することは勧めない．一方で，サイズ公差を適切に選んで用いるならば，十分に有効なものとなる

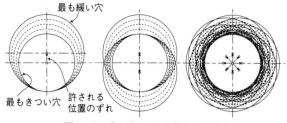

図5 穴に⑭が適用される場合の説明図

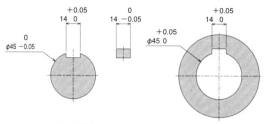

（a）寸法（サイズ）公差のみによる従来の図例

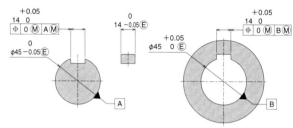

（b）サイズ公差と幾何公差を適用した図例

図6　キーとキー溝の図例

という別の考え方をする人もいる．

6.　⑭の本質に迫る

　⑭の利点の一つは，すでに述べたように，加工への規制を緩和し，加工費用の低減効果が期待できることであるが，そもそも精密な位置決めに使わないのであれば，もとから緩いはめあいにしておけばよいと思わないだろうか．なぜこれほど凝った公差設定をする必要があるのだろうか．

　⑭は，そもそも Maximum Material Requirement または Maximum Material Condition の省略であり，「最もきつい状態」を表している．加工費用の低減効果はその効果の一つでしかない．例えば穴を評価する場合，⑭がなければ，先月号で述べた独立の原則から，穴のサイズと穴の中心の位置は別々に評価する．一方，⑭がある場合は，穴のサイズが緩くなるにつれて，許される穴の位置のずれは大きくてもよい．この様子を**図5**に示した．図5の左図は，穴のサイズが緩くなるにつれて，許される穴の位置は大きくなることを示している．図から分かるように，許される位置のずれは，穴の下側が最もきつい穴に接するまでである．図5の左図では，穴の位置のずれは上側であるが，図5の中央の図では，さらに穴の位置のずれを下側にとった図を重ねている．図5の右図は，穴の位置のずれを8方向にとった図を示している．穴の位置のずれる方向は任意である．図5から，中央に空白がある．この領域内には穴の表面は入り得ないことが分かる．

　まとめると，

> **⑭がなければ，サイズ形体の中心を規制する**
> **⑭があれば，サイズ形体の表面を規制する**

ということである．これは，渡米中に Bryan Fischer という幾何公差の専門家が教えてくれた．

　この領域が定義できると，機能ゲージを利用して，ゲージが通るか否かで部品を判定できるという利点がある．本来であれば，測定顕微鏡や三次元測定機がなければ測定できない穴の位置を機能ゲージで評価できる．ただし，機能ゲージだけでは穴の径を評価していないので，別途プラグゲージなどで評価する必要がある．それでも，位置の評価を簡略化できることは，量産の検査工程では有用であろ

う．機能ゲージによる検証ができるのも⑭がサイズ形体の表面を規制することによって受ける恩恵の一つである．

7.　⑭は精密に無縁なのか？

　⑭を解説するにあたり，記述してきた言葉をもう一度読むと，「軸が緩かったら，その分だけ曲がってもよい」であり，やはり，加工上の利点が目立ちがちで，精密な位置決めには無縁に思える．

　そこで，ここでは，**図6**に示すキーとキー溝の組み立てを例に，⑭の適用方法を解説する．図6（a）は，従来の製図法によるもので，図6（b）は，図6（a）に幾何公差を追加したものである．図は必要最小限の寸法と公差のみを示した．キーとキー溝のはめあいは，すきまばめ（滑動形）とし，計算を容易にするために，公差値はきりのよい数値とした．

　まず，キーとキー溝のはめあいを無視して，軸と穴のはめあいだけに注目してみると，図6（b）には⒠が付記されているが，図6（a）にはない．これは包絡の条件と呼ばれるもので，幾何公差で表せば，$\boxed{-\ \phi 0 \ ⑭}$と等価である．この解釈は，すでに述べたように，「軸が，最もきつければ，曲がってはならないが，緩かった分だけ曲がってもよい．」であり，軸の表面は $\phi 45$ の円筒の外側にはみ出さず，穴の表面は $\phi 45$ の円筒の内側に入り込まない．このように軸と穴のはめあいは，⒠または $\boxed{-\ \phi 0 \ ⑭}$ によって，はじめて正確に定義される．次に，軸に設けられたキー溝とキー，穴に設けられたキーとキー溝のはめあいについても同様の考え方で，⒠または $\boxed{-\ \phi 0 \ ⑭}$ を付記する．ただし，軸に設けられたキー溝と穴に設けられたキー溝には，⒠または $\boxed{-\ \phi 0 \ ⑭}$ がない．

　これは，$\boxed{\oplus \ \phi 0 \ ⑭}$ がその役割を果たしている．すなわ

ち，先月号で述べたように，位置のずれの設定は，曲がりのずれの設定も含むということである．

　これまでで，軸と穴，キーとキー溝のはめあいの定義を確認した．最後に，軸と穴がはまりあった状態でのキーとキー溝のはめあいの確認をする．キーとキー溝が個別にはまったとしても，この場合，軸と穴の相対的な位置ははめあいによって規制されているので，キー溝が軸あるいは穴の中心に対してずれて加工された場合には，キーがキー溝に入らない可能性がある．もちろん，軸と穴のはめあいが緩い場合は，キーをキー溝に挿入するとき，軸と穴が互いに回転して挿入できることもあるが，ここでは軸と穴が最もきつい状態であったと考える．

　ここで，キー溝の幅の中心面の位置を規制する．仮に位置のずれを 0.2 に設定したらどうなるだろうか．キー溝の位置のずれ，傾き，曲がりを 0.2 以内に収めるということは，キーやキー溝が最も緩く作られた場合は，設定した位置のずれの分だけがたが増えていく．幾何公差を追加したがためにキーとキー溝のはめあいが緩くなってしまっては本末転倒である．先月号で示した図 2 の例を今一度，見てみると，図 2（d）では曲りを 0.5，図 2（e）では曲がりを含めた倒れを 1.0，図 2（f）では曲がり・倒れを含めた位置のずれ 1.5 を考慮して，徐々に軸は細くなり，同時に穴は大きくなっている．

　今一度，キーとキー溝の問題に戻る．上記の問題に対して，曲がり・倒れを含めた位置のずれも含めて，キー溝の幅を 14.00〜14.05 の範囲に収めたいと思わないだろうか．あるいは，すでにそのように意図して，図面を描いたり検査をしたりしていないだろうか．その場合，図 6（a）では十分に定義されておらず，この意図を正しく定義するのが，図 6（b）の ⌖ 0 Ⓜ A Ⓜ である．なぜなら，すでに述べたように，「溝が最もきつければ位置がずれてはならないが，緩ければその分だけずれてもよい」からである．Ⓜが精密と無縁ではないことがご理解いただけただろうか．

　さらに，データムにⓂがついていることに注目する．これは 4.2 節で述べた部品の検査時の固定方法を指示している．最も軸が太いとき（すなわちⓂ）に検査する機能ゲージは，例えば図 7 のようなものが考えられる．相手部品と同じ形をしているが，それぞれの軸や穴の径やキーの幅のサイズは，最もきついサイズで作られる．

　これらの結果から，各部品の形体のばらつきが公差内である限り，はまりあう相手部品の選別作業が不要である．すなわち，Ⓜの指示は，はめあい関係にある部品の互換性を保証することができる．

　一方，データムにⓂが指示されていない場合には，直径が調整可能な測定や検査をする．例えば，三次元座標測定器や測定顕微鏡で測定するか，図 8 に例を示す機能ゲー

図 7　キー溝の機能ゲージの例

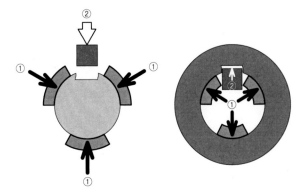

図 8　Ⓜのないデータムの機能ゲージ例（①→②の順で取り付け・評価するが現実的でない）

ジで評価する．この方法では直径が調整可能であるため，いわゆるがたが生じないという利点がある．しかし，機能ゲージが複雑になり，キーのはめあいのように厳しい精度が要求される検証ができるかどうかを思えば，恐らく図 8 の例では不可能であろう．部品の回転方向を正しく合わせることができないからである．著者はここに良い解をもっていないし，図 7 の機能ゲージが最適と考える．

8.　お わ り に

　難解と思われがちな最大実体公差方式について，やさしい解説を試みた．特に，“公差値をもつⓂ”と“公差値 0 のⓂ”について，その意味と特徴を紹介してきた．幾何公差の公差値やデータムにⓂがつくと，途端に何を意味しているのかが分からなくなり，Ⓜを使うことを避けているエンジニアが多いかもしれないが，実はすでにⓂ相当の解釈で検査をしていたということはないだろうか．

　寸法公差主体の図面のままでは，日本は図面鎖国状態になりかねないという警鐘が鳴らされている．著者の感覚では，すでに鎖国状態なのではないかと思うぐらいである．しかし，物事をきっちりと行いたいと思う日本人の気質は，幾何公差に向いている気がしてならない．本稿をお読みいただいた読者諸賢もその気質を十分にもっていると確信している．

はじめての 精密工学

入門：3D-CAD データと非接触 3D 測定データとの照合／検証

ABC's of Measurement Point Cloud Validation against 3D-CAD Data/Osamu SATO

国立研究開発法人 産業技術総合研究所　**佐藤　理**

1. はじめに

製品の寸法や形状がどのようになっていてほしいか，という設計者の意図を加工側に曖昧なところがないように伝えるための手段として，幾何公差による図面指示が行われている[1)2)]．近年の機械や電子機器製品では，複雑な機能を限られた大きさおよび少ない部品点数で実現することが求められている．そのため，単一の部品に複数の機能が与えられており，その機能を実現するために複雑な形状をしている．これらの設計には 3D-CAD が利用されており，多数の幾何公差が一つの部品に対して指示されていることも珍しくない（**図1**）．

従来は幾何公差を，定盤などの実用データム形体とダイヤルゲージなどのスモールツールを組み合わせて検証してきた[3)]．主に 1980 年代からは，接触式座標測定機（CMM）によって製品表面の三次元座標を測定した結果から，幾何公差を検証することが増えている．さらには2000 年代に入り，デジタイザなどと呼ばれる光学式非接触三次元測定システムや X 線 CT などを利用して，製品表面の三次元データを点群データとしてより高密度に取得し，設計データとの照合を行う方法も用いられている（**図2**）．

一つの部品に指示される幾何公差の数が増えるにしたがい，段取り替えなどの検査の手間，ひいては測定にかかるコストが増加する．CMM やデジタイザを使用した検証では，少ない段取りで複数の幾何公差を検証できるという利点がある．特にデジタイザを利用した検証では，あらかじめ部品の全体データ（3D 測定データ）を取得しておけば，後工程で必要な箇所について処理を行うことにより多数の幾何公差を同時に検証することができる．さらに 3D測定データを 3D-CAD データと照合し，設計データからの偏差を見ることで，幾何偏差の数値だけでなく，実際の

（a）デジタイザによる測定

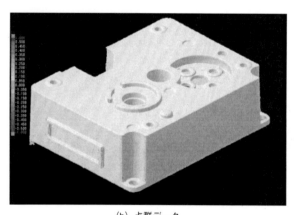

（b）点群データ

図2　非接触 3D 測定

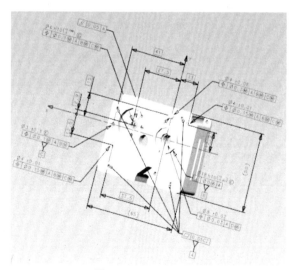

図1　3D-CAD データの例

(a) 全体ベストフィット

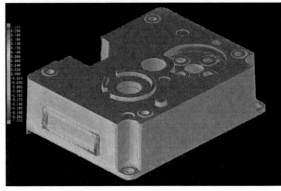

(b) データム基準(外接)

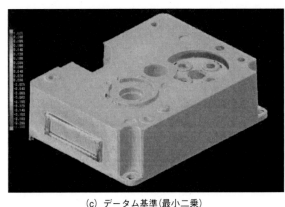

(c) データム基準(最小二乗)

図3 測定データの照合例

部品を設計データに近づけるために必要な修正量についても知ることができる．

　本稿では，筆者の携わってきた研究，技術支援，標準化活動などで得た知識を基に，3D-CAD データと非接触 3D 測定データとの照合および幾何偏差検証の基礎について紹介する．

2. 照合方法の影響

　3D 測定データと 3D-CAD データの照合そのものは，市販されているソフトウエアの機能を使用すればできることであり，本誌の読者にも経験があるかもしれない．ここで検査図などで照合方法に特定の指定がない場合，データ処理の内容はオペレータの裁量に任されていることが多い．**図3** は，図2（b）の 3D 測定データを，公設試験研究機関や民間企業のデジタイザユーザに実際によく使われている設計データと測定データとの位置合わせ手法を使用して，図1の設計データと照合した結果（設計データからの偏差）である．いずれもノイズ除去などのフィルタリングや，後述するエッジ部領域の除去設定は行っていない．それぞれの図でカラーバーのスケールは統一してある．同じデータを使用しても，検査者によって照合結果が異なる．はたしてこの部品は設計データに対して，本当はどのような形状偏差をもっているのであろうか．

3. データム形体の決定と照合

　部品の形体はデータム座標系で与えられるということを考慮すると，設計データと測定データとの照合は，データムを基準として行うべきである．一意的，かつばらつきの少ないデータム系を構築したいという立場では，測定データから求められる最小二乗形体をデータムとする．一方，実用データム形体との互換性を重視する立場では，測定データに外接する形体をデータムとして採用する．この場合，「測定データに外接する」形体と「測定データを採取した実体に外接する」形体とは必ずしも一致しない，ということに注意が必要である．点群に外接する形体の位置・姿勢を求める場合には，事前に点群データにフィルタを適用し，ノイズの影響を除去しておく必要がある．

　データムターゲットが指定されていない場合，規格上はデータムに指定されている要素に含まれるすべての部分点群を使用してデータム形体を求める．ここで実際の部品のエッジ部は角 R や面のダレなどの影響により，設計データから大きく偏差をもつことが多い．このような領域も含めてデータム形体を求めると，データムの位置・姿勢が実形状と大きく異なる場合がある．そのため，CAD データの形体（Feature）に対応する部分点群から周縁部を除外する機能を使用し，エッジ部を除いた領域からデータム形体を求める（**図4**）．

　逆にスモールツールや CMM での測定による検査も想定して，設計データに点や線のデータムターゲットが指定されている場合がある．この場合，デジタイザで得られた点群から特定の点（面の場合3点）だけを取り出してデータムを決定すると，ノイズなどの影響によりデータムの位置・姿勢が安定しない．そこで，点や線のデータムターゲットで指定された近辺の領域を指定し，データム形体を計算する．

　図5 は，図2（b）のデータにノイズ除去フィルタとして点群データから求められる表面粗さが高々 25 μm となる平滑化フィルタを適用し，さらにデータムに指定されている形体のエッジ部から 0.5 mm の領域を計算から除外し

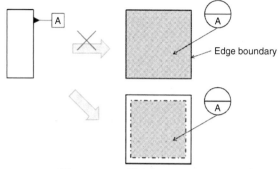

図4 データム形体を求めるための領域

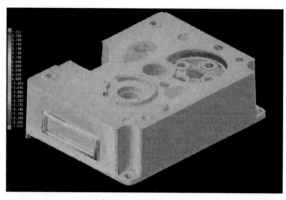

(a) データム基準(外接)

(b) データム基準(最小二乗)

図5 エッジ部を除外したデータムによる照合結果

てデータム形体を求め，設計データと照合したものである．除外領域の大きさは，同じ部品をスモールツールやCMMなどで測定する場合に，接触子（プローブ）直径の制限により接触測定ができないであろう領域の幅や，指示なき角のRとして指定される大きさを参考に設定した．

同じく外接形体をデータムとして設計データと照合した図5（a）の照合結果は，図3（b）よりもむしろ図3（c）と似ており，図3（b）の照合結果はこの部品の実際の形状を正確に示していないことが見て取れる．一方，同じく最小二乗形体をデータムとした図5（b）は図3（b）とほぼ同じである．これは，データムの求め方としては外接形体として求めるよりも最小二乗形体として求めた方が，測定データのノイズやエッジ部領域の設計データからの大きなずれに影響を受けにくいことを示している．

ここまでは，測定データの設計データからの偏差が，照合方法によってどのように変わるかを見てきた．これは位置度や輪郭度公差を検証していることに相当する．

位置度や輪郭度公差以外の幾何公差（形状公差や姿勢公差）を検証する場合も，データム形体を求めるときと同じ基準に従って測定データを処理する．具体的には，ノイズの影響を除去するフィルタを適用した上で，評価対象からエッジ部付近のデータを除き，得られた部分点群から外接形体や最小二乗形体を求める．この形体から各種の幾何偏差を検証する．

4. お わ り に

「測れなければ作れない」と，ものづくりの世界ではいわれる．設計データどおりのものを作るためには，測定データを基に加工プロセスを改善することが必要である．デジタイザによる三次元計測は，部品の全体形状を短時間で数値化することができる便利な手法である．しかしながら，測定によって得られたデータと設計データとの照合方法が定まらないと，測定データを基に加工プロセスをどのように修正すればよいか，のフィードバックができない．高度なものづくりのためには，測定データの処理方法の標準化が重要である．

本稿で紹介した設計データと測定データとの照合手順については，ガイドラインとしてまとめられている[4]．読者の参考になれば幸いである．

参 考 文 献

1) JIS B 0021：1998，製品の幾何特性仕様（GPS）―幾何公差表示方式―形状，姿勢，位置及び振れの公差表示方式
2) JIS B 0621：1984，幾何偏差の定義及び表示
3) TR B 0003：1998，製図―幾何公差表示方式―形状，姿勢，位置及び振れの公差方式―検証の原理と方法の指針
4) 一般財団法人製造科学技術センター 自動検査プロセス実現のためのデータ基盤標準化委員会：自動検査プロセス実現のための測定データ標準処理ガイドライン，(2018).

はじめての精密工学

はじめての測定工具（第1報）

An Introduction to Measuring Tools/Tetsuo KOSUDA

(株)ミツトヨ 計測学院　小須田哲雄

1. は じ め に

　長さの測定に使用される身近な測定器具には巻き尺（ルール）や物差し（スケール）などがあるが，ここでは精密測定に使用される代表的な測定工具のノギス，マイクロメータ，ダイヤルゲージの仕様ならびに特徴，正しい使用方法と取り扱いの注意点等について紹介する．

2. 測定工具とは

　測定工具は，図1のような手にもつことのできる測定器で，ノギス，マイクロメータ，ダイヤルゲージ等の指示測定器およびブロックゲージ[1]などの度器を含む．これらは，測定工具（または測定具 Measuring Tools[2]）と呼ばれ，慣用的にはスモールツール（Small Tools）とも呼ばれる．ノギスやマイクロメータは測定物に接触する測定面（測定子）をもつ一次元（一軸）の測定工具であり，その歴史は古く基本形は19世紀半ばに成立し，半世紀を経ずに現在の形になっている．

3. 代表的な測定工具とその取り扱い方

3.1 ノギス

　ノギス[3]はさまざまな分野で広く使用されている．図2はM形ノギスと呼ばれる手軽で汎用性の高いタイプで，図3のように外側，内側（内径），深さ（段差）測定ができる．

　性能：ノギスの指示誤差（器差）は，0〜150mmの測定範囲の場合で ±0.02mm（ディジタル表示式）または ±0.05mm（目盛り式）程度である．詳細はメーカのカタログ[4]を参照いただきたい．

　構造：本尺上をスライダが動き，2本のジョウ（突出部）で測定物を挟んで測定する．本尺には1mmピッチの目盛りが，スライダには本尺の39mmを20等分した副尺（バーニヤ目盛り）がある．

　使用方法：外側用ジョウは測定物を外から挟んだときの寸法を，内側用ジョウは穴の直径や溝の幅を測定する．また，右端のデプスバーで深さ測定ができる．さらに，図3の右下のような段差（深さ）測定（本尺の左端面とスライダの左端面でできる段差を利用）ができるものもある．測

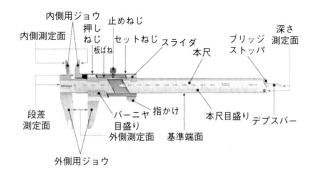

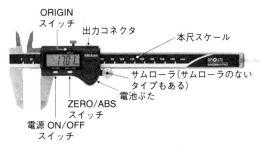

図2　ノギス（M形ノギス）

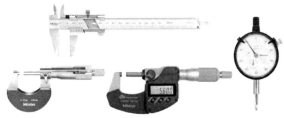

図1　測定工具

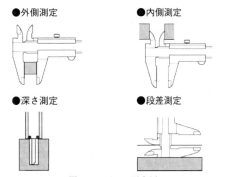

●外側測定　　　　　●内側測定

●深さ測定　　　　　●段差測定

図3　ノギスの測定例

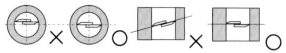

図4　内側測定時の注意

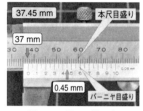

図5　ノギスの読み方

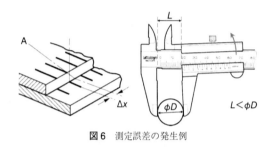

図6　測定誤差の発生例

定の際は，本尺を右の手の平でもち，右親指でスライダの指かけ部を押して測定物にジョウの測定面を押し当てた状態で目盛りを読む．長い測定物の場合，左手で本尺の左端付近を支えると姿勢が安定する．穴の内径は最大値となる位置，溝の幅は最小値となる位置で測る（**図4**参照）．なお，5 mm 以下の小穴測定は構造上大きな測定誤差が生じるため使用を避ける．

　目盛り読み取り方法は，まずスライダのバーニヤ目盛りの 0 目盛り線が本尺目盛りのどこにあるかを読み（**図5**では 37 mm），次にバーニヤ目盛りと本尺目盛りが縦に一直線になる位置のバーニヤ目盛り（一目 0.05 mm）を読む（図5では 0.45 mm で，本尺目盛りと合わせ 37.45 mm）．なお，ノギスには，バーニヤの代わりにダイヤル目盛りで読み取るダイヤルノギスも製作されている[4]．

　日常点検：ノギスに限らず，一般の測定工具を正しく使用するには次の 3 項目が大切である．①清掃，②作動確認，③ゼロ点（または基点）確認（測定の前後で実施）．ノギスでは，まず本尺側面とジョウの測定面をウエス等で清掃後，外側ジョウを閉じ，ジョウ部を裏側から光に透かして観察し，隙間がないかどうか（光が明瞭に見える場合は摩耗が考えられる），打痕や汚れ，ジョウ先端につぶれ（落下で発生しやすい）がないかどうかなどを確認する．次にスライダを動かし，軽すぎず滑らかに動くかどうか確認する．最後に外側ジョウを閉じ，目盛りのゼロ点が合致しているかどうか確認する．

　取り扱いの注意：ジョウの測定面を測定物に正しく当て，目盛りを真正面から見るようにする．**図6**の左図では上方向になる．Aのように斜めから読むと Δx のズレが生じ，誤差が発生する．この誤差を視差（parallax）[2]といい，マイクロメータやダイヤルゲージでも発生する．また，ノギスは図6の右図のように，測定物を挟む位置が基準となる本尺の目盛りと同一線上にない（アッベの原理 Abbe's principle[2] に反している）ため，スライダ部の隙間でスライダが傾き，測定誤差が生じる．挟む位置がジョウの先端に近いほど，また測定力が強いほど読み取り寸法（L）が実寸法（ϕD）より小さくなる．したがって，できるだけ本尺に近い位置で測定物を挟む．スライダが軽い場合，この誤差が発生しやすいため，スライダ上部の押しねじおよびセットねじを締めて調整する．取り扱いの詳細や定期点検を習得したい場合は，メーカのセミナーや参考資料が活用できる[5]．

　ディジタル表示式：ディジタル表示式ノギスは，0.01 mm まで読み取ることができ，指示誤差は ±0.02 mm 程度と目盛り式より高精度である．一般にディジタル表示の測定器は原理上，最小表示桁の ±1 カウントは量子化誤差（ディジタル誤差）により不定（不確か）となる．なお，データ出力機能を利用したデータ改ざんの防止，計測データネットワークシステム[4]の導入による工程の監視・解析等，ディジタル式の利点を生かした活用が進んでいる．

3.2　マイクロメータ

　マイクロメータ[6]は精密ねじを利用して 0.001 mm（マイクロメートル，$1 \mu m$）まで測定値が得られる精密測定器の代表的なものである．

　性能：ここでは外側マイクロメータを紹介する．指示誤差（器差）は 0～25 mm の測定範囲の場合，±0.002 mm 程度である．最近ではディジタル式で読み 0.0001 mm，器差 ±0.0005 mm と高精度なものも販売されている[4]．

　構造：スピンドルにはピッチ 0.5 mm の精密ねじが切られ，テーパナットと結合している．スピンドル右端はシンブル（目盛り環）に固定されている（**図7**参照）．スピンドルの左端面および対向するアンビルは平面度が良好で，互いに平行な測定面をもち，測定面で測定物を挟んで測定を行う．マイクロメータはアッベの原理を満足していることから，高精度測定が可能である．測定力が過大にかからぬよう定圧装置（測定力は 5～15 N 程度，ラチェットストップ，フリクションストップ，ラチェットシンブル等[4]）が装備されている．スリーブの基線上部には 1 mm ピッチの目盛りが，下部にはその中間位置に同様な目盛りがあり，0.5 mm 単位で読み取りができる．また，シンブルには 50 等分の円周目盛り（一目 0.01 mm）が刻印されている．通常のマイクロメータのねじの有効長さは 25 mm のため，測定範囲の大きいマイクロメータはフレームを 25 mm の倍数で大きくする（0～25，25～50，50～75 等）．通常はスピンドルが回転しながら直進するが，スピンドルが回転しないで直進するタイプも製作されている[4]．

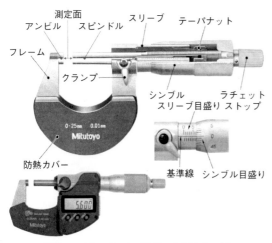

図7 マイクロメータ（外側マイクロメータ）

図8 測定面の清掃とゼロ点確認

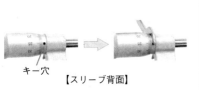

【スリーブ背面】

キー穴

図9 ゼロ点調整

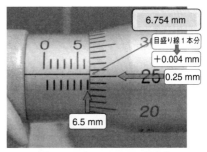

図10 マイクロメータの読み方

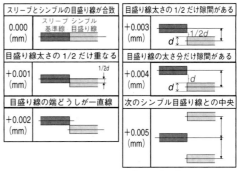

図11 0.001 mm 単位の読み方

使用方法：まず測定面の清掃とゼロ点（基点）確認について説明する．図8のように測定面に面拭紙（洋紙）を軽く挟み，紙をZ字形に動かし両面同時に清掃する．紙断面の毛羽が付かないよう，そのまま引き抜かず測定面を広げて面拭紙を外す．次にゼロ点（基点）確認を行う．アンビルとスピンドルの両測定面を静かに接触させ，ラチェットストップを数回回す（「取り扱いの注意」を参照）．次に，図8の右のようにスリーブの基線とシンブルの0目盛り線の合致を確認する．合致していない場合はスリーブ目盛り裏側のキー穴に付属のスパナを掛け，スリーブを回転し調整する（図9参照）．この際はスピンドルをクランプし，図9の右図のように，マイクロメータスタンドに固定して小形ハンマーでスパナを軽くたたきながらスリーブを回転させて調整すると，微調整が容易である．なお，測定範囲が25 mmを超える機種では，最小測定長の基準器（付属したマイクロメータ基準棒：スタンダードバー，またはブロックゲージ）を両測定面間にはさんで基点（この場合はゼロ点と呼ばない）確認を行う．測定範囲が300 mmを超える大形では，姿勢による基点の変化が生じるの

で，測定する姿勢で基点の確認（および調整）を行う．

目盛りの読み取り方法は，図10のように，まずシンブルの左端面がスリーブ目盛りのどこにあるかで，0.5 mm単位まで読み取り，次にスリーブの基準線とシンブル目盛り線の合致位置を0.01 mm単位まで読み取る．基準線とシンブル目盛りが合致していない場合は，図11のように目盛りの太さ1本（図のd）を2 µmとして，目測で0.001 mmまで読み取る（図10では目盛り線1本分の隙間があるので+4 µmとなり6.754 mm）．読み取る際は，視差を防ぐためノギスと同様に真正面から読み取る．

取り扱いの注意：マイクロメータは，ねじによる過大な測定力で測定誤差が生じないよう定圧装置を必ず使用する．特にゼロ点（基点）確認時や測定の際，測定面の接触速度が測定誤差に大きく影響する．速度が速いと測定力が数倍かかり（動的な効果による），接触部が弾性変形し，大きな測定誤差を生じる．したがって，ラチェットストップを低速（1秒間に1回転以下）で回しながら測定面を測定物に接触させ，接触したらラチェットストップを3〜5回間欠的に回す．この時，ラチェットストップは親指と中指を使用して1回当たり約1回転するように回すとよい．シンブルを回して測定面を測定物に接触させた後，ラチェットストップを回すのは間違いである．ただし，ラチェットシンブル，フリクションシンブル等，シンブルが定圧装置を備える場合はこの限りではない．なお，ゼロ点（基点）確認時と測定時の測定力ができるだけ等しくなるよう，ラチェットストップを回す回数はどちらも同じにする．また，測定中の熱膨張によるゼロ点（基点）ズレにも

135

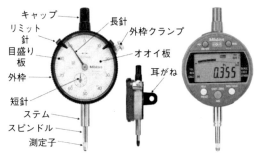

図12　ダイヤルゲージとディジタル式ダイヤルゲージ

図13　比較測定の例

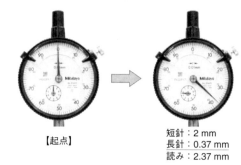

【起点】　　　　　　　短針：2 mm
　　　　　　　　　　　長針：0.37 mm
　　　　　　　　　　　読み：2.37 mm

図14　ダイヤルゲージの読み方

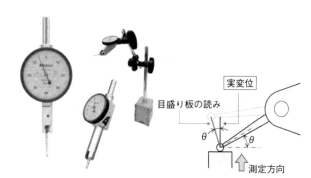

図15　てこ式ダイヤルゲージとマグネットスタンド取り付け例および角度誤差

注意が必要である．マイクロメータスタンドに固定するか，手にもつ場合は手袋をする等の対策をするとよい．特に長いサイズの測定の際は注意する．保管の際に測定面どうしを接触させておくと，空気中の湿気の影響で測定面が錆びつく場合があるので，測定面は離して保管する．

3.3　ダイヤルゲージ

ダイヤルゲージ[7]は代表的な比較測定器で，熟練が不要で能率の良い検査・選別が行える．標準のダイヤルゲージのほか，てこ式ダイヤルゲージも広く使用されている．

3.3.1　標準ダイヤルゲージ

性能：図12の標準ダイヤルゲージは，目量 0.001〜0.1 mm，測定範囲 0.1〜100 mm，目盛り面の大きさ φ31〜92 mm[4]などさまざまなものがある．ここで，目量とは1目盛りの示す量（1目の読み）である．指示誤差は標準的な目量 0.01 mm，測定範囲 10 mm のもので 0.015 mm 程度であり，目量 0.001 mm，測定範囲 1 mm のもので 0.005 mm 程度である．また，内部のバネ機構で測定力を備え，測定力は 1〜2 N 程度である．ディジタル表示式では，振れ表示，公差判定，関数演算など多機能なものがある[4]．

構造：スピンドルの直線運動が歯車拡大機構で指針の回転運動に変換され，ダイヤル目盛り上の指針の回転角度の変化で読み取られる．また，長針が何回転したかを示す短針を備えている．目量 0.001 mm 等の拡大率の大きなものでは，てこ拡大も利用される．目盛り板は外枠に固定され，外枠を回転させて目盛りのゼロを任意の位置に設定できる．ダイヤルゲージスタンド（図13参照）などに固定する際は，ステムまたは耳ねを利用する．

使用方法：目量 0.01 mm，測定範囲 10 mm の標準的な目盛りの読み方を図14に示す．スピンドルが押し込まれ

ると長針は右回転，短針は左回転する．長針は1回転1 mm，短針は1回転 10 mm である．左図で短針および長針を0にし，その位置からの変位が右図では 2.37 mm となる．

次に，比較測定の例を図13で紹介する．先ず，測定物の寸法に近い基準寸法をブロックゲージでつくる（複数個を密着）．次にダイヤルゲージのスピンドルを持ち上げて，スタンドの測定台と測定子の間にブロックゲージを置き，測定子をブロックゲージに静かに接触させ，目盛りを0に設定する．次に測定物に置き換えて，0目盛りからの指針の偏差（変化）を読み取る（正または負，長針が1回転以上回っていないかどうか注意）．この偏差にブロックゲージの寸法を加えれば測定物の寸法となる．ダイヤルゲージによる比較測定は，測定物に近い寸法の基準器でゼロセットを行うため，測定器の変位量が少なく，基準器と測定物の測定条件（測定力や温度）も同一にできるため，高精度な測定ができ，マイクロメータと異なり取り扱いに熟練も要しないため，高能率な測定や選別作業に適している．スピンドルの上下には，別売りのレバーが利用できる．

取り扱いの注意：ダイヤルゲージのスピンドルに注油すると，油に周囲の汚れが混入・固着し作動不良を生じるため，注油は厳禁である．設置環境によるミストの付着で作動不良を生じないよう，スピンドルをアルコール等の有機溶剤で時々拭いておく（樹脂部へ有機溶剤は使用しないこと）．また，ダイヤルゲージの内部は腕時計と同様に微小

図16 測定子交換後の簡易精度確認方法

部品が使用されているため，内部への塵埃侵入や落下等の衝撃は禁物である．特にスピンドルへの衝撃は，指針の曲がりやゆるみ，目盛り板への指針の接触による傷等，不具合発生の原因になる．

3.3.2 てこ式ダイヤルゲージ

図15に示すてこ式ダイヤルゲージは，小型で機構部が軽いため慣性が小さく感度が良い．測定力が小さい（0.3 N以下）ため剛性の低いマグネットスタンド等に取り付けてもたわみの影響を受けにくいなどの特徴から，工作機械の精度検査や工作物の振れ測定など微小変位の測定に数多く使用されている．

性能：指示誤差は標準ダイヤルゲージと同等で，標準的なもので指針は1回転以下，測定範囲は0.8 mm以下である．

構造：てこ形の測定子（レバー）の回転変位を，てこ-歯車拡大機構により，目盛り上の指針の回転角度で表示する．

使用方法と取り扱いの注意：

図15の右端図のように測定子は角度をつけて設定できる．ただし，測定子が変位方向に直角でないため（角度 θ が 0° でない場合），実際の変位と読み取り値に差が生じ，測定誤差（角度誤差）になるので注意が必要である（$\theta = 60°$ の場合，読みは実際の変位の2倍になる）．また，

測定子の長さは品種で固有のため，異なる長さのものを使用すると拡大率が変化し，正しい値が得られない．したがって，測定子を交換する場合は必ず同じ品種用の測定子を使用しなければならない．測定子交換後の精度確認方法としては，**図16**のようにブロックゲージで段差をつくり（例えば20 mmの上面に1.10 mmと1.50 mmを並べて密着すると0.40 mmの段差が得られる），この段差を測定して正しい寸法になるかどうか確認する．このときも測定子はブロックゲージ上面に平行に設置し，前述した角度誤差が発生しないように注意する．

4. おわりに

代表的な3種の測定工具について紹介した．測定工具はこれらのほかに多くの種類があり，高さ測定，深さ測定，内径測定などができるものがある．それらについては省略し，次の機会があれば紹介したい．本稿が測定工具の使用の際の参考になれば幸いである．

参 考 文 献

1) 小須田哲雄：ブロックゲージの基礎と応用，精密工学会誌，**79**，8 (2013).
2) 青木保雄著：改訂「精密測定」(1)，コロナ社，(1957).
3) 沢辺雅二：ノギスの起こりと変遷，精密工学会　精密工学基礎講座「精密測定の歴史」第3回.
4) ミツトヨ総合カタログ NO. 13
5) 例えば，ミツトヨ計測学院講座，ミツトヨカタログ NO. 11003 精密測定機器の豆知識，長さ測定べからず集（ミツトヨ計測学院編），日本能率協会マネジメントセンター.
6) 沢辺雅二：マイクロメータの起こりと変遷，精密工学会　精密工学基礎講座「精密測定の歴史」第2回.
7) 沢辺雅二：ダイヤルゲージ及び指針測微器の起こりと変遷，精密工学会　精密工学基礎講座「精密測定の歴史」第4回.

※本稿の図は，株式会社ミツトヨの計測学院作成のテキストならびにミツトヨ総合カタログ No. 13 より引用した.

はじめての測定工具（第2報）

An Introduction to Measuring Tools/Tetsuo KOSUDA

（株）ミツトヨ　計測学院　小須田哲雄

1. は じ め に

前回は代表的な測定工具のノギス，マイクロメータ，ダイヤルゲージについて紹介したが，今回はこれらの測定工具から派生したハイトゲージ，デプスゲージ，内側マイクロメータおよびダイヤルゲージ応用測定器について，筆者らの商品を参考に紹介する．

2. ノギス関連測定工具

2.1　ハイトゲージ

ハイトゲージは，図1のような高さ測定専用の測定工具で，精密定盤上で使用される．測定のほかに，部品へのケガキ（罫書，線引き）ができるスクライバを備えている．

性能：測定範囲は最大 1500 mm まで製作されており，指示誤差（器差）は測定範囲 0〜300 mm で ±0.04 mm（目盛り式）または，±0.02〜0.03 mm（ディジタル表示

式）程度である．

構造：下面が平坦に仕上げられたベースに本尺が固定され，微動装置をもつスライダにはジョウが固定されている．このジョウとクランプボックスを使用して，スクライバまたはてこ式ダイヤルゲージ等を固定することができる．ハイトゲージは小形のものを除き，本尺目盛りが本尺に固定されておらず，上部（または下部）の本尺移動装置により目盛りを上下に移動させてゼロ点調整をすることができる．スクライバ先端の下部には超硬合金製の測定面があり，測定面は精密定盤と平行になるよう固定される．ケガキする場合は，この測定面の角を利用する．なお，本尺の数字はセンチメートルで刻印されているので注意のこと．（**図2**参照）

使用方法：溶剤を塗布したウエスで精密定盤，ベース基準面（底面），スクライバ測定面を清掃し，精密定盤にハイトゲージを置く．次に，**図3**のようにスクライバ測定面を精密定盤面に静かに接触させ，ゼロ点を確認する．ゼロ点がずれている場合は，ゼロ点調整を行う．次に，スライダを上に移動させ，精密定盤とスクライバ測定面間に測定物を置いた後，スクライバ測定面を測定物に接触させた状態で寸法を読み取る．なお，スクライバの代わりにてこ式ダイヤルゲージ（以下，ダイヤルゲージと略す）を取り

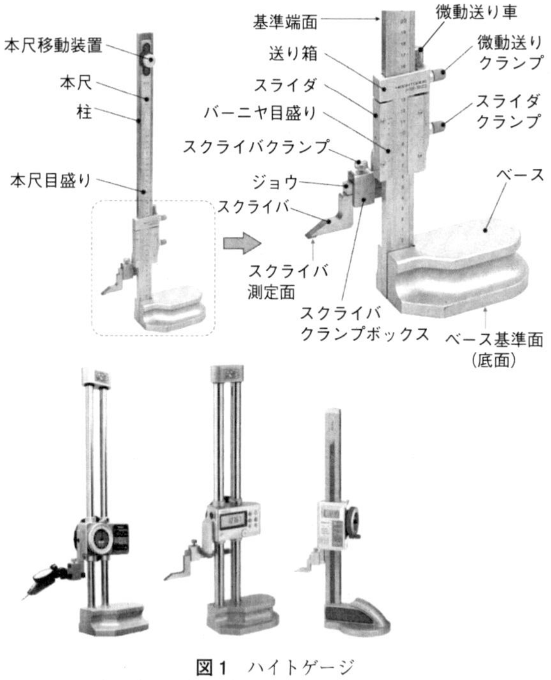

本尺移動装置
本尺
柱
本尺目盛り
基準端面
送り箱
スライダ
バーニヤ目盛り
スクライバクランプ
ジョウ
スクライバ
スクライバ測定面
スクライバクランプボックス
微動送り車
微動送りクランプ
スライダクランプ
ベース
ベース基準面（底面）

図1　ハイトゲージ
上：目盛り式　下左：直読式　下中央・右：ディジタル式

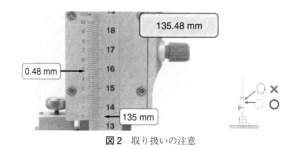

135.48 mm
0.48 mm
135 mm

図2　取り扱いの注意

0

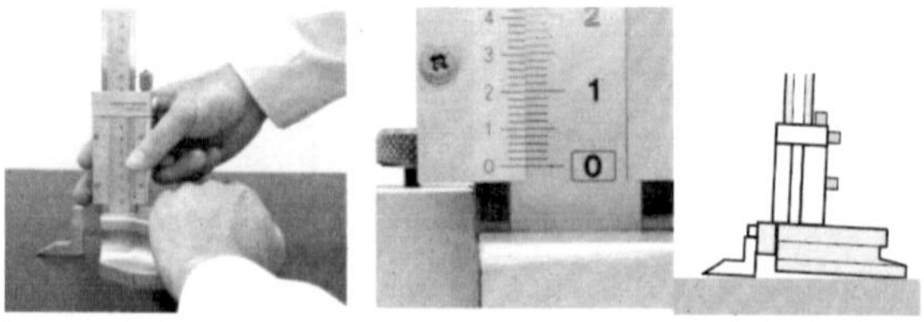

図3　使用方法

カウンタ	:	67　　　mm
ダイヤル	:	0.25 mm
読み取り値	:	67.25 mm

図4　直読式の読み方

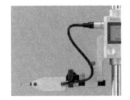

図5　二点式タッチプローブ

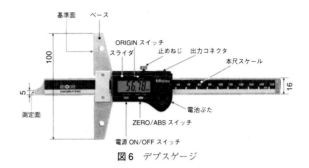

図6　デプスゲージ

図7　ゼロ点確認と使用方法

付けて測定を行うこともできる．この際は，まず微動送りを使用して精密定盤面にダイヤルゲージの測定子を接触させた状態で，ダイヤルゲージの目盛りを0に，ハイトゲージの目盛りを0に設定する．次に，スライダを上に移動させ，精密定盤とダイヤルゲージの測定子の間に測定物を置いた後，微動送りを使用して，測定子を測定物に接触させダイヤルゲージの目盛りを0にした状態で，ハイトゲージの目盛りを読み取る．スクライバを使用するよりも，てこ式ダイヤルゲージを使用するほうが，測定物および精密定盤との接触状態を同一にできるため，測定者による差異が出にくく，より安定した測定が行える．

取り扱いの注意：スクライバ先端は鋭利なため，けがに注意する．安全のためにスライダを上下する際は，必ずベースを手で押さえた状態で行う．また，ゼロ点確認および測定の際，スライダを強く定盤や測定物に押し当てると，図3の右図のようにわずかにベースが浮き上がる，またはスクライバ部がたわみ，測定誤差が発生する場合があるので注意が必要である．これを防止するため，スクライバを使用する際，微動装置は使用しない．ハイトゲージのバーニヤは，図2のようにノギスより細かいバーニヤ（一目0.02 mm）が使用されていることが多く，読み取り時，測定者はかがんで目をバーニヤ目盛りの高さにし，真正面から読み取る必要がある（視差の防止）．

目盛り式の読み取りにくさを解消するために，カウンタとダイヤルを備えた直読式[1]（図1）がある．これは**図4**のように，右のカウンタでmm単位（この図では上のカウンタ）を，左のダイヤル部で0.01 mm単位まで読み取ることができる．カウンタは移動方向で加算または減算するよう，上下に設置されている．なお，ディジタル式は，**図5**のような別売の二点式タッチプローブ[1]を利用することにより，接触時に表示が固定（ホールド）するため，個

人誤差が少なく迅速な測定ができる．また，2面間の幅測定なども行える．

2.2　デプスゲージ

デプスゲージ（**図6**参照）は深さ測定専用の測定工具で，ベース部が広いためノギスのデプスバーよりも安定して測定が行える．

性能：指示誤差はノギスと同等で，測定範囲は1000 mmまで製作されている（M形ノギスは最大で300 mm）．

構造：本尺端面が測定面になっており，基準面をもつスライダにベースが固定されている．ベースの穴は，別売りのアクセサリ（スパン）を使用しベースを延長する際に使用する．

使用方法および取り扱いの注意：基準面および測定面を清掃し，精密定盤でゼロ点確認を行う．測定に際しては**図7**のように指で押しつけ，ベースが浮き上がらないよう本尺をゆっくり下に押し当てた状態で読み取る．**図8**は測定面がL形のフック付きデプスゲージ[1]の使用例で，デプス測定用，フック測定用の2種類のバーニヤ目盛りを備えている．

3.　マイクロメータ関連測定工具

3.1　デプスマイクロメータ

デプスマイクロメータ（**図9**参照）も深さ測定専用で，

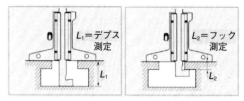

図8 フック付きデプスゲージ使用例

図10 ゼロ点確認

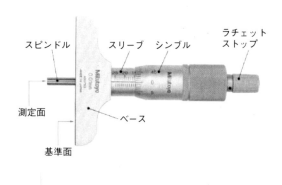

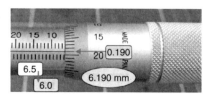

図11 読み取り方法

図9 デプスマイクロメータ

デプスゲージより高精度に測定したい場合に使用する.

性能および構造：指示誤差は ±0.003 mm 程度，測定範囲は通常 0〜25 mm であるが，替えロッド形では替えロッド（替えスピンドル，図9右下）を使用し，300 mm まで拡張できる．標準マイクロメータのフレームをベースに置き換えた構造をしている．

使用方法および取り扱いの注意：ねじによるベースの浮き上がりが発生しやすいため，デプスゲージ以上に測定には注意が必要で，**図10**のようにしっかり指でベースを押し付けながらラチェットをゆっくり回す．目盛り式では，**図11**のように逆目盛り（スピンドルが出ていくと読みが増加）のため，読み取りに注意が必要である．読み取り方法はまず，シンブルで隠れているスリーブ目盛りの最大値を読む．この例では 6.5 mm の目盛りが見えており，隠れている目盛りの最大値は 6.0 mm となる．次にシンブル目盛りと基線の合致位置を読み（例では 0.190 mm），6.190 mm と読み取る．逆目盛りの測定工具には，3.2 節の三点式内側マイクロメータや 3.3 節のキャリパ形内側マイクロメータ等があり，筆者らはシンブル部にリング状の溝で識別している．

3.2 三点式内側マイクロメータ

次に内径測定専用の内側マイクロメータを3種類紹介する．一般に内径測定は難しく，外側測定に比べ精度が劣る．最初に紹介するのは三点式内側マイクロメータ[1]（**図12**参照）で，使いやすく高精度に測定できるのが特徴で

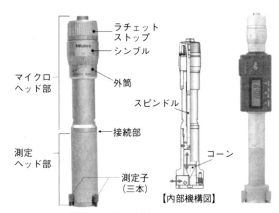

図12 三点式内側マイクロメータ

ある.

性能：測定範囲は最大 300 mm まで製作され，指示誤差（器差）は測定範囲 20 mm 以下で ±0.002 mm，100 mm 以下で ±0.003 mm である．ただし，測定子の可動範囲は小さく，測定範囲 20〜25 mm のもので 5 mm である．

構造：図12のようにマイクロヘッド部で測定ヘッド部のコーン（円錐）を押し，コーンは円周3等分に配置された3個の測定子を押し広げることで内径測定を行う．自動求心作用により容易に内径測定（内接円直径）が行えるのが特徴である．

使用方法と取り扱いの注意：ゼロ点（基点）確認には，**図13**の内径基準器（セッティングリングまたはリングゲージ，以降はセッティングリングで説明）が必要．ゼロ点（基点）ズレがある場合，外筒（スリーブ）裏側の六角穴付き小ねじをゆるめ外筒位置を調整し，ねじを締める．測定方法は，穴に測定子部分を入れ内面に接触するまでラチェットストップを回し，接触したらラチェットストップを5回ほど回した後，読み取る．デプスマイクロメータと同

図13 セッティングリング（セラミックス製）

図14 読み取り方法

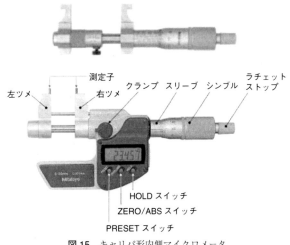

図15 キャリパ形内側マイクロメータ

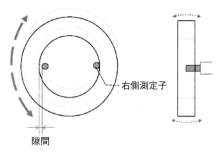

図16 測定子のなじませ

様，逆目盛りのため読み取りには注意する（**図14**参照）．ディジタル表示式の測定工具を導入するにあたっては，このような逆目盛りのものから優先して切り替えを行うと，読み間違いによる不良防止が期待できる．

3.3 キャリパ形内側マイクロメータ

キャリパ形内側マイクロメータ（**図15**参照）は二点接触式（実際は線接触）の内径測定用のマイクロメータで，二つの測定子が開閉して内径を測定する．アッベの原理を満たさない構造のため，精度は三点式に比べ若干劣るが，測定範囲が広く，汎用性の高い測定器である．ただし，使用方法の項で示すように，使用には若干の熟練が必要である．

性能：測定範囲は25mm飛びに500mmまで製作され，指示誤差（器差）は0〜25mmの測定範囲の場合 ±0.005mm程度である．

構造：図15で，右のツメは本体に固定され，直進機構をもつスピンドルに左のツメが固定されている．左右のツメの上面にピン状または円筒状の測定子が付き，測定面の母線が平行を保って開閉する．

使用方法：測定子を清掃した後，正確な内径基準器（セッティングリング，ブロックゲージ等）で基点確認を行う．ズレている場合は，基点調整（ディジタル表示式では基点設定）を行う．セッティングリングによる基点確認および測定時は，**図16**のように測定軸が測定物の直径を正しく通り，なおかつ厚み方向に傾かないようにすることが重要である．そのためには，ラチェットストップに回転トルクをかけながら（カチッと音がする直前まで回し保持）測定物を左図の太い矢印方向にわずかに揺らして，読み取り値が最大値となる位置に測定物と測定子をなじませる操作を行う．同時に右図のように穴の深さ方向も斜めになら

ないよう，細い点線方向にわずかに揺らしてなじませる．その後，ラチェットストップを3〜5回（3〜5回転）回してから読み取る．なお，10mm以下の小径の場合，測定子による求心作用が働くため，この操作はあまり意識しなくてよいが，大きな径ではこのなじませを十分行う．

取り扱いの注意：測定中，測定物をツメの上面には接触させないようにする．測定面の母線とツメの上面の直角は保障されていないためである．長期に使用し，ツメにガタツキ（スピンドルの回転方向）が出た場合は，説明書に従い修正を行う．

3.4 キャリパ形外側マイクロメータ

キャリパ形外側マイクロメータ（**図17**参照）の構造と特徴はキャリパ形内側マイクロメータに類似している．ただし，測定面は平面で，測定物を外側から挟んで測定する．性能は構造上，標準外側マイクロメータよりは劣る．その他については，キャリパ形内側マイクロメータに準ずるため省略する．

3.5 棒形内側マイクロメータ

比較的寸法の大きな内側測定には図18のような棒形内側マイクロメータ[1]が使用されている．測定範囲は50mmから5000mmまで各種のサイズが製作され，測定範囲は25mmの倍数で設定されている．単体形（測定範囲50〜

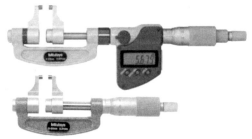

図 17　キャリパ形外側マイクロメータ

図 18　棒形内側マイクロメータ

図 19　つぎたしパイプ形による内径測定例

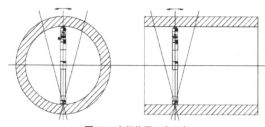

図 20　直径位置の求め方

図 21　内側マイクロチェッカ（CI）

1000 mm）のほかに，つぎたしロッド形（測定範囲 50〜1500 mm）やつぎたしパイプ形（測定範囲 100〜5000 mm，**図 19** 参照）がある．

構造：マイクロメータヘッド部をもつ本体の両端には球面状の測定子があり，シンブルを回すことで全長が変化する．

つぎたしロッド形は，本体に基準棒を内蔵するロッドをつぎたすことで測定範囲を変えられるタイプで，内蔵された基準棒により全長を設定する．基準棒がロッドの内部にあるため，熱膨張の影響を受けにくいメリットがあり，使用環境（温度，塵埃）の良好でない場所に向いている．ただし，構造上重く，長尺サイズではたわみに注意が必要である．

一方，つぎたしパイプ形は中空パイプをつぎたして全長を設定するため，軽量でたわみにくい．ただし，パイプの熱膨張やパイプ端面へのゴミの付着等，使用環境に影響を受けやすいので注意が必要である．

使用方法と取り扱いの注意：棒形内側マイクロメータの使用には相当の熟練を要する．一般的に定圧装置は付いていない．後述する基点確認（調整）を行った後，測定を行う．正しい直径を求めるには，**図 20** の左図の最大値およ

び，右図の穴の深さ方向での最小値の位置を探す必要がある．まず，左図でシンブルと反対側の測定面（図では下側）を指で固定し，シンブルを徐々に回しながらシンブル側を矢印方向に揺らして測定面と測定物の隙間がなくなる位置（直径の最大値）を見つける．このとき，測定物内面への接触具合を触覚により判断し，正しい位置を見つける必要がある．次に，その位置を手で保持したままいったんシンブルを回して測定子を引っ込め，図 20 の右図の深さ方向の直径位置（最小値）を見つける．具体的には，シンブルを徐々に回し測定面を出しながらシンブルを矢印方向に揺らして測定面と測定物の隙間がなくなる位置（直径の最大値で，かつ深さ方向の最小値）を見つける．このときの読みが正しい直径となる．

使用前の基点確認は，セッティングリング[1]，内側マイクロチェッカ[1]（**図 21** 参照），ブロックゲージとそのアクセサリ（後掲の図 24 左図参照，ホルダ，ジョウ等を使用した平行な内側基準）などの内側基準を使用する．ただし，これらが用意できず外側マイクロメータを使用する場合には，マイクロメータの器差（全測定面接触による指示誤差）が誤差として加わる．基点確認や測定の際，基準器（内側マイクロチェッカやブロックゲージ）のたわみや変形しやすい測定物の場合には，次の注意が必要である．シンブルを回し測定物に接触させても弾性変形（接触部分における Hertz 変形[2]や薄肉測定物の変形）により，シンブルはさらに回すことができるため，正しい寸法を過ぎてしまい誤差が発生することがある．正しい寸法の位置は，測定物に両測定子が接触した状態で内側マイクロメータ本体が回転（本体軸を中心に）できる程度の接触状態が正しい．なお，300 mm を超えるマイクロメータ（外側・内側共）は姿勢による基点の変化があるため，基点確認は可能な限り測定姿勢（縦姿勢または横姿勢）と同じ姿勢で行う．また，大寸法では熱膨張の影響が大きいため，手袋を

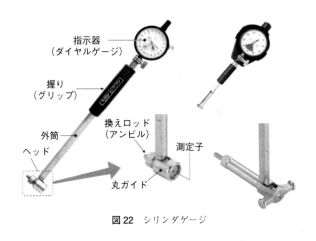

図22 シリンダゲージ

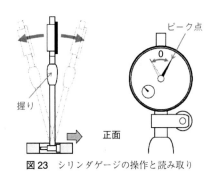

図23 シリンダゲージの操作と読み取り

使用し短時間で測定するなどの配慮が必要である.

4. ダイヤルゲージ関連測定器

4.1 シリンダゲージ

シリンダゲージ（**図22**参照）は，指示測定器（ダイヤルゲージ，電気マイクロメータ，リニヤゲージ等）を取り付けて穴の直径を測定する内径測定器で，図22のダイヤルゲージを除く部分をいう．シリンダゲージは比較測定器で，同一寸法のものを高精度に，能率良く連続測定するのに適している．ただし，比較測定のため内径基準器（セッティングリング，ブロックゲージとアクセサリの組み合わせ）のほか，大寸法ではマイクロメータなども基点設定に使用される．エンジンのシリンダブロックの内径など深い穴にも使用され，海外ではボアゲージ（Bore Gauge）とも呼ばれる.

性能：測定範囲は1mm前後から800mmまでさまざまなものがある．ただし，測定子の変位は1.2mm程度と小さい．性能は変位変換機構部の誤差となるため，測定範囲にかかわらず広範囲精度で0.002～0.005mm程度．なお，使用の際はシリンダゲージの精度に指示測定器の誤差や基準器の誤差が加わる.

構造：図22の左図（標準形）に示すヘッド部には，直径方向の変位を測定する測定子とこの変位を直角に変換するための伝導子（カム）が内部にあり，これが外筒内の押し棒と接触し，押し棒はダイヤルゲージの測定子と接触している．測定子が押し込まれる（穴の直径が小さくなる）とダイヤルゲージの測定子が押され，ダイヤルゲージの長針が右に回転する．したがって，ダイヤルゲージの長針が右に回転するほど，内径は小さいことになる．前述したように，シリンダゲージの測定子の動き量は1.2mm程度と小さいため，さまざまな直径の測定を行うには，その都度測定子の反対側の換えロッド（アンビル）および換え座金（換えワッシャ）を交換する必要がある．例えば測定範囲18～35mmの品種では，9本（2.5～18.5mm）の換えロッドと2枚の換え座金（厚み0.5mmと1mm）が付属して

いる．なお，測定子および換えロッドの先端は球面形状である.

使用方法：まず，測定前の準備（セッティング）から説明する．正しい内側基準（セッティングリング，ブロックゲージ，マイクロメータ等）を使用し基点設定を行う．ここでは，セッティングリングによる使用例を説明する．必要な測定寸法になるよう換えロッド等を取り付けた後，ダイヤルゲージを取り付ける．次に握り部をもち，ヘッド部を丸ガイド側から丸ガイドを押し付けながら斜めにセッティングリングに挿入する．その後，外筒を穴の上端面に直角にする（**図23**参照）．このとき，図22の丸ガイドに内蔵されたばねにより求心作用が働き，測定軸が穴の中心を通り（図20の左図参照）穴径の最大位置に測定軸（測定子と換えロッドを結ぶ線）がくる．ここで正しい直径は，穴の深さ方向で最小値になる位置（図20の右図の位置）であるから，その位置を見つけるため，図23のように測定軸を穴の直径方向に揺らして，ダイヤルゲージの長針が右に振れたピーク点（最小値）を探す．ここ（ピーク点）が正しい直径の位置であり，ここで静止させダイヤルゲージの長針位置に目盛りの0を合わせる（ダイヤルゲージの外枠を回転させると目盛りが回転）．これでセッティングが完了で，0目盛りの位置がセッティングリングの寸法となる.

次に測定方法を説明する．上記の操作と同様に測定物の穴にヘッド部を挿入し，揺らしてダイヤルゲージの長針のピーク点で止め，0目盛りからの差（プラスまたはマイナス）を読み取り，セッティングリングの寸法を加えると穴の直径になる．直径はセッティングリングの寸法に対し，ダイヤルゲージの長針が0目盛りより右に振れるとマイナス，左に振れるとプラスとなる．セッティングリング以外で基点設定をする例を**図24**に示す．左図のブロックゲージとジョウによる平行2面の内側基準では，シリンダゲージのガイドによる求心作用が十分働かない．そのため，測定軸を直角2方向に揺り動かして最小値を探す必要があり設定が難しい．これに対し，中央の二つの図はガイドの求心作用が働くようアタッチメントが付属したシリンダゲージ専用の基点設定具[1]（ブロックゲージと共に使用）で，セッティングリング同様に容易に基点設定が行える．図24の右図は外側マイクロメータを使用して基点設定をしている例

図 24　シリンダゲージの基点設定例

図 25　ディジタル式シリンダゲージ

図 26　三点式内径測定器（スナップ操作式）

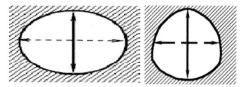

図 27　穴の形状例（左：楕円　右：等径ひずみ円）

図 28　ダイヤルシックネスゲージ

図 29　ダイヤルデプスゲージ

を示す．この場合，マイクロメータのねじにはガタがあるため（通常 10〜15μm），マイクロメータで内側寸法を設定する場合は注意が必要である．ねじガタをなくす方向の力がかかるよう（外側マイクロメータは測定時，スピンドルがナットに押しつけられた状態となる．これと同じ状態をつくる），図 24 右図のようにシンブルを下にしてスピンドルはクランプしないように使用するのがよい．横姿勢で使用したい場合は，シンブルを外側に引いてクランプしてから使用する（クランプを行うと最大 2μm 程度スピンドルが移動する場合があるので注意）．

取り扱いの注意：シリンダゲージは必ず握り部をもって測定する．セッティングや測定中に外筒部（金属部分）をもつと，内蔵された押し棒と外筒の熱膨張の差で基点（0目盛り位置）が変化し，測定誤差が生じるからである．

ここで，図 25 はディジタル表示式の指示測定器一体形のシリンダゲージ[1]である．これはセンサーを測定子付近に配置しているため，内部に押し棒をもたず熱膨張の影響を受けにくい．そのため，エクステンションロッドを接続すると 2m までの深穴測定が高精度に行え，建設機械等の中口径の油圧シリンダ内径の測定に使用されている．また，穴のピークを検出して表示する機能があり，あらかじめ基準器の寸法を設定しておくことで，実寸法が直読でき測定者差が出にくい特徴がある．なお，これと同様な機能をもつ，シリンダゲージ専用のディジタル表示式ダイヤルゲージ[1]も製作されており，通常のシリンダゲージに取り付けて使用できる．

4.2　三点式内径測定器（スナップ操作式）

ディジタル式ダイヤルゲージと三点式内側マイクロメータの機構を併せ持つ，図 26 のような三点式内径測定器[1]がある．スナップ機構で測定子の開閉ができるため，測定物に挿入後に測定子を接触させることができるのでシリンダゲージのような測定子やガイドによるキズがつきにくく，迅速な測定が可能である．

ここで測定子の接触における，二点式と三点式についての注意点を説明する．測定物形状が楕円の場合（図 27 左図参照），外側マイクロメータやシリンダゲージ等の二点式で長径と短径を測定すると，径に差が出る．また，右図のような「おむすび」形状（等径ひずみ円の一種）の場合は二点式でどの測定軸を測っても同じ直径になる．しかし，三点式内側マイクロメータ等の三点式では楕円形状の場合，直径差は小さくなる．一方，「おむすび」形状では内接円と外接円の位置で直径に大きな差が出る．したがって，寸法測定にあたっては，内径・外径問わず測定物の形状を考慮して，目的に適した測定器を選定する必要がある．

4.3　その他のダイヤルゲージ応用測定器

ダイヤルゲージを応用した測定工具として，図 28 に示

すダイヤルシックネスゲージ[1] (厚み測定用), **図 29** のダイヤルデプスゲージ[1] (深さ測定用, つぎたしロッドで測定範囲の延長が可能) のほか, ダイヤルキャリパゲージ[1] (内側, 外側) 等があるが, 詳細は省略する.

5. お わ り に

マイクロメータやノギスには, さまざまな用途に対応した各種専用測定工具がある. これらについてはメーカのカタログ等[3]で確認いただきたい. また, 取り扱いの基本については, 実機を使用したセミナー[4]もあるので, 利用されることをお勧めする. 本稿が測定工具の使用の際の参考になれば幸いである.

参 考 文 献

1) (株)ミツトヨ:総合カタログ No. 13.
2) 青木保雄:改訂精密測定 (1), コロナ社.
3) (株)ミツトヨ:専用測定工具 専用マイクロメータ・専用ノギス, カタログ No. 12026
4) (株)ミツトヨ 計測学院の各種講座
※本稿の図は, (株)ミツトヨの計測学院作成のテキストならびにミツトヨ総合カタログ No. 13 より引用した.

はじめての 精密工学

単結晶 Si の加工変質層
―形成，評価，修復―

Machining-Induced Subsurface Damage in Single-Crystal Silicon
—Formation, Characterization, and Recovery—/Jiwang YAN

慶應義塾大学 理工学部機械工学科　閻　紀旺

1. は じ め に

電子情報機器や赤外線光学デバイスおよび太陽光発電システムの発展にともない，単結晶シリコン（以下，Si と記す）の超精密加工に対する要求が増加しつつある．Si 結晶の形状創成は通常ワイヤソー切断や切削，研削などの機械加工プロセスによって行われている．加工条件を適正に設定すれば，表面粗さ数 nm の平滑な表面を得ることが可能になってきている．一方，機械加工によって結晶構造が乱れ，表面内部に深さ数 nm～数 μm の加工変質層が形成されてしまうことがある．加工変質層は極めて薄いものであるが，Si 部品の機械的，電気的，光学的性能に大きな影響を及ぼしている．そのため，加工変質層の微視的構造や深さの情報を正確に把握し，加工変質層を低減あるいは除去することが極めて重要であると考えられる．

本稿では，まず単結晶 Si の機械加工における加工変質層の形成メカニズムを解説し，そして顕微レーザラマン分光法を用いた加工変質層の非破壊評価技術，ならびにナノ秒パルスレーザ照射を用いた加工変質層の修復技術などについて述べる．

2. 加工変質層の形成

単結晶 Si のような硬脆材料であっても，一定の条件を満たせば，切りくずが塑性流動によって生成され，脆性破壊のない加工面が得られることがよく知られている．このような機械加工は延性モード加工と呼ばれている．切れ刃近傍での被削材の除去機構は，大きく分けて転位運動に基づくものと相変態に基づくものの 2 種類が存在する．軟質金属の場合は前者が顕著であるが，硬脆材料の場合は後者が支配的となる．単結晶 Si は，10 GPa 以上の高静水圧環境下でダイヤモンド構造から β-Sn 等の高圧相に変態する．一方，β-Sn 相は圧力が解放されるとダイヤモンド構造に戻らず，アモルファス構造へと相変態する．そのため，図 1 に示すように，加工後の工作物表面にはアモルファス層（a-Si）が残る[1]．切れ刃先端からやや離れた領域においては高圧相変態に必要な圧力条件を満たさないが，高応力状態によって転位が発生することがある．その結果，アモルファス層の下部には転位が残ることになる．

図 2 に，延性モード切削による単結晶 Si の加工変質層の断面透過電子顕微鏡（TEM）写真および加工変質層の模式図を示す．また，加工変質層の構造や深さは加工方法，加工条件そして被削材の結晶方位によって異なる[2]．図 3 はワイヤソー切断および研削によって形成された加工変質層の断面 TEM 写真と模式図である．切削面に比べて砥粒による条痕が顕著であり，加工変質層の深さが不均一になっている．また，転位層よりも深い領域で微小クラ

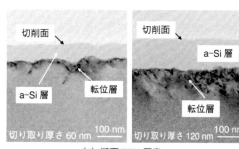

(a) 断面 TEM 写真

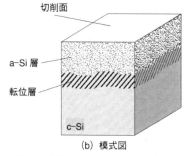

(b) 模式図

図 2　切削加工による単結晶 Si の加工変質層

図 1　単結晶 Si 加工変質層の形成メカニズム

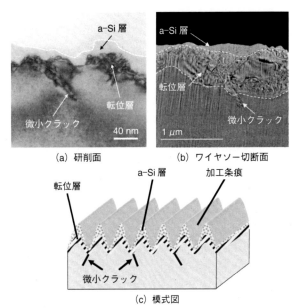

(a) 研削面　(b) ワイヤソー切断面

(c) 模式図

図3　単結晶 Si の砥粒加工による加工変質層

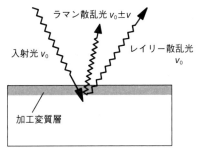

図4　レーザラマン分光法による加工変質層の測定原理

ックが形成されることもある．内部クラックは特に粗い研削面やワイヤソーによる切断面において顕著に現れる[3]．

3. 加工変質層の評価

　加工変質層は極めて薄いため，その評価は容易ではない．集束イオンビームを用いて試料断面を作製し，その断面を TEM により観察することで加工変質層を特定することが可能であるが，試料作製に長時間を要し，非常に高価である．そこで，加工変質層の評価技術の一つとして顕微レーザラマン分光法を紹介する．本手法は簡便で非破壊評価が可能であるため，単結晶材料の加工変質層を評価するための有効な手段であると考えられる．

　図4に示すように，物質にレーザ光を入射させると散乱光が発生する．散乱光のほとんどはレイリー散乱と呼ばれる入射光と同振動数（v_0）の散乱光であるが，これ以外に物質との相互作用により入射光の振動数が変化した微弱な散乱光（$v_0 \pm v$）も存在する．この微弱な散乱光はラマン散乱と呼ばれている．ラマン散乱はレイリー散乱に比べて強度が非常に弱いが，そのスペクトルを解析することに

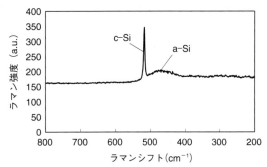

図5　Si 加工変質層の典型的なラマンスペクトル

よって，物質を同定したり結晶性を評価したりすることができる．単結晶 Si の場合 520 cm^{-1} のラマンシフトに鋭いピーク（c-Si）が現れるが，アモルファス Si の場合は 470 cm^{-1} を中心としたブロードなピーク（a-Si）が現れる．この特徴を利用しラマンスペクトルを測定することで，加工変質層における材料の相変態を容易に検出することができる[4]．また，ラマンシフトのズレから残留応力を測定することも可能である．図5に，Si 切削面の典型的なラマンスペクトルの一例を示す．470 cm^{-1} 付近において鈍いピークが現れており，試料表層は単結晶からアモルファスへと相変態していることが分かる．一方，520 cm^{-1} 付近においてシャープなピークも同時に現れていることから，レーザ光がアモルファス層を通過し，単結晶領域に到達していることを示唆している．

　これまでにも，顕微レーザラマン分光法を用いて Si 加工における相変態現象を検出する研究が報告されている．しかし，いずれも変質層の有無の判別に限られており，定性的な評価であった．そこで筆者らは，相変態の程度が単結晶 Si とアモルファス Si のピークの強弱に現れていることに着目し，それぞれのピークの強度を解析することによって加工変質層深さの定量的な測定方法を提案した[5]．

　具体的には，アモルファス Si と単結晶 Si のそれぞれのピークの波形を積分した面積の比をラマン強度比と定義し，定量的評価の指標として導入した．ところで，図5にも示されたように，一般に加工変質層のラマンスペクトルは単結晶 Si とアモルファス Si のピークが一部重なって連続的に現れる．そのため，各々のピーク強度を求めるためにはピークを分離する必要がある．そこで，波形フィッティング処理を行うことによりラマンピークを分離することにした．フィッティング精度から単結晶 Si ピークはローレンツ波形，アモルファス Si ピークはガウス波形をそれぞれ採用した．この方法を用いて得られたラマン強度比と実際 TEM 観察で得られたアモルファス層厚さとの比較を行った．その結果，両者には図6に示すように明確な相関関係が確認された．この相関関係を利用することでラマン強度比の測定によりアモルファス Si 層の厚さを定量的に推定できるようになった[5]．

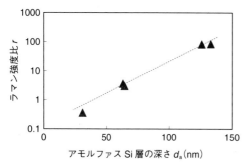

図6 アモルファス層深さとラマン強度比との関係

4. 加工変質層の修復

Si の加工変質層を除去するために，従来化学的機械研磨などが行われている．しかし，曲面形状や微細形状を研磨する場合，形状精度の劣化が大きな問題となっている．また，生産能率の低下や廃液の排出による環境汚染などの課題もある．そこで筆者らは，工作物材料を除去せずに加工変質層のみをなくす新しい手法として，ナノ秒パルスレーザを用いた加工変質層の修復技術を提案した[6]-[8]．

図7 にレーザ照射による変質層修復の原理を示す．加工変質層部分のレーザ吸収率がバルク領域より著しく高いことを利用し，変質層部分のみをナノ秒速で溶融させ，結晶欠陥を完全に消滅させる．その後，レーザパルス終了にともなう冷却作用により無欠陥のバルク領域を種として表面に向けて液相エピタキシャル結晶成長が行われる．その結果，結晶欠陥のないバルク領域とまったく同様な単結晶構造が得られる．また，研削面やワイヤソー切断面などのような微小凹凸や条痕が存在する加工面の場合，レーザ照射によって表層が溶融する間に表面張力作用により溶融層の表面が平らになる．その後，平らになった液面に向けて結晶成長が行われていくため，加工面に存在していた凹凸や条痕も消滅する．すなわち，提案手法では加工変質層の修復と表面の平滑化の同時実現が可能である[8]．

レーザと材料の間の相互作用はレーザ波長，エネルギ密度，パルス幅および材料のレーザ吸収率，材料の熱定数（比熱，熱伝導，熱拡散率）などに依存する．レーザ修復を実現するには，上述のレーザラマン分光法で測定したアモルファス層の厚さや転位とクラックの深さなどを考慮し，レーザ波長やパルス幅を選定する必要がある．Nd：YAG レーザの第2高調波（532 nm）が単結晶 Si に侵入する深さは約 $1 \mu m$，アモルファス Si への侵入深さは約 70 nm であり，超精密切削や研削で形成された加工変質層の深さ範囲に合致するため，本研究ではパルス幅が数ナノ秒から数十ナノ秒の Nd：YAG レーザ第2高調波を選定した．

図8 は，ダイヤモンド砥石を用いた超精密研削で加工変質層が形成された Si 基板にレーザを照射した後の照射部とその近傍の断面 TEM 写真である．加工変質層はアモ

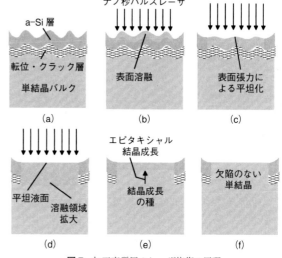

図7 加工変質層のレーザ修復の原理

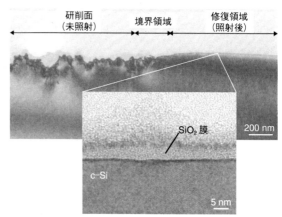

図8 Si 研削面レーザ修復前後の断面 TEM 写真

ルファス層および転位層の二つの層から構成されており，局所的に微小クラックも形成されていた．一方，レーザ照射後はすべての欠陥が観察されなくなり，バルク領域と同様な単結晶構造に修復されている．また，研削条痕も平坦化され，nm レベルの表面粗さを達成している．

レーザ修復技術は，レーザビームの優れた制御性から特に曲面形状や微細形状の処理に適している．例えば，赤外線光学系において使用されている Si 非球面レンズやフレネルレンズ，そして半導体製造分野の Si ウエハのエッジやノッチなどが挙げられる．ウエハのエッジはスラシング後にベベル研削によって曲面に加工されるが，研削による加工変質層が残留し，半導体デバイスのさらなる微細化と高集積化の障害になっているため，その高品質化が急務となっている．

曲面に対してレーザ修復を行う場合，表面傾斜角度によりエネルギ密度が変化し，修復効果に影響を与えることが考えられる．そこで，異なる傾斜角度をもつ試料表面に対

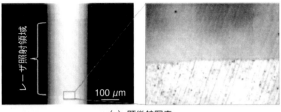

(a) 顕微鏡写真

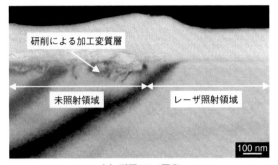

(b) 断面 TEM 写真

図9　単結晶 Si ウエハエッジのレーザ修復

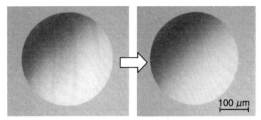

(a) 微分干渉顕微鏡写真

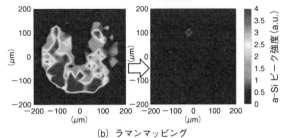

(b) ラマンマッピング

図10　単結晶 Si マイクロレンズのレーザ修復

しレーザ照射実験を行い，加工変質層の完全修復が可能な臨界傾斜角度やエネルギ密度などの条件を特定した．一例として，図9に大曲率表面を有する Si ウエハエッジのレーザ修復例を示す．レーザビームの角度を変化させながらウエハ表面に照射することによってエッジ全面の修復を行った．表面顕微鏡写真から，エッジ全面にレーザが均一に照射されており，照射領域の表面凹凸も平滑化されていることが確認できる．また，断面 TEM 写真より，未照射領域に存在する加工変質層がレーザ照射領域では修復され，単結晶化していることが分かる．

図10に，延性モード切削で作製した直径 200 μm の単結晶 Si マイクロレンズアレイのレーザ修復例を示す．この場合，表面傾斜角度の変化が小さいため，レーザビームの角度を変化させずに照射してもレンズ全面の修復が可能である．微分干渉顕微鏡観察では，レンズ表面の切削痕が消え，より平滑になった．また，ラマンマッピング解析によって，レンズ表面のアモルファス Si から単結晶構造へ修復されたことが確認された．

レーザ照射による加工変質層の修復技術の特徴をまとめると，以下のようになる．（1）材料の除去がともなわないため，機械加工で得られた形状精度をそのまま維持することができる．（2）高周波パルスレーザを高速スキャンさせることで短時間での修復が可能である．（3）切りくずや化学廃液をまったく排出せず，環境に悪影響を与えることのないクリーン技術である．（4）異物の混入がないため，洗浄工程を削減することができる．（5）複雑形状や微細形状への適用が可能で，局所の選択的修復も可能である．

5．お わ り に

加工変質層は形状誤差や表面粗さと同様，表面品位を左右する重要な指標である．本稿では，単結晶 Si の加工変質層の形成メカニズムや加工変質層に対する顕微レーザラマン分光法による非破壊評価，ならびにナノ秒パルスレーザ照射を用いた加工変質層の完全修復について述べた．これらの手法は，Si のみならず多くの単結晶材料への応用が可能であり，今後半導体基板や光学デバイスの分野において加工面の高品質化への寄与を期待したい．

参 考 文 献

1) J. Yan, T. Asami, H. Harada and T. Kuriyagawa : Fundamental investigation of subsurface damage in single crystalline silicon caused by diamond machining, Precision Engineering, **33**, 4 (2009) 378.
2) J. Yan, T. Asami, H. Harada, T. Kuriyagawa and S. Shimada : Crystallographic effect on subsurface damage formation in silicon microcutting, CIRP Annals—Manufacturing Technology, **61**, 1 (2012) 131.
3) T. Suzuki, Y. Nishino and J. Yan : Mechanisms of material removal and subsurface damage in fixed-abrasive diamond wire slicing of single-crystalline silicon, Precision Engineering, **50** (2017) 32.
4) J. Yan : Laser micro-Raman spectroscopy of single-point diamond machined silicon substrates, Journal of Applied Physics, **95**, 4 (2004) 2094.
5) J. Yan, T. Asami and T. Kuriyagawa : Nondestructive measurement of the machining-induced amorphous layers in single-crystal silicon by laser micro-Raman spectroscopy, Precision Engineering, **32**, 2 (2008) 186.
6) J. Yan, T. Asami and T. Kuriyagawa : Response of machining-damaged single-crystalline silicon wafers to nanosecond pulsed laser irradiation, Semiconductor Science and Technology, **22**, 4 (2007) 392.
7) J. Yan, S. Sakai, H. Isogai and K. Izunome : Recovery of microstructure and surface topography of grinding-damaged silicon wafers by nanosecond-pulsed laser irradiation, Semiconductor Science and Technology, **24**, 10 (2009) 105018.
8) J. Yan and F. Kobayashi : Laser recovery of machining damage under curved silicon surface, CIRP Annals-Manufacturing Technology, **62**, 1 (2013) 199.

はじめての
精密工学

白色干渉計測法の原理と応用

Principle of White Light Interferometry and Its Application/Ribun ONODERA

職業能力開発総合大学校　電子制御・信号処理ユニット　**小野寺理文**

1. はじめに

　光波を二方向に振幅分割し，それらを再び合波したとき に生ずる光の干渉現象を利用した干渉計測法は，これまで に種々提案されており，レンズ・ミラー等の光学部品の表 面形状計測や半導体デバイスの欠陥検査等へ応用され，非 接触かつ高精度な計測法となっている．光をプローブとし た生体計測，医用診断治療は，X線やγ線などに比べて光 のもつフォトンエネルギーが低く，生体にダメージを与え ず，生の状態に近い条件で生体内部まで診断することが可 能であり，今後ますます有望になると考えられている．本 稿は，光干渉計測技術の中で，低コヒーレンス光源を利用 した白色干渉計測法について解説する．白色干渉計測法 は，低コヒーレンス光源の利用により，所望の被検面以外 からの反射や被検物体中の光散乱にともなう煩雑な干渉信 号を回避できるので，生体計測などへの応用が進んでいる．

　被検物体の変位や形状データへ変換することができる物 体光の反射点位置は，参照鏡の位置を走査して得られる低 コヒーレンス干渉縞の可視度が最大となる走査位置から求 められ[1]，走査型低コヒーレンス干渉計，あるいは時間領 域 OCT（Optical Coherence Tomography）などと呼ばれ ている[2]．一方，低コヒーレンス干渉光をグレーティング （回折格子）に入射させ，波数軸に展開して得られるチャ ネルドスペクトラムは，参照光と物体光の間の光路差に比 例した空間周波数を有する干渉信号となり，この周波数を 観測することにより，人眼[3]や多重層の厚さ[4]を測定する ことができ，スペクトル領域 OCT と呼ばれている．以下

に，時間領域 OCT，スペクトル領域 OCT の測定原理を 示す．さらに，時間領域 OCT で参照光の機械的な走査を 必要としない光ディレイラインである RSOD（Rapid Scanning Optical Delay）[5][6]の動作原理について紹介する．

2. 時間領域 OCT

　図1は，被検物体を人眼としたときの時間領域 OCT の 実験システムの模式図を表している．光源は，スーパール ミネッセントダイオード（Super Luminescent Diode：SLD）などの低コヒーレンス光源である．光源からの低コ ヒーレンス光は，ビームスプリッタ（BS）で参照光と物 体光に振幅分割される．物体光は，光路上に置かれた人眼 に照射され，角膜表面，水晶体の前後，網膜などで反射 し，参照ミラー M_R からの反射光と合波され，検出系へ導 かれる．参照ミラー M_R は，光軸方向に走査され，参照光 と人眼中で反射する物体光との間の光路差が変化する．図 2は，図1において人眼の代わりに，ミラーを配置し，ミ ラーからの単一反射点に対する干渉強度をフォトダイオー ド（PD）で観察した実験結果である．横軸は，参照ミラ ーの走査による光路差変化を表し，コヒーレンス長 $l_c = 45$ μm の SLD が用いられている．図2の結果より，参照光 路と物体光路が等しい光路差が0のところで最大の干渉強 度変化が現れ，光路差の増加とともに干渉強度の変調振幅 が減衰していく様子が分かる．また，光路差がおよそコヒ ーレンス長 l_c 以内のときに限り干渉強度変化が観測でき る．図2のような干渉縞を白色干渉縞と呼び，顕著な干渉 強度変化が現れる可視度のピーク位置から，物体の反射点

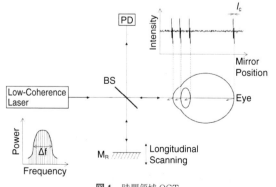

図1　時間領域 OCT

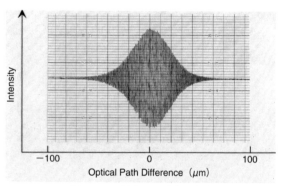

図2　SLD 光源による白色干渉縞

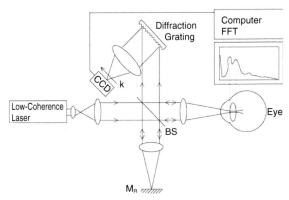

図3 スペクトル領域 OCT の構成

位置を特定することができる．図1の右上に示すように，時間領域 OCT では，人眼中の角膜表面，水晶体の前後，網膜の反射点の位置が，参照ミラー M_R の移動距離をモニターすることにより測定される．

時間領域 OCT を利用した人眼計測として，8人の被験者の眼軸長を測定精度 $30\,\mu m$ で測定した例[7]，7人の被験者の角膜の厚さを測定精度 $1.5\,\mu m$ で測定した例[8]，光軸に垂直な方向に機械的な可動部を設け，死後 24 時間以内の人眼網膜付近の断層映像測定に初めて成功した例[9]，生きた状態での人眼網膜の断層映像測定の報告がある[10]．白色干渉縞のピーク位置を測定する方法として，白色干渉縞の細かい周期を取り除いたエンベロープ成分（可視度の分布）をフーリエ変換法で求めピーク位置を決定する例[11]，また，同様な測定原理に基づいているが，干渉縞データのサンプリング数を大幅に減らし，サブナイキスト法に基づいてエンベロープ成分を求める例[12]，低コヒーレンス光源の平均波長を単位として $0°$，$120°$，$240°$ の位相シフトを与えた三つの干渉縞画像から位相シフト法に基づき，エンベロープ成分が測定されている例[13]，波長板および偏光子の配置により色消しの位相シフタを構成し，白色干渉縞の位相をシフトさせ，エンベロープ成分が測定されている例[14][15]，白色干渉縞の包絡線が局所的に線形であると仮定した位相シフトアルゴリズムによりピーク位置を測定した報告がある[16]．また，2次元ロックイン技術を利用して垂直方向のスキャンニングを行うことなく植物試料の断層映像が検出されている[17]．参照ミラーを光軸方向に走査する代わりに，リトロー配置されたグレーティング（回折格子）からの低コヒーレンス光の $+1$ 次回折光を参照光とすると，光軸に対して垂直方向に光路長変化を与えることができる[18]．この参照光と物体光により生成された白色干渉縞を1次元 CCD センサーで観測し，実時間で被験物体の光軸方向の反射率分布を測定する方法が報告されている[19]．

3. スペクトル領域 OCT

図3は，被検物体の反射率分布を測定することができ

るスペクトル領域 OCT の模式図で，ここでは人眼を被検物体と仮定した．光源は，低コヒーレンス光源である．ビームスプリッタ（BS）で振幅分割された参照光と物体光は，参照ミラー，人眼中で各々反射し，BS で合波したあと検出系へ導かれる．検出系は，グレーティングと CCD センサから構成されている．光源の低コヒーレンス光は，図1の左下に模式的に示してあるように，周波数が異なる単一周波数モードのレーザ光の集合体と考えることができ，参照光と物体光がグレーティングへ入射すると，周波数成分ごとに回折角が異なるので，SLD のスペクトル範囲内の周波数空間（k 空間）上で分離された干渉強度分布が，CCD センサで測定されることになる．CCD センサで測定される干渉強度分布は，チャネルスペクトラムと呼ばれ，低コヒーレンス光源の波数スペクトルをガウス分布と仮定したとき，波数 k の関数として次式で与えることができる．

$$I(k) = A + B \exp\left[-\ln(2) \times \left(\frac{k-k_0}{\Delta k}\right)\right] \times \cos[\phi(k)] \quad (1)$$

ここで，A はバイアス強度，B は変調強度，k_0 は低コヒーレンス光源の中心波数，Δk は光源の半値半幅である．$\phi(k)$ は干渉位相で，z を物体光と参照光の光路差として次式で与えられる．

$$\phi(k) = kz \quad\quad\quad (2)$$

式(2)より，干渉位相は波数に比例した線形分布となり，その傾きは光路差 z に比例することが分かる．したがって，チャネルスペクトラムは，波数軸（CCD センサ上）に対して光路差に比例した一定周波数を有する干渉信号となり，その周波数を測定することにより，被検物体の反射点の位置を知ることができる．図3で示したように，被検物体中に複数の反射点がある場合，光路差が多数存在するので，チャネルスペクトラムは光路差について多重化された干渉信号となる．この多重化された干渉ビート信号を CCD センサで検出し，計算機に転送して高速フーリエ変換すると，人眼中の反射点の空間分布を測定することができる．また，各々の周波数スペクトルの大きさから相対的な反射率分布の情報を得ることができる．

図4は，単一反射点に対するチャネルスペクトラムを数値計算した結果で，中心波長 815 nm，半値全幅 20 nm の光源（コヒーレンス長：$l_c = \lambda^2/\Delta\lambda \cong 33\,\mu m$）を仮定したので，$k_0 = 2\pi \times 1.227\,\mu m^{-1}$，$\Delta k = 2\pi \times 0.01506\,\mu m^{-1}$ となり，$k_0 \pm 2\Delta k$ の範囲である $2\pi \times 1.197\,\mu m^{-1} \sim 2\pi \times 1.257\,\mu m^{-1}$ の波数範囲についてシミュレーションした．(a)，(b)，(c) とも，上段が位相分布，中段がチャネルスペクトラム，下段がチャネルスペクトラムの断面強度分布を，それぞれ表している．図4 (a) は，光路差が0の場合で，式(2)より位相は全波数範囲で0であり，光源のスペクトル分布自体がチャネルスペクトラムとなる．図4 (b) は，光路差を $50\,\mu m$ とした場合で，全体で6周期くらいの干渉縞分布が現れ，光源のスペクトラムで強度変調されていることが分かる．図4 (c) は，光路差

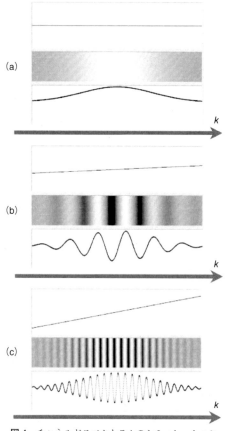

(a)

(b)

(c)

図4 チャネルドスペクトラムのシミュレーション

を $200\,\mu m$ と大きくした場合で，位相分布の傾きが大きくなり，全体で 24 周期くらいの干渉縞分布が現れている．このようにチャネルドスペクトラムの干渉信号の空間周波数は，光路差に比例しており，反射点が複数あり干渉信号が多重化している場合でも，フーリエ変換することによりそれぞれの光路差を分離して測定することができる．この方法で注目すべきことは，k 空間に分離された干渉光のコヒーレンス長は，実験で使用するグレーティングの分解能で定まり，光源のコヒーレンス長よりも長くなることである．例えば，コヒーレンス長約 $200\,\mu m$ のマルチモードレーザを光源として，9 mm 程度の空間的範囲にわたって人工眼内の反射点からの干渉信号が測定されている[3]．

スペクトル領域 OCT において，被験物体に分散特性がある場合，行路差に波数依存性が出てくるので，干渉位相は式(2)で表せなくなり，波数に比例しなくなる．この場合，チャネルドスペクトラムの周波数が行路差に対して一定ではなくなり，これまで測定誤差要因として扱われてきた．この被験物体の分散特性を積極的に利用し，干渉位相の波数依存性を測定することにより絶対距離[20]や分散パラメータ[21]を測定した報告がある．

スペクトル領域 OCT では被検物体中の反射点の位置は，参照ミラー M_R のミラーイメージに相当する光路差が

0 の位置からの距離で与えられ，ミラーイメージより奥にあるのか，手前にあるのかを表す距離の正負の違いを区別することができない．次式は，図 3 の CCD センサで検出される干渉強度分布信号をフーリエ変換して得られる周波数スペクトルを示している．

$$G_{UU}(\nu) = G_{rr}(\nu) + \sum_n G_{nn}(\nu)$$
$$+ \mathrm{Re}\{\sum_{n \neq m} G_{nm}(\nu) \exp[-2\pi j\nu(z_n - z_m)/c]\}$$
$$+ \mathrm{Re}\{\sum_n G_{nr}(\nu) \exp[-2\pi j\nu(z_n - z_r)/c]\} \quad (3)$$

第 1 項と第 2 項は，参照ミラーと被検物体内の反射点からの反射強度を表しており，0 次のスペクトル成分となる．第 3 項は，光学距離 z_n と z_m にある被検物体内の反射点間の干渉強度の周波数スペクトルであり，±1 次のスペクトル成分をもっている．第 4 項は，光学距離 z_r にある参照ミラー M_R と光学距離 z_n にある被検物体内の反射点との間の干渉強度の周波数スペクトルである．この第 4 項が，被検物体の反射点の空間分布である断層像を表しており，CCD センサ上では $c/(z_n - z_r)$ の周期で空間的に変動する干渉ビート信号を表している．いま，光路差 0 の位置に被検物体を置き，その前後に反射点が存在する場合，$\nu = 0$ に相当する，光路差 0 の位置を中心として鏡面反射したような原点に対称な断層像が得られるようになる．ここで，第 3 項に相当する ±1 次のスペクトル成分と光路差 0 のところに現れる強い 0 次のスペクトル成分は，第 4 項の ±1 次のスペクトル成分で示された被検物体の反射点分布にとってはノイズとなり，断層像を検出することが困難となってくる．Fercher らは，この問題を解決するために，第 4 項に相当する干渉信号の解析信号を決定し，人眼の断層映像を測定することができる複素スペクトル領域光波コヒーレンス断層映像法を報告した[22]．図 3 において，参照ミラーを低コヒーレンス光源の中心波長の 1/8 ずつ 5 回変位させ，第 4 項に相当する干渉信号だけに $\pi/2$ (rad) で 5 段階変化する位相シフトを与える．五つの干渉縞強度分布に対して位相シフト干渉法アルゴリズムを適用すると，第 4 項の振幅と位相が導出され，解析信号を求めることができる．この解析信号をフーリエ変換することにより +1 次のスペクトル成分だけが求まり，ノイズを除去した人眼の断層映像を得ることができる．

4. RSOD（Rapid Scanning Optical Delay）

時間領域 OCT は，光路走査を行うための光ディレイラインを必要とする．図 1 では，参照ミラーを機械的に光軸方向に走査することにより，光ディレイラインが構成されている．図 5 に示した RSOD は，ミラーを傾けることにより，光ディレイラインを構築する方法で，グレーティング，レンズ，ミラーで構成されている．グレーティングとミラーはレンズの焦点距離 f の位置に設置されている．低コヒーレンス光はグレーティングの作用により，光の周波数ごとに異なる回折角で回折する．波長分散された各々の

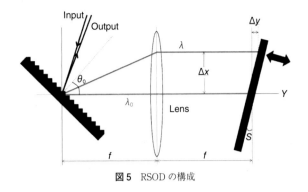

図5 RSOD の構成

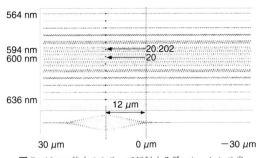

図7 12 μm 後方のミラーで反射する低コヒーレンス光

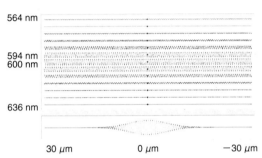

図6 単一周波数モード光の集合体として表した中心位置にある低コヒーレンス光

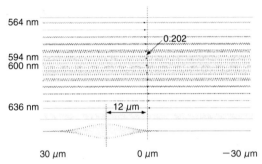

図8 中心波長からの差に比例した光路差を伴うミラーで反射する波長分散した光とその集合体となる低コヒーレンス光

光線はレンズの作用により平行光となり，傾いたミラーへと入射する．ここで，Y 軸を通りレンズの中心を進む光線を低コヒーレンス光源の中心波長 λ_0 を有する光線と仮定する．ミラーで反射した各々の光線は再びレンズを通り，グレーティングへ入射し，合成され，低コヒーレンス光として出力される．ミラーの傾き角度 S が小さい場合，波長分散された波長 λ の光線に与えられる光路差 Δy は，S に比例すると近似できる．

$$\Delta y = S\Delta x \tag{4}$$

ここで，Δx は Y 軸から光線までの距離である．d をグレーティングの回折格子間隔，θ_0 をグレーティング法線と Y 軸との角度とすると Δx は次式で与えることができる．

$$\Delta x = \frac{f}{d\cos\theta_0}(\lambda_0 - \lambda) \tag{5}$$

式(4)，式(5)より波長分散された各々の光線には中心波長からの差に比例した光路差が与えられる．これらの光線をグレーティングで合波した低コヒーレンス光は，c を光速度として次式で示す群遅延が与えられる．

$$\tau_g = \frac{2f\lambda_0}{cd\cos\theta_0}S \tag{6}$$

すわなち，群遅延 τ_g は，ミラーの傾き角 S に比例しており，S に比例した光路差が低コヒーレンス光に与えられ，これが RSOD の原理となる．

次に RSOD の原理を直感的に示した数値シミュレーションを示す．低コヒーレンス光は単一周波数モードのレーザ光（単一モード光）の集合体と考えられ，有限な長さを

もつ波連となる．**図6** は，中心波長 600 nm，半値全幅 24 nm のガウス分布状のスペクトルをもった低コヒーレンス光（コヒーレンス長：$l_c = \lambda^2/\Delta\lambda \cong 15\,\mu\mathrm{m}$）を図の上側に模擬的に示した 564 nm から 636 nm まで 0.2 nm ずつ異なる単一モード光を 360 波足し合わせ，再現したシミュレーション結果である．いま，低コヒーレンス光が右から左へ伝搬する様子を考える．波連の振幅が最も大きい位置は図の中心であり，すべての単一モード光の初期位相が 0 の位置に対応している．ここで，図の中心にミラーを設置したとする．低コヒーレンス光を構成する各々の単一モード光は，黒点の位置で反射することになる．

図7 は図6のミラー位置を 12 μm 後方へ移動した結果である．ミラーを 12 μm 後方へ移動させたので，低コヒーレンス光を構成する単一モード光も，12 μm 後方に示した黒点の位置で初期位相 0 の状態で反射することになる．したがって，単一モード光の合成で与えられる低コヒーレンス光は，黒点の位置で最大の振幅をもつようになる．このとき，12 μm という移動距離を波長単位で考えてみる．中心波長 600 nm の単一モード光は 20 波長分，後方で反射している．594 nm の単一モード光は 20.202 波長分，後方で反射しており，中心波長との差は 0.202 波長分である．**図8** は，低コヒーレンス光を波長分散させて単一モード光に分解し，各々の単一モード光に中心波長からの差に比例した光路差を与えるように反射ミラーを傾けて設置した例を示している．図6と比べると，反射点を表す黒点

の位置が傾いており，単一モード光の初期位相0の位置も
それに従って移動している．図8において，594 nmの単
一モード光は波長を単位として0.202波長分だけ後方に傾
いており，図7の単一モード光の分布と等しくなる．した
がって，すべての単一モード光を合波した低コヒーレンス
光は，図7と図8で等しくなることが分かる．ここで示し
たように，各々の単一モード光に対して中心波長からの差
に比例した光路差を与えると，正弦波の周期性から図7の
ようにすべての単一モード光を平行移動したときと同様の
効果を得ることができる．これが，RSODで与えられる
群遅延効果の直感的な説明となる．

5. ま と め

本稿は，白色干渉計測法の測定原理とその応用例につい
て解説した．白色干渉計測法は，その最大の特徴である低
コヒーレンス性をセンサプローブとして利用し，生体計測
などへ広く応用されている．さらに，低コヒーレンス光を
単一モードレーザ光の集合体として捉え，グレーティング
により周波数空間に分離することにより，空間軸上に構成
された周波数走査レーザを利用したスペクトル領域OCT
や波長分散された光の位相を操作し再合成することによ
り，群遅延を発生させ光ディレイラインを構成できる
RSODについて報告した．このほかに，低コヒーレンス
光のコヒーレンス関数の合成を用いた干渉計測法[23]，球面
鏡を巧みに利用した低コヒーレンスヘテロダイン干渉
計[24]，干渉信号の複素コヒーレンス度の絶対値を算出し，
表面形状を計測する低コヒーレンス干渉法などが報告され
ている[25]-[27]．

参 考 文 献

1) P.A. Flournoy, R.W. McClure and G. Wyntjes : White-light interferometric thickness gauge, Appl. Opt., **11** (1972) 1907.

2) R.C. Youngquist, S. Carr and D.E.N. Davies : Optical coherence-domain reflectometry : a new optical evaluation technique, Opt. Lett., **12** (1987) 158.

3) A.F. Fercher, C.K. Hitzenberger, G. Kamp and S.Y. El-Zaiat : Measurement of intraocular distances by backscattering spectral interferometry, Opt. Commun., **117** (1995) 43.

4) U. Schnell, R. Dändliker and S. Gray : Dispersive white-light interferometry for absolute distance measurement with dielectric multilayer systems on the target, Opt. Lett., **21** (1996) 528.

5) K.F. Kwong, D. Yankelevich, K. C Chu, J.P. Heritage and A. Dienes : 400-Hz mechanical scanning optical delay line, Opt. Lett., **18** (1993) 558.

6) C.E. Saxer, J.F. de Boer, B.H. Park, Y. Zhao, Z. Chen and J.S. Nelson : High-speed fiber-based polarization-sensitive optical coherence tomography of in vivo human skin, Opt. Lett., **25** (2000) 1355.

7) A.F. Fercher, K. Mengedoht and W. Werner : Eye-length

8) C.K. Hitzenberger : Measurement of corneal thickness by low-coherence interferometry, Appl. Opt., **31** (1992) 6637.

9) D. Huang, E.A. Swanson, C.P. Lin, J.S. Schuman, W.G. Stinson, W. Chang, M.R. Hee, T. Flotte, K. Gregory, C.A. Puliafito and J.G. Fujimoto : Optical coherence tomography, Science, **254** (1991) 1178.

10) E.A. Swanson, J.A. Izatt, M.R. Hee, D. Huang, C.P. Lin, J.S. Schuman, C.A. Puliafito and J.G. Fujimoto : In vivo retinal imaging by optical coherence tomography, Opt. Lett., **18** (1993) 1864.

11) G.S. Kino and S.S.C. Chim : Mirau correlation microscope, Appl. Opt., **29** (1990) 3775.

12) P. de Groot and L. Deck : Three-dimensional imaging by sub-Nyquist sampling of white-light interferograms, Opt. Lett., **18** (1993) 1462.

13) T. Dresel, G. Hausler and H. Venzke : Three-dimensional sensing of rough surfaces by coherence radar, Appl. Opt., **31** (1992) 919.

14) P. Hariharan and M. Roy : White-light phase-stepping interferometry for surface profiling, J. Mod. Opt., **41** (1994) 2197.

15) S. Suja Helen, M.P. Kothiyal and R.S. Sirohi : Phase shifting by a rotating polarizer in white-light interferometry for surface profiling, J. Mod. Opt., **46** (1999) 993.

16) P. Sandoz : An algorithm for profilometry by white-light phase-shifting interferometry, J. Mod. Opt., **43** (1996) 1545.

17) E. Beaurepaire, A.C. Boccara, M. Lebec, L. Blanchot and H. Saint-Jalmes : Full-field optical coherence microscopy, Opt. Lett., **23** (1998) 244.

18) I. Zeylikovich, A. Gilerson and R.R. Alfano : Nonmechanical grating-generated scanning coherence microscopy, Opt. Lett., **23** (1998) 1797.

19) R. Onodera, S. Oshida and Y. Ishii : Measurement technique for depth profiling in time-domain low-coherence interferometer, Opt. Rev., **17** (2010) 171.

20) P. Pavlicek and G. Hausler : White-light interferometer with dispersion : an accurate fiber-optic sensor for the measurement of distance, Appl. Opt., **44** (2005) 2978.

21) S.K. Debnath, N.K. Viswanathan and M.P. Kothiyal : Spectrally resolved phase-shifting interferometry for accurate group-velocity dispersion measurements, Opt. Lett., **31** (2006) 3098.

22) M. Wojtkowski, A. Kowalczyk, R. Leitgeb and A.F. Fercher : Full range complex spectral optical coherence tomography technique in eye imaging, Opt. Lett., **27** (2002) 1415.

23) Y. Teramura, K. Suzuki, M. Suzuki and F. Kannari : Low-coherence interferometry with synthesis of coherence function, Appl. Opt., **38** (1999) 5974.

24) H. Matsumoto and A. Hirai : A white-light interferometer using a lamp source and heterodyne detection with acousto-optic modulators, Opt. Commun., **170** (1999) 217.

25) J.P. Lesso, A.J. Duncan, W. Sibbett and M.J. Padgett : Surface profilometry based on polarization analysis, Opt. Lett., **23** (1998) 1800.

26) O. Sasaki, Y. Ikeada and T. Suzuki : Superluminescent diode interferometer using sinusoidal phase modulation for step-profile measurement, Appl. Opt., **37** (1998) 5126.

27) R. Onodera, H. Wakaumi and Y. Ishii : Measurement technique for surface profiling in low-coherence interferometry, Opt. Commun., **254** (2005) 52.

measurement by interferometry with partially coherent light, Opt. Lett., **13** (1988) 186.

はじめての 精密工学

原子スケール固液界面計測のための原子間力顕微鏡の開発

Development of Atomic Force Microscopy for Atomic-Scale Measurements at Solid-Liuqid Interfaces/Takeshi FUKUMA

金沢大学 新学術創成研究機構ナノ生命科学研究所　福間剛士

1. はじめに

原子間力顕微鏡（AFM）は，原子・分子スケールで表面構造を計測できる顕微鏡技術である．この顕微鏡は，大気・液中・真空中とあらゆる環境下での観察が可能である点や，試料の導電性を問わない点などから，極めて汎用性の高い表面分析技術としてさまざまな学術・産業分野で用いられている．精密工学に関係する応用としては，材料表面の粗さなどの形状，硬さや摩擦などの力学物性，吸着力や反応性などの化学物性，電位や電荷などの電子物性のナノスケール分布を評価するために用いられている．

数ある AFM の応用計測の中で，特に最近では，液中で動作する AFM の性能が急速に向上しており，その固液界面研究への応用が大きな注目を集めている．例えば，液中で原子分解能観察が可能な周波数変調 AFM（FM-AFM）[1][2]の動作速度が飛躍的に向上し，結晶溶解過程において原子ステップ端で生じる原子スケールの現象を直接原子分解能観察することが可能となった[3]．また，液中でナノスケールの電位分布を計測できる技術が開発され[4]，金属腐食反応の分布を直接その場観察することも可能となった[5]．

本稿では，AFM の各種動作モードの原理と特徴を解説した後，高速 FM-AFM や液中電位分布計測技術などの最新の液中 AFM 技術の開発とその応用事例を紹介する．

2. AFM 動作モードの原理と特徴

AFM では，鋭くとがった探針を先端に有する片持ち梁（カンチレバー）を力検出器として用いる．探針を試料表面に近づけると探針-試料間に相互作用力が働くが，それを検出し，一定に保つように探針-試料間距離をフィードバック制御する．その状態で，探針を試料に対して水平方向に走査すると，探針先端は試料表面の凹凸をなぞるように上下するため，その際の探針の軌跡から表面の形状を得ることができる．これが AFM の基本的な動作原理である．

上で述べた原理の中で，探針-試料間相互作用力の検出の仕方によって，AFM はいくつかの動作モードに分類される（**図 1**）．最も基本的なモードはコンタクトモードと呼ばれ，探針に力が働くことによって生じるカンチレバーのたわみ量（Δz）を検出し，それを一定に保つように制御する（図 1（a），（b））．このモードは，装置構成が極めて簡単である点や，測定される Δz と力との関係が分かりやすい点などの長所をもつ．しかし，探針を試料に接触させた状態で走査するため，有機分子や生体分子などの柔らかい試料や，基板上に弱く吸着した孤立分子などの観察では，試料に大きなダメージを与えてしまい，安定した測定を行うことができない．したがって，結晶性をもつ試料の計測に主に用いられる．

この問題を解決するために，ダイナミックモード AFM が開発された．このモードでは，カンチレバーをその共振周波数（f_0）近傍の周波数で振動させる．その状態で探針を試料に近づけると，探針-試料間相互作用力により振幅や f_0 が増減する．これを検出し，それが一定となるように探針-試料間距離を制御する．ダイナミックモード AFM の中で，振幅あるいは f_0 を検出するモードをそれぞれ振幅変調 AFM（AM-AFM）（図 1（c）），周波数変調 AFM（FM-AFM）（図 1（e））と呼ぶ．AM-AFM では，探針を試料に近づけると，探針が試料に接触する直前の非接触領域から接触後のハードコンタクト領域に至るまで，振幅が単調に減衰する．そのため，試料への探針の衝突が

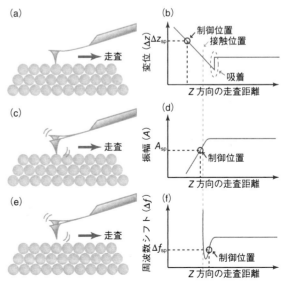

図 1　各種 AFM 動作モードの原理と特徴　(a) コンタクトモード AFM　(b) 変位-距離曲線　(c) 振幅変調 AFM　(d) 振幅-距離曲線　(e) 周波数変調 AFM　(f) 周波数-距離曲線．

避けられないような，表面の凹凸が大きい場合や表面構造が動的に変化する場合にも安定して探針位置を制御できる（図1 (d)）．その一方で，どこで探針が試料に接触したかが明確ではないため，探針と試料の接触を原子レベルで制御することは難しい．

FM-AFMでは，探針を試料に近づけていくと，原子レベルの接触点の直前と直後で急峻に f_0 が変化するため，探針の試料への接触を原子レベルで制御することが比較的容易である（図1 (f)）．したがって，安定して再現性良く原子分解能観察や原子操作を行うことができる．ただし，図1 (f) から分かるとおり，このモードでは探針が試料に強く接触した場合には，安定して探針-試料間距離制御を行うことができないため，試料への強い衝突が避けられないような用途にはあまり向いていない．

以上のとおり，各動作モードにはそれぞれ長所と短所があり，これらを相補的に活用することでさまざまなナノ計測が実現されている．

3. 高速FM-AFMによるカルサイト溶解過程の観察

FM-AFMは，数あるAFM動作モードの中でも最も高い分解能をもち，開発された当初はもっぱら超高真空中での原子スケール計測に用いられていた．しかし，その動作環境は長年にわたって真空中に限られていたため，大気中，液中での計測は実現していなかった．2005年，われわれはカンチレバー変位検出器のノイズを大幅に低減する技術を開発し[1]，世界で初めて液中FM-AFMによる原子分解能観察に成功した[2]．これはFM-AFMのみならず，さまざまなダイナミックモードAFMによる液中原子分解能観察技術の開発へと大きく波及していった．

この液中FM-AFMの開発により，従来技術では見ることのできなかった生体分子表面の α ヘリックスや β シートなどの微細構造をサブナノスケールの分解能で観察できるようになってきた．さらに2010年には，液中FM-AFMと探針の3次元的な走査技術を組み合わせることで，固液界面に形成された3次元水和構造をサブナノスケールで直接計測することが可能となった[6]．水和現象は，タンパク質の折り畳みや分子認識などの生命現象や，摩擦や結晶成長などの物理化学現象，そして腐食や触媒反応などの電気化学反応にも深く関係しており，その直接観察が可能になったことには極めて大きな意義がある．以上のとおり，液中FM-AFMは固液界面構造の原子スケール観察を実現できる極めて強力なツールといえる．しかし，その観察速度は約1 min/frame程度にとどまっていたため，動的現象を捉えることは多くの場合難しかった．

この問題を解決するために，われわれは長年にわたって液中FM-AFMの高速化に取り組んできた．高速原子分解能観察を達成するためには，二つの条件を満たす必要がある．第一に，力測定の帯域幅（B）を増大させても原子分解能観察に必要な力分解能（〜10 pN）を維持できるよう，力検出限界を改善する必要がある．そのために，われ

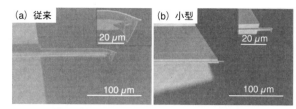

図2 従来型および小型カンチレバーのSEM像

われは小型カンチレバーを用いた（**図2**）．このカンチレバーは水中において約3.5 MHzの f_0 をもち，これは従来のカンチレバーの25倍以上である．また，Q 値は同程度，k は1/2程度である．FM-AFMにおける力検出限界 F_{min} は，近似的に以下の式で表される．

$$F_{min} = \sqrt{\frac{4kk_BTB}{\pi f_0 Q}} \tag{1}$$

ここで，k，Q はカンチレバーのばね定数と共振の Q 値であり，k_B，T はボルツマン定数と温度である．この式から，小型カンチレバーによって，F_{min} を約7倍改善できることが分かる．これは，従来と同等の F_{min} を維持したまま，速度を約50倍改善できることを意味している．

FM-AFMの高速化に必要なもう一つの条件は，探針-試料間制御ループに含まれるあらゆる要素を高速化，低遅延化し，制御帯域を向上させることである．われわれはこれまでに，カンチレバーとその変位検出器や励振装置，スキャナーとその駆動回路，PLL回路やPI制御回路などのFPGA信号処理回路をそれぞれ改良し，5〜10 kHz程度の探針-試料間距離制御帯域を実現した．これらの改良の結果，従来1 min/frame程度だった液中FM-AFMによる原子分解能観察の速度を，1 s/frame程度まで向上させることに成功した[3]．

液中高速FM-AFMの応用として，われわれはカルサイト（$CaCO_3$）の水中における結晶溶解過程のその場観察に取り組んだ．カルサイトは，地球上で最大の炭素貯蔵庫としての役割を担っており，その成長や溶解は，地球規模での炭素循環を通して大気・水質環境，地形，気候などに多大な影響を及ぼす[7]-[9]．これまで，ナノレベルでの挙動については，AFMや光干渉顕微鏡などでその場観察が進められてきた．しかし，結晶成長・溶解の素過程である，ステップ端で生じる原子レベルの挙動を直接観察することは実現していなかった．

図3に，水中で溶解しつつあるカルサイト表面の高速FM-AFM像を示す[3]．図中，右下から左上に向かってステップが後退していく様子が可視化されている．また，テラス上だけでなく，ステップ端近傍の原子レベルの構造も明瞭に観察されている．これらのFM-AFM像は2 s/frameの速度で取得した多数の連続画像の一部である．ここで，二つのテラス上ではほぼ同様の原子スケールコントラストが観察されているのに対し，それらの中間には異なるコントラストを示す幅約2 nm，高さ約0.15 nmの遷移

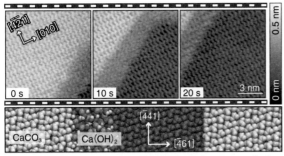

図3 純水中におけるカルサイト溶解過程の高速 FM-AFM 像（2 s/frame）とそのシミュレーションモデル[3]

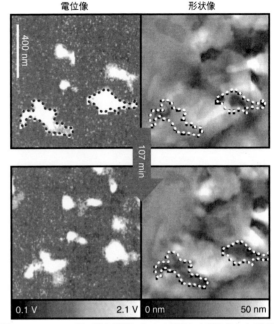

図4 ステンレス鋼の腐食過程において計測した形状像および電位像の経時変化（10 mM NaCl 水溶液中）[5]

領域が存在している．シミュレーション等を用いた詳細な解析の結果，これはカルサイトの溶解過程において中間状態として形成される Ca(OH)$_2$ 単層膜である可能性が非常に高い（図3）．このような中間状態の存在は，今回の高速 FM-AFM による観察で初めて発見されたものである．これは純水中の結晶溶解機構だけでなく，ステップ端における水和構造の形成や，そこへの分子吸着，さらにはそれを利用した結晶成長制御技術などの研究に多大な影響を及ぼす発見であり，結晶成長学分野に大きなインパクトを与えた．

4. 液中 OL-EPM による金属腐食反応のその場解析

液中でナノスケールの電位分布を計測する技術には，生物学，化学，物理学などの幅広い分野で大きな需要がある．中でも，腐食，触媒，電池，センサなどに関連する電気化学反応においては，電位分布が反応箇所の分布と強い相関を示すことが予想され，その場観察あるいはオペランド計測への応用が大いに期待される．

AFM を用いた電位分布計測技術としては，ケルビンプローブ原子間力顕微鏡（KPFM）が世界中で用いられてきた．この方法では，探針-試料間に直流および交流のバイアス電圧を印加する．そして，それによって誘起された静電気力を検出し，それが最小となるように直流バイアス電圧を制御する．静電気力は，探針-試料間の直流電位差をちょうど直流バイアス電圧が打ち消すときに最小になるため，定常状態においては，この直流バイアス電圧の値から探針直下の局所電位を知ることができる．この技術は，大気・真空中においては，数多くの応用事例があるが，水溶液中で用いると直流バイアス電圧により電気化学反応やイオン・水分子の再配置が生じ，安定して計測を行うことができない．そのため，液中におけるナノスケール（<10 nm）の電位分布計測は実現していなかった．

われわれは，この問題を解決するためにオープンループ電位顕微鏡（OL-EPM）と呼ばれる電位分布計測技術を開発した[4]．この方法では，探針-試料間に比較的高い周波数の交流バイアス電圧を印加する．そして，それによって誘起されたカンチレバー振動の第一および第二高調波成分を検出し，それらの振幅と位相から計算によって探針直下の局所電位を求める．この方法では，直流電圧の印加を必要としないため，KPFM に見られる上記の問題を回避できる．これにより，電解液中においてもナノスケールの分解能で電位分布計測を行うことが可能となった．

われわれは，開発した液中電位分布計測技術を用いて金属腐食反応のその場解析に取り組んだ[5]．金属腐食は産業界における最も深刻な問題の一つであり，先進国においては GNP の 3〜4% 程度の経済損失が腐食によって生じている[10]．したがって，腐食の防止・予測技術の改善には大きな経済的効果が見込まれる．腐食解析の基本は，マクロなインピーダンス特性の測定に基づいた界面の定量的なモデル化である．一方，ナノレベルでは，AFM による in-situ での表面形状測定や，走査型電子顕微鏡（SEM）による腐食前後の形状・組成分析が行われている．しかし，これらの方法では，腐食反応箇所のナノスケールの分布をリアルタイムに可視化することはできないため，反応機構の解析にあたって，間接的な情報からの推測に頼る場合も少なくない．

OL-EPM は，この問題の解決に極めて有効である．図4には，ステンレス鋼の腐食過程にともなう形状および電位分布の変化を測定した例を示す[5]．電位像にはナノスケールのコントラストが明瞭に可視化されており，10 mM NaCl 水溶液中においてもナノスケールの電位分布を測定できることが分かる．電位像において，高い電位を示す領域の一部を点線で囲み，それを同時取得した形状像にオーバーレイしてみると，それが必ずしも形状像の特徴と一致しないことが分かる．しかし，107 分後に測定した形状像

を見ると，点線で囲んだ領域が選択的に腐食し，くぼみが形成されている．この結果は，次のように説明できる．

一般に，金属を水溶液中に浸漬すると表面は酸化膜に覆われる．しかし，その酸化膜の欠陥を通して電荷や物質が輸送され，表面下で腐食反応が進行する場合が多い．この場合，腐食反応が生じていても最表面の形状には変化が生じない．腐食反応によって生じるひずみがある程度蓄積した段階で初めて最表面の構造変化が生じる．一方，電位像には，欠陥を通して輸送される電荷によって界面に生じた局所電位分布が可視化されるため，リアルタイムに反応の影響が表れる．

このような計測は，二つの点で腐食解析にとって有用である．第一に，腐食の起源であるアノードとカソードの組，すなわち局部電池のナノスケール分布をリアルタイムに可視化できるため，これまで予想にとどまっていた反応機構モデルを直接確認できる．第二に，高耐食性材料の局所耐食性評価に極めて有効である．図4に示した例では，溶接により意図的に劣化させた領域を観察したため，数時間という計測時間内に表面形状の変化が見られたが，一般にはステンレスのような高耐食性材料の表面形状は，数カ月以上の年月をかけて腐食が進む例も珍しくない．そのような場合であっても，電位分布を可視化することで，どこで反応が進行しているのかを計測することができるため，耐食性評価の時間的・経済的コストが大幅に削減される．

5. ま　と　め

本稿では，AFM の各種動作モードの原理と特徴を解説した後，最新の液中 AFM 技術の開発と応用事例を紹介した．液中 AFM 技術は，現在でも日進月歩の発展を続けており，さらなる技術的な発展が見込まれる．また，ここで紹介した地球科学や電気化学への応用以外にも，生物学やトライボロジーなどへの応用も盛んに模索されている．

ここで紹介した技術を含めて，一般にナノ計測技術は共通基盤技術と位置づけられており，その意味において，計測技術の開発自体が最終目標ではなく，それがさまざまな分野でのナノサイエンス研究に活用されることこそが真の目標といえる．そのためにも，本稿により精密工学に携わる研究者や技術者が一人でも多く液中 AFM 技術に関心をもち，それが将来のナノサイエンス研究の一助となれば幸いである．

参　考　文　献

1) T. Fukuma, M. Kimura, K. Kobayashi, K. Matsushige and H. Yamada : Development of Low Noise Cantilever Deflection Sensor for Multienvironment Frequency-Modulation Atomic Force Microscopy, Rev. Sci. Instrum., **76** (2005) 053704.

2) T. Fukuma, K. Kobayashi, K. Matsushige and H. Yamada : True Atomic Resolution in Liquid by Frequency-Modulation Atomic Force Microscopy, Appl. Phys. Lett., **87** (2005) 034101.

3) K. Miyata, J. Tracey, K. Miyazawa, V. Haapasilta, P. Spijker, Y. Kawagoe, A.S. Foster, K. Tsukamoto and T. Fukuma : Dissolution Processes at Step Edges of Calcite in Water Investigated by High-Speed Frequency Modulation Atomic Force Microscopy and Simulation, Nano Lett., **17** (2017) 4083.

4) N. Kobayashi, H. Asakawa and T. Fukuma : Nanoscale potential measurements in liquid by frequency modulation atomic force microscopy, Rev. Sci. Instrum., **81** (2010) 123705.

5) K. Honbo, S. Ogata, T. Kitagawa, T. Okamoto, N. Kobayashi, I. Sugimoto, S. Shima, A. Fukunaga, C. Takatoh and T. Fukuma : Visualizing Nanoscale Distribution of Corrosion Cells by Open-Loop Electric Potential Microscopy, ACS Nano, **10** (2016) 2575.

6) T. Fukuma, Y. Ueda, S. Yoshioka and H. Asakawa : Atomic-Scale Distribution of Water Molecules at the Mica-Water Interface Visualized by Three-Dimensional Scanning Force Microscopy, Phys. Rev. Lett., **104** (2010) 016101.

7) R.J. Reeder : Carbonates : Mineralogy, and Chemistry ; Reviews in Mineralogy Vol. 11, Mineralogical Society of America, Washington, DC, 1983.

8) D.M. Sigman, E.A. Boyle : Glacial/interglacial variations in atmospheric carbon dioxide, Nature, **407** (2000) 859.

9) J.L. Sarmiento, N. Gruber : Ocean Biogeochemical Dynamics, Princeton University Press, 2006.

10) R.W. Revie, H. Uhlig : Corrosion and Corrosion Control —An Introduction to Corrosion Science and Engineering, 4th ed. ; Wiley-Interscience, 2008.

はじめての　精密工学

表面の材料同定
～分析原理と最適分析法～

Surface Analysis—Principle of an Analysis and Application—/
Makoto NAKAMURA

株式会社富士通研究所 デジタルアニーラプロジェクト　**中村　誠**

1. は じ め に

　固体材料表面を分析する方法に関して表記して欲しいという漠然としたお題をいただき，いろいろ思い悩んでいます．というのも，「表面」「材料の同定」というお題に含まれる簡単なキーワードを切り取ってみても，読者の背景や研究対象によって大きく定義が異なってくるためです．前者は，気相との界面から何原子層～何 μm までを表面と考えているのか？　後者は，どのような物理量をもって材料を同定できたと考えるのか？（表面の組成？　化学結合状態？　結晶構造？　仕事関数？　摩擦係数？　表面エネルギー？　自然酸化膜厚？　など）これらは，評価の目的によってくるもので，それによっても推奨する最適な分析法がまったく異なってきます（ちなみに筆者のイメージは，表面は～数十 nm までで，材料同定は目的によるとしか言えません）．また，本誌の読者の皆さんの表面分析に対する知識レベルに関してもまったく想像がつかないためです．

　筆者の機器分析のキャリアは，X 線トポグラフィ（Lang 法）を用いた結晶中の格子欠陥（転位や面欠陥など）の挙動解明とその制御を行うことから始まっています．そのため，会社に入って世界最高性能のコンピュータを実現するために，世界最高性能の集積回路（Large Scale Integration：LSI）を作り出すことを命じられ，透過型電子顕微鏡（Transmission Electron Microscopy：TEM，Scanning Transmission Electron Microscopy：STEM））や各種表面分析法を駆使して，先端 LSI を製品化するためにそれらの製造プロセスと新材料の開発を一貫して行ってまいりました．今日の電子顕微鏡は，原子を識別するレベルの空間分解能を有しています[1]．表面分析法によっては，原子一つ一つを識別して計測できる方法もあります[2]．また，LSI の製造プロセスでは，10 年以上前から厚さ方向では <1 nm の制御（ゲート絶縁膜やキャパシタ絶縁膜）が求められ，最先端品 LSI のパタンサイズは <10 nm のものが量産されています（例えば，iPhone XS の A12 Bionic プロセッサは 7 nm ノード（最小線幅）といわれています）．また，10 nm 以下のゲート長（ソースとドレイン間の距離）の MOSFET（Metal-Oxide-Semiconductor Field-Effect Transistor）では，チャンネル領域の不純物の統計的分布の違いやゲート側壁形状ばらつき（Line-Edge Roughness：LER）が，デバイス特性のばらつきに影響を与えています．

　本報では，「表面分析法」と一言でまとめていますが，実際の評価現場では，電子分光法，二次イオン質量分析法，走査プローブ顕微鏡，イオン散乱法，振動分光法など非常に多くの技術が含まれており，評価目的に合わせて相互組み合わせて，使いこなすことが必要とされています．私自身もイオン散乱法以外は自らの手を動かし，目的に応じて通常とは異なる使用法を開発しながら先端 LSI 製造に役立ててまいりました．

　各種表面分析技術に関する詳細は，公益社団法人日本表面真空学会から昨年出版された教科書[1]に著名な多くの著者によって信じられないくらい広範にわたって網羅解説されているので参照していただきたい（筆者も著者に名を連ねております）．

　本報では，紙数の制限があるので，表面の組成を求める一般的な分析方法とその原理，各分析方法の情報深さを決めている要因を中心に解説することにより，表面分析の世

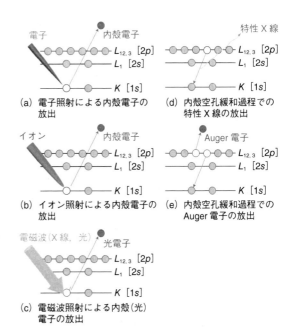

図 1　試料に各種プローブを照射した際に試料構成原子の内殻電子状態を直接反映した光電子，Auger 電子，特性 X 線が放出される様子

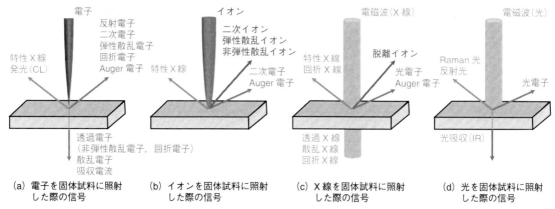

図2　各種プローブを固体試料に照射した際に発生するさまざまな信号

界を皆さんに紹介させていただこうと思っています. 表面の仕事関数, 表面エネルギー, 化学結合状態, 結晶構造, 摩擦係数, 自然酸化膜厚評価方法などについては, 他の解説書を参照いただきたいと考えています.

2. 表面分析法の原理

　表面分析法に限らず, 多くの機器分析法では, 試料に何らかの刺激を加え, その刺激を受け取った試料から何らかの情報が発信され, その情報の特徴を詳細観測することによって試料に関するさまざまな知見を得ます.

　具体的には未知試料に電子線, 電磁波（X 線や光）などを照射すると, 多くの場合, 試料構成原子の内殻電子状態を直接反映した電子, 電磁波などが放出されます. これらのエネルギーを精密測定することができれば, 試料を構成する原子種を推定できます. なぜなら, 内殻電子構造は, 試料構成原子種に固有であるとともに近接原子の影響を受けるためです. 例えば, 光電子や Auger 電子, 特性 X 線などがこれに相当します. 図1は光電子, Auger 電子, 特性 X 線の放出原理を示します. 試料に電子, イオン, X 線を照射すると, 内殻電子が試料外に放出されます. X 線を入射すると内殻電子は光電効果で放出されるので, 光電子といわれています. 光電子の運動エネルギー E_{kin} は, 以下の式で表すことができます.

$$E_{kin} = h\nu - E_{bin} - \phi$$

ここで, $h\nu$ は, プローブ X 線のエネルギー, E_{bin} は内殻電子の結合エネルギー, ϕ は試料の仕事関数を表します. これより, 光電子の運動エネルギーは, プローブ X 線のエネルギー $h\nu$ に依存することが分かります. つまり, 原理的には, 光電子の運動エネルギー E_{kin} を計測すれば, すべての元素の分析が可能になるのですが, H と He は, 光イオン化断面積（X 線が当たったときに電子を放出する確率）が極めて小さいために, 検出することができません. また, 内殻電子の放出によって, 内殻軌道に空孔が形成されると, 外殻電子が空孔緩和のために内殻空孔に遷移します. このとき, 軌道間のエネルギー差を特性 X 線か

Auger 電子として放出します. これらも内殻軌道のエネルギーを直接反映しているので, 試料構成原子種を推定できます. 特性 X 線や Auger 電子の放出では, 原理的に少なくとも二つの軌道が必要になりますので, H と He の分析は不可能です. また, 電子軌道間のエネルギー差に応じた信号であるため, プローブのエネルギーに依存しません.

　試料にイオン照射を行った場合は, 電子や電磁波の放出以外にスパッタリング現象によって試料表面を構成する原子や分子を弾き飛ばしますので, 試料表面を飛び出した原子・分子イオンの質量を精密測定できれば, 表面の材料同定が可能になります. 二次イオン質量分析法（Secondary Ion Mass Spectrometry：SIMS）がこれに相当します. SIMS では, 積極的に表面構成元素をはぎ取る D-SIMS（Dynamic-SIMS）と表面構造をできるだけ壊さないではぎ取る S-SIMS（Static-SIMS）に大別されます. 前者は, 試料構成原子の極性の違いを強調し高感度化を図るために, Cs^+（アルカリ金属）や O_2^+ などがプローブに用いられてきました. 後者は, 試料表面のダメージを少なくするために, 通常分子イオンをプローブに用います. また, He や H のような小さなイオンをプローブに用いると試料構成元素より極めて小さいのでスパッタリング現象は起きず, 試料内でエネルギーを失った結果, 表面から放出されるので, そのエネルギー分布を計測することにより, 試料構成原子のプロファイルを推定することができます. ラザフォード後方散乱分光（Rutherford Backscattering Spectrometry：RBS）がこれに相当します. 通常 RBS では～数 MeV の He^+ をプローブに用いるので, 数 μm の深さが分析対象になります. RBS の中で, 数十～数百 keV のエネルギーの He^+ をプローブにするものを, 中エネルギーイオン散乱分光（Medium Energy Ion Scattering：MEIS）と呼び, 表面から数十 nm くらいの深さを高深さ分解能で評価できます. MEIS は, LSI のプロセスでは, 1 nm くらいの厚さの酸窒化膜や高誘電体膜で作られたゲート絶縁膜の組成を求めるのに使用されていました.

表1　各種表面分析法をプローブと信号の種類で整理した表

		応答			
		電磁波（光）	電子	イオン・中性種	その他
刺激	電磁波（光）	赤外分光法（IR） Raman 分光法 X 線吸収分光法（XAS, XAFS, XANES, EXAFS） X 線回折（XRD） 蛍光 X 線法（XRF） X 線反射率（XRR）	光電子分光法（PES, XPS, UPS）		
	電子	電子線マイクロアナライザー（EPMA, WDS, EDS）	Auger 電子分光法（AES） 電子エネルギー損失分光法（EELS） 電子回折法（LEED, RHEED, EBSD） 電子顕微鏡法（SEM, TEM, STEM）		
	イオン・中性種		走査イオン顕微鏡（SIM）	イオン散乱分光法（ISS, RBS, ERDA）	
	熱			昇温脱離法（TDS）	
	その他		電界放射顕微鏡（FEM） 電子線誘起電流（EBIC）		走査プローブ顕微鏡（SPM）

XAFS : X-ray Absorption Fine Structure
XAS : X-ray Absorption Spectra
XANES : X-ray Absorption Near Edge Structure
NEXAFS : Near Edge XAFS
EXAFS : Extended X-ray Absorption Fine Structure
XRD : X-ray Diffraction
XRF : X-ray Fluorescence
XRR : X-ray Reflectivity
EPMA : Elctron Probe Micro Analyser
WDS : Wavelength Dispersive X-ray Spectroscopy
EDS : Energy Dispersive X-ray Spectrometry

PES : Photoelctron Spectroscopy
XPS : X-ray Photoelectron Spectroscopy
UPS : Ultraviolet Photoelectron Spectroscopy
AES : Auger Electron Spectroscopy
EELS : Electron Energy Loss Spectroscopy
LEED : Low Energy Electron Diffraction
RHEED : Reflection High Energy Electron Diffraction
EBSD : Electron Back Scattered Diffraction Pattern
SEM : Scanning Electron Microscopy
TEM : Transmission Electron Microscopy
STEM : Scanning Transmission Electron Microscopy
SIM : Scanning Ion Microscopy
FEM : Field Emission Microscope
EBIC : Electron Beam Induced Current

ISS : Ion Scattering Spectroscopy
RBS : Rutherford Backscattering Spectroscopy
ERDA : Elatic Recoil Detection Analysis
TDS : Thermal Desorption Spectroscopy

SPM : Scanning Probe Microscope

　これまで述べてきたように，表面分析装置のプローブは通常，電子やイオン，電磁波（X 線，光）が用いられています．各試料にこれらを入射させた際に放出される主な信号に関して簡単にまとめたものを図2に示しておきます（(a) 電子，(b) イオン，(c) X 線，(d) 光を入射させた場合に各々放出される代表的な信号を示しています）．また，プローブと試料からの信号でまとめた主な分析方法を表1に示しておきます．

3. 表面分析法の情報深さ

　各種表面分析の情報深さは，プローブの侵入深さ，信号の脱出深さのうち，より浅いものに支配されます．一般的には，固体試料内では，X 線が最も深くまで侵入し，電子線，イオンの順になります（ここで，赤外線などは，試料によって透明な場合（例えば Si など）と，まったく内部に侵入しない場合（例えば金属）があります）．

　電子をプローブにすることによるメリットは，なんといってもプローブ径（分析面積）を小さくできることにあります．ちなみに，電子プローブの代表である電子顕微鏡の分解能の世界記録は，300 keV の高エネルギーの電子線を照射する STEM で実現されている "0.05 nm" です[4]．TEM や STEM のように 100 nm 以下の薄片試料に高エネルギーの電子プローブを照射する場合は，試料内で電子がほとんど散乱することなく透過するので，分析領域は，おおむねビーム径と同じと考えられています．TEM や STEM では，通常エネルギー分散型の検出器（Energy Dispersive X-ray Spectrometry : EDX）を用いた特性 X 線の計測と透過電子のエネルギー損失スペクトル（Electron Energy-Loss Spectroscopy : EELS）を併用して試料構成元素の推定を行います．一方，TEM や STEM 以外の多くの場合は薄片試料ではありませんので，試料に照射された電子線は，試料内で弾性散乱や非弾性散乱によって広がり

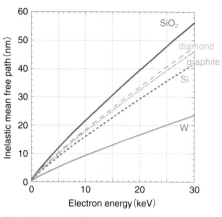

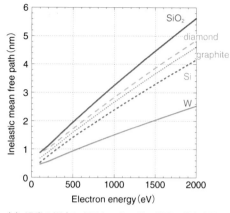

(a) 広域にわたる非弾性平均自由行程   (b) 通常の測定に必要なエネルギー領域の拡大表示

図3 TPP-2M により求めた非弾性平均自由行程の運動エネルギー依存性 (a) 広域にわたる非弾性平均自由
行程 (b) Auger 電子分光法や X 線光電子分光法の通常の測定時のエネルギー領域を拡大表示

ます．このため，プローブの励起領域として φ 数百
nm〜1 μm 程度と考えられています（電子をプローブにす
る分析方法の多くは，走査型電子顕微鏡（Scanning
Electron Microscope：SEM）機能を標準で装備していま
す）．試料内での電子の広がり範囲に関しては，副島の解
説[5]に記されています．また，固体内の電子の散乱をモン
テカルロ計算するフリーソフト[6]や有償ソフト[7]が販売さ
れていますので，必要に応じて利用することをお勧めしま
す．このように，電子線プローブにして X 線を検出する
場合（電子線マイクロアナライザ：EPMA）は，プロー
ブの広がり領域が，そのまま分析領域になります．また，
電子をプローブにして Auger 電子を検出する Auger 電子
分光法（Auger Electron Spectroscopy：AES）は，Auger
電子の固体内での非弾性平均自由行程が小さいために試料
表面（<10 nm）部での電子の広がり領域が分析領域にな
りますので，プローブ径よりほんの少し大きい領域が分析
領域になります．ここで，非弾性平均自由行程については
Tanuma らが，TPP-2M[8]と命名した計算式を提案し，実
用現場で広く用いられています．TPP-2M は，
100〜30000 eV のエネルギー範囲の電子に適用できますの
で，電子線プローブの侵入深さを見積もる際にも応用でき
ます．一般的に固体中の電子の非弾性平均行程は，数十
eV 位の運動エネルギーを極小値にして，エネルギーの増
加とともに単調増加します．TPP-2M により計算した非
弾性平均自由行程の運動エネルギー依存性を図3 に示し
ておきます（なお，X 線光電子分光法（X-ray
Photoelectron Spectroscopy：XPS）で用いる電子も通常は
AES とおおむね同じエネルギー領域に現れます）．ここで
(a) は TPP-2M の適用可能範囲全域にわたる非弾性平均
自由行程，(b) は通常の X 線光電子分光法や Auger 電子
分光法で使用する電子の運動エネルギー領域での非弾性平
均自由行程を表しています．非弾性平均自由行程を算出す
る際は，価電子数，密度，原子量と電子の運動エネルギー

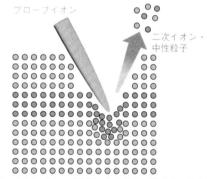

図4 イオンプローブを用いたときの二次イオン放出模式図

がパラメータになります．TPP-2M の詳細は原著[8]か，筆
者の著作[9]を参照してください．なお，AES では不活性イ
オンを用いた表面剥離技術を併用することで，深さ方向プ
ロファイルや3次元分析が可能になります．

 イオンをプローブにする表面分析では，SIMS のように
試料と相互作用の大きいプローブを用いる場合は，その侵
入深さが情報深さになりますので，通常数原子層です．
SIMS のような方法では，スパッタリングを前提にしてい
るので，測定を継続し逐次記録することにより，深さ方向
のプロファイルを得ることができます（図4）．SIMS のよ
うに放出されるイオンの質量を計測する方法は，スペクト
ル内のバックグラウンドが極めて小さいので，非常に高感
度な測定が可能です．実際には，検出する原子にもよりま
すが〜ppb オーダーの感度が実現されており，LSI の製造
には欠かせない評価装置の一つです．これは，本報に記し
た他の方法の感度がせいぜい 0.1 ac% であることに鑑みる
と，極端に高感度であることが分かります．一方，RBS
や MEIS のように試料との相互作用の小さいイオンを用
いる場合は，前章に記述したとおりです．ここで，RBS
や MEIS は，他の表面分析法と比べて非常に定量性が良

いという特徴があることを付記しておきます.

プローブにX線を用いると,試料構成原子,エネルギーにもよりますが,数十 μm 以上の深さまで侵入します.つまり,表面分析というよりバルクに近い領域を励起します.このとき,X線を信号にする蛍光X線分析では,同様の深さから放出されますので,非常に深い領域の情報が得られます.このことを逆手にとれば,表面の変化に影響されないバルク組成の評価や比較的厚い試料膜厚の推定に利用できることを意味しています.一方で,光電子やAuger電子を信号にするXPSでは,図3に示すように信号電子の固体試料中での平均自由行程が短いため分析深さは数nm程度とされています.しかし最近は,エネルギーの大きなX線をプローブにすることで運動エネルギーの大きな光電子を利用できるようになり,試料深部の情報を得ようとする試みが流行っています[10][11].XPS不活性ガスイオンによるスパッタリングを併用することにより深さ方向分析が可能です.

4. ま と め

「表面の材料同定〜分析原理と最適分析法〜」ということで,表面を構成する原子を同定することができる分析方法に限定して,その原理と情報深さに関して簡単に概要を記しました.特に電子,イオン,X線をプローブにする方法について言及いたしました.しかし,紙数の都合で,アプリケーション例など読者のニーズを十分満たしていない点もあるかと思います.そこで,今回紹介いたしました各分析技術に関する教科書を列挙しておきますので,必要に応じて活用してください.また最近は,ネット上に多くの情報が発信されているのでそちらを参考にしていただくのもよいかと思います.また,公益社団法人日本表面真空学会が毎年2回(東京・大阪)基礎講座を開講していますので,必要に応じて参加されることをお勧めします.

また,本報では触れませんでしたが,プローブを斜入射させることで実効的入射深さを浅くして表面敏感な測定を行う試みもあります(全反射蛍光X線分析や全反射赤外分光法(FT-IR-ATR)などがその代表例です).

本報により表面分析に関心をお持ちになる読者がいらっしゃれば幸いです.

参 考 文 献

1) 阿部英司:電子顕微鏡における収差補正技術開発の世界的動向と日本の現状,科学技術動向,**9**(2011).
2) 宝野和博,岡野竜,桜井利夫:3次元アトムプローブとその応用,まてりあ,**34**(1995)578.
3) The Surface Science Society of Japan(Ed.),Compendium of Surface and Interface Analysis, Springer,(2018).
4) https://gigazine.net/news/20180720-electron-microscope-record-resolution/
5) 副島啓義:電子線マイクロアナライザの空間分解能に関する研究,大阪大学博士論文,(1979).
6) 神田公生:走査電顕モンテ・カルロ,https://www.vector.co.jp/soft/win95/edu/se059369.html
7) Electron Flight Simulator, http://www.small-world.net/
8) S. Tanuma, C.J. Powell and D.R. Penn:Calculation of electron inelastic mean free paths(IMFPs)VII. Reliability of the TPP-2M IMFP predictive equation, Surf. Interface Anal., **35**(2003)268.
9) 日本分析化学会(編):試料分析法講座 半導体・電子材料分析,丸善出版,(2013),ISBN 978-4-621-08700-8C3343.
10) 山瑞拡路,井上りさよ,眞田則明,渡邉勝己:実験室系硬X線光電子分光,表面科学,**37**(2016)150.
11) A. Regoutz, M. Mascheck, T. Wiell, S.K. Eriksson, C. Liljenberg, K. Tetzner, B.A.D. Williamson, D.O. Scanlon and P. Palmgren:A novel laboratory-based hard X-ray photoelectron spectroscopy system, Rev. Sci. Instruments **89**(2018)073105.

表面分析についての参考文献

[1] TEM/STEM:日本表面科学界(編),「透過型電子顕微鏡(表面分析技術選書)」,[丸善](2009).
[2] SIMS:日本表面科学界(編),「二次イオン質量分析法(表面分析技術選書)」,[丸善](1999), D. Briggs, M.P. Seah, 志水隆一・二瓶好正(訳),「表面分析:SIMS―二次イオン質量分析法の基礎と応用」,(2004).
[3] RBS/MEIS:日本表面・真空学会(編),表面科学基礎講座 表面・界面分析の基礎と応用.
[4] EPMA:日本表面科学界(編),「電子プローブ・マイクロアナライザー(表面技術選書)」,[丸善](1998).
[5] AES:日本表面科学界(編),「オージェ電子分光法(表面分析技術選書)」,[丸善](2001), D. Briggs, M.P. Seah, 合志陽一・志水隆一(訳),「表面分析 基礎と応用」,[アグネ](1990),志水隆一,吉原一紘,「ユーザーのための実用オージェ電子分光法」,[共立出版](1989).
[6] XPS:日本表面科学界(編),「X線光電子分光法(表面分析技術選書)」,[丸善](1998), D. Briggs, M.P. Seah, 合志陽一・志水隆一(訳),「表面分析 基礎と応用」,[アグネ](1990).

はじめての精密工学

はじめてのハプティクス

Introduction to Haptics/Hiroaki GOMI

日本電信電話㈱NTT コミュニケーション科学基礎研究所　**五味裕章**

1. は じ め に

近年，ゲーム機やスマートフォン，各種コントローラ，タッチパネルなど，人が手にもつものや触れるものを振動させたり接触の状態を変えることにより，触覚フィードバックを与えるものが増えてきている．状況で考えると，注意を引くための通知や警告として用いられる場合，操作のフィードバックや振動感を人に与える場合，物に触ったときに得られるリアルな触感を再現する場合，力覚を伝える場合などさまざまであるが，それらを扱う技術を総称して，「ハプティクス技術」と呼ぶ．語源的にハプティクスとは，能動的に動いて得られる触覚のことを指すようであるが[1]，現在では，能動的かどうかによらず，力覚や触覚など体性感覚に何らかの刺激が与えられたときの感覚や，その感覚を与えるための技術的な枠組みを指しているようである．

近年の技術の進歩により，映像や音の情報を伝送しさまざまな形態で出力することは容易にできるようになってきたが，力覚・触覚情報を伝える手段は発展途上である．技術開発の余地が多く残っているため，研究開発のやりがいがあるともいえるが，本質的に難しい問題が多く残っているともいえよう．映像や音の場合は，ダイナミックレンジを広くしたい，解像度を高くしたい，応答速度を上げたいなど技術目標の方向性が見えやすく，また，非接触で情報を人に伝えられる．これに対し，感覚器が全身に非一様に分布する力触覚の場合は，汎用的な技術的目標が設定しにくく，動きのある体表面と提示デバイスとの接触が必要となることが多いため装置的な制約条件も厳しい．さらに，目的に応じてさまざまなタイプの刺激提示や複合的刺激提示が必要になる．

本稿ではまず，人がどのようにハプティクスに関連した情報を受け取るかを理解いただくために，関与する感覚受容器と脳の情報処理について説明する．次に，ハプティクス情報を提示する上で基本となる触覚および力覚の提示技術の流れを概説し，さらにいくつかの応用研究の事例について説明する．

2. 体性感覚受容器と脳情報処理

ハプティクスの情報を提示したり検出したりする技術が難しい理由の一つは，人がどのように情報を受け取り，ど

のように処理してさまざまな力触覚を“感じているか”の全容がいまだ明らかでないことである．とはいっても，ここ3世紀程度の間に，体性感覚に関わる情報がどのような受容器で検出され，中枢神経系にどのように伝えられているかについて，生理学・神経科学の分野で精力的に調べられてきた[1]．体性感覚は，皮膚感覚（触覚，温度感覚，痛覚）と固有感覚（筋，腱，関節など運動器官の感覚）および内臓器官に関係する感覚に分けられるが[2]，ここではハプティクスに関係する皮膚感覚と固有感覚に関係する受容器について説明する．

2.1 体性感覚のためのセンサ

一般的に皮膚の感覚は，力学的変形を検出する機械受容器，温度を感ずる温度受容器，痛みを感ずる侵害受容器などの外受容器によってもたらされる．ハプティクス技術としては，温度感覚提示のための研究も行われているが[3]，力学的変形に関係する感覚を対象としたものが多い．

皮膚の機械受容器は，**図 1** に示すようにマイスナー，メルケル，パチニ，ルフィニの4種類あることが知られており[1]，それぞれの受容器は，順応の速いものを FA（Fast Adaptive），遅いものを SA（Slow Adaptive），受容野の小さいものは I 型，大きいものは II 型と分類される神経線維の支配を受け，4種類の受容器はそれぞれ FA-I，SA-I，FA-II，SA-II に対応する．**図 2** に示すように，マイスナーやパチニに対応する FA 群は圧入刺激が変化するフェースで活動が大きく，圧入が一定になると活動が停止する．これに対し，メルケルやルフィニの SA 群は圧入刺激が維持されている間は活動し続ける[4]．

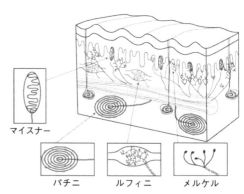

図 1　皮膚機械受容器の模式図（文献 2）より改変）

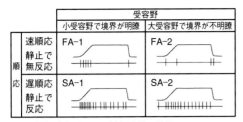

図2 四つの機械受容器が送る神経活動の特性
各パネルは，皮膚への圧入刺激の変化（上の曲線）に応じた，各受容器から送られる神経スパイクの様子（下短線）を示す．密度の高いところは神経活動が高いことを意味する．（文献4）より改変）

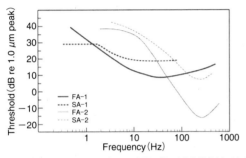

図3 機械受容器を支配する神経の活動閾値の周波数特性（文献5）より改変）

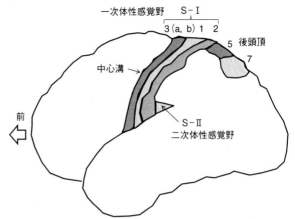

図4 体性感覚処理に関わる脳の領野（文献2）より改変）

神経生理学的な研究により明らかになったそれら神経活動の時間特性は，さまざまな周波数の振動に対する知覚閾値特性と対応付けられ説明された[5]．図3にその特性を示すが，4種類の受容器を支配する神経は，異なる特性をもっており，異なる役割をもつことが想像できよう．

次に固有受容器であるが，筋には筋紡錘という筋長や動きを検出するセンサが，腱にはゴルジ腱器官という張力を検出するセンサがある．これらの受容器は，関節の位置や動きや，かかっている力の情報を神経活動として符号化している．ここで注意すべきことは，固有受容器からの信号が「力覚」という知覚に直接結びついているわけではなく，力覚は力を与えられたときの位置の変化や，力に抗する筋力を発生する運動指令の「遠心性コピー」の情報も使ってコードされているということである．例えば，運動指令に対する筋張力の発生を局所麻酔で抑えてしまうと，同じ錘を保持するために運動指令を増加することになるが，このとき人はより重い錘を保持していると感じることが知られている[6]．また面白いことに，筋紡錘内部には，筋紡錘からの信号の感度やレンジを調節する仕組みがある．そのため，与えられた物理量がそのまま感覚情報としてコードされるわけではない．このような感覚信号の調節がセンサだけでなく脳でも行われるため[7]，人の感覚知覚を理解するためには，脳の情報処理の理解も必要となる．

2.2 脳への情報伝達と情報処理

人の感覚知覚を理解するアプローチとしては，①さまざまな感覚刺激を与えて人の知覚を調べる心理物理学的手法，②神経系の信号伝達経路や信号符号化の特性などを調べる神経科学的手法，③力学的特性や情報処理をモデル化したり計算シミュレーションを行う手法などがある．力覚や触覚の心理物理学的アプローチに関しては，前述のように数多くの研究があり，特に触覚に関しては文献3)8)などにまとめられているので，それら文献を参考にしていただきたい．ここでは，ハプティクスに関係する神経系の情報処理の流れについて概説する．

触覚受容器や固有受容器で符号化された体性感覚情報は，両者とも脊髄後根に入り，視床で中継されて，図4に示す大脳一次感覚運動野に投射される．視床は大脳へ情報を送る中継点ではあるが，単に中継だけをしているわけではなく，視床神経核内外の相互作用，脳幹・大脳皮質からのモジュレーションを受けており，皮質に入る前の緻密な情報調整を担っていると考えられている[2]．

さて，体性感覚情報は，大脳皮質一次体性感覚皮質（図4のブロードマン3a，3b，1，2野）に送られるが，深部受容器からの情報は3a野に，皮膚感覚からの情報は3b野に主に入る．これらの情報が1，2野に伝えられて複合的な感覚がコードされ，さらに高次野へと伝えられる．一次体性感覚野のそれぞれの領域は，体部位再現的に構成されているが，皮質面積は唇，舌，指などが大きく，また，それらの部位では空間識別が優れていることが知られている[2]．

一次体性感覚野からの情報は，後頭頂皮質（5，7野）および二次体性感覚野に送られる．特に，後頭頂皮質は運動指令に関係した信号も受けるため，感覚情報と自分のアクション（筋活動）を考慮した情報処理がされていると考えられており，前述の力覚の知覚に関与している可能性がある[9]．一方，振動触覚に関しては，振動刺激の差に基づいた知覚判断（意思決定）までの神経表現を調べた研究がある[10]．その研究では，一次感覚野で表現された個別の振動情報が，一次・二次体性感覚野から前頭前野・内側運動前野へ伝達される過程で，表現が変化していくことが示された．このように，触覚・力覚が知覚される脳情報処理プ

図5 小型ロボット PHANToM. 現在は，3D System 社が扱う
（https://www.ddd.co.jp/phantom/）

図6 装着型力覚提示装置（Dexmo F2）. 現在，新しいモデルが出
ている（https://www.dextarobotics.com）

ロセスは徐々に明らかになりつつあるが，まだ限定的であり，今後の研究が期待される．

3. ハプティクス技術の研究

3.1 触覚提示技術

皮膚に直接与える刺激を制御して，まさに「触覚」を提示する技術は古くから研究されてきた．触覚で字を読むための「点字」は 19 世紀初頭にフランスで考案され，文字やさまざまなイメージをピンマトリックスで触覚提示する試みは 1960 年代から行われていた[11]~[13]．それ以後，さまざまな触覚提示装置が開発されてきている．従来のピンマトリックスを使う方法に加え，近年は形状記憶合金ワイヤの高速変形による微小振動を使った方法や，電気刺激により神経を刺激する方法，超音波の放射圧を使った方法などが研究されている[8]．

また，面をなぞるときの感触を変化させるために静電気力や超音波を利用して摩擦を制御する方法や，面をクリックしたときの感覚を与えるためにアクチュエータ振動を制御する方法が，研究・実用化されている[3][8]．それぞれの方法は各々優れた特徴をもち，特定の触覚を与えるには優れた特性を示すが，これは逆に，一つの手法でさまざまな触覚の提示をすることが難しいことを意味しているともいえる．

3.2 力覚提示技術

これらの触覚技術に対して，装置を使って複雑な力覚を提示しようとする積極的な試みは，20 世紀後半になってからである．特に，ロボティクスの応用分野として，テレプレゼンスやバーチャルリアリティ（VR）が盛んに研究されるようになり，力覚をフィードバックするさまざまな方法が提案された[14]．小型で精密な力制御が可能なロボット（例えば米国 MIT AI ラボで開発され，商用化された，図5 に示すロボット PHANToM）により，物体をなぞったときの凹凸感や摩擦感などの繊細な感覚の提示もできることが示されると，さまざまな応用研究がなされた．特に VR 分野では，視覚情報に加えて力触覚情報を加えることにより高い操作感が得られることから，遠隔手術や内視鏡手術，マイクロマニピュレーションなどをターゲットとして開発が進められてきた[15]．

さて，上記の技術の多くのケースは，装置を外部の土台に設置する「接地型」と呼ばれる方式に分類される．通常，外部に支点をもたないものは，磁力・空気圧力などによる反作用を除けば，「引っ張る」あるいは「押す」力を継続的に生み出すことはできない．ある方向へ力を与え続けるには，その反作用として生ずる力を外部の支点で支える必要がある．この物理的制約のために，たとえ人が持ち歩ける「装着型」であっても，従来の力覚提示装置では，体の一部に支点を設けるようにデザインされていた．例えば，図6 に示す Dexmo と呼ばれる指に力覚を与える装置では，手の甲に支点を取り付ける．そのため，手の甲や掌は指に与える力の反作用を支えることになり，意図しない力覚が生ずる．また，装着が煩雑になったり，装置が重かったりという問題点もある．

3.3 非対称振動による力覚提示装置

これに対し，反作用を支える支点をもたない「非接地型」としては，ジャイロモーメントを用いた方式[16]や，非対称振動を用いた方式[17]~[19]などがある．初期の非対称振動による力覚提示装置は，回転モータに接続するリンク機構によって接続されて直線運動をする錘が，一方向へは早く動き，逆方向へはゆっくり動くような往復運動をするものであった[17]．人の知覚は大きな変化に対して感受性が高いことから，この装置をもった人は，装置のケースに働く反作用により，錘が速く動く方向とは逆方向に引っ張られているような感覚を得ることが示された．

ただし，重量や大きさのため，可搬性に乏しいという問題があった．そこで，指の触覚受容器密度が高いこと，高い周波数で感度が高くなること[2][5]などの神経科学的知見に基づき，小さな直動型アクチュエータを使って，指先に高い周波数で非対称振動性を与えて力覚を提示する装置が考案された[18][19]．これにより，サイズと重量が従来の 1 割以下で，提示される力覚が明瞭な装置が実現された（図7 (a) 1 自由度装置）．また，図7 (b) に示すような 2 自由度の構成にすることにより，力覚の強さに加え，その方向

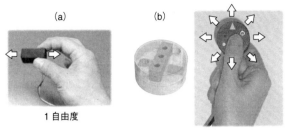

図7 非対称振動を使った力覚提示装置 （a）1自由度装置 （b）2自由度装置

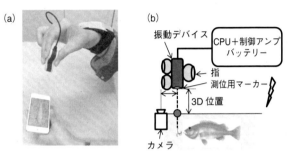

図8 魚釣りゲームシステム （a）全景 （b）システム構成 スマホのカメラが装置の位置を検出し，それに応じて浮きが動く

図9 2自由度力覚呈示装置を利用した歩行ナビゲーションの様子 （a）体験者がもつ力覚呈示装置（灰色矢印）はリモートでオペレータが操作 （b）フロアに設置した経由点ランドマークの配置

もダイナミックに変化させることが可能になった．

4. ハプティクス技術の応用

4.1 ゲーム・バーチャルリアリティでの利用

　力触覚をゲームに利用する試みは1970年代から自動車のハンドルやジョイスティックなどの装置で実現されている．映像や音と組み合わせ，主には振動を使ってさまざまな状況を表現することが行われてきた．最近だと，任天堂のヒット商品「Switch」には二つの固有周波数をもつリニアアクチュエータを用いて，複雑な触感が実現されているようである[20]．これらのゲームコントローラでは主に振動子が利用されるため，力覚を与えることは難しい．力覚を与える場合は，ジョイスティックや車のハンドル等，接地型の装置が利用されてきたが，携帯するのは手間がかかる．これに対し非対称振動による力覚提示の場合は，携帯が容易であることから，ゲーム等にも利用しやすい．例えば，**図8**に示すような魚釣りゲームで，魚の大きさに応じた"引き"の感覚を制御することも可能である[21]．

4.2 ナビゲーションでの利用

　力覚提示デバイスのもう一つの有力な応用先として考えられているのは，ナビゲーションである．目の不自由な方が白杖を使って周囲の状況を把握する光景は町中で目にすることがあるが，力覚提示デバイスで手を引くようにその方の案内ができるようになると素晴らしい．

　図9は，試作した2自由度力覚提示デバイスを使って，歩く方向を指示する「触力覚歩行ナビゲーション」のデモの様子である．オペレータが体験者に歩いてほしい方向を

PCで指示すると，体験者が手にもっている力覚提示デバイス（図中グレー矢印）に無線で指令が送られ，指示方向への引っ張られている感覚を与えることができる．なおこのシステムには，体験者の体や手の向きに応じて力覚提示方向が変わり，外界座標で指定された方向へ力覚が提示される仕組みも組み込まれている．精度の高い位置計測システムや障害物検知システムと連動すれば，自動ナビも夢ではない．実用化のためには多くの問題を解決しなければならないが，方向性は見えてきている．

5. お わ り に

　力覚，触覚は身近な感覚であるため，その情報処理をほとんど理解せずに直感的にものづくりを目指すことも可能ではある．しかし，情報の受け口や情報処理の仕組みを理解することにより，新たな発想や大きなブレークスルーにつながる可能性もあるとの思いで，感覚受容器や脳情報処理の断片も併せて紹介した．限られた紙数のため技術の詳細は省いたが，興味に応じて各文献を参考にしていただきたい．本稿が，ハプティクスおよびその技術に興味をもっていただくきっかけになれば幸いである．

参 考 文 献

1) 岩村吉晃：タッチ，医学書院，東京，(2001).
2) E.R. Kandel, J.H. Schwartz, and T.M. Jessell (編)：カンデル神経科学，McGraw-Hill (和訳：メディカル・サイエンス・インターナショナル)，(2013).
3) 下条誠，前野隆司，篠田裕之 (編)：触覚認識メカニズムと応用技術―触覚センサ・触覚ディスプレイ―，S & T 出版，(2014).
4) R.S. Johansson and Å.B. Vallbo：Tactile sensory coding in the glabrous skin of the human hand, Trends in Neurosciences, **6** (1983) 27.
5) S.J. Bolanowski, G.A. Gescheider and R.T. Verrillo：Four channels mediate the mechanical aspects of touch, The Journal of the Acoustical Society of America, **84** (1988) 1680.
6) S.C. Gandevia and D.I. McCloskey：Changes in motor commands, as shown by changes in perceived heaviness, during partial curarization and peripheral anaesthesia in man, The Journal of Physiology, **272** (1977) 673.

7) S.-J. Blakemore, D.M. Wolpert and C.D. Frith : Central cancellation of self-produced tickle sensation, Nature Neuroscience, **1** (1998) 635.

8) 落合陽月（編）：狙いどおりの触覚・触感を作る技術，サイエンス＆テクノロジー株式会社，（2017）.

9) J.R. Flanagan, P. Vetter, R.S. Johansson et al. : Prediction Precedes Control in Motor Learning, Current Biology, **13** (2003) 146.

10) R. Romo and E. Salinas : Flutter Discrimination : neural codes, perception, memory and decision making : Cognitive neuroscience. Nature Reviews Neuroscience, **4** (2003) 203.

11) J.C. Bliss : A Relatively High-Resolution Reading Aid for the Blind. IEEE Transactions on Man-Machine Systems, (1969) 1-9.

12) C.C. Collins : Tactile Television—Mechanical and Electrical Image Projection, IEEE Transactions on Man-Machine Systems, (1970) 65-71.

13) V. Lévesque, J. Pasquero, V. Hayward et al. : Display of virtual braille dots by lateral skin deformation : feasibility study. ACM Transactions on Applied Perception, (2005) 132-149.

14) R.J. Stone : Haptic feedback : a brief history from telepresence to virtual reality. In : S. Brewster and R. Murray-Smith, (ed) : Haptic Human-Computer Interaction, Springer Berlin Heidelberg, Berlin, Heidelberg, (2001) 1.

15) A. Bolopion and S. Régnier : A Review of Haptic Feedback Teleoperation Systems for Micromanipulation and Microassembly, IEEE Transactions on Automation Science and Engineering, (2013) 496-502.

16) 吉江将之，矢野博明，岩田洋夫：ジャイロモーメントを用いた力覚提示装置，日本バーチャルリアリティ学会誌，**7**, 3 (2002) 329.

17) 雨宮智浩，安藤英由樹，前田太郎：非接地型力覚提示装置を中空で把持したときの効果的な牽引力錯覚の生起手法，日本バーチャルリアリティ学会誌，**11**, 4 (2006) 545.

18) 雨宮智浩，高椋慎也，伊藤翔，五味裕章：指でつまむと引っ張られる感覚を生み出す装置「ぶるなび3」，NTT技術ジャーナル，**26** (2014) 23.

19) 五味裕章，雨宮智浩，高椋慎也，伊藤翔：力覚呈示ガジェットの研究開発：指でつまむと引っ張られる装置ぶるなび3，画像ラボ，（2015）41.

20) 根津禎：任天堂Switchを分解して分かったヒットの理由，日経ビジネス［Internet］．2017 Jul 6；https://business.nikkei.com/

21) 高椋慎也，雨宮智浩，伊藤翔，五味裕章：VR魚釣りにおける牽引力錯覚の表現と応用，ヒューマンインタフェース学会論文誌，**18** (2016) 87.

はじめての 精密工学

工学教育におけるデザイン思考の活用

Design Thinking for Engineering Education/Daigo MISAKI and Xiao GE

工学院大学　見崎大悟, スタンフォード大学　Xiao Ge

1. は じ め に

ここ数年，日本の教育現場や企業においてデザイン思考を活用する取り組みが広がっており，その適用先は，工学的な製品デザインだけでなく，WEB サービスやまちづくりなど多岐にわたっている．本稿では，「ものづくり」に関わるテーマを広範囲に探求する精密工学の分野との関連性が高く，工学教育の流れをくむ，スタンフォード大学におけるデザイン思考の教育および研究を中心に解説を行う．

2. Professor John E. Arnold と Creative Design

スタンフォード大学のデザイン思考およびそれを世界に発信する d. school（正式名：Hasso Plattner Institute of Design）を語る上で，その創設に大きな影響を与えた John E. Arnold の功績は欠かすことができない．d. school の入り口には d. school と Arnold が設立に関わった機械工学科のデザイングループとのつながりを示すロゴが表示されている（図1）．また，建物の一番奥の壁には，下記のメッセージと共に Arnold の写真が飾られている．

A Stanford Professor from 1957-1963, John was the founder of the Design Division (now the Design Group) and created the undergraduate and graduate Product Design programs. We are indebted to John's multidisciplinary approach to design and his work on human creativity. We would not be here without his work.

Arnold は MIT の Creativity Engineering Laboratory の設立者およびディレクタであり，ブレインストーミングや自身が学部時代に心理学を学んだ経験などに基づいて，公式を用いて問題解決を行う典型的な理系的な思考の学生に

衝撃を与えるような教育手法を考案実施していた[1]．その代表的な例は，Case Study on Arcturus IV と呼ばれる宇宙人向けの商品開発の講義で，1952 年の『Popular Science 誌』10 月号に，携帯用孵卵器やメタニアンの体格にあった椅子など Arcturus IV 星に住むメタニアンと呼ばれる宇宙人に学生がデザインした製品の例が紹介されている[2][3]．

「シリコンバレーの父」と呼ばれる，スタンフォード大学工学部長であった Frederick Terman は，"突出した才能の尖塔づくり"の考え方の下，半導体やマイクロウェーブ電子工学および航空工学に力を入れ，その分野のトップの研究者を戦略的に集め大学を活性化しようとした[4]．一方，Terman は工学教育のカリキュラムにおいてデザインの重要性も認識しており，1957 年に MIT から Arnold をデザイン教育の責任者として迎えた[5]．そして，これまでの工学教育と異なる新しいプログラムは，Design Program と呼ばれ，Arnold は人間を中心に捉えた創造工学を科学や工学を学ぶ工学部の学生に教え始めた．また，Design Program では工学部と美術学部との連携から始まり，その後コンピュータ・サイエンス，経営学部，教育学部，メディカルスクールなど各学部との連携に広がっていき，スタンフォード大学の強みの一つである学際的な教育・研究のスタイルが確立していった[6]．1963 年，Arnold はサバティカルイヤー中にこの世を去ってしまうが，Robert McKim[7]や James Adams[8]などによって機械工学科を中心とした "Creative Design" の教育は引き継がれていった．

3. デ ザ イ ン 思 考

「デザイン思考とは」という問いには，さまざまな解答があり限られた紙数で説明することは簡単ではない．そこで本稿では，前章で述べた Creative design の考えの下，スタンフォード大学やシリコンバレーで工学とデザインを学んだり実践したりする人々から生まれたイノベーション創出のための効果的な方法論として説明を行う．

デザイン思考は，一般的には図2に示すように，人間を中心に捉えて技術的な要因とビジネス的要因を総合的に捉えて問題発見，問題解決を行っていく方法である．そのプロセスの効果的な実現を目指し，まず専門性のバイアスを取り除くためにデザイン，社会科学，ビジネス，工学など

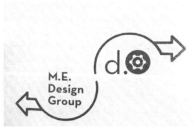

図 1 M.E. Design Group と d. school

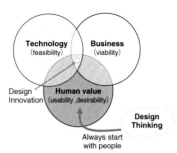

図2 デザイン思考の基本的な考え方（利用者を最優先に考えデザインをおこなう（Inclusive design））

活動場所：ME310LOFT
研究成果に基づきレイアウトを設計

写真引用元：https://web.stanford.edu/group/designx_lab/cgi-bin/mainwiki/index.php/ME310Loft

博士課程学生の
研究データ

研究成果

Center for design research：
デザイン理論について研究

コース名：ME310：Engineering Design
Entrepreneurship and Innovation
産学連携グローバルPBL

図3 CDRの研究とME310との関係

の複数の専門分野による学際的なチームを構築する．次に，創造的な思考によりこれまでの考え方の延長線上にない複数の解決案をみつけるための発散的思考と，具体的な解決方法を決定する収束的な思考を使いわけながら最終的には，ユーザの潜在的なニーズの発見・解決を行っていく

①Empathize，②Define，③Ideate，④Prototype，⑤Testの五つのステップは，デザイン思考の基本的なプロセスとしてよく知られている[9]．Larry J. Leiferらは，曖昧さを楽しむ（Dancing with ambiguity）という表現で，デザイン思考を活用して課題の曖昧性の中でイノベーションを模索するための効果的な方法について述べている[10]．Leiferの研究グループは，より効果的にデザイン思考を活用するためにさまざまな学術研究を行っている[11]．d. schoolの創設者であるDavid Kelleyは，Arnoldによる創造性（Creativity）とデザイン（Design），McKimのニーズ発見（Need finding）と人間中心（Human-centeredness），そしてd. schoolの学際チーム（multidisciplinary teams）へという，スタンフォード大学のデザイン思考教育の進化について述べている[12]．同じく，d. schoolの設立者の一人であるGeorge Kembelは，スタンフォード大学のd. schoolを最も素晴らしいデザインスクールにするためのマニフェストにおいて，学際チームによるデザイン思考の活用や学生，ファカルティー，産業界とのコラボレーションの精神を育成することの重要性について述べている．

4. CDR（Center for Design Research）[11]

CDRは，アップルコンピュータや東芝などの支援により，1984年にLeiferによって設立されたスタンフォード大学のデザインに関する研究機関である．現在，CDRでは，デザインに関する理論研究だけでなく，ロボット，リハビリ技術，工学設計教育，STEM教育，ビジネスイノベーションなどさまざまな研究テーマに取り組んでいる．CDRのデザイン研究は，デザインチームのパフォーマンス，メンバーどうしのコミュニケーション，知識の習得・再利用などについて，研究・論文発表を行っている．CDRの教員や研究者が運営に関わっているME310や，その他のスタンフォード大学のPBLスタイルの講義を

“デザインのシミュレーション環境”と捉えて研究の実践・検証をするのがCDRの主な研究手法であり，多くのPhDを輩出している（**図3**）．ME310の講義は，これまでの研究知見に基づき，分野融合やグローバルなメンバーで講義が実施されており，このときのチームメンバー間の意見の対立も重要の研究テーマになっている．

5. 工学教育におけるデザイン思考

近年，科学技術，グローバル化，社会変化などにより，エンジニアは科学的原理の範囲を超えて，さまざまな社会的・技術的役割をこなすことがより複雑で予想できないような問題に対応するため求められている．国家や企業が有能なエンジニアを適切に準備しないことは，製品やシステムの開発に明らかにマイナスの影響であると考えられる[13]．その原因の一つは，エンジニアが目の前にある本当の問題について考えるよりも特定の解決策に固執していることである[14]-[16]．より良い社会を構築するために必要なもの[17]と既存の工学教育との隔たりをエンジニアが埋めるために，工学教育のカリキュラムを見直すことは急務である．

この課題の解決案の一つとして，人間中心のデザイン教育は工学教育の分野で積極的に活用されており，学部や大学院教育ではデザイン思考の考え方を取り入れたコースが増えている．スタンフォード大学では，この20年間で，デザイン思考を取り入れたキャップストーンプロジェクトや製品開発のカリキュラムを再設計する工学系の学部が増えてきた．具体的には機械工学科（ME310），バイオエンジニアリング学科（BIOE374），土木工学科（CEE224）がよく知られているが，そのほかにも学内の多くの講義でデザイン思考が活用されている．さらに，マイクロロボット研究の第一人者であるMark CutkoskyのBiomimetics and Dexterous Manipulation LabやCDRのInteraction Design Labのように，デザインを通じた研究という考え方を採用している研究グループもある．

一方で，デザイン思考の活用が広がっているにもかかわらず，多くの問題と新しい課題も指摘されている．Lee Vinselは，デザイン思考に関する間違った理解による，イノベーション・トレーニングサービスの課題について注

意を喚起している[18]．大きな課題の一つは，工学の教育者はデザイン思考を魔法のような即効薬として扱うべきではないという点である．例えば，シリコンバレーのようなある一つの文化的な背景において協調される，遊び心，テンポの速い動作，独特の身体的な表現は，デザイン思考が何であるかを定義するものではない．例えば3日間のデザイン思考ワークショップのようなスムーズな学習体験は楽しいかもしれないが，必ずしも効果的ではないかもしれない．Kees Dorst の言葉を借りれば，クールなデザインのトリックやテクニックの適用は，開放的で刺激的ではあっても，実際に必要な結果が得られることはがあまりないといえる[19]．反対に，デザインは複雑で分かりにくい内容であり[20]，デザインのカリキュラムの構築は，スタンフォードの d. school や ME310 などの成功事例の講義を参考にして，別の大学での活用を考える場合には，講義内容のコピー＆ペーストだけでは十分でない．

　工学教育におけるデザイン思考で最も重要な点は，工学教育の教員に教育的な思い込みを変えることが求められていることである．具体的には，これまでの演繹的思考，分析的思考，科学的思考を教えることだけでなく，仮説からの推論思考，創造的思考，複雑さと曖昧さに対処する能力を育てることである[21]-[25]．この能力は，今後の技術者が現実世界の問題を効果的に，協調的に，創造的に扱うために欠かすことができない能力である．そのため，最終的には工学教育の教員は，教育の現場を取り巻く“文化的な”文脈において，教育に関する思い込みをどのように変えるかという問題に答える必要がある．現在，世界中で，賢人はまだ舞台に立っており，規範的教育が今でも教育と学習の主な方法である．

　Leifer はかつて，「より良い教育方法は教えないこと」だと述べていた．筆者らは，伝統的な教育方法が，デザイン思考の学習方法に対する障壁になっていると考えている．デザイン思考は，教員が世界の不確実性や不安定性を学生に見せること[26]を求めることで，学生は知識の境界を広げ，新しい考え方や振る舞いをする機会に出会うことができる．ここで重要な点は，学生が自分の認知バイアスや工学的思考の限界を認識し，文化的／感情的／認知的な障害を克服し，目の前にある状況についての理解を再構築するように指導するために，コーチやティーチングフェローからの十分な支援体制をつくることである．何人かの設計研究者が議論しているように，“リフレーミング”はデザイン思考の核心である[27]-[29]．なぜエンジニアリングの実践が人間中心でなければならないのか，なぜ失敗が成功を生み出すのか，なぜ優れたチームワークがパフォーマンスの中核であるのか，そしてそれに関連したデザイン思考の能力をどのように開発するのか，という考えを習得するには，教育者と学生の双方の思考の転換が必要である．

6. 文化的背景によるデザイン思考の相違

　筆者らが研究を行っている，特にアジアにおける現在の

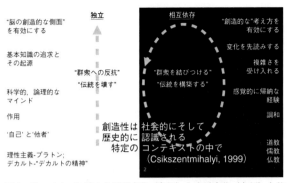

図 4　Creativity に関する西洋文化（左側）と東洋文化（右側）と比較（文献 33)37)42)-45)）に基づき Xiao Ge 作成

工学教育に焦点を合わせて考えると，文化的背景（cultural context）は，デザイン思考教育の構築の中核であるといえる．筆者の一人は，中国において技術者や研究者を教育するために，デザイン思考のプロセスをどのように適応させるかについて実践し，研究してきた[30]．異なる文化背景の中でデザイン思考を教える上で重要なことは，マクロ社会からミクロ心理に至るあらゆるレベルにおいて，文化的背景の深い共感的理解である．例えば，中国の研究者チームの性質を見越して，デザイン思考を厳密なツールセットを用いた体系的プロセスとしてフレーム化した．また，内気な中国の参加者向けの教育的なツールも作成した．異なる文化への適応は，現地の言語への翻訳だけでなく，現地の文化的価値観の評価や，現地の文化的背景に合った目標，目的，具体的なステップの再構築にも関係する．Ge は最近の継続中の研究で，文化によって創造性の概念が際立って異なることを発見した．西洋の創造性は伝統を破り[31]，群衆に逆らう[32]ことによる“前進”として表現され，また，実行されるため，欧米人は創造的な仕事に構造的・社会的自由を求める傾向がある[33]．それとは対照的に，東洋の創造性は，伝統を築き，群衆とつながることで，“原点復帰”によって活性化され[31]，東洋人は，より高い単純さと同一性の状態に到達することによって，創造的な精神[34]-[39]を育成する（図 4）．この創造性の異文化間のフレームワークに照らし合わせると，ある種のアメリカの教育モデルは，独立精神を大きく反映している[40][41]．一方で，日本など他の国でアメリカの教育モデルを用いた場合には，文化的な違いからエンジニアが既存の枠組みを超えて創造性を学習し評価することを妨げる可能性がある．われわれは，どうすれば日本の工学系学生の創造性を十全に発揮させることができるのかという視点で研究[46]を行っている．

7.　ま　と　め

　本稿は，見崎が2015年度に客員准教授として滞在したスタンフォード大学 Center for Design Research での議論および研究に基づき，Ge の協力の下工学教育および精密

工学の分野でデザイン思考はどう活用できるかという視点
で執筆した．平成から令和の時代にかわり，イノベーショ
ンの創出がわが国の最も重要な課題になっており，われわ
れの研究が少しでもその役に立てればと考えている

参 考 文 献

1) B.M. Katz : Make It New : The History of Silicon Valley Design, The MIT Press, (2015) 119.

2) H.E. Howe : 'Space Men' Make College Men Think, Popular Science, Bonnier Corporation, **161**, 4 (1952) 124-127.

3) J.E. Arnold : The Arcturus IV Case Study. Edited with an introduction by John E. Arnold, Jr. Stanford University, Engineering Case Program (1948-1972), Case Files, Stanford Digital Repository, (2016).

4) 川嶋瑶子 : 飛躍する大学スタンフォード, (1985).

5) C.S. Gillmor : Fred Terman at Stanford : Building a discipline, a university, and Silicon Valley. Stanford University Press, (2004).

6) W.J. Clancey : Creative engineering : Promoting innovation by thinking differently, by John E. Arnold. Edited with an introduction and biographical essay by William J. Clancey, (2016).

7) R.H. McKim : Experiences in visual thinking, (1972).

8) J.L. Adams : Good Products Bad Products : Essential Elements to Achieving Superior Quality, McGraw-Hill, (2012).

9) Hasso Platner Institute of Design at Stanford : An Introduction to Design Thinking PROCESS GUIDE.

10) L.J. Leifer and M. Steinert : Dancing with ambiguity : Causality behavior, design thinking, and triple-loop-learning, Information Knowledge Systems Management **10**, 1-4 (2011) 151-173.

11) W. Ju, L. Aquino Shluzas and L. Leifer : People with a Paradigm : The Center for Design Research's Contributions to Practice. In : Chakrabarti A., Lindemann U. (eds) Impact of Design Research on Industrial Practice. Springer, Cham, (2016).

12) M. Camacho : David Kelley : From design to design thinking at Stanford and IDEO., Journal of Design, Economics, and Innovation 2.1, (2016).

13) L.L. Bucciarelli and S. Kuhn : ENGINEERING EDUCATION AND ENGINEERING PRACTICE : NAPROVING THE FIT. Between Craft and Science : Technical Work in the United States, 210, (2018).

14) F. Baird, C.J. Moore and A.P. Jagodzinski : An ethnographic study of engineering design teams at Rolls-Royce Aerospace, Design Studies, **21**, 4 (2000) 333-355.

15) R.J. Youmans : The effects of physical prototyping and group work on the reduction of design fixation, Design Studies, **32**, 2 (2011) 115-138.

16) L. Leifer and C. Meinel : Looking Further : Design Thinking Beyond Solution-Fixation in Design Thinking Research, Springer, (2019) 1-12.

17) L.L. Bucciarelli : An ethnographic perspective on engineering design, Design studies, **9**, 3 (1988) 159-168.

18) L. Design : Thinking Is a Boondoggle. Retrieved April 22, 2019, from https://www.chronicle.com/article/Design-Thinking-Is-a/243472, (2018).

19) K. Dorst : Frame Innovation : Create New Thinking by Design, MIT Press, (2015).

20) C.L. Dym et al. : Engineering design thinking, teaching, and learning, Journal of engineering education **94**, 1 (2005) 103-120.

21) N. Cross : The nature and nurture of design ability, Design studies, **11**, 3 (1990) 127-140.

22) N.F. Roozenburg : On the pattern of reasoning in innovative design, Design Studies, **14**, 1 (1993) 4-18.

23) A.D. de Figueiredo : Toward an epistemology of engineering, in 2008 Workshop on Philosophy and Engineering, The Royal Academy of Engineering, London, (2008).

24) K. Dorst : The core of 'design thinking' and its application, Design studies, **32**, 6 (2011) 521-532.

25) L.J. Leifer and M. Steinert : Dancing with ambiguity : Causality behavior, design thinking, and triple-loop-learning, Information Knowledge Systems Management, **10**, 1-4 (2011) 151-173.

26) D.A. Schön : The reflective practitioner : How professionals think in action. Basic Books, (1983).

27) K. Dorst : The core of 'design thinking' and its application, Design studies, **32**, 6 (2011) 521-532.

28) S. Beckman and M. Barry : Framing and re-framing : Core skills for a problem-filled world, Rotman Magazine, (2015) 67-71.

29) X. Ge and L. Leifer : Design Thinking at the Core : Learn New Ways of Thinking and Doing by Reframing, in ASME 2017 International Design Engineering Technical Conferences and Computers and Information in Engineering Conference, (2017) V007T06A025-V007T06A025.

30) X. Ge and B. Maisch : Industrial Design Thinking at Siemens Corporate Technology, China. In Design Thinking for Innovation (pp. 165-181), Springer International Publishing, (2016).

31) T.I. Lubart : Creativity Across Cultures. Handook of creativity, (1999) 339.

32) R.J. Sternberg and T.I. Lubart : Defying the crowd : Cultivating creativity in a culture of conformity, Free Press, (1995).

33) A.F. Osborn : Your, creative power : how to use your imagination, Dell Publishing, New York, (1961).

34) Y.Y. Kuo : Taoistic psychology of creativity. The Journal of Creative Behavior, **30**, 3 (1996) 197-212.

35) C. Chung-Yuan : Creativity and Taoism : A Study of Chinese Philosophy, Art, and Poetry. (1963).

36) S.B. Paletz, K. Peng and S. Li : In the world or in the head : External and internal implicit theories of creativity. Creativity Research Journal, **23**, 2 (2011) 83-98.

37) I. Nonaka and H. Takeuchi : The knowledge-creating company : How Japanese companies create the dynamics of innovation, Oxford University Press, (1995).

38) L. Sundararajan and M.K. Raina : Revolutionary creativity, East and West : A critique from indigenous psychology. Journal of Theoretical and Philosophical Psychology, **35**, 1 (2015) 3.

39) H. Yukawa : Creativity and Intuition a Physicist Looks at East and West. Translated by John Bester. Kodansha International [Distributed in the U.S. By Harper & Row, New York], (1973).

40) H.R. Markus and S. Kitayama : Cultures and selves : A cycle of mutual constitution. Perspectives on psychological science, **5**, 4 (2010) 420-430.

41) A.P. Fiske S. Kitayama, H.R. Markus and R.E. Nisbett : The cultural matrix of social psychology, (1998).

42) R.R. McCrae : Creativity, divergent thinking, and openness to experience. Journal of personality and social psychology, **52**, 6 (1987) 1258.

43) R.E. Nisbett K. Peng I. Choi, and A. Norenzayan : Culture and systems of thought : holistic versus analytic cognition. Psychological review, **108**, 2 (2001) 291.

44) K. Peng, J. Spencer-Rodgers and Z. Nian : Naïve dialecticism and the Tao of Chinese thought. In Indigenous and cultural psychology (pp. 247-262), Springer, Boston, (2006).

45) M. Csikszentmihalyi : 16 implications of a systems perspective for the study of creativity. Handbook of creativity, (1999) 313.

46) D. Misaki, A. Sekiguchi and X. Ge : Embedding Design Thinking into Traditional Japanese Engineering Design Education, Extended Abstract 05 2019, Clive L. Dym Mudd Design Workshop XI, (2019)

はじめての 精密工学

実用ナノインプリント技術

Practical Nanoimprint Technology/Jun TANIGUCHI

東京理科大学　谷口　淳

1. はじめに

ナノインプリントという用語は，1995年に現プリンストン大学教授のS.Y. Chou教授が開発した技術の名前である．この技術は，ナノメートルオーダーのパターン（凸部）がある金型（モールド，テンプレートともいう）を，樹脂に押し付け，凹パターン（金型と反対の形状）を形成するものである（図1）．この手法は半導体露光装置（ステッパ，スキャナ）と比べて安価で簡便に高解像度が得られるということから，Chou教授は，Nanoimprint Lithography[1]（NIL：ニル）と名付け，新露光技術として提唱した．その後，露光だけでなくナノ構造の作製に広く用いることができるため，ナノインプリントやナノインプリント技術などと呼ばれている．ナノインプリントを行うには，金型，転写材料，転写装置（転写方式）などが必要である．これらの基礎を押さえた後に，用途や応用例などを紹介していく．

2. 金型の作製方法

ナノメートルオーダーで金型を作製する方法としては，自己組織化を利用した方法，半導体露光装置を用いた方法，電子ビーム露光装置を利用した方法などがある．自己組織化を利用したものは，陽極酸化アルミナ（ポーラスアルミナ）を用いたものやイオンビーム照射を用いたものなどがある．陽極酸化アルミナ[2]やイオンビーム照射による方法は，100nm程度の突起物が並んだ反射防止構造（モスアイ構造：蛾の目の意味）の作製などに用いられている．自己組織化手法では任意の形状ではなく特定の決まった形状を作製する場合に便利である．半導体露光装置を用いた方法は，フォトマスクを用いて縮小投影露光法により金型を作製する方法である．本来，集積回路などの量産プロセスで用いる方法であり，露光装置は高価ではあるが，金型作製に利用している例もある．任意の100nm未満の形状の金型を作製するには，電子ビーム露光法がある．図2に，1本の収束ビーム（ポイントビーム）を用いた金型作製手法を示す．

まず，基板上に電子ビームレジストをスピンコーターにより薄く塗布し，その後溶媒を飛ばすために加熱し成膜する（図2(1)）．レジストにはポジ型とネガ型があるが，図2では，ポジ型の例を示す．次に電子ビームをレジスト上に照射する（図2(2)）．このとき，電子ビームは，所望パターンの設計図に従って，所望箇所に電子ビームを照射する．これは，通常CADデータやビットマップデータなどを準備して，電子ビーム描画装置のパターン発生器に導入すれば，所望のパターンを得ることができる．次に，露光されたレジスト付き基板を，薬液につけて現像する．ポジ型電子ビームレジストの場合，電子ビームが照射され

(1) 初期準備

金型
転写樹脂
基板

(2) 押し付け

基板

(3) 離型

パターン
残膜
基板

図1 ナノインプリント工程

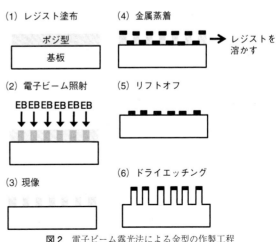

図2 電子ビーム露光法による金型の作製工程

た部分が現像後になくなる（図2（3））．逆にネガ型の場合は，現像後には，電子ビームが照射された部分が残る．それ以外は，薬液に溶けてなくなる．これで，電子ビームレジストのパターンが得られたが，このパターンは樹脂製なので，ナノインプリントの転写などに対してはもろく壊れてしまうので，この状態では金型としては適さない．そのため，このパターンを利用して，基板を加工（エッチング）して金型とする．レジストパターンができたら，次にクロムなどの金属薄膜をパターン上に蒸着する（図2（4））．このとき，蒸着する金属の膜厚をパターニングされたレジストの膜厚よりも薄くすれば，金属膜は基板上とパターニングされたレジストの上に形成され，金属膜は分離される．この膜厚が厚いと，パターニングされたレジストが金属膜で埋まってしまうので，注意が必要である．その後，レジストを溶かす溶媒に浸漬して，レジスト上の金属膜を除去し，基板上の金属膜のみを残す（図2（5））．これをリフトオフ（lift-off）プロセスという．この金属膜をマスクとして，プラズマを用いたドライエッチング技術により，基板を加工する（図2（6））．基板がシリコンの場合は，フッ素系ガスを用いたリアクティブイオンエッチング（Reactive Ion Etching：RIE）装置などを用いる．この工程では，金属薄膜よりも高さのある形状を形成することができる．所望の高さが得られたら，加工を止め，金属膜を溶かして金型とする．モールドの高さが低くてもよい場合は，現像後のレジスト膜のパターンで基板を加工してもよい．通常は，レジスト膜はドライエッチングで加工されるため，金属のマスクをリフトオフにより形成し加工する場合が多い．

　ここまで金型の作製方法について述べてきたが，工程数も多く複雑であることが分かる．これは，集積回路作製に用いられる半導体プロセスのほとんどを用いて作製しているためであり，それだけナノオーダーのパターンを得ることは労も多く，時間もかかる．しかし，ナノインプリントでは，金型ができてしまえば，あとは樹脂への押し付けだけなので，ナノパターンの複製や複製パターンを利用して何か作るのには便利な手法である．また，昨今では，大学や自治体の産業技術センターなどで電子ビーム露光やドライエッチングの受託加工サービスがあるので，これを利用したり，ナノオーダーの金型も市販されているので，これらを利用したりしてもよい．

　次にこの金型を用いて樹脂へ転写を行う（図1（2）参照）が，金型に樹脂が付着しないように離型処理をする必要がある．離型処理には，フッ素系のシランカップリング剤を用いる場合が多い．処理方法としては，シランカップリング剤を希釈した溶液に金型を浸漬させ，一定時間経ったら引き上げ，リンス液ですすぎ，その後加熱することで離型成分が強固に金型上に残るようになる．この方法以外にも，気相で処理する方法もある．ナノメートルオーダーの凹凸がある面は，接着で考えると投錨（アンカー）効果が働くため離型しにくくなる．このため，離型処理をする

ことで安定して長寿命のナノパターン転写を行うことができる．

　また，金型は一つだけだと破損が心配という場合や，複数の金型で量産をしたいといった場合，1個の金型を母型（マザーモールド）として，子金型（ドーターモールド）を複数作りたいという場合もある．このようなときは，転写（図1（2）参照）により樹脂にナノパターンを作製し，そのままレプリカモールドとして用いるか，この樹脂を原盤にしてめっき等で複製するといった方法がある．ニッケルめっきのレプリカモールドは強度と寿命にたけているが，曲面へ倣って転写するといったことは難しいので，このような場合は，樹脂製のレプリカモールドを用いる．

　以上のように金型は作製が大変な分，十分な離型処理や予備金型などの作製など多岐にわたってナノパターンを守る技術が重要である．

3. 転写材料と転写方法

　転写材料には大きく分けて，熱可塑性樹脂と紫外線（Ultraviolet：UV）硬化性樹脂の二つがある．熱可塑性樹脂には，アクリルやポリカーボネートなどがあり，温度が上がると柔らかくなり金型の形状に追従して変形する．紫外線硬化性樹脂は，室温では液状で，この状態で金型を押し付け変形させ（図1（2）参照），その後，UV光を照射することにより硬化させる．この場合，UV光を金型側もしくは基板側から照射させる必要があるので，金型と基板材料のUV透過性に気を付ける必要がある．例えば，金型がシリコンの場合，基板は樹脂フィルムなどを用いて，フィルム側からUV光を照射すればよい．硬化後，金型を離型して転写完了である（図1（3））．この方法を光ナノインプリントまたは，UV-NILという．熱可塑性樹脂の場合，基板上に樹脂を塗布し，もしくは樹脂基板を準備し温度を上昇させる．樹脂が柔らかくなったら金型を押し付ける（初めから押し付けていてもよい）（図1（2）参照）．押し付け荷重と温度を維持し一定時間保持する．その後，温度を樹脂の固化温度まで下げ，金型を離型する（図1（3）参照）．この方法を熱NILや熱ナノインプリントという．熱NILでもUV-NILでも，転写後には残膜が残る．残膜は，基板表面を露出する必要がある場合は，酸素プラズマによるアッシング（灰化）により除去できる．基板表面を出した後は，金属蒸着などを行うが，その工程は金型作製プロセスの図2（4）以降と同様である．残膜を除去しない場合でも，光学特性の透過率などを考え，なるべく薄く均一な残膜としたいという場合もあり，この場合，ひと工夫必要である．この解決策は5章で説明する．

　転写方式も，金型と基板の大きさが大体同じで一枚ずつ転写する方式や，金型のサイズが基板より小さく，ステップアンドリピート動作で繰り返し転写して1枚の基板へ転写する方式や，ロール金型を用いた印刷方式のものがある．UV-NILのステップアンドリピート方式は，半導体露光用途向けに現在研究開発が進められている．また，ロー

ル方式のものは，ディスプレイの反射防止構造フィルムの量産に用いてきた実績もある．このように，特定用途や産業用には大掛かりな装置や高精度な位置決めなどを必要とするが，研究室レベルでは，平行平板状に転写できる装置や治具があれば，ナノインプリントができる．例えば，熱NIL の場合は，ホットプレートと錘があれば，数センチ角の小さい基板サイズなら転写可能である．UV-NIL の場合は，スライドガラスと UV 光源と UV 硬化性樹脂があれば転写が可能である．このような簡易の場合でも，金型の離型処理は必要である．ここでナノインプリントの近年の動向としては，ロールを用いて生産性を高くする手法と，三次元曲面への転写の二つがあるので，次にそれらを紹介する．

4. ロールトゥロールナノインプリント

ロール金型を用いたナノインプリントの装置の概略を**図3**に示す．ロール金型は，ロールの外周上にナノパターンが刻まれている．量産を考えたときには，つなぎ目がなく（シームレス），連続してフィルム（ウェブともいう）に転写できると生産性が高まる．つなぎ目があってもよい場合は，ニッケルめっき板をロール状に加工したり，樹脂レプリカモールドをロールに貼りつけることでも代用できる．めっきをロール状に加工したものは，スリーブ（軸ざや，袖の意味）ともいう．また，シームレスロールモールドを作製するプロセスとしては，自己組織化を利用する場合が多い．図3の装置構成としては，ロール金型にフィルムを供給するロール（リワンダロール）と転写後のフィルムを巻き取る（ワインダロール）からなり，ロールからロールへフィルムが流れていることが分かる．このことから，ロールトゥロール（Roll to roll：RTR，R2R）方式で，ナノパターンを転写するので，RTR-NIL と呼ばれている．図3では，紫外線硬化性樹脂を用いた RTR-UV-NIL 方式について，転写動作を説明する．紫外線硬化樹脂は，ロール金型で転写される前にフィルム上にバーコーターなどを用いて塗工される．この樹脂の塗工方法もいろいろな種類があり，バーコーター以外にも，薄く塗工する場合，スリットダイコーターを用いる．また，ロールで塗工する場合もある．実験室レベルでは，スポイトにより樹脂滴下を行う方法もある．塗工されたフィルムは，ロール金型と接触して転写になるが，その際，ゴム製のニップロールなどで圧力を印加する．ここで十分フィルム上の樹脂（まだ液状）が金型のナノ形状に入った後に，UV 光を照射し硬化する．図では，ロール金型の下方向から照射している．硬化後は，紫外線硬化性樹脂が固体になるので，金型から離型し，ワインダロールに巻き取られる．ここで，巻き取る前に，ナノパターンを保護するための保護フィルムを被せ巻き取ることもある．このロール金型でも離型処理は重要となる．

ここで，生産性を向上させるためには，転写速度（フィルムのフィード速度）を大きくする必要がある．このとき

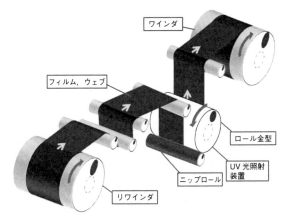

図3 RTR-UV-NIL 装置

律速となるのは，紫外線硬化性樹脂の感度（少ない光量で固まる場合，感度は高い）と UV ランプ（または UV-LED）の照度になる．樹脂の感度が低い場合，フィルムが UV 照射範囲内を通過するが，この場所では硬化できずパターン転写ができない．また，樹脂の感度が高くても UV 光源の照度が不足だとパターンが硬化しない．そのため，樹脂の感度とどれくらいの速度で転写したいかによって，UV 光源の照度を選定する必要がある．傾向としては，300 nm より大きくアスペクト比（高さ/線幅の値）が 1 程度の場合，20 m/分くらいの転写が可能である．ただし，100 nm 未満のパターンやアスペクト比が大きいパターンの場合は，低速にしないと十分な転写や離型ができない場合が多い．目安としては，平行平板で手で転写して剥がせないパターンは RTR でも転写はできない．そのため，予備実験としては，手転写でもよいので，離型できるかどうかとパターンが転写できているかどうかなどを走査型電子顕微鏡（SEM）などで確認する必要がある．

5. 曲面形状へナノパターンを追転写

最後にレンズ形状のような曲面にナノパターンを追加で転写する方法について説明する．例として，マイクロレンズアレイに反射防止構造を後付けで転写する手法について述べる[3]．

図4に反射防止構造（モスアイ構造）付き反転型レプリカモールドの作製方法を示す．まずモスアイ構造金型を作製し，離型処理をして UV-NIL で柔らかいレプリカモールドを作製する．これは，UV 硬化後でもゴムのように柔らかい材料を用いている．レプリカのモスアイ構造は，100 nm くらいの直径で 200 nm くらいの高さの針状の構造が細密に並んでいるものを用いた．まず，このフレキシブルレプリカモールド上に UV 硬化性樹脂を滴下した（図4 (1)）．次にダミー基板を被せロールプレスを用いて薄膜化を行い（図4 (2)），液体分離をすることで余分な樹脂を除去した（図4 (3)）．この工程は，液体分離インプリント（Liquid Transfer Imprint Lithography：LTIL，エルティル）[4]と呼び，液状の UV 硬化性樹脂をダミー基

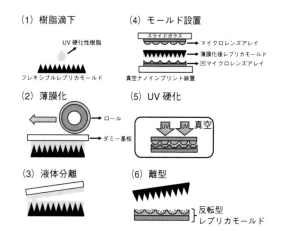

図4 反転型レプリカモールドの作製方法

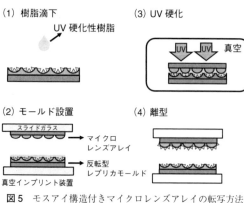

図5 モスアイ構造付きマイクロレンズアレイの転写方法

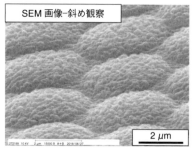

図6 モスアイ構造付きマイクロレンズアレイのSEM写真

板に載せて，レプリカモールド上の樹脂量を少なく，すなわち残膜を少なくするといった手法である．その後，真空インプリント装置の上下にマイクロレンズアレイ（ピッチ4.10 μm，径 3.80 μm，高さ 820 nm）の凹凸がかみ合うように設置し，その間に薄膜化を施したフレキシブルレプリカモールドを挿入した（図4 (4)）．その後，真空引きを行い，280 MPa で加圧しながら 2 分間の充填，3 分間のUV 照射を行うことで硬化させた（図4 (5)）．最後に，離型を行うことで反転型レプリカモールドを作製した（図4 (6)）．ここで，図4 (4) の凹マイクロレンズアレイは，元のマイクロレンズアレイから UV-NIL で複製したものである．真空引きを行うのは，マイクロレンズアレイの場合，空気が入ってしまうためである．

この工程で反転型（凹マイクロレンズアレイ上）にモスアイ構造が付与された金型が作製できた．次にこの反転型レプリカモールドを用いてマイクロレンズアレイ上にモスアイ構造を付与した．その方法を**図5**に示す．まず，UV硬化性樹脂を反転型レプリカモールド上に滴下後（図5 (1)），マイクロレンズアレイと反転型レプリカモールドを真空インプリント装置に設置し，真空引きを行った（図5 (2)）．その後，280 MPa で 2 分間充填し，そのままの状態で UV 光を 3 分間照射した（図5 (3)）．最後に離型を行うことにより，マイクロレンズアレイ上にモスアイ構造を作製した（図5 (4)）．マイクロレンズアレイ上にモスアイ構造は必要であるが，同時に残膜を薄くしないといけない．これは，残膜が厚いと透過率が下がるのと，レンズ形状が変わってしまうためである．残膜を薄くするために，図5 (1) では，滴下後に圧力を十分にかけることで，余分な樹脂を外に追い出して薄膜化している．この工程で残膜は 100 nm 以下となっている．

作製したマイクロレンズアレイ上のモスアイ構造のSEM 写真を**図6**に示す．モスアイ構造の径，ピッチ，高さはそれぞれ 110 nm，180 nm，230 nm であった．さらにマイクロレンズアレイの径，ピッチ，高さはそれぞれ4.10 μm，3.80 μm，820 nm と形状変化は見られなかった．

また，波長 550 nm で反射率はモスアイ構造なしのとき3.6% で，モスアイ構造ありのとき 0.5% となり，透過率はモスアイ構造なしのとき 84.9% で，モスアイ構造ありのとき 97.5% であった．このように，モスアイ構造によって反射が抑制され透過率が向上したことが分かる．

6. ま　と　め

ナノインプリントの基礎と，最近の動向について概説した．ナノインプリントは金型さえ入手できれば，ラボレベルでも比較的簡単に実施できる．また，近年では量産を考えてロール化の動きや曲面上への転写技術などが要求されている．これらのニーズに対しても，ナノインプリントは工夫次第で応えることができるため，検討する価値はある．ナノインプリント技術の長所は，機能や付加価値の高いナノパターンの金型を用いて，いろいろなところにナノパターンを付与できることである．これによって，コストを抑えた新製品の創出も可能となる．

参　考　文　献

1) S.Y. Chou, P.R. Krauss and P.J. Renstrom : Imprint of sub-25 nm vias and trenches in polymers, Appl. Phys. Lett., **67** (1995) 3114.

2) T. Yanagishita, T. Kondo, K. Nishio and H. Masuda : Optimization of antireflection structures of polymer based on nanoimprinting using anodic porous alumina, J. Vac. Sci. Technol. B **26** (2008) 1856.

3) M. Nakamura, I. Mano and J. Taniguchi : Fabrication of microlens array with antireflection structure, Microelectron. Eng., **211** (2019) 29.

4) N. Koo, J.W. Kim, M. Otto, C. Moormann and H. Kurz : Liquid transfer imprint lithography : A new route to residual layer thickness control, J. Vac. Sci. Technol. B **29** (2011) 06FC12.

はじめての 精密工学

円筒研削における各種の研削現象
研削抵抗と工作物の熱変形挙動

Phenomenon of the Cylindrical Grinding
Grinding Forces and the Thermal Deformation of the Ground Workpiece/Takashi ONISHI

岡山大学 **大西 孝**

1. はじめに

研削は高速で回転する砥石を工作物へ干渉させ，材料を除去する加工であり，砥石作用面に多くの砥粒が存在するため，微小な切りくずが生成され，高い面品位や寸法精度が得られる．一方で，切削と比べると法線方向の加工抵抗である背分力が大きいため切残しが生じるほか，単位体積当たりの材料除去に要するエネルギーが大きいことから発熱が大きく[1]，独特の加工現象が生じる．とりわけ，加工中に生じる工作物の熱変形は，寸法誤差を増大させる要因の一つであり[2][3]，より高精度な研削加工を目指すには研削中の工作物の熱変形挙動を考慮することが必要不可欠である．本稿では，研削抵抗について述べた後，研削抵抗から工作物熱変形量をシミュレーション解析する手法，さらには，より容易に測定可能な砥石軸モータ電力から熱変形量を解析することで，工作物の熱変形挙動を考慮し，寸法誤差を最小化できる加工システムについて解説する．

2. 研削抵抗とは

2.1 各種の研削手法における研削抵抗

各種の研削における研削抵抗の2分力，主分力（接線方向分力）と背分力（法線方向分力）を**図1**に示す．図1(a)の円筒研削は，円筒形状の工作物の仕上げ工程に用いられ，半径方向に砥石を切り込むプランジ研削（本稿で主に扱う）と，軸方向に工作物を移動させるトラバース研削がある．図1(b)の内面研削では工作物の穴内径よりも細い砥石を用いるため，背分力により砥石軸が弾性変形し，形状誤差が発生しやすい．また，研削液が研削点へ到達しにくく，研削熱の除去が困難な場合もある．図1(c)の平面研削は，工作物の平面度が求められる加工法であるが，研削熱による熱応力や研削面の変態に起因する残留応力により，工作物に反りが生じることがある[4]．

図に示すように，研削では背分力が主分力より大きい．これは砥粒が負のすくい角を有するためであり，俗な表現ではあるが，「切削工具と比較すると砥石の切れ味が悪い」ためである．加工条件や砥石の選定にもよるが，主分力の2〜3倍程度の背分力が生じることが多く[5]，次に述べる切残しの発生要因となっている．

2.2 円筒プランジ研削における研削抵抗と寸法生成量

図2に，円筒プランジ研削における砥石台移動量，寸法生成量（半径表記），研削抵抗の変化を示す．円筒プランジ研削は，砥石を工作物の半径方向に切り込む研削方法で，砥石台移動量の傾きは砥石の半径方向の移動速度であるプランジ速度 V_p と等しい．砥石が工作物と干渉すると，研削抵抗は徐々に上がり，しばらくすると一定値となる．寸法生成量，すなわち工作物の半径の減少量に着目すると，研削抵抗が一定になるまでは，砥石台移動量と寸法生成量の傾きには差異があり，両者の間に差が生じる．この差が切残し量である．研削抵抗が一定値になると，寸法生成量と砥石台移動量の傾きはほぼ一致し，切残し量はほぼ一定のまま研削が進行する．この状態を定常研削状態と呼ぶ[6]．研削初期に砥石の切込み量と寸法生成量に差異が生じ，切残しが発生する原因は，最初に述べたとおり，砥粒は負のすくい角を有しており，切れ味が悪いことから，砥石と工作物が干渉しても，砥粒は工作物の表面を上滑りし，すぐに切りくずが生成されることはないためである[7]．研削の最初期においては，工作物と砥石が干渉し，研削抵抗が発生しても寸法生成量はゼロのままである．さらに砥石を切り込むと切りくずが生じるが，先述のとおり研削では背分力が主分力と比べて大きい．そのため，**図3**に示すように，研削中は背分力により，砥石軸や両センタによって支持された工作物の軸は大きく弾性変形する．そ

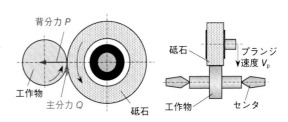

(a) 円筒研削（右図は円筒プランジ研削を示す）

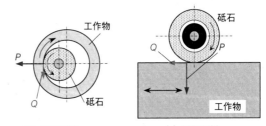

(b) 内面研削 　　　　　(c) 平面研削

図1 各種の研削における研削抵抗

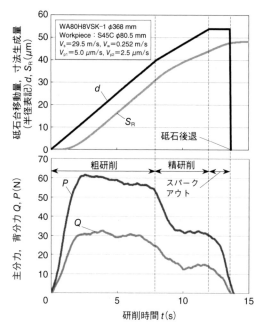

図2 研削中の寸法生成量と研削抵抗の変化

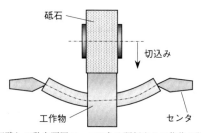

図3 切残しの発生要因の一つである研削中の工作物の弾性変形

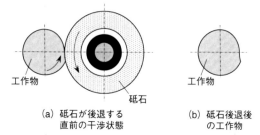

図4 スパークアウトが不十分な際の真円度の悪化

のため，両者の中心間距離は広がり，切り込んだ量だけ削れないのである．定常研削に至る前，すなわち研削抵抗が上昇し，切残し量が増加する過渡状態においては，この弾性変形量が増大し，切残し量も増える．両者の弾性変形量が一定になり，これ以上増えなくなると，定常研削に入り，寸法生成速度とプランジ速度，すなわち寸法生成量と砥石台移動量の傾きは等しくなる．なお，厳密には研削中に砥石が摩耗するために，定常状態においても寸法生成速度はプランジ速度から砥石の摩耗速度を減じた値になるが，砥石の摩耗が極端に大きくない場合は，プランジ速度と寸法生成速度はほぼ一致する．

砥石のプランジ速度を下げる精研削を経て，プランジ速度をゼロにして工作物を数回転させるスパークアウト過程に入る．スパークアウト過程では，砥石へ切込みを与えないにもかかわらず工作物は除去される．これは，定常状態において工作物と砥石が弾性変形しているため，砥石の切込みを止めても，両者は干渉を続けるためである．スパークアウト過程が進行すると，工作物と砥石は弾性回復し，研削抵抗が減少するとともに，寸法生成速度が低下する．

スパークアウト過程は，工作物の粗さや真円度の改善に必要不可欠な工程である．もしスパークアウト過程を省略，またはスパークアウト時間を十分に確保せずに工作物から砥石を後退させると，図4のように，研削面には砥石が干渉した痕が段差として残り，真円度が低下する．適切なスパークアウト時間の設定は，現場の経験に依存するところが多く，研究の余地がある．

砥石を後退させた後は，工作物の除去はなくなるが，この後も少しだけ半径が小さくなっている．これは後述する工作物の熱収縮によるもので，寸法誤差へつながる．

3. 円筒研削における工作物の熱変形

3.1 主分力と研削熱の関係

前章で述べた切残しの発生は，主に背分力により生じる．一方，研削中に発生する熱は主分力に比例する．工作物の除去に必要な研削エネルギー E_g は，主分力 Q に比例して，次の式(1)で表される．

$$E_g = Q(V_s + V_w) \tag{1}$$

ここで V_s と V_w は，それぞれ砥石と工作物の周速度である．なお，円筒研削において速度比，すなわち V_w/V_s が微小（10^{-3} のオーダー）な場合，主分力 Q に砥石周速度 V_s を乗じたものを研削エネルギーとして考えても差し支えない．研削により発生する熱は，研削エネルギーに比例するため，先述のとおり研削熱も主分力に比例する．したがって，工作物の熱変形の大小を把握するためには，主分力を測定する必要がある．

図5に，プランジ速度 V_p が異なる条件で直径約 87 mm の工作物を研削した際の，主分力 Q と工作物の熱変形量 $d_{\theta w}$ の測定結果を示す．いずれも取り代は半径で $100\,\mu m$ であるため，プランジ速度 V_p が高い条件においては，加工時間が短い．なお，研削面は材料の除去により直径が変化するため，直接，工作物熱変形量を測定することは困難である．そのため，図6のように研削面の横に非研削面を設け，両者の熱変形量比を求めるため研削実験に先立ち，研削中にスパークアウトをせずに砥石を後退させ，それぞれの面における熱収縮量を測定した[8]．研削中は非研削面の熱変形量を測定し，事前に求めた熱変形量比を乗じることで研削面の熱変形量を推定している．図5に示すとおり，プランジ速度が増大すると，研削抵抗と工作物熱変

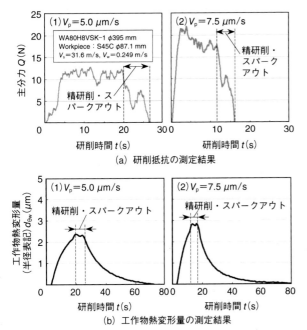

図5　プランジ速度を変化させた場合の研削抵抗と工作物熱変形量

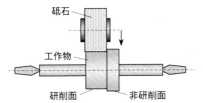

図6　工作物熱変形量を推定するための工作物の形状

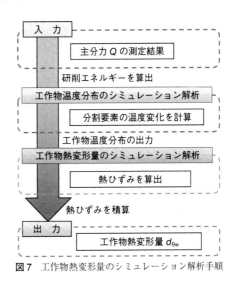

図7　工作物熱変形量のシミュレーション解析手順

図8　センタに貼ったひずみゲージとその配線

形量は増加する．これは単位時間当たりに除去される工作物の体積が増えるため，工作物へ流入する熱量も増大するためである．また，工作物の熱変形は精研削およびスパークアウトに入る直前に最大値となり，研削終了後，工作物は時間をかけて熱収縮することが分かる．

3.2　工作物温度分布と熱変形量のシミュレーション

前述のように，研削熱は主分力に比例するため，研削抵抗から工作物の温度分布をシミュレーション解析し，工作物熱変形量を推定できる[9]．シミュレーション解析の手順を**図7**に示す．主分力から研削エネルギーを求め，工作物に流入する割合と工作物の表面から逃げる熱量を算出するために必要な工作物と研削液との熱伝達率を決定し，有限要素解析により温度分布をシミュレーション解析する．得られた温度分布から工作物の熱ひずみを半径方向に積分すると，熱変形量が算出できる．

円筒研削における研削抵抗の測定には**図8**のようにセンタに貼り付けたひずみゲージが用いられてきたが[10]，正確に貼り付け，細かい配線を確実にはんだ付けすることは難しく，また，ノイズを拾いやすい（特にCNC円筒研削盤ではサーボアンプから生じる高調波ノイズが顕著）といった問題がある．そこで，容易に測定が可能で，ノイズが

比較的乗りにくい砥石軸モータ電力を入力としたシミュレーション解析を試みた．砥石を回転させるモータを制御するインバータには，モータの電力（負荷）に比例してパルス波形を出力する信号出力端子が付いている場合が多く，電力の変化をモニタリングし，積算することで，砥石軸モータの消費電力を得ることができる．砥石軸モータの電力を W_m，モータの電力変換効率を η_m，砥石周速度を V_s とすると，主分力 Q と電力 W_m の間には次の式(2)が成り立つ．

$$\eta_m W_m = Q V_s \tag{2}$$

式(2)から主分力 Q は式(3)で求めることができる．

$$Q = \eta_m W_m / V_s \tag{3}$$

図9に，図中の加工条件でプランジ研削を行い，ひずみゲージで測定した主分力と，砥石軸モータ電力を示す．砥石軸モータ電力の変化は主分力の増減と良い対応を示し，モータの変換効率 η_m を求めることができる．モータ電力から求めた主分力を用いて，図7と同じ手順で工作物温度分布と熱変形量をシミュレーション解析により求めた．**図10**に工作物温度分布と熱変形量を示す．工作物温度分布は，工作物に埋め込んだサーミスタの温度測定結果を無線通信により収集することで，インプロセス測定を行

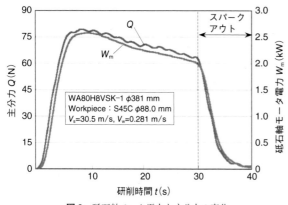

図9 砥石軸モータ電力と主分力の変化

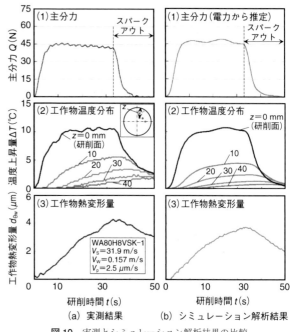

(a) 実測結果　　　(b) シミュレーション解析結果

図10　実測とシミュレーション解析結果の比較

った[11]. 工作物の温度は，研削面である工作物の表面から上がり，内部に時間をかけて伝わることが分かる．また，研削終了後も時間をかけて冷却されるため，工作物の収縮にも時間を要することが理解できる．シミュレーション結果と実測結果はいずれもよく一致しており，工作物熱変形量の高精度な解析が可能であることを確認した．

　次に，砥石周速度 V_{w} を変化させた場合の工作物熱変形量について考察する．図11に砥石軸モータ電力から推定した主分力，工作物熱変形量の実測結果と推定結果（電力から推定した主分力より計算，効率 $\eta_{\mathrm{m}}=0.89$）を示す[12]．砥石周速度 V_{w} を高くすると，研削抵抗は下がるが，プランジ速度 V_{p} が同じであるため，単位時間に除去される工作物の体積は変化しない．研削エネルギーは，主分力と砥石周速度の積で表されることから，プランジ速度を一定にして砥石周速度を上げた場合，主分力が下がっても両者の積は大きく変わらず，工作物熱変形量はほぼ同等であり，解析でも実測と同様の結果が得られた．図12に示すとおり，砥石周速度が高い場合，主分力の最大値は低下しているが，砥石軸モータ電力はどの条件でもほぼ同じであり，研削エネルギーは同等であるため，主分力が変化しても工作物熱変形量に大差が生じないことが分かる．

3.3　熱変形による寸法精度の悪化を補償するシステム

　前述のとおり，研削では切残しが生じるため，寸法生成量の予測は困難である．そのため，図13に示す定寸装置を用いて加工が行われることが一般的である．あらかじめ加工量（取り代）を設定し，定寸ゲージにより工作物の直径の変化を測定しながら研削を行い，寸法生成量が所定の取り代に達した瞬間に研削盤へ加工終了の指令を出すことで，自動的に目標の取り代の加工が行える．しかし，定寸装置を用いた場合でも，所望する寸法精度の加工を実現できないことがある．研削中の工作物は研削熱により熱膨張しており，定寸ゲージで測定される工作物の直径には，熱変形量も含まれている．したがって，目標の取り代に達した瞬間に砥石を後退させると，熱膨張していた工作物が徐々に冷却され熱収縮するため，加工終了時よりも直径は小さくなり，寸法誤差が生じる．そのため，高精度な研削

を行うには，工作物の熱変形量を考慮した加工が必要である．筆者らは，研削中の工作物熱変形量をリアルタイムに演算し，寸法生成量の実測結果に加味することで，熱変形による寸法誤差を最小化できる知能化研削システムを開発した．本システムでは，研削中の工作物が熱収縮した後の寸法生成量を正味の寸法生成量 S_{Rn} と定義する．寸法生成量 S_{R}，熱変形量 $d_{\theta \mathrm{w}}$ から，正味の寸法生成量 S_{Rn} は式(4)で求められる．

$$S_{\mathrm{Rn}} = S_{\mathrm{R}} + d_{\theta \mathrm{w}} \qquad (4)$$

　図14[13]に，正味の寸法生成量 S_{Rn} に従って研削盤を操作した場合の工作物の寸法の変化を示す．加工中に正味の寸法生成量 S_{Rn} が目標の取り代に達した瞬間に，工作物から砥石を後退させると，時間が経過すると加工前後の工作物の寸法変化は目標の取り代と一致する．なお，砥石を後退させる瞬間に定寸ゲージで測定された寸法生成量 S_{R} は，目標の取り代から，その瞬間の工作物熱変形量 $d_{\theta \mathrm{w}}$ を差し引いた値と等しい．すなわち，寸法生成量が目標の取り代よりも工作物熱膨張量だけ小さくなった瞬間に砥石を後退させることで，理論的には工作物の熱膨張による寸法誤差はゼロになる．なお，真円度の低下を防止するために，砥石の後退はスパークアウト過程で行っている．スパークアウト過程では，先述のとおり工作物と砥石の弾性回復により極めて微小な切込みが行われており，最適な加工終了の瞬間を，本システムで知ることができる．

　図15は，開発した正味の寸法生成量の演算が可能な知能化研削システムである．センタのひずみゲージで主分力を測定し，先述の工作物熱変形量 $d_{\theta \mathrm{w}}$ のシミュレーションをPCでリアルタイムに行う．PCには定寸ゲージで測定

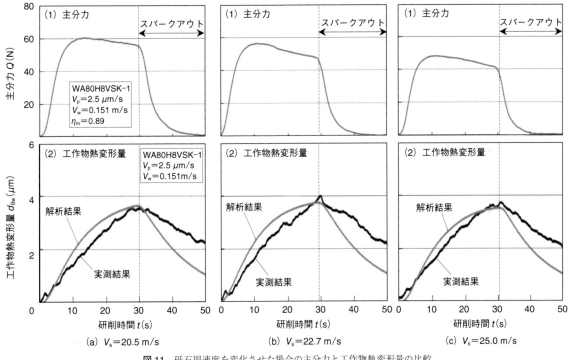

図11　砥石周速度を変化させた場合の主分力と工作物熱変形量の比較

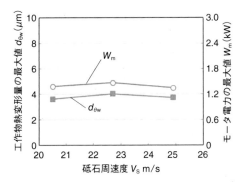

図12　砥石周速度と工作物熱変形量および砥石軸モータ電力の最大値の関係

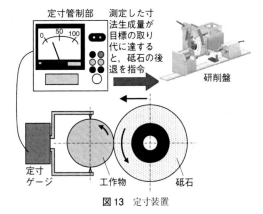

図13　定寸装置

された寸法生成量 S_R も取り込まれ，シミュレーションで求めた工作物熱変形量 $d_{\theta w}$ と足し合わせることで，正味の寸法生成量 S_{Rn} を研削中に計算し，ディスプレイに表示する．正味の寸法生成量が目標の取り代に達した瞬間に砥石を後退させ，熱変形による寸法誤差が最小化できるかどうか，複数の研削条件において実験を行った．**図16** に，本システムを用いた結果を示す．本実験での目標の取り代は $50\,\mu m$ であり，正味の寸法生成量が $49.9\,\mu m$ になった瞬間に砥石を後退させた．砥石を後退させた後も工作物は時間をかけて収縮し，寸法生成量は緩やかに増加し，やがて十分に冷却されると一定の値となった．最終的な寸法生成量は，砥石を後退させた瞬間の正味の寸法生成量とほぼ等し

く，目標の取り代と一致した．なお，研削実験では複数の実験において目標の取り代との誤差を直径で $1\,\mu m$ 以下に抑制でき[14]，本システムにより工作物が冷却された後の寸法生成量を正確に予測できていることが確認された．

4. お わ り に

　本稿では，主に円筒研削を対象として，研削抵抗について述べるとともに，工作物の熱変形挙動について解説した．研削では砥石の表面に無数にある砥粒により材料の除去が行われ，工具の正確な形状の定義が困難なため，切削と比べると加工中の各種の現象のシミュレーションが難しい．また，工具，すなわち砥石はドレッシングと加工中の

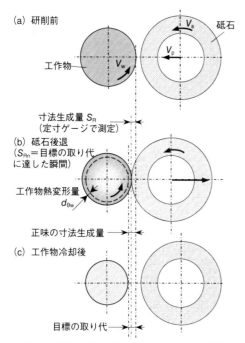

(a) 研削前

砥石

V_s

工作物

V_p

V_w

寸法生成量 S_R
(定寸ゲージで測定)

(b) 砥石後退
($S_{Rn}=$目標の取り代
に達した瞬間)

工作物熱変形量
$d_{\theta w}$

正味の寸法生成量

(c) 工作物冷却後

目標の取り代

図14　正味の寸法生成量に基づいた研削盤の制御

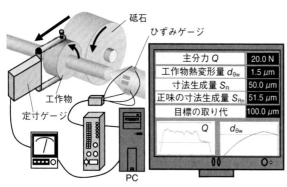

砥石

ひずみゲージ

工作物

定寸ゲージ

PC

主分力 Q	20.0 N
工作物熱変形量 $d_{\theta w}$	1.5 μm
寸法生成量 S_R	50.0 μm
正味の寸法生成量 S_{Rn}	51.5 μm
目標の取り代	100.0 μm

Q　$d_{\theta w}$

図15　正味の寸法生成量を算出する知能化研削システム

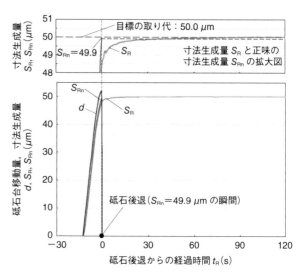

図16　知能化研削システムを用いた研削実験の結果

砥粒の摩滅や脱落により切れ味が変化するという特性を有する点も，加工現象の理解を難しくしている．

　そのため，これまでは熟練した技能者の勘と経験により加工精度が維持されてきた．しかし，団塊の世代がほぼ一線を退いた今，技能の伝承に困っている製造現場も多いと聞いている．誰もが容易に高精度な研削を行うためには，加工現象の定量的な把握が重要であり，その入り口の一つが研削抵抗の測定である．加工条件だけを入力して研削中の加工現象を再現することは困難だと思われるが，適切な測定を行い，その結果から加工の状態を把握することは可能であり，実際に本稿で解説した知能化研削システムでは，主分力の実測結果を入力とすることで，砥石の切れ味の低下により増大する熱変形量の増大も考慮できることを確認している．今後も，切削と比べて遅れた感のある研削の知能化に取り組んでいきたいと考えている．本稿が研削に関わる方々の理解の一助となれば幸いである．

参　考　文　献

1)　中島利勝，鳴瀧則彦：機械加工学，コロナ社，(1983) 156.
2)　奥山繁樹，西原徳彦，河村末久：平面研削における形状精度に関する研究，精密工学会誌，**54**, 8 (1988) 1496.
3)　中島利勝，塚本真也，吉田祥司，石橋真一：熱変形量インプロセス予測システムと寸法誤差ゼロ研削法の提案，砥粒加工学会誌，**44**, 6 (2000) 276.
4)　柴原秀樹，松尾哲夫：超砥粒砥石による薄板の研削変形（第1報），精密工学会誌，**54**, 5 (1988) 947.
5)　砥粒加工学会 編：改訂版 切削・研削・研磨用語辞典，日本工業出版，(2016) 54.
6)　岡村健二郎，中島利勝：研削の過渡特性（第1報），精密機械，**38**, 7 (1972) 580.
7)　岡村健二郎，中島利勝，山本紀一郎：砥粒切れ刃による切削現象の解明（第5報），精密機械，**33**, 4 (1967) 237.
8)　塚本真也，大橋一仁，藤原貴典：研削加工の計測技術，養賢堂，(2005) 96.
9)　大西孝，坂倉守昭，篠田崇幸，和田洋平，大橋一仁，塚本真也：円筒プランジ研削における工作物温度分布および工作物熱変形量のシミュレーションとインプロセス測定，砥粒加工学会誌，**55**, 3 (2011) 161.
10)　文献7) の p. 14.
11)　M. Sakakura, T. Ohnishi, T. Shinoda, K. Ohashi, S. Tsukamoto and I. Inasaki : Temperature distribution in a workpiece during cylindrical plunge grinding, Production Engineering, **6** (2012), 149.
12)　大西孝，坂倉守昭，和田洋平，佐藤直樹，大橋一仁，塚本真也：円筒プランジ研削における工作物熱変形量のシミュレーション解析，精密工学会誌，**82**, 1 (2016) 72.
13)　大西孝，坂倉守昭，藤山泰弘，大橋一仁，塚本真也：円筒研削における工作物熱変形量を考慮した加工システムの開発，砥粒加工学会誌，**59**, 10 (2015) 595.
14)　T. Onishi, M. Sakakura, T. Okanoue, K. Fujiwara, Y. Fujiyama and K. Ohashi : Development of the intelligent cylindrical grinding system considering the thermal deformation of a workpiece, Journal of Advanced Mechanical Design, Systems, and Manufacturing, **12**, 5 (2018) JAMDSM0105.

はじめての 精密工学

ドリルの形と穴加工

Drill Geometry and Hole Drilling/Koji AKASHI

有明工業高等専門学校　明石剛二

1. は じ め に

　穴あけ加工は機械加工全体の30%を占め，そのうちの90%はドリルによる加工である．その穴加工に用いられる工具の代表として，ツイストドリルが挙げられる．ツイストドリルは，**図1**に示すように1863年S.A. Morseが特許を取得して以来，今日まで基本的形状は維持されたまま使用され続けており，いかにツイストドリルが優れた穴加工工具であるかが示されている．ツイストドリルを用いて穴加工を行う場合，ボール盤，旋盤，フライス盤など多くの工作機械が用いられる．特に，ボール盤による加工は，工具回転・工具送り方式が採用されており，この加工方法は非常に操作が簡単で，誰でも比較的容易に作業できる．そのため，穴加工は簡単な作業であり，簡単に穴をあけることができると考えられているが，実際は精度良く加工を行い，その加工精度を維持することが難しい加工方法でもある．

　また，穴径に対して穴深さが非常に大きい深穴加工においては，BTA方式工具やガンドリル方式工具などの特殊な工具が用いられているが，加工精度を向上させることは

さらに難しくなる．

2. ド リ ル の 形

　穴加工で最も多用されているツイストドリルの概略図を**図2**に示す．

　ツイストドリルにおける主要な仕様である「ねじれ角」「先端角」および「心厚」が，加工に対してどのような影響を与えているかを以下に示す．

2.1 ねじれ角

　ねじれ角は切れ刃外周端のサイドすくい角に相当する．したがって，ねじれ角が大きいとすくい角は大きくなり，切削抵抗が減少する．一方で，ねじれ角が大きくなると切りくず排出のための路程は長くなってしまう．

　一例として，**図3**に鋼加工におけるねじれ角とスラスト力およびトルクとの関係を示す．実際にねじれ角が大きくなるとスラスト力（軸方向分力）およびトルクが減少している．

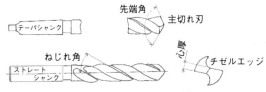

図2　ツイストドリルの形状

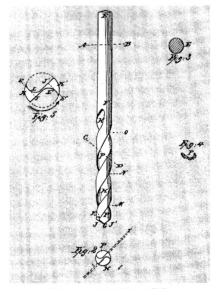

図1　ツイストドリルの特許
（1863年アメリカ特許より）

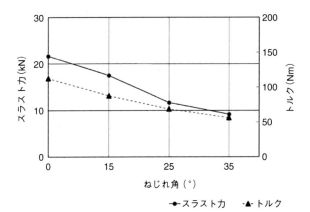

図3　ドリルねじれ角とスラスト力・トルクの関係

183

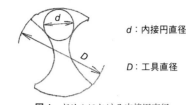

d：内接円直径

D：工具直径

図4　ドリルにおける内接円直径

90°　　　　118°　　　　135°

図5　先端角の違いにおける切れ刃形状

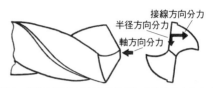

接線方向分力
半径方向分力
軸方向分力

図6　ドリル加工における切れ刃に作用する主な分力

切削速度の方向

図7　切削速度の方向

2.2　心厚

ドリルのねじり剛性は，ドリル断面の内接円直径（**図4**）の4乗にほぼ比例する．したがって，小径になるほどねじり剛性が著しく低下するために，小径工具では切りくず排出を犠牲にして心厚を大きくすることで対応している場合もある．

2.3　先端角

先端角は一般に118°である．先端角を小さくするとスラスト力は小さくなるが，トルクは大きくなる．先端角を大きくすると食い付き時の工具の振れ回りが大きくなるため穴の拡大量が増大することもある．

また，ねじれ角30°の場合，**図5**に示すように先端角118°で主切れ刃が直線状になる．先端角が小さくなると切れ刃形状は凸状に，先端角が大きくなると凹状になる．

3.　穴加工が難しい理由

穴加工は他の切削加工形態と異なり，次の理由により精密な加工が難しくなる．

1）　工具剛性が著しく低い
2）　切削力が非常に大きい
3）　切りくず排出が困難である
4）　工具先端への切削油剤の供給が容易でない．
5）　切削速度が工具中心で0，外周部で最高速度となる

3.1　工具剛性

工具は加工径より小さく，加工深さより長くなければならないために必然的に工具剛性は低下する．

また，切削中にドリルにかかる力は，

1）　主切れ刃にかかる切削力
2）　チゼル部にかかる切削力および押し込み力
3）　マージン部にかかる摩擦力
4）　切りくずと穴壁およびドリル溝部における摩擦力

である．工具剛性が低い場合，加工時に生じる軸方向の分力（**図6**）が大きくなると加工穴の曲がり誤差を生じることがある．また，被削材内に硬度のばらつきがあると硬度

差により切削力の半径方向分力の違いが生じて穴の曲がりを生じることもある．

3.2　切削力

穴加工においては，工具半径が切込み量に相当するため，切削力が非常に大きくなる．

すなわち，穴径10 mmのソリッド加工（下穴のない状態での加工）では切込み量は5 mmとなる．このように旋盤加工における切込み量と異なり常に大きな値となるため，切削力が大きくなる原因の一つとなっている．

3.3　切りくず排出性

ツイストドリルのねじれ溝は切りくず排出のために設けられている．切りくずは，この溝を介して穴入口側に排出されるが，穴深さが深くなるにつれて，排出路程も当然長くなり，切りくずと溝の間の摩擦のために排出が妨げられる．

3.4　切削油剤の供給

切削油剤の供給方法として，外部給油法がよく用いられている．この方法ではドリルの溝内を通じて工具先端まで切削油剤を到達させる必要があるが，ドリル溝内の流体は上方への分力を受けてしまう．また，切りくず排出のための溝であるために，当然，溝内に切りくずが存在し，その切りくずによっても切削油剤の供給はじゃまされることになる．

3.5　切削速度

図7に示すように切削速度は工具中心でゼロとなり，外周部で最高速度となる．したがって，他の加工方法と異なり，最適な切削速度を選定しにくい．また，工具中心部で切削速度がほぼゼロとなり切削作用ではなく，塑性変形であるくさび作用に近い状態で加工が行われていることになる．

4.　シンニング

ドリル中心部にある切れ刃をチゼルという．この部分のすくい角は先端角でほぼ決まり，先端角が118°の場合，チゼル部のすくい角は約−59°になる．

また，先端角が大きくなるとすくい角は負の大きな値と

図8　各種ドリル先端形状

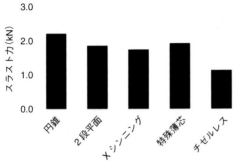

図9　各種ドリルのスラスト力

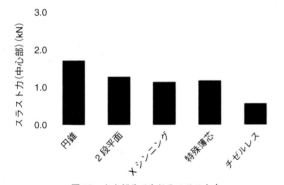

図10　中心部分で生じるスラスト力

なり，さらに切削性能が低下する．そのために，この部分に生じるスラスト力は非常に大きくなっている．この部分での切削性能を改善するために，チゼル幅を小さくする修正研削であるシンニングが行われている．**図8**に各種ドリルの先端形状を示す．また，**図9**に各々のドリルにおける鋼加工時のスラスト力を，**図10**にそのときの中心部（チゼル部付近）にかかるスラスト力を示している．シンニングを施していない円錐研削のスラスト力は80％近くが中心部分で生じていることが分かる．一方で，チゼルレスでは約50％まで低減できている．

5. 深 穴 加 工

通常のドリル加工における深穴加工では，さらに工具の剛性が著しく低下するために食い付き時の振れによる異常切削や切りくず排出においては，切りくずがドリル本体の溝を通して外部に排出されるために，切りくずが分断されずに長く伸びた形状では切りくずが詰まりやすくなる．また，細かくなりすぎた切りくずも工具先端部などに詰まりやすくなってしまう．

また，切削油剤は外部から供給されるために切りくずの排出によって工具先端部への供給が阻止される．したがって，穴深さが深くなるほど，切削油剤の効果も乏しくなり，切れ刃の冷却効果が期待できなくなる．

このような過酷な状態での加工になるために加工精度向上を図りにくいが，曲がりに対しては，ブシュを使用するまたはシンニングにより先端心厚を小さくすることで対応している．また，切りくず排出性については，最適な切りくず形状は2から3巻のやや長めの切りくずであり，そのような切りくずが生じるように加工条件の最適化と工具先端形状（シンニングなど）によって切りくず形状の改善がなされている．

一方で，深穴加工における特殊工具として，ガンドリル方式工具やBTA方式工具などがある．

切削油を高圧で噴出するガンドリルは，刃部には案内パッドが設けられている．この案内パッドは加工穴の表面に接触し，切削力を平衡させつつ自己案内作用が行われ，加工精度を維持している．ガンドリル方式と切削油剤の供給方法が異なるBTA方式工具は，工具剛性が高いために直径の大きな深穴加工に用いられている．

6. 加 工 精 度

穴加工の精度は寸法精度，位置精度，真直度，真円度などが挙げられる．

6.1 寸法精度

ツイストドリルの加工においては工具剛性が低い上に，切削力が非常に大きいため，加工精度はあまり良くない．切削中にドリルに振れが生じ，加工穴は一般的に直径が拡大する．ドリルの先端研削において左右の切れ刃が非対称になっている場合は，切削力（特に半径方向）の不均衡により，ドリルの振れはさらに大きくなり，拡大穴があくことになる．この左右の差をリップハイト差と呼んでいる．

6.2 位置精度

ツイストドリルはねじれ溝を有しているために曲げ剛性が小さく，また，ドリル中心部のチゼル部では切削速度がほぼゼロに近く，回転と滑りを起こし，押しつぶされるような塑性変形を与えながらの加工となっており，食い付き時に振れが生じ，そのために穴の位置誤差が生じる．

6.3 真直度

細くて長いドリルは被削材内に進入するにともなって初期偏心の影響を受けて曲がっていく．また，工具の自重の影響も曲がりの原因の一つとなる．

6.4 真円度

加工初めにおいて，真円でなく多角形のひずみ円を生じ

真円　　　ひずみ円

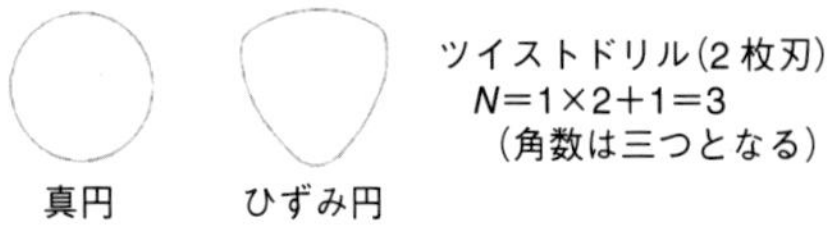

ツイストドリル（2枚刃）
$N = 1 \times 2 + 1 = 3$
（角数は三つとなる）

図11　穴の形状（真円とひずみ円）

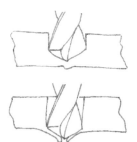

工具先端の進行にともない工具中心部の被削材が押し出されその後，破断してバリが形成される

バリ

図12　バリの発生状況

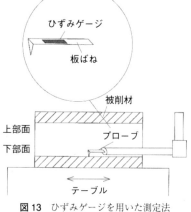

ひずみゲージ

板ばね

被削材

上部面
下部面

プローブ

テーブル

図13　ひずみゲージを用いた測定法

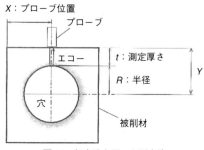

X：プローブ位置

プローブ

エコー

t：測定厚さ

R：半径

Y

穴

被削材

図14　超音波を用いた測定法

ることがしばしばある．これは工具の振れ回りによるものである．

　図11にひずみ円の角数が3である形状を示す．このひずみ円の直径はどの位置でも等しく，等径ひずみ円とも呼ばれている．

　また，ひずみ円の角数は工具の切れ刃枚数と一定の関係が示されている．

$$N = n \times Z \pm 1$$

N：角数，Z：切れ刃枚数

n：正の整数

6.5　バリ

被削材の穴出口や穴入口側にバリを生じることがある．

　図12に示すように穴出口側に生じるバリは，工具先端部が出口付近に近づくと，チゼル部のスラスト力により局所的に裏面が突き出されバリが生じる．このバリの大きさは，被削材の形状・材質・機械的性質・工具の剛性・ねじれ角・先端形状および送り・切削速度・切削油剤などの切削条件を含む多くの影響を受ける．

7.　穴加工測定

　穴加工精度の測定は，測定対象が工作物の内部であり精度良く測定することが困難な作業でもある．正確な測定を行うためには測定物を破断しなければならない．そこで破断せずに測定する方法が提案されている．

　穴の曲がりの測定においては，図13に示すような「ひずみゲージ」を用いた測定子を製作し測定する方法やコーナーキューブプリズムとレーザ光を用いた測定法が提案されている．さらに，工作物外部から測定を試みる方法として，超音波を用いた測定法も提案されている．図14に示すように，この方法では測定用プローブを走査させることにより，穴中心位置（X, Y）が求まり，それを穴の軸方向に連続的に行うことで穴の曲がりの測定を行っている．

　また，加工初めの食い付き時に工具切れ刃部が振れ回ることで生じる多角形形状誤差も測定される．この誤差を測定するには，一般的に真円度測定器が用いられる．真円度測定器で測定された結果から真円度を求める場合は，最小領域中心法および最小二乗中心法などがあるが，穴加工の場合には最小領域中心法で示されることが多い．

8.　環境問題対策

　穴加工においては，切りくずの排出および切れ刃冷却のために多量の切削油剤を使用している．しかし，環境問題への対策のために切削油剤の使用量を低減する取り組みが行われている．すでにツイストドリルにおけるドライ・ニアドライ加工が実用化されており，ウエット加工と同等の加工能率を示す市販工具もすでに提供されている．しかし，より深い穴加工の場合は，まだ多くの問題点を抱えており実用化はされていない．

9.　ま　と　め

　切削加工における分野で多用される穴加工法であるが，精度を維持して精密に加工を行うためには，工具の形状や加工条件を最適化する必要があり，その最適化の指針を理解しておくことが，穴加工における精密加工を実現する第一歩である．

はじめての 精密工学

はじめてのトポロジー最適化

Topology Optimization for Beginners/Kentaro YAJI

大阪大学　矢地謙太郎

1. はじめに

　図1をご覧いただきたい．一体何に見えるだろうか？

　本報のタイトルにある「トポロジー最適化」を知っている読者は，これがある最適化問題の結果であることはすぐに気づくであろう．一方で，トポロジー最適化を知らない，あるいは材料力学や構造力学を学んだ経験がないとしても，この図が「右下を引っ張ってもあまり変形しなさそうな構造」であることに気づくかもしれない．

　いきなり奇妙な問いかけからスタートしたが，さっそく種明かしをすると，図1はいわゆる剛性最大化問題をトポロジー最適化で解いた結果である．説明を付け加えると，質量の上限値が決められた状態で，図中右下の荷重がかかっている箇所の変形量が最小になる構造をコンピュータによって予測した結果を表している．要するに軽くて強い構造である．

　さて，ここまでのところで「なんだか面白そうだ」と思ってもらえれば幸いだが，「で？」という素直な感想を抱いた読者にもしばしお付き合い願いたい．本報の目的は，トポロジー最適化について，聞いたことはあるけど詳細はさっぱり知らない，あるいはまったく聞いたこともないという読者を対象として，その魅力を伝えることである．誤解を恐れずに言うと，トポロジー最適化は人間の想像だけでは思いつきそうもない最適な形状を，数理的な最適化理論に基づきコンピュータ上で自動的に導き出すことができる．それゆえ，次世代の設計支援ツールとして近年注目を集めており，三次元プリンターとの相性が良いことも相まって，自動車や航空機の設計に利用されつつある．読者の

ほとんどは工学に関係する仕事・勉強に日々勤しんでいるはずなので，大まかにでもトポロジー最適化を知っておいて損はないはずだ．

　筆者の経験上，初学者がトポロジー最適化を習得するには，とにかくまずは使ってみることが最も効果的である．とは言っても，さすがに理論をまったく知らずにトポロジー最適化を行うのは不可能なので，今回は細かい話は抜きにして，「要するにトポロジー最適化はこういうもの」ということをなるべく端的に多くの人に伝えたいと思い筆を執った．願わくは，本報によって読者が「トポロジー最適家」の一員に加わるきっかけになれば，筆者としてはうれしい限りである．

2. トポロジー最適化

　ここではトポロジー最適化の基本的な考え方や，コンピュータによって図1のような最適化構造が得られる仕組みを簡単に説明する．なお，トポロジー最適化と一口に言ってもこれまでにいろいろな方法が提案されている[1]．ここでは理論が比較的単純で世界的に見てもユーザーが最も多い密度法[2]と呼ばれる方法に基づき話を進めていく．

　初めに，トポロジー最適化の基本的な考え方を説明する．まずは密度法に限らず，一般にトポロジー最適化と呼ばれるものに共通する話から入る．イメージをつかみやすいように，図2のようなディスプレイを想像してみよう．このディスプレイは白黒で，しかも解像度はかなり低いが，図2のような文字を表現することは可能だ．このディスプレイは，各ピクセルの色を白か黒かに制御することに

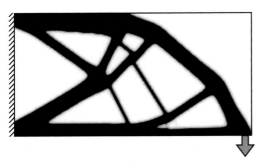

図1　Q：何に見えるだろうか？

図2　ディスプレイによる描画

よって，さまざまな文字を表現できる．既に気づいた読者もいると思うが，トポロジー最適化が実際にやっていることは，まさにこのディスプレイと同じである．すなわち，各ピクセルの色を調整することによって，図1のような構造物を表現している．ちなみに，トポロジー最適化の分野では，このディスプレイに相当する部分を，「固定設計領域」と呼んだり，単に「設計領域」と呼んだりする．また，各ピクセルの色を決めるものは「特性関数」と呼ばれ，材料があるピクセルで1，ないピクセルで0を取る．

構造の表現方法は以上のとおりで，次にどうやって各ピクセルの色を調整するか，すなわちどうやって最適化を行うかについて説明する．これに先立ち，われわれが最適化したいことを整理しておくと，「所望の目的を達成するために，固定設計領域における最適な材料分布を求めたい」ということになる．ちなみに，具体的な例として図1の構造物の剛性最大化問題の場合は，「限られた材料で，構造物の剛性が最大になる材料分布を求めたい」ということに相当する．このことを最適化問題として一般的な形式でまとめると，以下のように書ける．

$$\underset{\mathbf{d}\in\{0,1\}}{\text{minimize}} \; J(\mathbf{d})$$

$$\text{subject to } G(\mathbf{d}) \leq \overline{G}$$

ここで，J は目的関数と呼ばれ，最小化（あるいは最大化）したい評価指標である．一方，G は上限値を規定する制約関数である．剛性最大化問題であれば，J は変形量で G は材料の質量に相当する．また，$\mathbf{d}=[d_1\,d_2\,...\,d_N]^\mathsf{T}$ は設計変数と呼ばれ，ピクセル数 N に等しい次元のベクトルであり，各ピクセルにおいて材料の有無（$d_i = 0$ or 1）を表現する．数理計画法になじみのある読者であれば，この最適化問題は0-1整数計画問題であることが分かる．

さて，ここまで来ると後はコンピュータを使って解くだけ，といきたいところだが，実はコンピュータで計算する前にもう少し工夫がいる．というのも，一般にトポロジー最適化では，設計変数の次元がピクセル数に相当し，数万から数十万，場合によっては数億の設計変数を扱う最適化問題を解かなくてはならない．設計変数は0か1の整数であり，天文学的な組み合わせの中から最適なものを見つけることになる．もしかしたら将来的に量子コンピュータ等を使って解けるようになるのかもしれないが，現状のコンピュータでは，計算開始のリターンキーを押してから解が得られるまでに，途方もない時間がかかる（場合によっては最適化を実行した人が生きている時代に計算が終わらないかもしれない．いくら将来的に役立つ最適化であっても待ち時間が長すぎる）．ゆえに，整数の組み合わせでトポロジー最適化問題を解く場合は，設計変数の次元を大幅に削減する工夫が必要となる．しかし，これは最適化構造の表現自由度を下げることに相当するため，比較的単純な幾何形状の最適化結果しか得られず，人知を超えた設計案の創成につながりにくいと考えられる．

ここで登場するのが，前出の密度法だ．この方法は最適

化構造の表現自由度を落とさないまま効率的に解くことができる．密度法では，先ほどまで0か1という整数で扱っていた設計変数を，正規化した材料密度に対応する0から1の連続変数に置き換える．これにより，微分情報を活用することができる．具体的には，目的関数の設計変数に関する勾配 $dJ/d\mathbf{d}$（※感度と呼ぶ）を算出することによって，整数を扱う離散最適化問題よりも一般に効率的な解探索を行うことができる連続最適化問題に置き換える．どのように感度情報を効率的に取得するのか，というのは紙数の都合上割愛するが，ポイントだけ伝えるとすれば随伴法（Adjoint Method）が肝となる．また，対象とする物理現象と設計変数をひも付ける必要があるが，基本的には材料の有無に応じて材料特性が変化するようにすればよい．例えば，剛性最大化問題では，材料のない領域でヤング率が0（ただし，一般には計算の都合上非零の小さい値を設定する）になるようにすればよい．また，連続変数を扱うことから中間値，いわゆるグレースケールの存在を許容することになるが，最適化構造からグレースケールを除去する方法はこれまでに多数提案されている．細かい話をするときりがないので，随伴法，材料特性と設計変数の関係，グレースケールの除去などについて興味のある読者は文献2)を参照されたい．

さて，込み入ったところまで若干深入りしてしまった感じは否めないものの，ざっくりとトポロジー最適化を理解する上で重要な部分の説明はほぼ終わった．要点をまとめると，①最適化問題を定式化し，②固定設計領域を複数のピクセルに分割して，③各ピクセルに0から1の連続値を与え，④物理場の数値計算を行い，⑤感度情報をもとに連続最適化を実行する，ということになる．

次のステップとしては，これらの手続きをコンピュータに実装しなければならない．もしかするとややこしいと感じるかもしれないが，そういった読者へ朗報がある．実は，上の手続きの②～⑤は，自分でソースコードを書かなくても，汎用的なツールが既に出回っている．代表的なものとしては，有限要素解析の汎用ソフトウエア COMSOL Multiphysics が挙げられる．このソフトウエアを用いれば，②～⑤のすべてをコンピュータの画面上で簡単に行うことができるのだ．そのほかにも，トポロジー最適化の研究者が MATLAB や Python のソースコードを無料で公開しているので，結局のところ，解きたい最適化問題を定式化してしまえば，あとはツールに任せて結果が出るのを待つのみである3)．もちろん，トポロジー最適化を使いこなすにはそれぞれの手続きについてそれなりに理解しなければならないが，冒頭で述べたとおり，とりあえず使ってみる分には，これらのツールにおんぶに抱っこで一向に構わないと筆者は思う．まず使ってみて，「よく分からないけど何か面白い形が出てきたぞ」「そもそも何でこのような形が出てくるのだろうか？」という興味や疑問から次の段階に進めばよい．

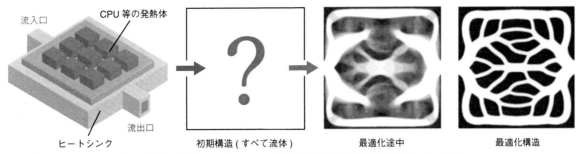

図3 最適化の様子：ヒートシンクの冷却性能最大化を目的としたトポロジー最適化

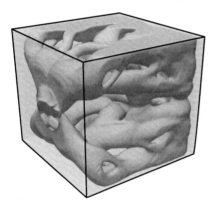

図4 ヒートシンクの三次元トポロジー最適化

3. 数 値 計 算 例

トポロジー最適化の適用例として，筆者のこれまでの研究における事例を紹介する．なお，筆者はこれまで流体関連分野におけるトポロジー最適化の研究を主に行ってきたので，本報では流体関連機器設計の一例として，ヒートシンク[4][5]や電池デバイス[6]の工学設計に展開した事例を紹介する．

図3は二次元の解析モデルを用いたヒートシンクのトポロジー最適化の例で，初期構造から最適化構造が得られるまでのスナップ画像である．図から分かるように，トポロジー最適化ではあらかじめ恣意的な初期構造を設定する必要はなく，何もない状態（この場合はすべて流体で満たされた状態）から最適化構造が固定設計領域上に浮かび上がってくる．この最適化問題では，図中の左の流入口から右の流出口に向けて流体（白色）が流れる系を想定している．そして，規定した圧力損失の下で，発熱する固体（黒色）から熱を奪う際の冷却性能最大化を目的としている．一般に，流路の表面積を増やせば冷却性能は向上するものの，細い流路は圧力損失が大きくなるため両者はトレードオフ関係にある．このような複雑な設計問題であっても，トポロジー最適化によって自動的に最適化構造を導出することができる．

図4は図3の解析モデルを三次元化した場合の一例で

ある．三次元の解析モデルを用いることによって，複雑に入り組んだ流路構造が得られる．もはやヒートシンクや熱交換器と言われてもピンとこないが，既存の製品と違って，製造性に対する制約は一切考慮していないため，このような複雑な流路が最適化構造として導出される．基本的に製造性に対する制約は本来向上させたい性能を損なうように働く．このことを踏まえると，製造性の良し悪しは別として，まずは作る側の制約を取っ払ったピュアな最適化構造を導出することが，今までにない革新的な設計案の創成につながるかもしれない．また，図4の構造は，工業製品というよりは，生物の血管を彷彿とさせる．別の話になるが，トポロジー最適化によって生物の血管が形成されるメカニズムを数理的に説明できる日も近いかもしれない．まだまだ研究の種は尽きそうにない．

最後の数値計算例として，電池デバイスの設計に展開した最新の事例を紹介する．ここで扱う電池はレドックスフロー電池と呼ばれ，次世代の大規模蓄電池として注目を集めている．レドックスフロー電池の性能にはさまざまな因子が関係している．中でもセル内部の流路設計は充放電性能を大きく左右することが知られており，これまでにさまざまなパターンが提案されている．しかし，いずれも幾何学的に単純な流路の提案にとどまっており，トポロジー最適化も含め，数理的な最適化手法を活用した事例は筆者の知る限り報告されていない．これに対し，筆者らの研究グループでは，**図5**に示すような流路構造をトポロジー最適化によって導出することに成功している．図から分かるように，得られた最適化構造は，流入口から流出口にかけて流路が分断している．興味深いことに，流路を分断させることで多孔質電極中の電気化学反応の促進が期待できることは，既に電池分野の多くの研究者が示唆しており，これは「櫛歯型流路構造」と呼ばれている．トポロジー最適化によって，このような複雑な構造もコンピュータで自動的に導出できるのである．この研究はまだ初期段階にあり，高精度な電気化学反応モデルの実装，微細な流路構造の表現が可能な高解像度化，プロトタイプによる実験検証等を今後の展開として考えている．

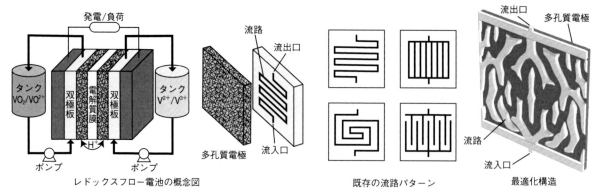

図5 レドックスフロー電池の充放電性能最大化を目的としたトポロジー最適化

4. お わ り に

本報では，トポロジー最適化の基本的な考え方を説明した上で，筆者のこれまでの研究における数値計算例を紹介した．本報をきっかけに，トポロジー最適化の世界に少しでも踏み込む読者が増えれば筆者としてうれしい限りである．理論を深く理解したい読者は文献2)7)を参照されたい．

終わりに少しだけ，トポロジー最適化の難しさと今後の展望を述べておきたい．

本報は，最適化問題を定式化してしまえばあとはコンピュータがなんとかしてくれる，という書きぶりだが，実際の工学設計のような複雑な最適化問題に展開していくためには，ほぼ例外なく一筋縄ではいかないことを付記しておく．その一番の理由は，最適化問題の定式化には任意性があり，解きやすい問題をいかに設定するかによって，所望の最適解が得られるか否かが決まるためである．特に実際の工学設計ではさまざまな目的関数や制約関数の下で，度々複雑な物理場を扱いながら，有望な最適解を導出しなければならない．トポロジー最適化で扱う最適化問題は，一般に膨大な数の設計変数を扱う非線形最適化問題に分類されるので，例え理論上は正しい定式化や数値実装が成されていたとしても，一回の最適化計算で得られるのは，しょせん無数にある局所最適解の内の一つである．大域的最適解が求まる保証は一切ない．このようなことから，最適解を見つけやすい「素直な」最適化問題を見出すことは極めて重要である．これに対し，われわれの研究グループでは，既知の素直な最適化問題で得られた結果をもとに，複雑な最適化問題をデータ駆動的に解くための方法論[8]や，適切な最適化問題を系統的に見出す方法論[9]に関する研究にも最近取り組んでいる．究極の目標は，誰でも簡単に素早く所望の最適化構造が得られる設計支援ツールの開発だ．海外でも，最適化問題を複雑化するのではなく，敢えて単純化する試みが近年増えつつある[10]．トポロジー最適化が現場の設計者に広く利用される日は，着実に近づいてきている．

参 考 文 献

1) O. Sigmund and K. Maute : Topology Optimization Approaches, Struct. Multidisc. Optim., **48**, 6 (2013) 1031-1055.
2) M.P. Bendsøe and O. Sigmund : Topology Optimization : Theory, Methods and Applications, Springer, New York, (2003).
3) E. Andreassen, A. Clausen, M. Schevenels, B.S. Lazarov and O. Sigmund : Efficient Topology Optimization in MATLAB Using 88 Lines of Code, Struct. Multidisc. Optim., **43**, 1 (2011) 1-16.
4) K. Yaji, T. Yamada, S. Kubo, K. Izui and S. Nishiwaki : A Topology Optimization Method for a Coupled Thermal-Fluid Problem Using Level Set Boundary Expressions, Int. J. Heat Mass Trans., **81** (2015) 878-888.
5) K. Yaji, M. Ogino, C. Chen and K. Fujita : Large-Scale Topology Optimization Incorporating Local-in-Time Adjoint-Based Method for Unsteady Thermal-Fluid Problem, Struct. Multidisc. Optim., **58**, 2 (2018) 817-822.
6) K. Yaji, S. Yamasaki, S. Tsushima, T. Suzuki and K. Fujita : Topology Optimization for the Design of Flow Fields in a Redox Flow Battery, Struct. Multidisc. Optim., **57**, 2 (2018) 535-546.
7) 西脇眞二，泉井一浩，菊池昇：トポロジー最適化，丸善，(2013)．
8) K. Yaji, S. Yamasaki, S. Tsushima and K. Fujita : A Framework of Multi-Fidelity Topology Design and Its Application to Optimum Design of Flow Fields in Battery Systems, Proc. ASME 2019 IDETC/CIE, IDETC 2019-97675 (2019).
9) S. Yamasaki, K. Yaji and K. Fujita : Knowledge Discovery in Databases for Determining Formulation in Topology Optimization, Struct. Multidisc. Optim., **59**, 2 (2019) 595-611.
10) X. Zhao, M. Zhou, O. Sigmund and C.S. Andreasen : A "Poor Man's Approach" to Topology Optimization of Cooling Channels Based on a Darcy Flow Model, Int. J. Heat Mass Trans., **116** (2018) 1108-1123.

はじめての 精密工学

回折格子の精密加工

Fabrication of Diffraction Grating with High Precision/Noboru EBIZUKA

理化学研究所　海老塚昇

1. はじめに

回折格子は分光計測装置のみならず，今日では短パルスレーザのパルス圧縮や光通信，ヘッドアップディスプレイ等のさまざまな用途に多数使われている多彩な光学素子である．また，光ピックアップやレーザポインタの前に取り付けて十字や星形などにビームを整形する回折光学素子（DOE：Diffractive Optical Element）や，身近な例ではクレジットカードや紙幣のホログラム（HOE：Holographic Optical Element）も広い意味の回折格子である．

分光学の発展，中でも回折格子の発明から実用化には黎明期から現在に至るまで天文学者や天文学観測機器関連の技術者の貢献が大きい．本稿においてはその一部を紹介する．詳しくは，著名な研究者が書いた解説記事[1-7]や拙稿[8]を参照していただきたい．

2. 回折格子の発見と発明

天文学者は，より暗い天体をより高い波長分解能で観測するために，より大口径の望遠鏡を建設して，より効率が高く分散が大きい分散光学素子を求め続けている．回折格子の発明にはドイツ，米国，英国等が，それぞれ自国の天文学者の貢献を主張している．多くの光学や分光等の教科書には「1785年に米国の天文学者リッテンハウス（David Rittenhouse）が最初に回折格子を発明したが，当時は脚光を浴びずに，30年以上後の1821年にドイツのフォン・フラウンホーファー（Joseph Von Fraunhofer）が回折格子の原理を独立に再発見して，脚光を浴びることになった」と記載されている．

一方，最近の天文学観測機器の研究会等において英国の天文学者たちは以下の実験が回折格子の最初の発見であると紹介している．英国のグレゴリー（James Gregory，グレゴリー式反射望遠鏡の発明者）が数学者のコリンズ（John Collins）に宛てた1673年5月13日付の手紙の中で，1667年（ニュートン（Sir Isaac Newton）がプリズムによるスペクトルの実験を行った翌年）に「ニュートン氏の実験と同様に暗室の壁に丸い穴を開けて太陽光を導き，穴の前に鳥の羽を置くと，穴の反対側の壁にいくつもの小さな円や楕円が現れ，中心は円形で白色であるが，それ以外は着色している」と記述されている[9]．ただし，当時から織物や鳥の羽を通して太陽や明かり等の光源をのぞく

と，光源がいくつも現れ，中心から離れるほど色づくことは広く知られていたと思われる．また，天文学者ではないが英国のバートン（Sir John Barton）は1822年に「金属ボタンを鋳込むための金型にダイヤモンドで交差格子を加工することによって，プリズムのように光を分解する」といった内容の特許を申請している[10]．

3. 回折格子の発展

回折格子は，いくつかの技術革新によってプリズムを凌駕して，分散光学素子としての確固たる地位を築いてきた．まずはスウェーデンのオングストローム（Anders Jonas Angstrom）の，ガラスに刻線した回折格子による太陽スペクトルの観測（1865年）が挙げられる．ただし，後の量子力学の確立につながるオングストロームによる太陽光の暗線の発見はプリズム分光計によるものである．

3.1 ルーリングエンジン

次にジョンズ・ホプキンス大学のローランド（Henry Augustus Rowland）による高性能なルーリングエンジンの開発（1880年代）が挙げられる．ローランドはほかにも1882年に凹面回折格子を発明して紫外線から軟X線領域の分光計の発展に大きく貢献している．また，同大学のウッド（Robert Williams Wood）は回折格子の格子形状の研究を行い，1910年に，現在でも多く使用されている，エシェレットあるいはブレーズド（強く輝く）回折格子と呼ばれる格子が階段形状の高効率の回折格子を発明した．

光速の精密測定（1877年）や干渉計の発明（1881年ごろ）などで有名なマイケルソン（Albert Abraham Michelson）は，ルーリングエンジンの開発に情熱を注ぎ，シカゴ大学において1892年ごろから，後に重要になる干渉によるルーリングエンジンの格子ピッチ制御技術の実用化を目指した[11]．その仕事で回折格子のピッチ送りに使用される精密ネジのラッピングと研磨に15年も費やした話[1]や，開発したルーリングエンジンでは目標とする性能の回折格子がなかなか製作できず，やっと納得できる性能の回折格子が出来上がったが，その完成パーティで床に落として破損してしまったという話が伝わっている[10]．彼が最初に開発したルーリングエンジンはボッシュ＆ロム社（現・ニューポート社グループのリチャードソン・グレーティングラボ）に移され，改良されて，「シカゴエンジン」と呼ばれている．彼が求めた性能は満足しないものの，こ

のルーリングエンジンで製作された回折格子は多くの分光
計測には十分な性能であり，現在もこのエンジンでマスタ
ー回折格子の製作が行われ，世界中に多くのレプリカ回折
格子を供給している．筆者らが開発した8.2mすばる望遠
鏡の可視光観測装置FOCAS等のグリズムのいくつかは，
シカゴエンジンによって製作されたマスター回折格子のレ
プリカである．グリズムとはプリズムと回折格子を組み合
わせた直視回折格子のことである[12]（4章参照）．

1940年代後半から，自動制御技術が高度化され，回折
格子の性能が飛躍的に向上して数多くのルーリングエンジ
ンが開発された．マイケルソンが開発した2台目のルーリ
ングエンジンは，マサチューセッツ工科大学（MIT）に
移され，大幅な改造が施された．ハリソン（G.R.
Harrison）とストロケ（G.W. Stroke）は，1955年に水銀
の546.1nmの輝線を光源として，マイケルソンが提案し
た光波干渉計制御（1915）を行い，格子ピッチの送りネジ
に起因する周期誤差を1/400の3.4nmまで減少させるこ
とに成功した．このルーリングエンジンはMIT "A" エン
ジンとして知られるようになった[1)10]．

日本においても旧理化学研究所（国立研究開発法人 理
化学研究所（以下，理研）の前身，戦前戦中は会社組織）
が設立された1916年ごろからルーリングエンジンを開発
する計画があり，旧理研から若手の技術者をシカゴ大学の
マイケルソンの下に送っている．技術者が帰国後にルーリ
ングエンジンの主軸スクリューとベッド（支持台）の概形
を製作して，枯らし（エージング）のため，放置された．
1929年からルーリングエンジンの開発が開始されたが，
多大な努力にもかかわらず性能を満足することができず，
開発が中断された．1942年からルーリングエンジンの開
発が再開され，戦中戦後の苦しい時代を経て，1949年に
東京教育大学（筑波大学の前身）光学研究所（光研）が創
立されると，旧理研からルーリングエンジンが光研に移管
され，1951年ごろから赤外線用の回折格子が試作される
ようになった[13]．1955年ごろから光研と東京工業大学精
密工学研究所との共同研究により，溝の間隔の送り方式の
検討や水銀の546.1nmの輝線を使用した独自の光波干渉
制御が開発され，日本光学工業（株）（現・（株）ニコン）に
よって国産のルーリングエンジンが製作された[14)15]．ま
た，（株）日立製作所（現・（株）日立ハイテクノロジーズ）
において1961年ごろから開発が開始されたルーリングエ
ンジンの2号機は，波長632.8nmのHe-Neレーザを光源
とした MIT "A" エンジンと同様の光波干渉制御方式を採
用している[1)16]．また，（株）日立製作所においては1974年
に不等間隔凹面回折格子が加工できるルーリングエンジン
を開発した[17]．

3.2 真空蒸着技術

回折格子の性能向上に寄与した技術として真空蒸着の発
明が挙げられる[18]．蒸着が発明される1930年代まではア
ルミニウム以外の金属は400nm以下の反射率が低く，一
方アルミニウムは結晶化しやすく，研磨した表面付近には

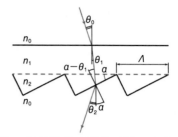

図1 表面刻線型の透過型回折格子の概念図

さまざまな方位を向いた微結晶が形成されるために，ルー
リングエンジン等で加工すると滑らかな面が得られないと
いう欠点がある．そのために波長が短い紫外線用の回折格
子を製作することが困難であり，紫外線領域では依然とし
てプリズム分光計が主流であった．結果として，1950年
ごろまでは直角プリズム2～6個を直列（直線上ではない）
に配置した，当時としては，高分散のプリズム分光計が数
多く開発されている[4]．鏡面研磨したガラス基板にアルミ
ニウムを蒸着すると加工に適したアモルファス素材になる
ため，ルーリングエンジン用の基板として多く使われるよ
うになった．

3.3 レプリカ加工

さらに回折格子の量産化に寄与した技術としてレプリカ
加工が挙げられる．回折格子のレプリカ加工は，1949年
にパーキン・エルマー社（Perkin Elmer Inc.）が特許出願
した方法を各メーカが採用していると考えられる[19]．その
方法はマスター回折格子に離型剤を塗布して，レプリカの
反射面となる金属（アルミニウムや金等）を蒸着する．さ
らに蒸着面にレプリカの樹脂（接着剤）を塗布してその上
にガラス基板を置き，樹脂を硬化させてから離型剤の面で
分離する方法である．**図1**のような透過型回折格子の場
合には，レプリカ樹脂の表面の金属を溶解して除去する．

3.4 ホログラフィック回折格子

1960年にレーザが発明されるとホログラフィやホログ
ラフィク回折格子（HG）の開発が盛んに行われるように
なった．HGは元々ルーリングエンジンのランダム誤差や
周期誤差が生じずゴーストが少ない回折格子として1915
年にマイケルソンによって提案されたものである．HGは
光源を2光束に分けて交差させると光源の波長（λ）と交
差角（2θ）によって周期的な干渉縞が生じる．この部分に
感光材料を置くと干渉縞を記録することができる．干渉縞
の周期をΛとすると，

$$\Lambda = \lambda/2\sin\theta$$

である．例えば銀塩写真を置き，現像すると正弦波や矩形
波の明暗の強度格子が得られ，銀塩を漂白すると屈折率が
変化した位相格子が得られる．また，感光性樹脂を置き，
現像すると正弦波形状や矩形波形状の表面刻線型の位相格
子が得られる．なお，銀塩や樹脂の感光特性（γ値）によ
って正弦波や矩形波等の格子形状の違いが生じる．

3.4.1 ブレーズドホログラフィック回折格子

1970年代中ごろには理研と(株)島津製作所との共同研究により紫外線天文学衛星に搭載するためのブレーズドHGの開発が行われた[20]. このブレーズドHGの製作法は二光束レーザ干渉露光により石英基板上に樹脂の表面刻線型回折格子を形成して, 樹脂の回折格子をマスクとして斜めイオンエッチングにより石英基板にはほぼ階段形状のブレーズド回折格子を加工する. 紫外線天文学衛星の打ち上げは実現しなかったものの, このブレーズドHGは, 今日でも(株)島津製作所において製造されている.

3.4.2 VPH回折格子

VPH (Volume Phase Holographic) 回折格子は, 屈折率を正弦波状に変化させた厚いHGである. VPH回折格子は, sまたはp偏光について最大100%の回折効率を達成することが可能であるため, 多くの天文学観測装置に搭載されている. 筆者らも8.2mすばる望遠鏡や岡山天体物理観測所1.88m望遠鏡等の観測装置用に多くのVPHグリズムを開発している[21][22].

厚いホログラムの記録材料として, 重クロム酸ゼラチンや感光性樹脂が使用される. 重クロム酸ゼラチンは露光によってゼラチンを硬化させ, 重クロム酸の水洗とアルコール脱水により, 高屈折率の硬化ゼラチンと低屈折率の未硬化ゼラチンの位相格子を形成させる. そのため, 未硬化のゼラチン部分はナノメータサイズのスポンジ状であり, また, ゼラチンは吸水性が大きいために水蒸気を吸着して屈折率変調が低下する欠点がある. 筆者らが使用した感光性樹脂のホログラム記録材料は, 可視光と紫外線によって硬化する高屈折率樹脂と紫外線で硬化する低屈折率樹脂等が混合されている. 筆者らはこの感光性樹脂に厚さを決めるためのガラスビーズを混入して2枚のガラス基板で挟み, 側面を封止した乾板を使用した. この乾板に532nmのレーザ二光束干渉露光によりVPH回折格子が形成され, 低圧水銀灯の紫外線照射することにより定着される. すなわち, ドライプロセスである. 感光性樹脂のVPH回折格子は, 重クロム酸ゼラチンのVPH回折格子より屈折率の変調量が小さいために, 波長帯域幅が狭いことが欠点となる場合がある.

3.5 DOE, HOE, CGH

DOEは元々主に計算機で計算したビームスプリッタや球面波等を生成する比較的単純なパターンの矩形や格子が2のN乗段の階段形状の回折格子 (バイナリ・オプティクス) をシリコンや石英等にフォトリソグラフィによって微細加工する技術を指し, HOEはフォトレジストやホログラム記録材料にレーザの干渉露光によってホログラムをパターニングする光学素子を指していたが, コンピュータホログラム (CGH : Computer Generated Hologram) が発展するとDOEとHOEの区別が曖昧になり, 現在はほぼ同じ意味で使用されることが多い. 本稿では, DOEは広い意味の回折格子を指すこととする.

DOEの多くはリソグラフィによって製作され, バイナリ・オプティクスである場合が多いが, 最近は, 位置決め制御分解能が1nm以下の超精密加工装置が開発され, ダイヤモンド工具の耐久性も格段に向上したため, 格子の断面がノコギリ歯形状のDOEの製作が可能になっている.

4. 新しい回折格子および新しい製作法の開発

銀塩写真から可視光線用CCD撮像素子や赤外線固体撮像素子の発展にともない, グリズムやイマージョン回折格子等の新しい回折格子が開発されるようになった. グリズムとは前述のようにプリズムと回折格子を組み合わせた直視回折格子のことであり, 可視光のCCD撮像検出器や赤外線撮像検出器を用いた天文学撮像観測装置内の望遠鏡焦点面にスリットを置き, フィルタ等が置かれるコリメート光 (平行光束) 部分にグリズムを置くことにより, 撮像観測から分光観測に素早く切り替えることが可能になるため, 最近の多くの天文学観測装置に装着されている. また, スリット分光計を走査して空間2次元と波長1次元のデータが取得できるハイパースペクトルカメラ等にも搭載されている. イマージョン回折格子とは光路が媒質で満たされた反射型の回折格子のことであり, 同一形状の反射型回折格子の角分散に媒質屈折率を乗じた大きな角分散を達成することができる. 例えば屈折率 : $n = 4.0$ のゲルマニウムを使用することによって, 回折格子の口径と長さが1/4になるために, 分光計の体積を従来の反射型回折格子を使用した分光計の1/50程度まで小型化できる. このような新しい回折格子を実現するために, 新しい格子形状の検討および新しい回折格子の製作法の開発が必要になっている.

4.1 切削および切削による各種回折格子の加工

筆者らは1996年にフッ素系アモルファス樹脂の表面刻線型グリズムをプラスチックレンズメーカに依頼し, 超精密自由曲面加工装置を用いてフライカット加工 (回転工具による切削加工) により製作してもらった. このグリズムは, すばる望遠鏡の近赤外線観測装置CIAO (Coronagraphic Imager with Adaptive Optics) 用で, 格子が階段形状, 頂角 $\alpha = 43.3°$, 格子周期 $\Lambda = 21.2 \mu m$, サイズが25×15×15 (mm) である[23]. 使用したフッ素系樹脂は, 屈折率が1.34程度であるために表面反射損失が小さく (2.5%/面), かつ波長200から2500nmまで透明であるため, 紫外線から近赤外線の光学素子用に有効である. ピーク効率は, $2.2 \mu m$ (2次回折光) が約65%, $1.65 \mu m$ (3次回折光) と $1.25 \mu m$ (4次回折光) が70%であった.

また, 筆者らは理研が所有する超精密自由曲面加工装置を用いてゲルマニウムのイマージョン回折格子の研削加工とグリズムのカップ砥石を用いた研削加工を行った[24]. 1998〜2003年ごろに開発されたイマージョン回折格子はサイズが30×30×72 (mm), 格子が階段形状, 頂角 : $\alpha = 68.75°$, $\Lambda = 600 \mu m$ である. 現在, 名古屋大学において開発された中間赤外線高分散分光観測装置GIGMICS (Germanium Immersion Grating Mid-Infrared Cryogenic

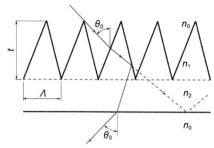

図2　RFT 回折格子の概念図

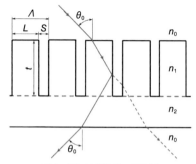

図3　VB 回折格子の概念図

Spectrograph）に搭載されており，波長 10 μm（430 次）において分解能：$R \sim 44000$ を達成した．

ゲルマニウムのグリズムはサイズが 24 × 24 × 2.4（mm），格子が階段形状，$\alpha = 3.3°$，$\Lambda = 17.04$ であり，2018 年度にフライカット加工により製作された．このゲルマニウムのグリズムはチリのチャナントール山山頂（標高 5400 m）に建設中の 6.5 m TAO（the University of Tokyo Atacama Observatory）望遠鏡の中間赤外線観測装置 MIMIZUKU に搭載される．コーティングがない状態のピーク効率は 35% 程度であり，両面に AR コーティングが施された場合に 70% 程度と見積もられている．

4.2　RFT 回折格子

TMT（30 m 望遠鏡）の可視光観測装置 WFOS（Wide-Field Optical Spectrometer）は 5～8 次あるいは 8～13 次の高次の高分散回折格子とプリズムまたは低分散回折格子を組み合わせて 2 次元検出器上にスペクトルを織り込むエシェル分光観測を行う．WFOS 用の透過型回折格子は入射角と回折角が 36～53° であり，図1のような界面の屈折を利用した表面刻線型の透過型回折格子は，屈折率が 1.5 の場合に入射角と回折角が 30° 以上では臨界角を超えてしまうために利用できない．そのために，筆者らは図2のような，一方の面から入射した光束がもう一方の面で反射して格子の裏面の平面から回折光が出射する新しい RFT（Reflector Facet Transmission）回折格子を考案した[25]．RFT 回折格子は，格子の内部反射を利用するために格子の屈折率が小さくても大きな回折角を達成できる．WFOS 用の RTF 回折格子は，格子の屈折率が 1.54 の場合に，格子の頂角は 35～44° である．そこで，格子の屈折率が 1.54 の RFT 回折格子について入射角および回折角が 45° の場合に RCWA を用いた数値計算によって回折効率を求めた結果，4 次以上の高次回折光において 80% 程度のピーク回折効率を達成できることが分かった．

筆者らは理研の超精密自由曲面加工装置に多結晶ダイヤモンド工具を取り付けて，ニッケル-リン合金をメッキしたワークにシェーパー加工（カンナのような切削加工）により RFT 回折格子用の金型の V 溝加工を行った．金型の畝の頂角は約 38° である．1 回目の試作では畝の頂点にカエシ（バリ）が生じてしまい，レプリカ加工を行ったところ，溝から樹脂が外れなくなってしまった．現在はカエシ

が生じない加工条件を見出しており，2 回目の金型の試作を予定している．

4.3　VB 回折格子の新しい製作方法

VB（Volume Binary）回折格子は図3のように溝が高アスペクト比の矩形回折格子であり，コンピュータおよび回折格子の数値計算手法の発展によって，1970 年代から高効率の分散光学素子として知られていた[26]．VB 回折格子は 1 次回折光に対しては，L & S（Line & Space）を調整することによって s と p 偏光の効率をほぼ一致させることができ，入射角と回折角が 30° の場合に VPH 回折格子と同等のピーク回折効率（90% 以上）かつ VPH 回折格子の数倍の波長帯域幅（$2\lambda/3$）を達成することができることが，厳密結合波解析（RCWA）法等の数値計算によって見積もられている．また，3 次以上の高次回折光に対して 80% 以上のピーク回折効率を達成できると見積もられている．一方，VPH 回折格子は 2 次以上の回折光の効率が低く，高次回折光用に不向きである．

最近では，石英の異方性エッチングにより製作された VB 回折格子が市販されている．しかし，溝のアスペクト比が 10：1 を超えるような場合に畝と溝の間隔が理想的な矩形格子と異なったり，溝が樽型になったりするために効率が低くなってしまう．筆者らは豊田工業大学のナノテクノロジープラットフォーム（ナノテク PF）において，VB 回折格子のレプリカ用のシリコン鋳型の開発を行っている．具体的には L & S が 2.0 μm：3.1 μm のマスクを用いてシリコン基板上にレジストを形成し，サイクルエッチング（ボッシュ・プロセス）によって深い溝を形成して，酸化膜形成と除去を 2 回行い，高さが 10～20 μm，畝の幅が 0.44～0.8 μm の等幅の格子やテーパーがある格子で側面が極めて滑らかなシリコンの矩形回折格子が得られている．このテーパーがあるシリコンの矩形回折格子を鋳型にして，（株）島津製作所に依頼してレプリカ加工の実験を行った．さまざまな離型剤やプラズマ加工によって成膜したフッ化水素系の膜を試したが，レプリカを離型することができなかった．現在は新たな離型法について調査中である．さらに，石英基板に薄いシリコンウエハを接合した SOQ（Silicon On Quartz）基板を用いて，前述のシリコンの鋳型と同様に製作されたシリコンの矩形格子をさらに酸化さ

せて，全体が石英の VB 回折格子の製作方法を考案した．SOQ 基板は，ナノテク PF において石英基板とシリコンウエハの接合を行い，業者にシリコン側の研磨を依頼した．SOQ 基板とシリコンウエハでは，プラズマによるエッチングの条件が大きく異なるために，試行錯誤の結果，SOQ 基板上にシリコンの矩形回折格子を製作する条件を見出した．このシリコンの矩形回折格子を酸化させ，部分的に透明な石英の VB 回折格子を得た．透明な部分にレーザを照射して入射角 45°，回折角 45° 近傍の回折光を観察した結果，ゴースト（水平方向）やフレア（垂直方向）が見られるものの，回折次数の位置に光強度が集中し，VB 回折格子として機能することが分かった．

5. お わ り に

奇しくも筆者はこの原稿の執筆中にドイツのイエナに滞在して，アッベ・フォトニクスセンターで行われた欧州光学会の Diffractive Optics 2019（DO2019）という国際会議に参加していた．会議会場の隣の応用光学・精密光学・フラウンホーファー研究所（IOF）においても，研究者と衛星搭載用の回折格子について打ち合わせを行った．

仮想現実（VR：Virtual Reality）や拡張現実（AR：Augmented Reality）のゴーグルに多くの DOE が利用されるようになり，現在も DOE を使用したさまざまな方式のゴーグルが開発されている．光コンピュータは長い間研究されているが，光のスイッチングや増幅のために電気に変換されることがボトルネックとなり，なかなか実用化されなかった．近年，光で光をスイッチングして光を直接増幅することが可能になり，実用化に向けた開発が進んでいる．光コンピュータには当初から DOE が使用されており，目的に適合した新しい DOE の開発が行われている．

今回の DO2019 においても，これらの回折格子の新しい用途に関する発表がいくつかあった．一方，宇宙空間では宇宙放射線の暴露によりガラスが黒化して不透明になる，樹脂は劣化して周辺の光学素子や検出器等を汚染することがあるために，石英の透過型回折格子の開発が必須である．本稿において紹介した新しい回折格子は，これらの応用分野や衛星搭載用に応用が可能であり，天文学関係の研究者のみならず，DO2019 の参加者，IOF の研究者と情報交換を行いつつ，開発を進める予定である．

謝　辞

豊田工業大学の佐々木実教授や梶原　健氏，梶浦敬三氏，奥村俊雄氏には，新しい手法による VB 回折格子の開発に取り組んでいただいている．（株）島津製作所デバイス部の牧野吉剛氏らには，無償で表面刻線型回折格子や VB 回折格子のレプリカ加工の実験を行っていただいた．回折効率の数値計算は理研の岡本隆之研究員が行った．RFT 回折格子の切削加工は理研の細畠拓也研究員，竹田真宏氏によって行われている．本研究の回折格子や光学部品等の試作や測定は，主に豊田工業大学のナノテク PF および国立天文台先端技術センター等の設備を利用させていただいている．本研究は，国立天文台のすばる望遠鏡 R & D 経費および TMT 戦略的基礎開発研究経費，共同開発研究経費，理研の産業界連携予算，科学研究費 基盤研究 B と挑戦的萌芽研究，日本科学技術振興機構 A-Step 探索タイプ予算等の支援により推進された．最後に，執筆の機会を与えてくださった精密工学会 会誌編集委員会に感謝する．

参 考 文 献

1) 吉永弘：応用分光ハンドブック，朝倉書店，(1973) 299.
2) 工藤恵栄：分光の基礎と方法，オーム社，(1985) 364.
3) 南茂夫：オプトロニクス，**11**, 2 (1992) 55.
4) J. Hearnshaw：Astronomical spectrographs and their history, Cambridge University Press, (2009).
5) 小暮智一：恒星天文学の源流【1】―恒星分光の開幕期　その1―，天文教育，**21**, 1 (2009) 43.
6) 岡武史：分光学と天文学，分光研究，**62**, 1 (2013) 3.
7) 佐藤修二：天体分光の歩み，計測と制御，**56**, 6 (2017) 414.
8) 海老塚昇：天文学分光観測装置および分散光学素子，天文月報，**111**, 5 (2018) 297
9) I. Barrow et al.：Correspondence of Scientific Men of the Seventeenth Century 2, Oxford Univ. Press, Oxford, (1841) 254.
10) M.C. Hutley：Diffraction gratings, Techniques of physics 6, Academic Press, (1982).
11) A.A. Michelson：The Ruling and Performance of a Ten-inch Diffraction Grating, Proc. Nat. Academy of Sci., USA, **1** (1915) 396.
12) 海老塚昇：グリズムを用いた天体観測，光学 **39**, 12 (2010) 566.
13) Y. Fujioka, Y. Sakayanagi and T. Kitayama：Endeavour on Ruling Grating in Japan, Sci. Light, **2** (1952) 1.
14) 佐々木重雄，武田透，黒瀬勇：光研の新ルーリング・エンジン，精密機械，**38**, 4 (1972) 416.
15) 瀬谷正男ほか：光研2号ルーリングエンジン，光学 **3**, 3 (1974) 149.
16) 山田彌彦ほか：ルーリングエンジンの試作，日本機械学会誌，**69**, 575 (1966) 1557.
17) 原田達男ほか：無収差凹面回折格子用数値制御ルーリングエンジンの開発，精密機械，**42**, 9 (1976) 888.
18) J. Strong：Evaporation Technique for Aluminum, Phys. Rev., **43** (1933) 498.
19) R.F. Jarrell and G.W. Stroke：Some New Advances in Grating Ruling, Replication, and Testing, Appl. Opt., **3**, 11 (1964) 1251.
20) Y. Aoyagi et al.：High Spectroscopic Qualities in Blazed Ion-Etched Holographic Gratings, Opt. Com., **29**, 3 (1979) 253.
21) N. Ebizuka et al.：Cryogenic Volume-Phase Holographic Grisms for MOIRCS, Publ. Astron. Soc. Japan, **63** (2011) S605.
22) N. Ebizuka et al.：Grisms Developed for FOCAS, Publ. Astron. Soc. Japan, **63** (2011) S613.
23) N. Ebizuka et al.：Development of Grisms and Immersion Gratings for the Spectrographs of the Subaru Telescope, ASP Conf. Ser., **195** (2000) 564.
24) N. Ebizuka et al.：Grism and immersion grating for space telescope, Proc. ICSO2004, ESA **SP-554** (2004) 743.
25) N. Ebizuka et al.：Novel diffraction gratings for next generation spectrographs with high spectral dispersion, Proc. SPIE **9912** (2016) 2Z.
26) M.C. Gupta and S.T. Peng：Diffraction characteristics of surface-relief gratings, Appl. Opt., **32**, 16 (1993) 2911.

はじめての 精密工学

質量の単位「キログラム」の新しい定義

New Definition of the Kilogram/Naoki KURAMOTO

産業技術総合研究所　工学計測標準研究部門　質量標準研究グループ　**倉本直樹**

1. は じ め に

　人類は太古の昔からさまざまな物の質量を正確に測定する試みを続けてきた．測定によって得られた科学的知見を多くの人と共有するためには，共通の「ものさし」が必要である．このものさしの役割を担っているのが単位であり，現在，私たちは「キログラム（kg）」およびキログラムの千分の一として定義される「グラム（g）」を世界共通の質量測定の基準として用いている．1 kg が具体的にどのくらいの質量であるかを定めるのがキログラムの定義であり，より高精度で普遍的な質量の基準を実現するために，キログラムの定義にはその時代の最先端技術が用いられてきた．つまり，キログラムの定義は，科学技術の発展と共に進化し続けているのである．本稿では，まず約 230 年前にキログラムが誕生した経緯を紹介する．さらに，2019 年 5 月 20 日に実施された，プランク定数に基づく新たな定義への改定におけるわが国の歴史的な貢献について解説する．

2. キログラムの誕生

　キログラムの起源は，18 世紀末のフランスにさかのぼる[1]．当時，フランス国内だけでも数百もの異なる質量の単位が使用されていた．科学的知見の共有や商取引などに極めて不都合な状況を根本的に克服するために，世界共通の質量の単位をつくる提案が行われた．世界中の誰にとっても受け入れやすい単位とするべく，その基準には世界中どこにでもある水の質量が選ばれた．ラボアジェらによって水の密度が測定され，水 1 リットルの質量としてキログラムは定義された．ただし，実際の測定上の利便性から，上記の定義に合わせた白金製の分銅が製作され，基準として用いられた．この分銅はフランス国立中央文書館で保管され，「アルシーブ原器」と呼ばれた．

　その後，質量がアルシーブ原器とほぼ等しく，白金よりも硬くて摩耗に強い白金イリジウム合金で分銅が製作された．これが国際キログラム原器であり，1889 年に開催された第 1 回国際度量衡総会（メートル条約の最高議決機関）で，その質量としてキログラムが定義された．国際キログラム原器はフランス・パリ郊外の国際度量衡局で厳重に保管され，その複製が各国の原器としてメートル条約加盟国に配布された．2019 年 5 月までに 111 個もの複製が製作され，各国の国立標準研究機関（国家計量標準の開発および計量標準に関連した計測技術の開発を行う研究機関）などに配布された．日本にも 1889 年に No. 6 とナンバリングされた複製が配布された．この No. 6 が日本国キログラム原器であり，質量の国家標準として産業技術総合研究所 計量標準総合センター（以下，「産総研」と略す）で管理されてきた（**図 1**（上））．No. 6 の受領後，産総研は No. 30，E59，No. 94 の三つのキログラム原器をより安定した国家標準の維持のために追加購入している（図 1（下））．これら四つのキログラム原器間の質量差が 5 年ごとに測定され，No. 6 の質量に大きな変動がないかがモニターされてきた．

　国際キログラム原器と同時期に，長さの単位「メートル」を定義するためのものさし「国際メートル原器」も製

図 1　（上）日本国キログラム原器（提供：産業技術総合研究所）：高さ 39 mm の直円筒型分銅（下）産総研地下金庫に収められたキログラム原器（No. 6（中央），No. 30（左），E59（右））と筆者：各原器は二重のガラス容器に収められている．No. 94 はリスク分散のために，別の金庫に保管されている．

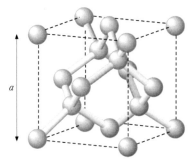

図2 シリコン結晶単位格子：図中の18個の原子のうち，角の原子（8個）は隣接する八つの単位格子で共有されている．面の原子（6個）は隣接する二つの単位格子で共有されている．したがって一つの単位格子には 8 個（＝8×（1/8）＋6×（1/2）＋4）のシリコン原子が含まれる（提供：産業技術総合研究所）

作された．ただし，その後の科学技術の進歩によって，国際メートル原器は，1960年にその役目を終えている．現在では，普遍的な物理定数である真空中の光の速さによってメートルは定義され，適切な技術さえあれば，定義に基づき長さの基準を誰でもつくりだすことができる．

　一方，キログラムは2019年5月19日までの約130年間，国際キログラム原器によって定義され続けてきた．ただし，1990年ごろに実施された調査の結果，表面汚染などの影響によって国際キログラム原器の質量が1億分の5 kg 程度変動している可能性のあることが分かった．およそ指紋の一個の質量に相当する非常にわずかな変動であるが，無視し得ない大きさであった．そこで，約200ある普遍的な物理定数のいずれかを1億分の5をしのぐ精度で決定し，その値を基準としてキログラムの定義を改定する試みが提案され始めた[2]．2011年には，将来，国際キログラム原器を廃止し，普遍的な物理定数であるプランク定数を基準とする定義に移行する方針が国際的に合意された．ただし，この時点ではまだプランク定数が十分な確からしさで求められていなかった．そこで，産総研を含む多くの世界の研究機関が1億分の5をしのぐ精度でのプランク定数測定に精力的に取り組んだ．

3. プランク定数精密測定

　プランク定数は量子論における最も重要な物理定数の一つであり，電子の質量と関連づけられる．電子の質量と任意の原子の質量の比は，非常に高い精度で求められている．このため，プランク定数を基準として1kgを非常に多数の原子の質量として表現することができる．

　プランク定数の測定はキッブルバランス法と X 線結晶密度法の2通りの方法で行われた[2]~[4]．キッブルバランス法では，質量既知の分銅に作用する重力と釣り合う電磁力の大きさを電気的に測定し，プランク定数を求める．一方，X 線結晶密度法では，まず，シリコン単結晶中のシリコン原子の数を計測し，物質量の単位「モル（mol）」

と密接に関連する物理定数「アボガドロ定数」を測定する[3]．シリコン単結晶は一辺の長さが格子定数 a の単位格子から構成される（**図2**）．単位格子の体積は a^3 であり，八つの原子が含まれる．したがって，ある程度の大きさのシリコン単結晶試料の体積を V とすると，試料中のシリコン原子の数は $8V/a^3$ で与えられる．シリコンのモル質量（1 mol 当たりの質量）を M（Si）とすれば，1 mol 当たりの原子数であるアボガドロ定数 N_A は

$$N_A = \frac{8V}{a^3}\frac{M(\text{Si})}{m} \qquad (1)$$

として求められる．ここで m はシリコン単結晶試料の質量である．この X 線結晶密度法の根本的な原理は，単結晶試料中の原子数の計測である．このため，高純度で無転位な単結晶が入手可能なシリコンを用いる．また，真球度の高い球体の体積は，さまざまな方位から測定した直径の平均値から小さな不確かさで決定できる．さらに，試料の質量が約1kgの場合，キログラム原器との比較によってその質量を正確に測定することができる．このため，質量が約1kgのシリコン単結晶球体が測定用試料として用いられる．また，自然界のシリコンは3種類の安定同位体 ^{28}Si，^{29}Si，^{30}Si の混合物であり，それらの存在比は約92%，5%，3%である．各同位体のモル質量は十分に小さい不確かさで求められているので，シリコン単結晶試料のモル質量 M（Si）を求めるためには，この同位体の存在比を測定すればよい[5]．格子定数 a は X 線干渉計を用いて高精度に決定できる[6]．アボガドロ定数 N_A とプランク定数 h の間には，次の厳密な関係式が成立する．

$$h = \frac{cM(\text{e})\alpha^2}{2R_\infty}\frac{1}{N_A} \qquad (2)$$

ここで，M（e）は電子のモル質量，α は微細構造定数，R_∞ はリュードベリ定数，c は真空中の光の速さである．式（2）右辺の（$cM(\text{e})\alpha^2/(2R_\infty)$）の不確かさは十分小さい．このため，アボガドロ定数の測定値から精度を落とすことなくプランク定数を導出できる．

　産総研では X 線結晶密度法を用いプランク定数の測定を行った．ただし，自然界に存在するシリコンを用いた場合，アボガドロ定数およびプランク定数の測定精度は1億分の20が限界であった．この精度は国際キログラム原器の質量の長期安定性である1億分の5より一桁大きい．ボトルネックとなったのはモル質量測定であり，その精度を飛躍的に高めるためには，それまで用いてきた自然界に存在するシリコン結晶ではなく，人工的に ^{28}Si の存在比を高めたシリコン結晶を用いる必要があった．そこで，そのような特殊な結晶を製作するための国際研究協力「アボガドロ国際プロジェクト」を2004年から開始した．アボガドロ国際プロジェクトには産総研を含む8カ国の研究機関が参加し，^{28}Si の存在割合を 99.99% にまで高めた ^{28}Si 単結晶を5kg製作した[3]．さらに，この結晶から直径約94 mm，質量約1kgの球体を2個研磨した．（**図3**）．この ^{28}Si 単結晶球体の体積を精密に測定するために，シリコン球体の

図3 ²⁸Si 単結晶球体：プランク定数高精度測定のためにアボガドロ国際プロジェクトによって製作された球体．1 個当たりの製作費用は約 1 億円（提供：産業技術総合研究所）

図4 産総研の倉本らによって開発された ²⁸Si 単結晶球体体積測定用レーザー干渉計：半導体レーザーの光周波数計測・制御技術によって，球体の直径を原子サイズレベルの精度で測定する．新たなキログラムの定義を導くのに決定的な役割を果たした（提供：産業技術総合研究所）

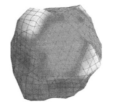

図5 さまざまな方位からの直径測定値を，平均直径からの偏差を強調してプロットした球体形状三次元図：平均直径は約 94 mm であり，直径の最大値と最小値の差は，最小直径と最大直径の差は一方の球体（左）では 69 nm，もう一方の球体（右）では 39 nm（提供：産業技術総合研究所）

直径を測定するためのレーザー干渉計が産総研の倉本らによって開発された（**図4**）[7]．球体直径は，光源である半導体レーザーの光周波数の高精度な計測・制御によって測定された．また，球体は温度の変動によって膨張・収縮する．このため，高精度な直径測定には，球体温度の精密な制御・計測が欠かせない．そこで，ふく射熱を利用した球体温度制御機構を用いることで，球体温度を 0.0006℃の精度で測定した．球体直径測定の精度は 0.6 nm であり，この精度は図2に示した単位格子の一辺の長さ，つまり，シリコン原子どうしの間隔（約 0.5 nm）に匹敵する．シリコン単結晶球体直径測定には，ドイツ，イタリア，米国，オーストラリア，韓国，中国の研究機関も取り組んできたが，産総研とドイツ物理工学研究所のみが原子レベルの精度での測定に成功した．**図5**はさまざまな方位から実施した直径測定の結果を示す．球体体積は約 2000 方位からの測定に基づく平均直径から，1 億分の 2 の精度で決定した[8]．一方，球体の質量は日本国キログラム原器を基準として測定した．測定には真空中での質量比較が可能な特殊な天びんを用い，球体の質量を 6 μg の精度で決定した[8]．

アボガドロ定数を正確に決定するためには，シリコン単結晶球体中のシリコン原子のみを数える必要がある．しかし，球体は厚さ数ナノメートルの自然酸化膜などからなる表面層で覆われている．そこで，産総研では X 線光電子分光法などを用い，表面層の化学組成，厚さ，質量などを評価した[8]．これらの評価結果を球体の体積・質量測定の結果と組み合わせ，純粋なシリコン部分の質量と体積を決定した．それらを過去に測定された格子定数とモル質量と組み合わせ，式(1)を用いてアボガドロ定数を決定した[8]．さらに式(2)を用いてプランク定数を導出した．プランク定数の測定精度は 1 億分の 2.4 であり，これは国際キログラム原器の質量安定性である 1 億分の 5 をしのぐ．

図6に，世界各国の研究機関によって測定されたプランク定数を示す[9]．NMIJ-2017 が，前章で紹介した産総研によって測定・報告された値である[8]．この値はアボガドロ国際プロジェクト（IAC）の測定値（IAC-2011，IAC-2015，IAC-2017）とよく一致した．また，米国標準技術研究所（NIST），カナダ国立研究機構（NRC），フランス国立計量研究所（LNE）がキッブルバランス法で測定した値（NIST-2015，NIST-2017，NRC-2017，LNE-2017）ともよく一致した．

4. 新たなキログラムの定義

2017 年 10 月，科学技術データ委員会（CODATA）は，図6中の八つの高精度な測定値に基づきプランク定数の調整値（CODATA 2017）を報告した[9][10]．2018 年 11 月に開催された第 26 回国際度量衡総会では，CODATA 2017 の不確かさをゼロとした値を定義値とする次の新たなキログラムの定義への移行案が採択された．

キログラムは，プランク定数を 6.626 070 15×10⁻³⁴ Js と定めることによって定義される

これを受けて，2019 年 5 月 20 日から新たな定義が施行されている．新たなキログラムの基準となったプランク定数の値の決定に採用された八つのデータのうち，産総研は四つの値の測定に貢献した．また，そのうちの一つは産総研の倉本らがほぼ独自に測定したものであり[8]，わが国の科

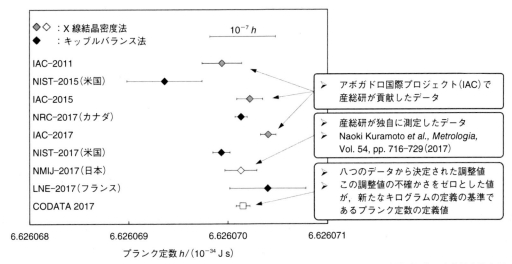

図6 新たなキログラムの定義の基準となるプランク定数の値の決定に採用された八つの測定値（提供：産業技術総合研究所）：NMIJ-2017 が3章で紹介した産業技術総合研究所がほぼ独自に測定した値であり[8]，科学の歴史に残る130年ぶりのキログラム定義改定実現において，決定的な役割を果たした

学技術力が世界最高水準にあることを明確に裏付けるものである．また，歴史上初めて人工物ではなく普遍的な物理定数によって質量の単位が定義されることになった．130年ぶりのキログラムの定義改定への貢献は，正に科学の歴史に残る大きな成果であるといえる[11]．なお，プランク定数の定義値は，定義改定直前の国際キログラム原器の質量を基準として決定されている．このため，定義改定の影響で一般に使用されているはかりの指示値が正しくなくなったり，分銅の質量が変動することはない．

　キログラム原器を基準とする以前の定義の下では，高精度な質量測定にはキログラム原器に基づき質量が値付けされた分銅が必要であった．しかし，無限に小さな分銅は物理的に作ることができない．このため，ナノグラム・マイクログラムレベルの試料に関しては，高精度に質量を測定することが困難であった．一方，新たな定義の下では，原理的には，分銅を用いることなく，プランク定数を基準として任意の質量を直接高精度に測定できる．このため，環境計測などの分野で強く求められている微小な質量を高精度測定するための技術を開発するための基盤として，プランク定数に基づく新たな定義が活用されることが期待されている．

参 考 文 献

1) 臼田孝：新しい1kgの測り方，講談社，(2018).
2) 倉本直樹：基礎物理定数に基づくキログラムとモルの新たな定義—さらばキログラム原器—，計測と制御，**58** (2019) 330.
3) 倉本直樹：キログラムとモルの新しい定義，ぶんせき，(2019) 193.
4) 倉本直樹：プランク定数にもとづくキログラムの新しい定義を導いた計測技術，電気学会誌，**139** (2019) 348.
5) T. Narukawa et al.: Molar mass measurement of a ^{28}Si-enriched silicon crystal for determination of the Avogadro constant, Metrologia, **51** (2014) 161.
6) 中山貫，藤井賢一：シリコン格子定数の絶対測定とアボガドロ定数の決定，応用物理，**62** (1993) 245.
7) N. Kuramoto et al.: Volume measurement of ^{28}Si-enriched spheres using an improved optical interferometer for the determination of the Avogadro constant, Metrologia, **54** (2017) 193.
8) N. Kuramoto et al.: Determination of the Avogadro constant by the XRCD method using a ^{28}Si-enriched sphere, Metrologia, **54** (2017) 716.
9) D. Newell et al.: The CODATA 2017 values of h, e, k, and N_A for the revision of the SI, Metrologia, **55** (2017) L13.
10) P. Mohr et al.: Data and analysis for the CODATA 2017 special fundamental constants adjustment, Metrologia, **55**, (2018) 125.
11) 産業技術総合研究所　質量標準研究グループホームページ，https://unit.aist.go.jp/riem/mass-std/

驚異のPZT

Amazing Piezoceramic PZT/Takayuki WATANABE

キヤノン株式会社　渡邉隆之

1. はじめに

チタン酸ジルコン酸鉛（$Pb(Zr_{1-x}Ti_x)O_3$, PZT）は, 高容量コンデンサの主成分であるチタン酸バリウム（$BaTiO_3$）の発見に端を発する一連の高誘電率材料開発の中で1952年に日本で発見された[1]. PZTは誘電体の中で強誘電体（外部電界で反転可能な自発分極を有する）に分類される（**図1**）. これまでPZTの強誘電性を利用した不揮発性メモリが作られ, 焦電性（温度変化により電圧を発する）を利用して焦電センサが作られている. 強誘電体はこのほかにも電気光学効果（電界を印加すると屈折率などが変化）, 電気熱量効果（電界を印加すると温度が変化）, 光起電力（光を当てると電圧が発生）などユニークな特性をもつ裾野の広い材料群であり, 圧電性は強誘電体の一つの機能である.

発見から約70年を経て, 今では国内の圧電素子メーカによってさまざまに特性チューニングされたPZTをカタログから選べるようになった. 圧電デバイスのシミュレーション環境もハードウエアとソフトウエアの両面で長足の進歩を遂げている. Webや文献上で公開されている圧電定数, 誘電率, 弾性定数, 密度などの数値をソフトウエアに入力することで, 圧電セラミックスに触れたことがなくてもモーダル解析や周波数応答解析に基づいてデバイス設計ができるようになった.

一方で, 脱分極や圧電諸特性の温度依存性など結晶の相転移に関連する現象は, 製造プロセスの自由度を制限したり, 温度による物性変化に対応する制御手法を要したりすることがある. 部品図面を引く際に制作方法を考えながら作業するように, デバイス設計者も結晶としての圧電材料の顔を知っていることが望ましい. 本稿では, 最近の圧電材料研究のトレンドに言及しながら, 最も一般的に使用されているPZTについて振り返る.

2. ペロブスカイト構造

PZT結晶は, 一般式がABO3と記述されるペロブスカイト構造をとる. 六面体の頂点位置（Aサイト）を鉛が占有し, チタンもしくはジルコニウムは酸素八面体の中にある体心位置（Bサイト）を占有し, 酸素は面心位置を占有する. 現在, 24%に及ぶ高い発電効率で注目を集めるペロブスカイト太陽電池材料や地球マントルに多く含まれるケイ酸マグネシウム（$MgSiO_3$）も同じ構造をとる[2][3].

図2には正方晶であるチタン酸鉛の結晶構造を示す. チタンが体心位置からc軸方向にわずかにシフトすることで正負イオンの電荷中心がずれ, −の電荷中心から＋の電荷中心に向かう自発分極を有している. 自発分極の向きは結晶系によって異なり, 正方晶ではc軸に平行となる. 最新の透過電子顕微鏡では, Bサイトイオンがどちらの方向にシフトしているのかも観察することができる[4]. チタン酸鉛（$PbTiO_3$）の格子定数はa = 3.904 Å, c = 4.150 Å（1 Å = 10^{-10} m）であるから約6%ひずんでいる[5]. 結晶に電界が印加されると, 電界の向きに応じて＋の金属イオンと−の酸素イオンがそれぞれ逆方向に引っ張られるため, 結晶が伸びたり縮んだりする. 直流電圧を印加して結晶をひずませたままX線回折を行って面間隔を測定すれば, 単位格子の変形量（intrinsicな圧電性）を算出できる[6].

3. ドメイン

圧電セラミックスを構成する無数の粒子の中はどのよう

図1　誘電体の分類

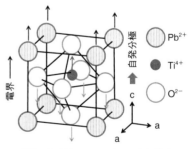

図2　$PbTiO_3$のペロブスカイト構造

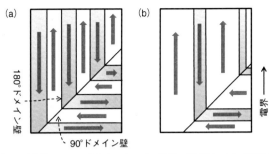

図3 正方晶 BaTiO$_3$ 結晶内のドメイン構造の模式図. （a）分極処理前 （b）分極処理後のドメイン構造. 矢印は自発分極の方向を示す

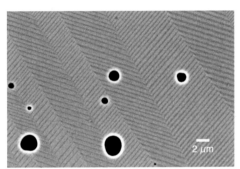

図4 電子顕微鏡で観察した BaTiO$_3$ セラミックス内部のドメイン構造. 黒穴は粒子内のポアである

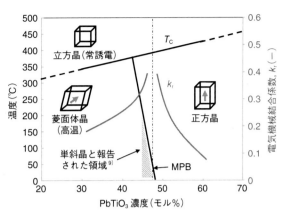

図5 （1−x）PbZrO$_3$−xPbTiO$_3$ 系相図および室温での電気機械結合係数 k_r の概略図[7)8)]

な構造になっているだろうか. 粒子内は図2のペロブスカイト単位格子が並進展開されたフラットな単結晶ではなく, **図3, 4**のようにドメイン（分域）と呼ばれる微小な領域に分割されている. ペロブスカイト構造の圧電セラミックスが焼成される1000℃を超えるような高温では, 結晶系は自発分極をもたない立方晶である. 焼成後に電気炉内で冷却が進み立方晶から例えば正方晶の強誘電体相へ相転移して自発分極が発生する際に, 機械的, 電気的な理由でセラミックス粒子の中にドメインが形成される. ドメイン構造は結晶系によって決まり, 正方晶であれば90°と180°ドメイン壁を有する. 焼結したままの未分極状態の圧電セラミックスでは, 電界によるドメインの伸縮が互いに相殺されるため共振しない. 高温で直流電界を印加する分極処理を行うと, 単位格子内でのチタンのシフト方向が90°もしくは180°変化する. ドメイン壁が移動し自発分極の向きがそろい, 電界に平行な自発分極を有するドメインが太ることによって共振するようになる.

単位格子の伸長による intrinsic な圧電性に加え, ドメイン壁が外部電界に応答して移動する（単位格子の長手軸の方向が変わる）ことで extrinsic な圧電性を生じる. ドメイン壁の動きやすさは機械的品質係数（Q_m）と相関しており, 動きやすいものがソフト材, 動きにくいものがハード材である.

4. 驚 異 の PZT

PZT は半導体におけるシリコンのように広く圧電デバイスの中で使用されている. その理由のいくつかを下記に挙げる.

（1）組成相境界

最大の理由は, 優れた圧電性が一定の温度範囲で安定して利用できることである. PZT は前述のチタン酸鉛（PbTiO$_3$）とジルコン酸鉛（PbZrO$_3$）との固溶体である. **図5**のように両者の混合割合や温度によって結晶系（正方晶, 菱面体晶, 立方晶など）が変化する[7)]. 正方晶と菱面体晶との境界にある組成相境界（Morphotropic Phase Boundary, MPB）付近では電気的エネルギーと機械的エネルギーの変換能力を表す係数である電気機械結合係数, 誘電率や弾性定数が極値を示す[8)]. 特筆すべきは MPB が温度に対しほぼ垂直になっていることであり, そのため材料温度が変化しても MPB 付近の巨大な圧電性を利用できる.

MPB 付近で圧電性が極大となるメカニズムは, 単斜晶相を介した分極回転モデルなどが提案されているが[9)10)], 考察の基本となる結晶構造の同定は現在でも重要な研究テーマとなっている[11)]. 困難さの背景には, 構造解析に適した高品質 PZT 単結晶の育成が極めて難しく, 品質バラツキの大きな粉末試料を用いざるを得ないことがある. 単結晶育成は工業的にも重要であり, トップシード法による単結晶育成が試みられているが圧電性は報告されていないようである[12)].

PZT 代替を目指す無鉛圧電材料開発のアプローチとして, PZT のアナロジーから結晶系の異なる無鉛圧電材料を掛け合わせた MPB 組成探索が多く見られる. ところが, 大部分の圧電材料では相境界が温度に対して斜めになっている. **図6**は（1−x）BaZrO$_3$−xBaTiO$_3$ 系相図の概略図であるが, 結晶相の境界が温度に対して斜めになっていることが分かる. A サイト元素が鉛からバリウムに変わると相図全体が激変する. このような材料系では, 駆動温

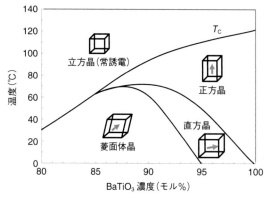

図6 $(1-x)BaZrO_3-xBaTiO_3$ 系相図の概略図[13][14]

表1 圧電デバイスの性能指数FOM[16]

共振／非共振	デバイス名		FOM
共振	フィルター		k
	発振器		Q_m
	ジャイロセンサ，ノッキングセンサ，魚群探知機，流量計，トランス，医療用超音波プローブ，超音波モータ		$k^2 \times Q_m$
非共振	ライター，ブザー		d
	マイク，加速度センサ，ノッキングセンサ		$d \cdot g$
	インジェクタ（ディーゼル車），インクジェットプリンタ		S_{max}/E_{max}

度が変化すると相転移温度に近づいたり遠ざかったりするため，弾性定数や圧電定数，誘電率など密度以外のパラメータが温度に依存して急激に変化する．相転移温度が室温近傍にあるような極端なケースもある．数値の上ではPZTを凌駕する圧電定数を有する無鉛圧電材料の報告例は多く存在するが，特性の温度依存性を確認した上で有用性を判断する必要がある．温度による弾性定数の変化は，共振系デバイスでは駆動周波数が変化することを意味する．静電容量変化は電気的な共振状態を乱す．これらのパラメータが温度によって大きく変化する圧電材料を用いる場合，物性変化に対応できるフレキシブルな制御手法が必要となるケースがある．

（2）母材としての寛容性

二つ目の長所は添加物によって特性をさまざまにチューニングできる点である．アクセプタを加えれば（例：Ti^{4+} → Mn^{3+}）ハード材となり，ドナーを加えれば（例：Pb^{2+} → La^{3+}）ソフト化する．キーワードは結晶内部の酸素欠陥である．例えばBサイトをアクセプタで置換すると，結晶内のチャージバランスを維持するため酸素欠陥が生成される．Bサイトを囲む六つの酸素の中でも最近接である酸素サイトが空孔となることが最安定と報告されている[15]．結晶内には新たにアクセプタから酸素欠陥に向かう欠陥分極が形成され自発分極を安定化させる．同じ母材から添加物によってハード材とソフト材を作り分けられることは製造上のメリットが大きく，ひいては素子コストの低減につながる．

（3）キュリー温度

図5によるとPZTを室温から加熱すると，常誘電体（立方晶）へと変化して圧電性が失われるキュリー温度（T_c）に到達する．PZTのハード材であればおおむねT_cは300℃を超える．デバイスの駆動温度域はもちろんT_cから十分低い必要があるが，製造工程中も素子温度はT_cを超えられない．圧電素子へ部材を接着するにあたって，例えばエポキシ系接着剤では硬化温度が180℃よりも低いものが多くあり，接着材料の選択肢が広いこともPZTの長所である．ただし，硬化温度が高くなればなるほど，

PZTと被接着部材の熱膨張率差に起因するひずみや，素子の温度変化（＝分極量変化）による焦電電圧が発生するリスクが高まる．

5. 性 能 指 数

圧電デバイスごとに適切な圧電材料を選ぶ指針となる性能指数（Figure Of Merit, FOM）が報告されている．**表1**には文献で報告されたFOMの一部を抜粋して紹介する[16]．

超音波モータなどハイパワー共振デバイスのFOMは，電気機械結合係数kの2乗とQ_mの積になっている．ソフト材とハード材の特性を比較すれば明らかなように，両者は相反するパラメータなのでkもQ_mも高い材料は直感的にも優れているといえる．ハイパワーデバイスでは圧電素子の振動速度は振動エネルギーや力係数の算出に使用する重要なパラメータである．振動速度の式を見てみるとkとQ_mが含まれている．振動速度v_0は下記式（1）で表される[17]．

$$v_0 = \frac{4}{\pi} \sqrt{\frac{\varepsilon_{33}^T}{\rho}} k_{31} \cdot Q_m \cdot E_i \qquad (1)$$

ε_{33}^Tは誘電率（肩のTは応力一定であることを意味し，共振周波数よりも十分低い周波数で測定した静電容量から算出する），ρは密度，E_iは駆動電界である．公開されている材料定数を用いてFOMや振動速度を計算比較することは可能であるが，kやQ_mは駆動電界に対して一定ではないことに言及しておく．ハイパワーデバイスの場合，駆動電界を大きくしても期待したほどの出力が得られないことがあり，これは高速振動時にQ_mが低下するために起こる[18]．また，厄介なことに材料ごとに振動速度に対するQ_mの低下量が異なる．そのため，駆動電界が大きい領域で振動速度が逆転する場合がある．抗電界（ドメイン壁を動かすために必要な電界）の大きな一部の無鉛圧電材料は振動速度でPZTを凌駕することがある．高振動レベルでのQ_mの評価手法は「JIS R 1699-2：2016 高負荷環境下での圧電材料の特性—第2部：電気的過渡応答法による高振動レベル下での測定方法」にまとめられている．

ロスの少ない共振デバイス用に，できるだけQ_mの大きな圧電材料を用意することは自然なことである．しかし，圧電素子にさまざまな部材を接着した振動子のQ_mは，部

材の共振特性や接着状態に強く影響され，圧電材料自身の特性が表れにくいケースがある．圧電材料を選択する際には，デバイスの駆動条件や構成に留意しつつ優先する材料パラメータを選択していただきたい．

6. お わ り に

圧電材料にあまりなじみのない機械や電気を専門とする若手設計者の参考になることを願い，浅学菲才を顧みず寄稿を引き受けた．誤謬は平にご容赦の上，ご指摘いただければ幸甚である．タイトルは名編『驚異のチタバリ』[1]へのオマージュである．

参 考 文 献

1) 村田製作所（編）：驚異のチタバリ，丸善株式会社，東京，（1990）．
2) 宮坂力：ペロブスカイト太陽電池の発見の背景と学際研究の推進，応用物理，**88**（7）（2019）432-436．
3) M. Murakami, Y. Ohishi, N. Hirao and K. Hirose : A perovskitic lower mantle inferred from high-pressure, high-temperature sound velocity data, Nature, **485** (2012) 90-94.
4) G. Catalan, A. Lubk, A.H.G. Vlooswijk, E. Snoeck, C. Magen, A. Janssens, G. Rispens, G. Rijnders, D.H.A. Blank and B. Noheda : Flexoelectric rotation of polarization in ferroelectric thin films, Nat. Mater., **10** (2011) 963-967.
5) ICDD06-0452
6) 黒岩芳弘，森吉千佳子，藤井一郎，和田智志：電場印加下の強誘電体の構造研究，日本結晶学会誌，**58**（2016）167-173．
7) B. Jaffe, W.R. Cook and H. Jaffe : Piezoelectric Ceramics, Academic Press, London and New York, (1971).
8) B. Jaffe, R.S. Roth and S. Marzullo : Properties of Piezoelectric Ceramics in the Solid-Solution Series Lead Titanate-Lead Zirconate-Lead Oxide : Tin Oxide and Lead Titanate-Lead Hafnate, J. Res. Natl. Bur. Stand., **55** (1955) 239-254.
9) R. Guo, L.E. Cross, S-E. Park, B. Noheda, D.E. Cox and G. Shirane : Origin of the High Piezoelectric Response in PbZr$_{1-x}$Ti$_x$O$_3$, Phys. Rev. Lett., **84** (2000) 5423-5426.
10) H. Fu and R.E. Cohen : Polarization rotation mechanism for ultrahigh electromechanical response in single-crystal piezoelectrics, Nature, **403** (2000) 281-283.
11) N. Zhang, H. Yokota, A.M. Glazer, Z. Ren, D.A. Keen, D.S. Keeble, P.A. Thomas and Z.-G. Ye : The missing boundary in the phase diagram of PbZr$_{1-x}$Ti$_x$O$_3$, Nat. Commun., **5** (2014) 5231.
12) A.A. Bokov, X. Long and Z-G. Ye : Optically isotropic and monoclinic ferroelectric phases in Pb(Zr$_{1-x}$Ti$_x$)O$_3$ (PZT) single crystals near morphotropic phase boundary, Phys. Rev. B, **81** (2010) 172103.
13) P.S. Dobal, A. Dixi, R. S Katiyar, Z. Yu, R. Guo and A.S. Bhalla : Micro-Raman scattering and dielectric investigations of phase transition behavior in the BaTiO$_3$-BaZrO$_3$ system, J. Appl. Phys., **89** (12) (2001) 8085-8091.
14) Z. Yu, R. Guo and A.S. Bhala : Dielectric behavior of Ba(Ti$_{1-x}$Zr$_x$)O$_3$ single crystals, J. Appl. Phys., **88** (1) (2000) 410-415.
15) X. Ren : Large electric-field-induced strain in ferroelectric crystals by point-defect-mediated reversible domain switching materials, Nat. Mater., **3** (2004) 91-94.
16) J. Roedel, K.G. Webber, R. Dittmer, W. Jo, M. Kimura and D. Damjanovic : Transferring lead-free piezoelectric ceramics into application, J. Euro. Ceram. Soc., **35** (2015) 1659-1681.
17) K. Uchino, J.H. Zheng, Y.H. Chen, X.H. Du, J. Ryu, Y. Gao, S. Ural, S. Priya and S. Hirose : Loss mechanisms and high power piezoelectrics, J. Mater. Sci., **41** (2006) 217-228.
18) S. Someno, H. Nagata and T. Takenaka : High-temperature and high-power piezoelectric characteristics of (Bi$_{0.5}$Na$_{0.5}$)TiO$_3$-Based lead-free piezoelectric ceramics, J. Ceram. Soc. Jpn., **122** (6) (2014) 406-409.

はじめての 精密工学

送りねじの原理と性能

Principle and Performance of Leadscrew/Shigeo FUKADA

信州大学　深田茂生

1. は じ め に

　円柱上に刻まれたらせん形状をもつ装飾品や道具を作製する技術は，太古の昔から古今東西の人々の関心を集めてきた歴史があり，産業革命以降の近代技術の中でもねじが重要な要素の一つであったことは誰もが認める事実であろう[1][2]．現代においては，ねじはごく当たり前に身の回りにあるため，その重要性を改めて認識する機会は一般の人々にとってはあまりない．しかし，今日においてもやはりねじは，機械技術の中で重要な役割を担っており，工学的にも興味深い対象である．ねじの用途には締結用と運動用があるが，本稿では主として回転運動を直線運動に変換するために用いられる送りねじについて考える．送りねじはさまざまな送り・位置決め機構に用いられてきており，特に工作機械においては，負荷に抗する剛性と位置決め精度の両立を支える最も重要な基本要素の一つである．ここでは，現在においても進化を続けている送りねじの原理と性能の現状について要点を述べたい．

2. 送りねじの原理

　ねじの弦巻線は，展開すると一定の傾斜をもつ斜面とな

る．この斜面の角度をリード角と呼び，図1のβで表す．また，ねじの弦巻線が円柱の周りに沿って一周したときに軸方向に進む距離をリードと呼びPで表す．ねじは円柱の外周に刻まれた雄ねじと，円筒の内周に刻まれた雌ねじがはまりあって相対的に運動することができ，送りねじではこの雄ねじをねじ軸と呼び，雌ねじをナットと呼ぶ．ナットの回転を止めてねじ軸を回転させると，図2に示すようにナットは軸方向に移動し，ねじ軸の回転角度θとナットの変位yの間には次の関係がある．

$$y = \frac{P}{2\pi}\theta \qquad (1)$$

式(1)は送りねじの幾何学的な束縛条件を定める最も基本的関係である．この関係は，θとともに回転する円盤上に刻まれた目盛りとyの関係で見ると変位の縮小・拡大機構であり，それを応用したのがマイクロメータである．

　図1 (a) において，斜面の上に置かれた物体に軸荷重Wが作用し，これを円周方向の接線力Fで斜面上方向に一定速度で押し上げる場合の力のつりあいを考える．斜面と物体との間には摩擦力が作用し，その動摩擦係数をμ（$= \tan\rho$，ρは摩擦角）とする．この物体のつりあいは，軸荷重Wと接線力F，面の垂直抗力Nと摩擦力fのつりあいとなり，同図の力ベクトル図より

$$F = W \tan(\beta+\rho) \qquad (2)$$

の関係が成り立つ[3]．あるいは，各力の斜面と平行な方向の成分のつりあいから

$$F \cos\beta - W \sin\beta - f = 0 \qquad (3)$$

であり，また，斜面と垂直な方向の成分のつりあいとクーロンの摩擦法則から

$$f = \mu N = \mu(W \cos\beta + F \sin\beta) \qquad (4)$$

であるので，式(4)を式(3)に代入すると次式が成り立つ．

$$F = W \tan\beta + \mu W + \mu F \tan\beta \qquad (5)$$

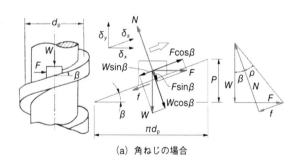

(a) 角ねじの場合

軸平行断面　　　ねじ山直角断面

$Wcos\beta + Fsin\beta$

$(Wcos\beta + Fsin\beta)/cos\alpha'$

(b) 台形ねじの場合

図1 ねじの静力学（上り動作の場合）

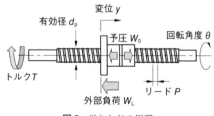

有効径 d_p　　変位 y

予圧 W_0　　回転角度 θ

トルクT

リード P

外部負荷 W_L

図2 送りねじの原理

式(5)を F について解くと次式が得られる.

$$F = W\frac{\tan\beta+\mu}{1-\mu\tan\beta} \tag{6}$$

式(6)は式(2)を加法定理により展開し，$\tan\rho=\mu$ とした ものにほかならない．式(6)より，F が正の有限値をとる ためには $\mu\tan\beta<1$ であることが必要である．一方，式 (6)を式(5)の右辺の F に代入すると

$$F = W\tan\beta+\mu W\left(1+\frac{\tan^2\beta}{1-\mu\tan\beta}+\frac{\mu\tan\beta}{1-\mu\tan\beta}\right) \tag{7}$$

となるので，この F の軸中心に関するモーメントをとり， $\mu\tan\beta\ll1$ とすると次の近似式が得られる.

$$T = F\frac{d_{\mathrm{p}}}{2} \cong \frac{P}{2\pi}W+\mu\frac{Wd_{\mathrm{p}}}{2}(1+\tan^2\beta) \tag{8}$$

式(8)が，軸荷重 W が作用するナットを軸力に逆らって移 動させるための駆動トルク（近似式）である．このような 作動を正作動と呼ぶ．なお図1(a)は角ねじの場合であ り，台形ねじや三角ねじの場合は，同図(b)のようにね じ山の半角 α があるため半径方向の力の成分が現れるが， 面の垂直抗力は $\cos\alpha'$（α' はねじ山直角断面におけるねじ 山の半角）で除したものになるので，以上の式中の μ を 等価摩擦係数 $\mu'=\mu/\cos\alpha'$ に置き換えればよい．

以上の関係を，仕事の原理から導くこともできる．図1 (a)に示すように，軸方向と斜面方向および円周方向の仮 想変位をそれぞれ δy，δs，δx と置くと，束縛条件は

$$\delta y = \delta s\sin\beta = \delta x\tan\beta = \frac{P}{2\pi}\delta\theta \tag{9}$$

であり，仕事の原理から次式が成り立つ.

$$T\delta\theta - W\delta y - f\delta s = 0 \tag{10}$$

式(9)(10)より，T は次のように表される.

$$T = \frac{P}{2\pi}W+\frac{\delta s}{\delta\theta}f \tag{11}$$

式(8)と式(11)を比較すると，式(8)の右辺第1項は軸荷重 を駆動する正味仕事となる項であり，第2項は摩擦損失に 起因する項であることが分かる．また，式(10)と式(2)(9) から，正作動の動力伝達効率 η_{p} が次式のように定まる.

$$\eta_{\mathrm{p}} = \frac{W\delta y}{T\delta\theta}=\frac{\tan\beta}{\tan(\beta+\rho)} \tag{12}$$

正作動とは逆に，軸力 W を駆動力としてトルクに逆らっ てナットを図1とは逆方向に移動させる作動を逆作動とい い，その場合の動力伝達効率は，次式で表される

$$\eta_{\mathrm{n}} = \frac{\tan(\beta-\rho)}{\tan\beta} \tag{13}$$

η_{n} が正となるためには，$\tan\beta>\mu$ でなければならない．

送りねじでは図2のように，バックラッシュを除去し剛性 を高めるために予圧を付与することがあるが，この場合 は，予圧荷重を W_0，外部負荷を W_{L} とすると，駆動トル ク T は，近似的に以下のように表される.

$$T \cong \frac{P}{2\pi}W_{\mathrm{L}}\pm\mu'W_0d_{\mathrm{p}}(1+\tan^2\beta) \tag{14}$$

複号は上が軸力に逆らってナットが移動する場合，下は軸 力に負ける方向に移動する場合であり，両者において T

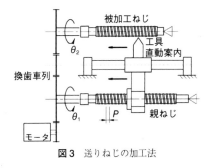

図3 送りねじの加工法

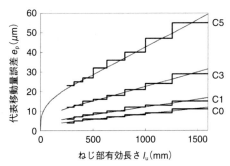

図4 ボールねじのリード精度の規格

の正方向を同方向にとる場合の式である.

3. 送りねじの加工と精度

式(1)の幾何学的関係を実現するためには，種々の材料 に対してねじ溝を正確に刻む必要がある．西欧では中世以 来，らせんを家具調度類の装飾として刻む伝統があり，木 材に対するねじ溝の加工機械がイラストとして残されてい る．それらは**図3**のように，親ねじと同期して回転する 被削材に対して切削工具を軸方向に一定のリードで送るも ので，同様の機械は，ねじの力学的な機能に着目したレオ ナルド・ダ・ヴィンチの手稿にも見られることは有名であ る[1]．英国の産業革命期に図3の原理のねじ切り旋盤を全 金属製で初めて実現したのが金属加工技術者のヘンリー・ モーズレーであり，その原理は現代においてもねじの加工 の基本原理である[4]．より高精度なねじを製作するために は，熱処理などによる表面硬化処理を施した材料に対して ねじ研削を行うが，その場合も切削工具を研削砥石に替え る以外の基本的原理は変わらない．モーズレー以来，工作 機械の送り・位置決め機構に使用される送りねじの精度を 向上させるために多くの努力と情熱が傾けられてきた[5]-[7]． その結果，現状では**図4**に規定されるレベルのリード精 度をもつ送りねじが工業的に供給されるようになっている． 同図は現行のJIS規格[8]（ISO規格[9]）が規定しているボー ルねじのリード精度（代表移動量誤差）を示す．各等級 に対する数値はIT基本公差の値に一致しているが，C2 級とC4級は現行のボールねじ規格では規定していない． このような送りねじのリード精度の向上においては，加工 技術だけでなく，リード誤差の精密測定技術の寄与が大き

い．現状ではレーザ干渉を利用したねじのリード測定技術がボールねじのリード精度を支えている[10]．

現実のねじがもつリード誤差を考慮すると，式(1)は実際には次のようになる．

$$y = \frac{P}{2\pi}\theta + \Delta y \qquad (15)$$

右辺の Δy は種々の原因により発生する送り誤差であり，その第一の原因がねじ溝加工で残留した図4のリード誤差となる．さらに実際の使用条件下では，温度変化による熱膨張の影響が大きい[11]．最も精度の高いC0級の代表移動量誤差は 8 μm/1000 mm であるが，これは1℃の温度上昇に対する鉄の熱膨張にほぼ等しい．ねじの回転角度を基準とする半閉ループ型位置決め系では式(15)の Δy が位置決め精度の支配要因となるため，ねじ軸やナットの冷却による温度管理や，熱膨張を吸収するための予張力をあらかじめ付与するなどの対策がとられる．

4. 摩擦と剛性

送りねじに期待される機能とは，①式(1)に従って回転角度と直動変位の間の幾何学的関係を維持し，②トルクと軸力の間の相互の変換を行い，③両者の積として動力を伝達することであるといえる．トルクと力の間の関係や動力伝達効率を支配する摩擦係数 μ は，雄ねじと雌ねじの接触摩擦界面の構成原理により大きく異なる．現状で実用的に用いられる送りねじの摩擦面の構成原理には，軸受と同様にすべりと転がりおよび静圧浮上があり，後述する剛性や振動減衰性も考慮するとそれぞれ**図5**に示すように一長一短がある．そのため用途や重視される性能項目によって使い分けることになるが，現状ではボールねじを用いる場合が圧倒的に多い．

すべりねじとボールねじの摩擦係数の例を**図6**に示す[12]-[14]．横軸は軸受定数 $\eta N/p_0$（N：回転数，η：潤滑油粘性係数，p_0：平均接触面圧）と呼ばれる無次元量である．すべりねじの場合，高速条件下ではねじ軸とナットが潤滑油の動圧効果で分離する流体潤滑状態となるが，ねじの接触面はすべり方向に展開すると細長比の非常に大きい細長い面となるため，流体潤滑としては高い摩擦係数をとる．また，低速側では速度の上昇とともに摩擦係数が減少する負性抵抗を示す領域がある．一方，ボールねじの摩擦は，転がり軸受と同様に速度項と荷重項から成り，高速域では流体の攪拌抵抗により摩擦が増加する．ボールねじの摩擦係数はすべりねじよりも約2桁程度小さいことが分かるが，後述するようにボールねじは高い予圧を付与して使用されるため，式(14)の摩擦損失の項の影響は小さいとはいえない．

式(15)の Δy の原因となる重要な成分としては，軸荷重に対する弾性変形があり，高い軸方向剛性をもつ送りねじが要求される．**図7**は送りねじの軸負荷支持原理を示す．すべりねじ（台形ねじ）の場合は，ねじ山の半角 α をもつフランクの接触面圧 p の面接触となり，ねじ山のたわみ

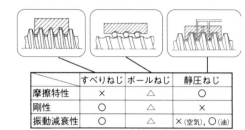

図5　送りねじの種類

	すべりねじ	ボールねじ	静圧ねじ
摩擦特性	×	△	○
剛性	○	△	×
振動減衰性	○	△	×（空気），○（油）

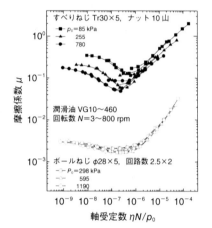

図6　すべりねじとボールねじの摩擦係数の例

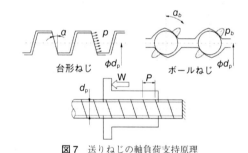

図7　送りねじの軸負荷支持原理

変形等が剛性を支配する．また，ねじ軸とナットの本体部分（円柱と円筒）の軸方向剛性の影響もある．図7では，ねじ軸の右端を固定し，ナットの左端付近に軸荷重が加わる構造となっているが，このような負荷配置を引張-引張負荷，同図でねじ軸の左端を支持する状態を引張-圧縮負荷と呼び，ナット内の接触面圧分布と剛性が変わる[15][16]．ナット内の面圧分布を一様に近づけるためには引張-引張負荷が望ましく，すべりねじではその配慮が重要であるが，ボールねじの設計や剛性計算ではあまり考慮されない．それは，本体部分の変形よりも，ボール接触部の変形が大きいためである．すなわち，ボールねじではボールとねじ溝の接触がヘルツの弾性接触となるため，接触部近傍で高い接触応力が発生し，結果的に軸方向の変位も大きくなる[17]．そのようなボールねじの欠点を補うためとナットの遊びを除去するために，ボールねじでは**図8**の方法で予圧が付与される．(a)では2個のナット間を間座により

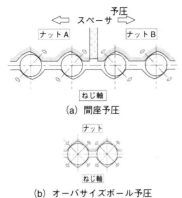

図8 ボールねじの予圧方法

(a) 間座予圧

(b) オーバサイズボール予圧

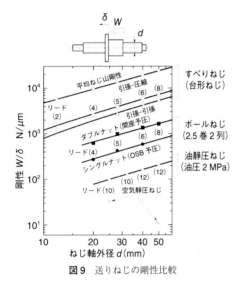

図9 送りねじの剛性比較

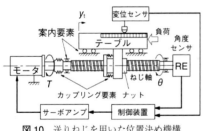

図10 送りねじを用いた位置決め機構

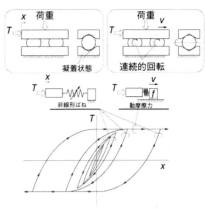

図11 転がり要素の非線形ばね特性

突っ張ることで予圧を与え，（b）ではねじ溝空間よりもわずかに大きいボールを挿入することで4点接触の予圧を与えている．図9は送りねじの剛性比較を示す[16]．すべりねじとボールねじおよび静圧ねじで剛性がおおむね1桁ずつ低下していることが分かる．

5. 位置決め制御系における性能

送りねじを用いた位置決め機構の構成を図10に示す．この機構の目的はテーブル変位 y_t を目標値に一致させることであり，制御系としては y_t を変位センサで検出しフィードバックして完全な閉ループ系を構成するのが最も基本的な方式である．しかし，ねじを用いる場合には必ずしも変位を検出する必要はなく，ねじ軸回転角度をロータリーエンコーダで検出すれば式(15)の関係に従って変位を制御でき，アクチュエータとしてステッピングモータを使用すれば開ループ系によりセンサレスで制御することも可能である．ただしそれらの場合には，コストは抑えられるが式(15)の Δy の項が残留するため性能は制限される．そこで，高い位置決め精度が要求される場合は，やはり高分解能・高精度の変位センサを使用した完全閉ループ系にせざるを得ない．その場合にこの機構の位置決め精度を支配するのが，停止点近傍の微少変位領域における微視的な特性であり，ボールねじなどの転がり要素で重要になるのが転がりの非線形ばね特性である[18)~22)]．これは図11に示すように，一定の予圧荷重が与えられた転がり接触では，接線力 T が微小であるとき T を増加させると変位が増大し，そこから逆に T を除荷すると変位も戻るというばねのような性質を示す領域が存在する．これは非線形ばね領域（または非線形弾性領域）と呼ばれ，T がある一定値を超えると巨視的な転がり運動が発生し，これが通常の転がり摩擦となる．図12はボールねじ駆動の位置決めステージの $1\,\mu\mathrm{m}$（1000 nm）以内の特性の一例である[23)]．（a）のモータトルクと変位の間の関係は図11と同様な非線形なばね特性を示している．一方，（b）の変位とねじ軸回転角度の間の関係では，式(1)の線形な関係が，このような微少変位領域においても維持されていることが重要である．

巨視的転がり領域と非線形ばね領域ではダイナミクスが大きく異なるため，目標位置近傍への停止・反転を繰り返すPTP（Point To Point）位置決めでは，この特性が制御系の収束挙動を支配することになる．逆にこの弾性的性質をうまく利用すると，ナノメートルレベルの超精密な位置決めが可能となる．図13は，図12の特性をもつ位置決めステージを，分解能0.06 nmのリニアエンコーダを用いた完全閉ループ制御系により微少ステップ動作させた場合の一例である．1 nmの位置決め分解能が実現されている．

このようなナノメートルレベルの位置決めにおいて特に重要になるのが位置決め機構の振動特性である．図14

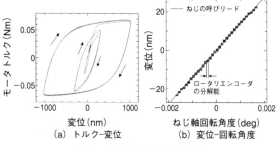

(a) トルク－変位　　(b) 変位－回転角度

図 12 ボールねじの微視的特性

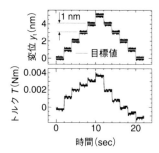

図 13 ボールねじ駆動によるナノメートル位置決め

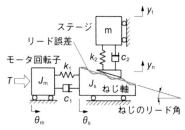

図 14 送りねじ位置決め機構の振動系モデル

は，図 10 の機構の振動系モデルである．この段階では，送りねじ単体の特性だけでなく，位置決め機構全体の特性を制御系の視点から検討する必要がある[25]．この例は 3 慣性の振動系となっているが，ねじ溝のリード誤差が変位強制加振源となるため，一定速度を維持する定速送りをナノメートルレベルで達成することは難しい．これが，かつては半導体露光用ステッパに多用されていた送りねじがスキャナ方式において排除された大きな理由でもある[26][27]．一般の産業機械においても，高速化とともにボールねじの振動や騒音の現象が顕在化し，さまざまな対策が施されるようになっている．

6. お わ り に

ねじの起源は古く，回転運動を直動に変換する送りねじは大小さまざまな位置調整機構に古くから広く用いられてきた．産業革命期を経て工作機械やさまざまな産業機械に多用されるようになり，その後は技術的に着実に進展してきた．また，ねじの精密加工と精密測定に関する精密工学的なアプローチが送りねじの精度を向上させ，さらに高負荷・高速条件下で精度と耐久性を高めるための工学的・技術的な改良を通して洗練され発展してきている．近年ではボールねじを用いる場合が多いが，それはわが国が初めて実用化した技術でもある．今後は，送りねじ単体の諸性能をさらに高めるとともに，位置決め制御系の中での動的特性を解明することにより，送りねじを用いた位置決め機構がさらに高度化していくことが期待される．

参 考 文 献

1) ヴィトルト・リプチンスキ（春日井昌子訳）：ねじとねじ回し，早川書房，(2003).
2) 山本晃：ねじのおはなし，日本規格協会，(1990).
3) 山本晃：ねじ締結の原理と設計，養賢堂，(1995).
4) L. T. C. ロルト（磯田浩訳）：工作機械の歴史，平凡社，(1989).
5) 山本晃：ねじ工作法，誠文堂新光社，(1965).
6) 大塚二郎，深田茂生，松田高弘，松吉康博：精密ねじ研削の研究（レーザ測長システムを用いた場合），精密工学会誌，**53**, 5 (1987) 731.
7) 大塚二郎：連載講座「太古の木製ねじから使用拡大一途のボールねじまで」(1) ～ (35)，機械の研究，**64**, 11～67, 11 (2012～2015).
8) JIS B 1192-1～5：ボールねじ（第 1 部～第 5 部），(2018).
9) ISO 3408-1～5：Ball screws (Part 1～5), (2006).
10) 山本晃，吉本勇，丸山一男，谷村吉久，太田和秀：レーザ干渉ねじリード測定機の実用化，精密機械，**41**, 9 (1975) 919.
11) 大塚二郎，深田茂生，小渕信夫：ボールねじの熱膨張に関する研究（定圧予圧の場合），精密機械，**50**, 4 (1984) 646.
12) 中島克洋，坂本正史：ねじの精度が駆動性能に与える影響，日本機械学会論文集（C 編），**47**, 417 (1981) 612.
13) 深田茂生：すべり送りねじの流体潤滑摩擦に関する研究，日本機械学会論文集（C 編），**64**, 623(1998) 2666.
14) 小渕信夫，大塚二郎：ボールねじの摩擦トルクに関する研究，精密工学会誌，**52**, 6 (1986)528.
15) 坂本正史：送りねじの摩擦と潤滑，潤滑，**21**, 5 (1976) 343.
16) 精密工学会超精密位置決め専門委員会編：次世代精密位置決め技術，フジテクノシステム，(2000) 319.
17) 井澤實：ボールねじ応用技術，工業調査会，(1993).
18) J. Otsuka and T. Masuda : The Influence of Nonlinear Spring Behavior of Rolling Elements on Ultraprecision Positioning Control Systems, Nanotechnology, **9** (1998) 85.
19) P.I. Ro and P.I. Hubbel : Nonlinear Micro-dynamic Behavior of a Ball-screw Driven Precision Slide System, Prec. Eng., **14**, 4 (1992) 229.
20) J.F. Cuttino, T.A. Dow and B.F. Knight : Analytical and Experimental Identification of Nonlinearities in a Single-Nut, Preloaded Ball Screw, Trans. ASME, J. Mech. Des., **119** (1997) 15.
21) 上田真大，下田博一：ボールねじの玉挙動とロストモーション（第 1 報，実験装置および玉公転挙動とロストモーションの測定結果），精密工学会誌，**76**, 12 (2010) 1371.
22) S. Fukada, B. Fang and A. Shigeno : Experimental analysis and simulation of nonlinear microscopic behavior of ball screw mechanism for ultra-precision positioning, Precision Engineering, **35**, 4 (2011) 650.
23) 深田茂生：ボールねじ駆動による精密位置決め機構と構成要素の微視的特性，機械の研究，**70**, 2・3 (2018) 97.
24) S. Fukada, M. Matsuyama and J. Hirayama : Ultraprecision positioning with sub-nanometer resolution by using ball screw and aerostatic guide way, Proc. 12th euspen Int. Conf., (2012) 306.
25) 松原厚：精密位置決め・送り系設計のための制御工学，森北出版，(2008).
26) 牧野内進，坂本英昭，涌井伸二：すべりねじステージの制御構造の一研究，精密工学会誌，**75**, 8 (2009) 1000.
27) 牧野内進，平野和弘，中出雅浩，涌井伸二：ボールねじステージにおける電磁ダンパ制御の一研究，精密工学会誌，**75**, 7 (2009) 887.

はじめての精密工学

はじめてのX線CT形状スキャン

Introduction to Geometry Scanning with X-ray CT/Yutaka OHTAKE

東京大学　大竹　豊

1. CTスキャンの概要

デジタルエンジニアリング応用のための形状スキャン法として，X線CT（Computed Tomography）は広く普及しつつある．特にコーンビーム型透過方式CT装置がよく使われており，図1にその仕組みを示す．X線源と検出器の間にワークを置き，一回転分のX線透過像列を取得する．過去の本企画の記事[1]の言葉を借りれば，そのプロセスはまさに「電子レンジ」のようにシンプルである．

透過像列を得た後は計算機を用いてデータ処理を行うこととなり，図2に示すようなデータフローとなる．まず，CT再構成法により透過像列からCTボリュームを生成する．CTボリュームは三次元のグレースケール画像であり，各ボクセルの輝度値はCT値と呼ばれ，その位置におけるX線減弱係数の大きさを意味する．なお，図中では透過像を30°刻みで掲載しているが実際には1500枚撮像しており，各像の画素数は縦方向に約2000である．また，CTボリュームは自動車模型の全長約25cmで約1800ボクセルとなっており，空気が黒，樹脂が灰色，金属が白となっている．このCT値を参照すれば材質情報も含んだワークの内外を判定でき，内外が切り替わる点群を見つけてつなげば，図右下のようなワークの三次元形状を表す表面メッシュを得ることができる．基本的かつ重要な計算法であるので，過去の本企画[2]でも取り上げられている．

上述のようにCTスキャンは一見すると簡単なように思われるが，精密工学において活用できるレベルの高精度な形状スキャンを行うためには，スキャンの原理やパラメータ設定に対する理解が必要となる．そこで本記事では，2章でCTスキャンの原理を説明し，3章で上手なCTスキャンを行うためのパラメータ設定の手順を紹介する．続く4章と5章では，その手順中で特に配慮すべき点を説明する．最後に6章では，近年研究開発が進み装置・ソフトに導入されている（されつつある）先進的な技術を紹介する．

2. CTスキャンの原理

本章ではCTスキャンにおいて最も重要となるX線の透過の法則とCT再構成計算の概略を説明する．1章で述べたとおりCT再構成とは，X線透過像を入力とし，ボク

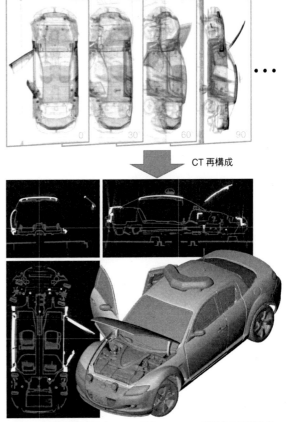

図2　X線透過像列からのCTボリュームへの再構成と形状抽出

図1 産業用X線CT装置の仕組み
（CT装置：Baker Hughes社製 phoenix v|tome|x c450）

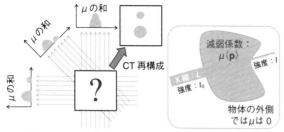

図3 CT再構成の原理（左）とX線透過の法則（右）

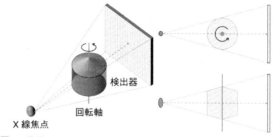

図4 装置の三次元的な模式図（左），光軸を含み，回転軸に直行する断面図（右上）と回転軸を含む断面図（右下）

セル上に離散化されたX線減弱係数の値（CT値）をもつCTボリュームを出力することである．

　図3右の枠内が透過の法則の模式図となり，初期強度I_0のX線がワークを透過して強度Iに減弱する様子である．空間内のある点の位置$\boldsymbol{p}$を引数とする減弱係数の関数を$\mu(\boldsymbol{p})$とし，X線の光路Lを微小長さhに刻む点列を$\{\boldsymbol{p}_1, \boldsymbol{p}_2, \cdots, \boldsymbol{p}_N\}$とおくと，強度$I_0$が$I$へ減弱する過程は以下の式で表すことができる．

$$I = I_0 \times \frac{1}{e^{\mu(\boldsymbol{p}_1)h}} \times \frac{1}{e^{\mu(\boldsymbol{p}_2)h}} \times \cdots \times \frac{1}{e^{\mu(\boldsymbol{p}_N)h}} \tag{1}$$

この式はランベルト-ベールの法則と呼ばれており，X線は透過により指数的に減弱することを意味している．両辺の自然対数$\ln$をとれば，

$$-\ln\left(\frac{I}{I_0}\right) = (\mu(\boldsymbol{p}_1) + \mu(\boldsymbol{p}_2) + \cdots + \mu(\boldsymbol{p}_N))h \tag{2}$$

となり減弱係数の線積分値を得ることができる．減弱係数$\mu(\boldsymbol{p}_i)$をCTボリューム上で，点$\boldsymbol{p}_i$に最も近いボクセルのCT値（または補間法により点$\boldsymbol{p}_i$の周りのボクセル群のCT値の重み付き平均値）とみなせば，CT値を未知数群とする一次方程式を得ることができる．

　CTスキャンは，図3左のようにワークに対してさまざまな方向から多数のX線の透過を測定し，未知数である減弱係数群を決めるのに十分な数の方程式を得ることにあたる．得られた方程式を連立させて解けば，CTボリューム上の値を得ることができる．ただし，この連立方程式はボクセル数個分の膨大な数の未知数を有しており，解を得るためには多大な計算資源を必要とする．そのため，速度を重視する産業用CTではフィルタ逆投影法と呼ばれる計算法が用いられる．この手法はフーリエ解析を応用したものであり，その詳細は文献3)を参照されたい．なお，フィルタ逆投影法は，近年目覚ましい発展を遂げたグラフィックス処理ユニット（GPU）で並列処理を行えば，ごく短時間で計算可能である．

3. 上手なCTスキャンのためのパラメータ設定手順

　CTスキャンを実施するにあたり，オペレータは多くのパラメータを決めることとなる．上手にスキャンを行うためには，適切な手順で値を設定する必要がある．以下にCTスキャンの原理と筆者の経験に基づくおすすめの手順を紹介する．

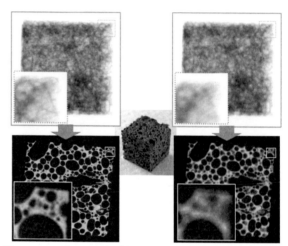

図5 アルミポーラス（中央）のCTスキャンにおいて焦点サイズが適切だった場合（左）と大き過ぎた場合（右）

1) ワークのサイズと材質に応じて，X線管の電圧とフィルタを決める．この手順が最も重要であるため，4章で詳しく説明する．

2) X線の焦点，回転テーブル，検出器の距離を調整し，CTボリュームの解像度（ボクセルのサイズ）を決める．通常，ボクセルのサイズは検出器のピクセルサイズを拡大率（焦点-検出器間距離÷焦点-回転軸間距離）で割った値となる．図4に模式図を示す．図中の半透明の領域（円柱の両底面に円錐をくっつけた形）は一回転中に常に検出器に写る領域であり，この領域がCT再構成計算の対象となる．また，ワークがこの領域からはみ出ると，はみ出た付近の計算は正しくできないため，その付近のCT値が高くなってしまう．

3) X線管の電流を決める．一般的なマイクロフォーカスX線源では焦点サイズはX線管の出力（電圧×電流）にほぼ比例する．図5に示すように，電流が高過ぎると透過像にボケが生じ，CTボリュームにもボケが発生する．焦点サイズはボクセルサイズと同程度が好ましい．

4) 透過像列の枚数を設定する．ワークを囲む回転軸を中心とした最小の円柱を考え，その円柱の半径をボク

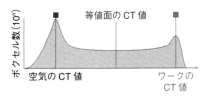

図6 CTボリューム中のCT値のヒストグラム

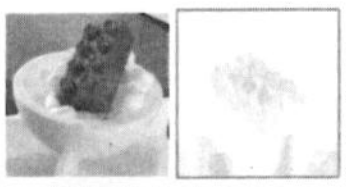

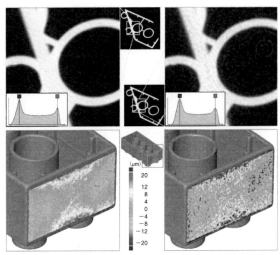

	なし	銅 0.5 mm	銅 1.0 mm
120 kV	6.86	6.71	6.59
160 kV	6.66	6.50	6.46
200 kV	6.46	6.36	**6.30**

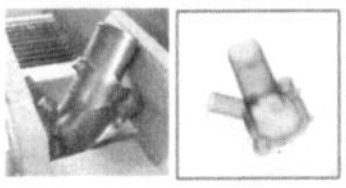

	なし	銅 0.5 mm	銅 1.0 mm
120 kV	5.49	6.95	**7.28**
160 kV	5.70	6.83	6.93
200 kV	5.81	6.62	6.93

図7 画質評価実験に用いた樹脂ワーク（上段）とアルミワーク（下段）．右表は画質の評価結果

図8 樹脂ワークのスキャンで高画質（左）と低画質（右）の結果

セルサイズで割った値（一回転の透過像列上で回転軸から横方向に最も離れたワーク上の点までのピクセル数）の2倍から3倍程度が適切な値となる．

5) 各透過像の撮像のための露光時間と積算枚数を決める．ノイズレベルとスキャン時間はトレードオフの関係となる．また，検出器のゲインは透過線量が飽和しないように設定する．

4. X線管の電圧とフィルタの設定

前章の手順中において手順1）が決まれば，残りの手順は機械的に行うことができる．そのため，手順1）の電圧・フィルタの設定はCTスキャンの成否の要となっている．本記事では設定を振った場合のスキャン実験を紹介しながら詳しく説明をする．

電圧とフィルタの意味：X線管では電子線を重金属に衝突させてX線を発生させる．発生したX線は広いエネルギ分布を有する白色X線となる．電圧とは，電子線の加速電圧を意味しており，発生するX線のエネルギ分布の最大値となる．また，フィルタとはX線の光路上に配置する金属板のことである．X線が金属板を透過することにより，減弱しやすい低エネルギのX線をあらかじめ減らす効果がある．以上より，電圧・フィルタにより照射されるX線のエネルギ分布を調整することができる．

設定の目安：一般的には，ワーク材質の密度が高い場合には減弱係数が大きいため，透過力を上げた高いエネルギのX線を用いるのが適切であるとされる．逆に，低密度の材質のワークでは減弱係数が低いため，CTボリュームの画像コントラストを上げるためにエネルギを下げる必要があるといわれている．ただし，実際どの程度に設定すればよいかは，CTオペレータの勘と経験によるところが大きい．そこで，本記事では，2種類のワークに対して電圧・フィルタをそれぞれ3通りずつ変更して得られたCTボリュームの画質を評価することにより，設定の感覚を共有したい．

画質の評価法：本実験におけるCTボリュームの画質の評価にはシグナル÷ノイズの値（SN比）を用いた．**図6**は，単一材質ワークをスキャンして得られるCTボリュームのCT値のヒストグラムの代表例である．ピークは二つあり，それぞれ空気とワーク材質のCT値となる．これらの値の差をシグナルとする．また，二つの値の中央値をワーク材と空気を区別する閾値（形状抽出の際の等値面の値）とし，ワーク側の分布の標準偏差をノイズとした．図

5右側のように，ボケなどのCT値の不均一性が発生している場合にもノイズが大きいと評価される．

スキャン実験：**図7**に実験結果を示す．用いたワークは長手方向60 mm程度の樹脂製のブロックと，100 mm程度のアルミ製部品の2種類であり，左図が写真と透過像である．図中の表が電圧・フィルタを変えて得られたCTボリュームの評価値である．ここで，X線管の出力は全条件において120 Wに固定し，透過像は512×512画素（4×4画素のビニング処理）で露光時間0.5秒として500枚取得した．用いたCT装置はCarl Zeiss社製METROTOM 1500である．表中で太字が最高と最低の評価値となり，以下でそれぞれのワークでのCTボリュームと抽出した形状に対する議論を行う．

樹脂ワークの結果：**図8**上段は樹脂ワークのCTボリューム断面の拡大図である．最高評価となった結果は，フィルタなし，電圧は最低の120 kVであった．逆にフィルタ銅板1 mm，電圧200 kVのケースで画質は最低となった．樹脂は高いエネルギのX線を透過しすぎるため低いエネルギを使った方が画像のコントラストが高くなる．また，フィルタを入れると透過線量が減ってしまうためノイズが増える．図8の下段は，CTボリュームから等値面として形状抽出した結果となり，マッピングは最小二乗フィットした平面からの偏差である．画質が低い方の形状にはノイズの影響で表面形状にも細かい凹凸が生じている．

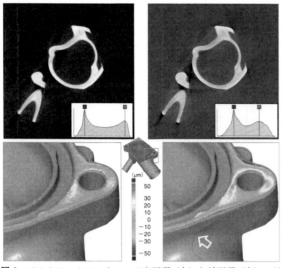

図9 アルミワークのスキャンで高画質（左）と低画質（右）の結果

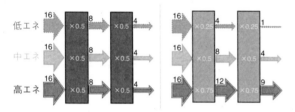

図10 白色X線の減弱の模式図. 線質硬化が起きない場合（左）と起きる場合（右）

アルミワークの結果：**図9**上段はアルミワークのスキャン結果であり，画質の傾向は樹脂の場合とおおよそ逆の傾向となる．フィルタがない場合に画質が下がっており，本来ならば白と黒で構成されるはずの画像にかすみがかかったような偽像（アーチファクト）が表れている．この値の不均一性は形状抽出の精度にも悪影響を及ぼす．図9の下段はワーク底面の平面加工された箇所の拡大であり，フィッティング平面からの偏差をマッピングで表示している．画質が低い方でより大きなひずみが発生している．また，右下矢印で指した箇所には存在しない筋が出ている．この精度低下の原因は，白色X線の線質硬化と呼ばれる現象であり，以下で詳しく説明する．

線質硬化：白色X線の減弱の模式図を**図10**に示す．図中では，X線のエネルギを低中高の3種類に離散化し，微小な厚みhのワークを2回透過したものとする．矢印の左上の数字は各エネルギのX線強度を表し，ワーク中の×記号の付いた数字は透過率$\exp(-\mu h)$（μは減弱係数）を意味している．たとえ白色X線でも左図のように透過率がエネルギに依存しない場合には，線質硬化は起こらずCTスキャンでの問題は発生しない．しかし，一般的にはエネルギが上がると透過率が大きくなる（減弱係数が

減る）ため，実際は図10のようになる．2回の透過において，1回目の減弱は合計強度48から24となり，合算した透過率は0.5であるが，2回目の透過率は約0.58となり増えている．理由は1回目の透過でエネルギ分布（線質）が高い方に寄った（硬化した）ためである．結果としてワークの透過長が増えると透過率から換算される減弱係数が低く見積もられてしまう．CTスキャンではさまざまな方向からX線の透過を測定するが，透過方向が変わると減弱係数の値が異なってしまう状況では，CT再構成計算で矛盾を生じ，CTボリューム上にアーチファクトが表れる．特に金属材ではエネルギが高くなると減弱係数が減る傾向が大きく，線質硬化の影響が大きい．対策として，あらかじめ低エネルギを減らすフィルタが有効となる．図10右で低エネルギのX線がない場合には，1回目の透過率は0.625，2回目では0.65となり，線質硬化の影響を緩和できることが分かる．

設定法のまとめ：上記の実験ではどちらも電圧120kVで良い結果を得ているが，比較的ワークサイズが小さかったためであると考えられる．たとえ材質が樹脂でも，ワークが大きい場合にはより高い電圧を設定する必要がある．文献4）によれば，例えば厚さ200mmの樹脂を透過するには，225kVの電圧が必要となる．ただし，この値はあくまで目安であり，また，検出器の特性に依存する面もある．結局のところ，複雑な形状に対しては電圧とフィルタを振ってベストな設定を調べるのが最も有効な手段である．それにあたり，一般的に高解像度なCTスキャンは時間がかかるため，目的の解像度そのままで設定の調査を行うと膨大な時間が必要となってしまう．一方で，紹介したCT値のヒストグラムを使う評価法であれば，低解像度スキャンでもほぼ同じ評価結果を得ることができるため，設定の調査は低解像度スキャンで行うのがよい．本記事の実験のように検出器のビニングにより解像度を下げれば，各スキャン数分程度の短時間でデータが取得できる．

5. CTスキャンのためのワークの置き方

3章で紹介したスキャン手順には，その前に実は下記の重要な「手順0）」がある．

0）　ワークを回転台に固定する．ワークの姿勢は，1回転中のX線の最大透過長がなるべく短くなるようにする．加えて，回転軸に対して垂直な面がなるべく少なくなるようにする．

図7の写真でワークが不自然に傾いているが，上記の手順0）を実施した結果である．樹脂ワークを平置きした場合には，スキャン結果は**図11**左のようになる．ブロック上面に大きなボケを生じており抽出された形状も荒れている．樹脂はX線をよく透過し，かつ線質硬化の影響も少ないので，X線の透過による問題ではない．このアーチファクトは，フェルドカンプアーチファクトと呼ばれており，コーンビームCTスキャン固有の問題となる．

コーンビームCT再構成には，フィルタ逆投影法の一種

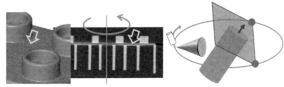

図11 フェルドカンプアーチファクトの例と Tuy-Smith 条件

図12 線質硬化が顕著な透過像に補正を適用した結果

であるフェルドカンプ法が主に使われており，高速に計算可能である．しかし，光軸平面（光軸を含み回転軸に垂直な平面）から外れた領域では近似計算となり，誤差を生じる可能性がある．ワーク面上で正しくCT再構成することができる点は，Tuy-Smith 条件というものを満足する必要があり，図10右を使って説明する．この図は円柱形状のワークを固定して，ワークの代わりにX線源を回転させる状況となっている．Tuy-Smith 条件を満たす点は，その点における接平面が線源の円軌道と交差しなければならない．図中の傾いた円柱面上のすべての点はこの条件を満たす．円柱を傾ける角度が十分でない場合には，底面では条件を満たさずアーチファクトが発生する．

複雑形状をスキャンする場合，どのくらい傾ければよいのかは難しい問題であり，そもそもすべての点で条件を満たすことができない形状も多い．球面がその代表例である．特に寸法計測にスキャンした形状を使う場合には，どこの面がアーチファクトの影響を受けているか認識しておくことが重要である．逆に言えば，ワークを回転台に置く時点で，計測したい面にアーチファクトが発生しないように注意しなければならない．

6. 先進的な技術の紹介

本記事ではうまくCT形状スキャンを行うための基礎的な事項を説明してきた．一方で，CTスキャン技術にはハード・ソフト両面で改良の余地が多く存在している．そのため，現在でも盛んに研究開発が行われており，先進的なCTメーカは最新技術を市販の装置に積極的に導入している．記事のまとめとして，本章ではそれらの最新機能を紹介する．技術面でより詳しい内容は，筆者の最近の解説記事[5]を参照してほしい．

線質硬化補正：ワークが単一材質である場合にはゲージを使った透過長と透過率のキャリブレーションが有効であるが，近年では取得したデータを基に補正を行う技術が確立してきている．**図12**は図9右のデータに対してソフト補正を適用した結果となり，顕著な画質向上が見られる．フィルタを使った場合より良いデータを得ることができる場合も多い．また，ワークが複数材質で構成されている場合の補正技術も研究開発と実用化が進んでいる．

散乱X線補正：本記事では詳しく触れなかったが，X線がワークを透過する際には直進しない散乱線が発生しており，高精度CTスキャンの際には配慮すべき問題点となっている．近年ではハード・ソフト両面から盛んに問題解

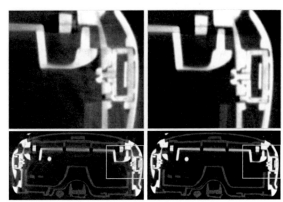

図13 散乱X線低減の効果．右図が対策を施した結果

決のためのアプローチが進んでいる．例として図2のCTスキャンは装置に搭載されている散乱線補正を適用している．**図13**は補正の有無の比較となり，補正によりアーチファクトが消えていることが分かる．この方法は散乱X線を測定する機能を利用するハード的な手法である．ソフト面としてはX線の散乱シミュレーションを利用する方向性も検討されている．

形状抽出法：CTボリュームからの形状抽出には古くから等値面が用いられているが，図9のようにアーチファクトが存在すると形状抽出精度が低下する．完全にアーチファクトを消すことは難しいので，形状抽出法にも改良がなされている．現状では，等値面や設計面を変形してCT値の勾配がピークとなる点を表面位置へ補正する手法が主流となっている．

ワークの姿勢最適化：5章で述べたとおりスキャン時のワークの姿勢は重要であるため，CADなどの設計形状を使った自動最適化の研究開発が進んでいる．また，単一のスキャンではアーチファクトが避けられないワークに対しては，複数回のスキャンを合成する方向も研究されている．

機械学習技術の導入：CTスキャンで扱うデータは画像データであり，他の画像を利用する分野と同様にCNN（Convolutional Neural Network）技術の活用を導入する動きがある．例えば，鋳造品のCTボリューム上の細かいボイドを解析する技術が実用化されつつある．筆者の研究グ

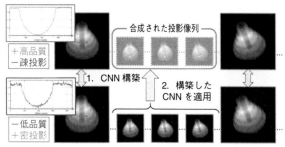

図 14 X 線透過像列への CNN 技術適用のコンセプト図

ループでも，CT スキャンでは大量の X 線透過像が必要となる点を逆に利用し，スキャンの高効率化を狙った研究を行っている．**図 14** はそのコンセプトである．ノイズやボケを含む透過像列を短時間で CT 再構成に必要な枚数スキャンし，続いて同じワークで少ない枚数の高品質な透過像を十分な時間かけて取得する．得られたデータをもとに CNN を構築し，CT 再構成するために十分な枚数の透過像列を低品質透過像列から合成する．ボケ除去にはある程度の効果が得られており[6]，今後鋭意研究開発を行っていきたい．

参 考 文 献

1) 加瀬究：CAD/CAE/CAM/CAT 通論（3），精密工学会誌（はじめての精密工学），**79**, 4 (2013) 309.
2) 鈴木宏正：3 次元スキャニングデータからのメッシュ生成法，精密工学会誌（はじめての精密工学），**71**, 10 (2005) 1229.
3) 日本医用画像工学会，医用画像工学ハンドブック，(2012).
4) S. Carmignato, W. Dewulf and R. Leach：Industrial X-Ray Computed Tomography, Springer, (2018).
5) 大竹豊：高精度三次元形状スキャンのための X 線 CT 利用法，非破壊検査，**68**, 5 (2019) 200.
6) R. Yuki, Y. Ohtake and H. Suzuki：Deblurring Sinograms Using a Convolutional Neural Network to Achieve Fast X-ray Computed Tomography Scanning, 10th Conference on Industrial Computed Tomography, (2020) 142.

ウォータージェット加工

Water Jetting Processing/Hiroki YOSHIURA

(株)スギノマシンプラント機器事業本部生産統括部 第一技術部 WJ 設計課 AJ 一係　吉浦弘樹

1. は じ め に

　ウォータージェットは，0.1〜数 mm の微細なノズルから，245〜600 MPa の超高圧水を 700〜1000 m/s で高速噴射して得られる水噴流である[1]．ウォータージェット加工とは，例えば，ウォータージェットのエネルギーを利用して加工対象物を切断，粒子の微細化，セルロースナノファイバー化することである．最近ではウォータージェット加工技術を応用して，電子部品材料，化粧品材料，顔料などの材料粒子を粉砕，分散，乳化させる技術が注目されている．その中でも，天然資源である木材等を由来とするバイオマスをほぐして得られるセルロースナノファイバーの活用に関する研究が盛んに進められている．本稿では，ウォータージェット加工の特徴と各種機器を紹介する．

2. 超高圧水発生原理

　超高圧水を発生させる仕組みを図 1 に示す．超高圧水発生システムは油圧ユニット，方向制御弁，給水ポンプ，増圧機，アキュームレータから構成されている．油圧ユニットが増圧機に作動油を供給し，増圧機内のピストンを加圧する．増圧機は給水ポンプより供給された水を，ピストンとプランジャの断面積比により，作動油圧の 10〜30 倍に増圧する．これにより最大 600 MPa の超高圧水を発生させる．増圧機は往復動構造となっており，作動油の流路を方向制御弁で切り替えることでピストンを往復動させ，水を連続的に加圧する．加圧された水はアキュームレータを介すことでピストンの往復動による脈動を緩和し，安定した圧力の超高圧水がアクアヘッド，またはアブレシブヘッドに供給される．超高圧水は高速噴射され，ウォータージェット加工を行う．

3. ウォータージェットによる切断

　ウォータージェットを活用した切断は，ウォータージェット切断とアブレシブジェット切断に大別できる（図 2，3）．

　ウォータージェット切断は，超高圧水のみで対象物を切断する加工である．ゴムや発泡材，不織布，食品などの軟

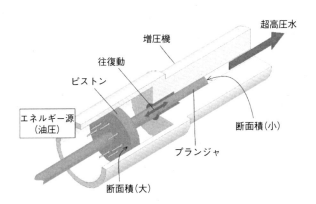

図 1 超高圧水発生システム回路図

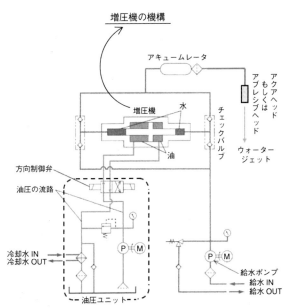

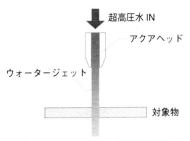

図 2　ウォータージェット切断模式図

215

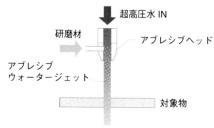

図3 アブレシブジェット切断模式図

図4 食品（ます寿し）の切断
（厚さ：20 mm　切断圧力：200 MPa　切断速度：1000 mm/min）

図5 CFRPの切断
（厚さ：17 mm　切断圧力：300 MPa　切断速度：300 mm/min）

図6 Ti-6Al-4V の切断
（厚さ：120 mm　切断圧力：350 MPa　切断速度：2 mm/min）

表1 他の加工法との比較

	ウォータージェット	レーザー	ワイヤーカット
加工対象物	基本的に制限なし	熱による影響を受けるものは不適	電気を通さないものは不適
加工速度	中	速	遅
加工可能な板厚	厚	薄	中
加工精度	約±0.05 mm	約±0.03 mm	約±0.003 mm

図7 A5052の切断
（厚さ：100 mm　切断圧力：500 MPa　切断速度：5 mm/min）

① 超高圧水発生ポンプ
② アブレシブヘッド
③ アブレシブヘッド移動装置
④ 制御・操作ユニット
⑤ 研磨材供給ユニット

質材の切断に用いられる（**図4**）.

　対して，アブレシブジェット切断は，超高圧水に研磨材を混合し，超高圧水のもつエネルギーを研磨材の加速に変換し，高速かつ高硬度の砥粒が対象物を切断する[2]. 金属，セラミックス，CFRP（**図5**）やガラスなど，硬質・難削材に適しており，切断できる形状と材質はバラエティに富む. チタン合金などの難削材を切削加工すると刃具が短寿命となるが，水と研磨材のみ用いることから，刃具のコストアップもなく切断できる（**図6**）. ウォータージェットによる切断と他の加工法の比較を**表1**に示した. レーザーやワイヤーカットによる切断では，加工対象物および加工可能な板厚に制限がある. しかし，ウォータージェットによる切断では，加工対象物は基本的に制限がなく，図6のような板厚が厚い材料を切断でき，さらに，**図7**のようなテーパ加工（3次元）もできる.

　ウォータージェットを活用した切断装置の例として，アブレシブジェット切断装置外観を**図8**に，その機械仕様を**表2**に示す. 装置基本構成例は以下のとおりである.

　アブレシブジェット切断では，ノズルから噴射したアブレシブウォータージェットが対象物に当たり，1 mm前後の加工幅で切断が進行する. 加工面は水噴流の影響を受け，加工速度に応じて断面が変化する. **図9**に加工速度と材料上下面の加工幅の関係を示す. 図中（a）〜（c）は

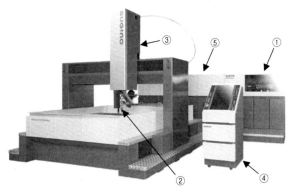

図8 アブレシブジェットカッタ NC-5AX

表2 機械仕様

ストローク	X 軸：1000 mm
	Y 軸：2000 mm
	Z 軸： 200 mm
	A 軸：±50°，C 軸：±360°
最高移動速度	X, Y 軸：10 m/min
	Z 軸：5 m/min
位置決め精度	X, Y, Z 軸：±0.05 mm
	A, C 軸：±0.1 deg
ポンプ圧力	最高 600 MPa，常用 500 MPa
ポンプ吐出流量	3 L/min

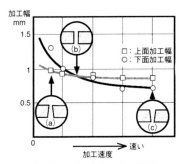

図9 加工速度と加工幅の関係

加工断面の概略図である．

　2本の近似曲線の交点における加工速度では，図中（b）のように上下面の加工幅の差が0になり，断面が材料表面と垂直となる．それ以外の加工速度域では，図中（a）（c）のように加工断面がテーパ形状に仕上がる．生産現場においては部品の要求精度に合わせて，精密加工では（b），粗加工の場合は（c）といったように加工速度を決定する．この際，一定の基準があると運用しやすいことから，当社では上下面の加工幅の差を加工レベルとして表3のように基準を設けている．当社の装置では加工者が材料，圧力，研磨材供給量等の加工条件を装置に入力することで，加工レベルに応じた加工速度が算出される．

　一方，製品精度を維持したまま加工速度を最大限速くす

表3 加工レベル

加工レベル	上下面の加工幅の差（mm）
レベル 1	0.1 以下
レベル 2	0.3 以下

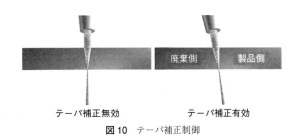

図10 テーパ補正制御

CFRP とガラス繊維の積層材：3 mm
圧力 350 MPa

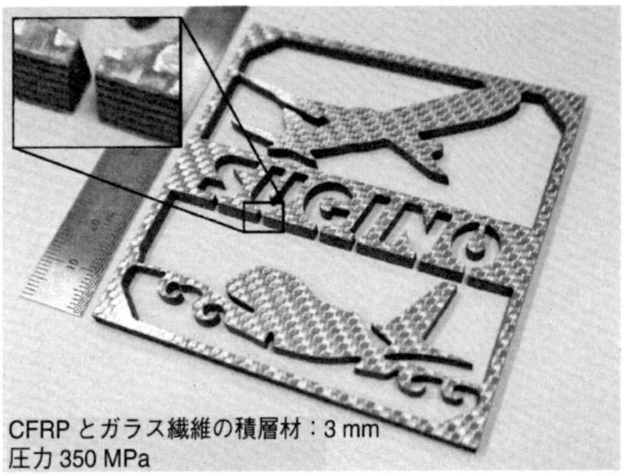

図11 加工サンプル
（CFRP とガラス繊維の積層材　切断圧力：350 MPa）

る制御側の機能としてテーパ補正制御がある（図10）．

　テーパ補正制御とは図10のようにノズルを傾けることでアブレシブウォータージェットと対象物の接触角を調整し，材料の廃棄側をテーパ形状にすることで製品側の加工面を垂直に仕上げる制御である．当社装置では設定した加工条件から加工面に発生する傾斜角度を予測し，加工中にノズルを自動で最適角度に傾けることが可能である．この制御により図9中（c）のような速い加工速度においてもレベル1と同等の品質で加工でき，精度と共に生産性を向上させている．加工事例としてガラス繊維にアルミニウムを蒸着した繊維を CFRP の表面に積層した材料の加工サンプルを図11に示す．加工条件は 350 MPa である．図11を見ると繊維状のバリや層間剥離なく加工できている．

4. ウォータージェットによる粒子微細化

　電子部品や化粧品は，材料粒子の微細化により付加価値を高められる．材料粒子を水または有機溶媒に懸濁させ，最高 245 MPa に加圧し，粒子どうしをマッハ4の相対速度で衝突させることで微細化できる（図12）．撹拌機や石臼などを用いた微細化では，粒子と機械部品が直接触れる

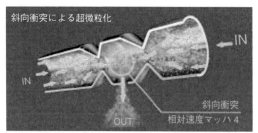

図12　ウォータージェットどうしの衝突模式図

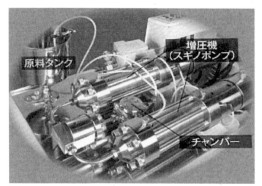

図13　微細化装置（商品名：スターバースト・ラボ）

表4　機械仕様（型式：HJP-25005）

モータ容量	5.5 kW
ポンプ圧力	最高 245 Mpa
ポンプ吐出流量	0.5 L/min

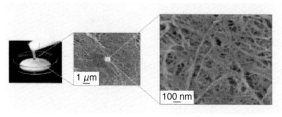

図14　セルロースナノファイバー
（商品名：ビンフィス）

ことで部品が摩耗し摩耗粉が不純物となるが，ウォータージェットを活用した微細化装置では微細化媒体がなく，不純物の混入が厳しく制限される食品やサプリメント材料の微細化にも役立っている．微細化装置外観を**図13**に，その機械仕様を**表4**に示す．

　装置基本構成は以下のとおりである．

　① 増圧機
　② 原料タンク（懸濁液投入タンク）
　③ チャンバー（粒子どうしを衝突させる場所）

5. ウォータージェットによる セルロースナノファイバー化

　あらかじめ製紙原料程度にほぐしたバイオマス原料を水に懸濁させ，最高245 MPaに加圧し，原料どうしを衝突させることで原料をほぐし，セルロースナノファイバーを作り出すことができる（**図14**）．水とバイオマスだけで製造できるため，環境に優しく，不純物が極めて少ないメリットがある．セルロースナノファイバーは鉄鋼の1/5の軽さで強度は5倍であり，樹脂補強材（FRP）をはじめ，塗料液だれを防ぐ添加材，化粧品の保湿材として用いられる．

6. お わ り に

　ウォータージェット加工は，さまざまな用途・業界で利用されており，今後も特徴を活かしたさらなる用途開発が期待される．当社では切断，粒子の微細化など，実機を使用したテスト加工を実施している．利用をお勧めしたい．本稿がウォータージェット加工活用の参考になれば幸いである．

参 考 文 献

1) 日本ウォータージェット学会（編）：ウォータージェット技術辞典，丸善，（1993）.
2) 原島謙一，岩淵牧男ほか：アブレシブウォータージェット用ノズル内の高速混相流の特徴，日本機械学会論文集（B編），**65**，634（1999）1914-1920.

はじめての 精密工学

ショットピーニングの基礎と応用 ～たたく，削る，加える～

Fundamental and Advanced Viewpoint of Shot Peening : Material Strengthening, Removing and Enriching/Yutaka KAMEYAMA

東京都市大学理工学部機械工学科　亀山雄高

1. は じ め に

ショットピーニングとは，金属や硬質化合物などの粒子（投射材）を投射し，被加工物表面へと衝突させる表面改質技術である．工業的には1930～40年代からの歴史を有し[1]，今日では主に機械部品の疲労強度向上を目的とした表面改質技術として，航空機産業，自動車産業をはじめとするさまざまな分野で重要な役割を担っている．基本的には常温・大気中で行われるので，実用上施工が容易であるともいえる．

ピーニングの語源であるPeenとは，「金づちの丸い頭」のことを指す．つまり，Peeningとは金づちで対象物をたたき鍛えるという意味になる．ここからも類推されるように，ショットピーニングの改質原理は，被加工材表面を粒子で「たたく」ことにより，表面近傍のみに的を絞って塑性ひずみを導入するというものである．したがって，一般的にショットピーニングは冷間塑性加工技術の範疇に分類されている．一方，同様の原理を用いたとしても，用いる粒子の種類や被加工物の特性によっては材料を「削る」すなわち除去加工的な作用が主に生じる（いわゆるブラスト加工）．さらに近年では，ショットピーニングの新たな応用として，投射した粒子の成分を積極的に被加工物側に残存させて表面の機能や構造をコントロールする，すなわち被加工物へ機能性物質を「加える」という新しい発想も生まれている．本稿では，ショットピーニングの方法や従来知られている基本的な改質メカニズムを概観した後に，ショットピーニングの用途や可能性を拡大する近年の研究開発，応用事例について解説を試みたい．

2. ショットピーニングの方法

2.1 投射材

ショットピーニングに用いられる粒子は，しばしば投射材と称される．以下本稿では，粒子の集合を指す意味の場合には“投射材”，個々の粒子に着目する場合は“粒子”と表記を使い分けることにする．図1にはショットピーニングに用いられる投射材の例を示す．機械部品の強度向上用途でのショットピーニングには，形状がおおむね球体である投射材を用いるのが一般的である．これは，被加工材を削食する作用を生じにくくするためである（ただし，まったく材料除去の効果が生じないわけではない）．投射

材は，当然ながら分級して粒度をそろえた状態で利用に供される．従来は粒径が300 μmから数mm程度の範囲のものが汎用されてきたが，最近ではそれよりも寸法が微細な数十～200 μm程度の投射材も積極的に用いられている．このように比較的微細な投射材を用いる場合には，微粒子ピーニングやマイクロショットピーニングなどと呼んで，通常のショットピーニングと区別している場合が多い．投射材の寸法は，ショットピーニングの効果や表面粗さに多大に影響するので，この点については4章で詳述する．

投射材の材質として主流なのは，鉄鋼系材料である．その硬さは，一般的に市場に供給されているものでいうと，300 HV程度から900 HV程度である．製法には，アトマイズ法や，鋼線材を直径と同程度の長さに裁断した後角を取る方法（それによって作られた粒子はラウンドカットワイヤやコンディションカットワイヤと呼ばれる）がある．そのほか，ガラス製やジルコニア製などの投射材が用いられる場合もある．例えば，ガラス製の投射材は，表面仕上げや軽微なバリ取りなどの用途に適している．

2.2 ショットピーニング装置

ショットピーニングでは，以上で述べてきた投射材を通常であれば数十m/s程度の速度で被加工物へ投射する．そのために用いられる装置は，主としてインペラ式と空気

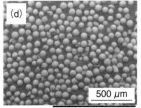

図1 ショットピーニングに用いられる投射材
(a) 鋳鋼ショット　(b) コンディションカットワイヤ　(c) ガラスビーズ　(d) 鋼微粒子

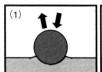

図2 粒子の衝突面で生じる現象

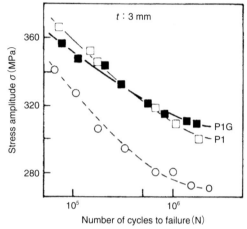

図3 ショットピーニング部材の疲労特性（出典 文献5)）

式の2種類に大別される．インペラ式は回転する羽根車によって投射材を打ち出す原理で，比較的寸法の大きな投射材を大面積へ投射するのに適している．もう一方の空気式は，圧縮空気を媒体として投射材をノズルから噴射するもので，比較的寸法の小さな投射材を扱うのに適し，投射材をより高速度に加速できる利点を有している．ただし，この方式の装置では，投射材の飛翔速度は圧縮空気の圧力，投射材の種類やノズル形状に依存して決まり，直接制御できるわけではない．高性能な空気式ショットピーニング装置で 50 μm 程度の微細な投射材を扱う場合には，投射材の速度は 200 m/s 程度にも及ぶ．

このほかにも，超音波振動によって投射材を加速して被加工物へ繰返し衝突させる超音波ピーニング，投射材に相当する工具を取り付けた柔軟なフラップを回転させて被加工物に打撃を与えるフラッパーピーニング，空気圧によって往復運動する針状工具で被加工物に打撃を与えるニードルピーニングなどの方法もある．加えて，投射材やそれに相当する工具を用いずに，非接触でピーニングと同等の効果を得る技術も存在している．すなわち，水中に設置した被加工物へレーザを照射し，材料表面がプラズマ化して生じる衝撃波を利用して被加工物に塑性ひずみを与えるレーザピーニングや，水中でのキャビテーション崩壊時に生じる衝撃波を利用して被加工物に塑性ひずみを与えるキャビテーションピーニングである．これらの手法の詳細については，それぞれ文献2)を参照いただきたい．

3. ショットピーニングの改質メカニズム

図2 は，ショットピーニングを施した際に生じる作用を模式的に描いたものである．すなわち，ピーニングの条件や被加工物の材質に応じて，(1) 被加工面の塑性変形，(2) 被加工面の微小な切削作用，(3) 被加工面の脆性破壊，などの作用が生じる．これらが，ショットピーニングによる表面改質（あるいは除去加工）の基本的なメカニズムである．

まず，十分な延性を有する被加工物にショットピーニングを施した場合には主に (1) の塑性変形作用が生じる．次に，図中 (2) に描いた切削作用は，被加工面に対して浅い角度から投射材が衝突する条件下や，多角形状（グリッドと呼ばれる）の投射材を用いた場合に生じやすい．なお，浅い角度からの投射を行った場合，被加工面に特徴的な微細周期構造が形成される．この点については5章で解説する．そして，図中 (3) の脆性破壊は，被加工物が脆性材料である場合に支配的となる作用である．

このうち，(1) の微細な塑性変形について着目してみよう．投射材が衝突した部位のごく近傍では，微視的に見ると被加工物が面方向にたたき伸ばされるように変形しているはずである．とはいえ，被加工物が十分な剛性を有する形状であれば，被加工物が巨視的に変形することはない．表面から十分に離れた被加工物の内部では，投射材の衝突にともなう変形は生じておらず，その部分が被加工面側の局所的な変形を拘束するためである．その結果として，かかる局所的な変形を相殺する向き，すなわち面方向に圧縮の残留応力が生起する（それに釣り合うように被加工材内部ではわずかな引張残留応力も発生する）．なお，浸炭焼入れなどによって残留オーステナイトを多く含んだ鋼材の場合には，適切な条件でショットピーニングを施すと加工誘起マルテンサイト変態が生じる．マルテンサイト変態は本来体積膨張を伴うが，この場合には周囲の金属組織によってそれが拘束されて圧縮残留応力の発生につながる[3]．その結果，通常の鋼材へ同様の条件でショットピーニングを施した場合と比べて，極めて絶対値の大きな圧縮残留応力が発生することが期待できる．

また，塑性変形にともなって加工硬化が生じ，表面近傍の硬さは内部のそれと比べて高くなる．加えて，金属結晶が著しい強加工を受ける結果，結晶粒が微細化する効果もある．ショットピーニングを施す条件によっては，結晶粒径が数十 nm オーダーにまで微細化（ナノ結晶化）することも報告されている[4]．金属材料の降伏応力は結晶粒径の $-1/2$ 乗に比例するため，金属組織の微細化によっても硬さや強度の上昇が見込まれる．

以上で述べた圧縮残留応力や硬さの上昇は，疲労破壊を抑制する効果をもたらす．ショットピーニングが疲労特性に及ぼす影響について，飯田らの研究[5]を例に取り上げて示す（図3）．ここでは，S45C 板材にショットピーニングを施し，平板曲げ疲労試験が行われている．投射材には，直径 2.2 mm の鋳鋼ショットが利用されており，原著では

ショットピーニングを施した試験片（P1）およびその最表層を研磨加工した試験片（P1G）では，最表面におよそ－300 MPaの残留応力（負の値であるので圧縮を意味する）が作用した状態であることが説明されている．これらの試験片は，ショットピーニング未加工の試験片（O）と比べて疲労寿命が増大している．

ショットピーニングは表面改質つまり表面近傍に的を絞って材料を強化する手法であり，その効果は材料内部にまでは及ばない．しかしながら，この例のように表面で負荷応力が最大となる繰返し曲げ負荷の作用下では疲労特性が効果的に改善される．応力集中部を有する部材では，特に有効といえる．

このほかにも，通常残留応力が引張の状態である溶接部にショットピーニングを施すことで，圧縮残留応力を生起させて当該部位での応力腐食割れを抑制する効果も期待できる．さらに，近年注目を集めているのが，金属三次元積層造形材への適用[6]である．これらの造形物は，バルク材から製作された製品とは異なり積層欠陥が内在される．これらは疲労荷重が負荷された際，応力集中部として振る舞い，疲労特性を低下させる．このような部材に対してショットピーニングを施すことによって，内部欠陥をつぶしてその悪影響を軽減できるのではないかと考えられて期待が集まっている．

4．ショットピーニングの条件

ショットピーニングの効果へ影響する因子には，被加工物の物性や金属組織，投射材の寸法・形状・密度，投射材の飛翔速度，ショットピーニングを施す時間（投射時間）や被加工物に対し粒子が衝突する角度（投射角度）などがある．本章では，主に投射材の寸法の影響と，ショットピーニングに特有な条件の管理方法について説明する．

図4は，2種類の粒径の投射材を用いたショットピーニング（SP：投射材粒径約800 μm，FPP：投射材粒径約150 μm）による硬さの分布および残留応力の分布を比較したものである[7]．硬さの上昇や圧縮残留応力の発生が認められる領域は，大きな投射材を用いた場合に厚くなる．かかる領域の厚さは，おおむね投射材の寸法と同じオーダーの寸法になることが多い．その反面，投射材の寸法が小さい場合の方が最表面での硬さが高く，圧縮残留応力のピーク値はより表面に近い部分に現れる傾向がある．

微細な投射材を用いた場合にはその飛翔速度は高くなるが，個々の粒子の質量は著しく小さいので，結果的に単一粒子がもつ運動エネルギは小さい．しかしながら，微細な投射材を用いた場合には投射される粒子の個数が極めて多く運動エネルギの総和は大きくなることや，単位衝突面積当たりに与えられる粒子の運動エネルギは微細な投射材を用いた場合の方が大きくなる[8]ことから，最表面で顕著な改質効果が得られる．

疲労強度を向上させる上では，最表面に絶対値が大きな圧縮残留応力が生起しているべきであり，また，材料内部

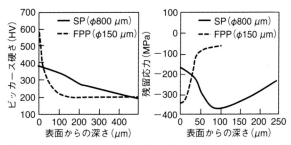

図4 ショットピーニング被加工面の硬さ分布および残留応力分布[7]

を起点とする疲労破壊を防ぐには改質層の厚さが大きいことも大切である．このように，最表面に高い改質効果が現れており，なおかつ厚さも大きな改質層は，表面熱処理を施した後にショットピーニングを施すことや，粒径の大きい投射材と小さい投射材を用いたショットピーニングを段階的に組み合わせることで，作製できる可能性がある．

ところで，ショットピーニングを施した被加工面は，投射材の衝突痕に覆われて表面粗さが増大する．その凹凸は，投射材の形状や寸法に応じて異なったものとなる．過度に大きい表面粗さは，疲労強度に悪影響をもたらすため，表面粗さの増大を適切な範囲にとどめることが重要となる．この観点からは，微細な投射材を用いることにメリットがあるといえる．

次に，ショットピーニングに特有な条件管理の考え方について簡単に触れたい．薄板状の被加工物にショットピーニングを施した場合には，被加工面側の局所的な変形が十分に拘束できないため，圧縮残留応力は（十分には）生じず，代わりに薄板が被加工面側を凸にして反り返るように変形する．つまり，薄板にショットピーニングを施した場合の反り変形は，被加工面に与えられた塑性ひずみの大小と定性的に関連付けることができる．この現象を応用して，ショットピーニングの強さや時間を管理することが実務的に行われている．すなわち，アルメンストリップと呼ばれる所定の試験片へショットピーニングを行った際の反り量（これをアークハイトと呼ぶ）をショットピーニングの強さの指標と考え，条件の設定や品質保証に利用されている．また，投射時間の増加とともにショットピーニングの効果はある一定のレベルに収束することから，アークハイトは投射時間の増大につれて，増加したのち飽和する．この飽和する時間をもってカバレージ100％と定義して，投射時間を設定する上での基準とすることが行われている．実際の工程では，カバレージは数百％程度に設定され，それよりも過剰に投射を続けると被加工物表面が摩耗し，圧縮残留応力が解放されてしまう場合があるので注意を要する．なお，カバレージとは，もともと被加工面上に占める粒子の衝突痕の面積率を意味する．この場合（エリアカバレージとも呼ばれる）は，アークハイトから求めたカバレージとは物理的な意味が異なるので留意が必要といえる．

5. ショットピーニングの新展開

5.1 被加工物へ粒子成分を付加する作用

ショットピーニングでは基本的に，投射材は被加工物へ衝突した後で反跳し離れていく．ただしその際，一部の粒子が被加工物へ埋没する可能性や，粒子と被加工物とが接触した際の微視的な摩擦にともなって粒子の一部分が移着[9]する可能性がある．このような現象は，投射材の寸法が微細である場合に顕在化しやすい．

この現象を積極的に利用した技術の例として，固体潤滑剤である二硫化モリブデンを投射材に用いて微粒子ピーニングを行う手法がある[10]．二硫化モリブデンを母材へ埋没させることによって，摩擦特性が改善される．このほかにも微粒子ピーニングを利用して，微細なカーボンブラック粉末を移着させて摩擦係数の低い表面を創製できること[11]や，骨や歯の主成分で生体親和性に優れるハイドロキシアパタイトをチタン表面へ移着・堆積させて皮膜を形成できること[12]-[14]などが報告されている．上記の例のほかにも，被加工物と比べて硬さが極めて低い投射材を用いて適切な条件で微粒子ピーニングを施すことによっても，付着成膜作用が期待される．ショットピーニングを応用して皮膜を作製できれば，めっきなどのウエットプロセスとは異なり化学薬品が不要であることや，CVD・PVDなどのドライプロセスと比べて成膜に真空環境を要さないことなど，既存の表面処理と比べてさまざまな利点がある．

一方，被加工物と比べて硬い投射材を用いた場合であっても，被加工物への粒子の移着は生じる．その場合には，**図5**[15]に例示するように，移着した粒子の成分が母材成分と複雑に積層された様相を呈する微視組織が形成される．硬い投射材の衝突にともない被加工物が塑性流動し，その結果移着物が被加工物の内部方向に分散していくと考えられる．当初最表面に存在していたはずの移着物が，被加工物内部方向に移動していくことは興味深いが，めっき皮膜を有する部材にショットピーニングを施すと皮膜が断片化しながら母材内部に分散・混合されていく現象が報告されており[16]，それと同様の現象が起きていると考えられる．また，母材内部に分布した移着物は，周囲の母材成分との間で微視的に強固な接合をしている可能性も明らかになっている[15]．単純に粒子が被加工物表面に付着堆積した場合と比べて，このような構造の改質層は母材からの剥離のおそれが少ないことが推察される．

5.2 微細凹凸構造（テクスチャ）の形成

通常の条件でショットピーニングを行った場合に形成される表面は，ランダムな凹凸から構成されている．それに対し近年では，ショットピーニングの条件を工夫することによって，形成される凹凸の形状を制御する試みがなされている．

例えば，ショットピーニングにおいて，個々の粒子が形成した衝突痕が互いに重畳せずに存在している状態とすれば，ディンプル状のくぼみが処女面に点在した構造の凹凸

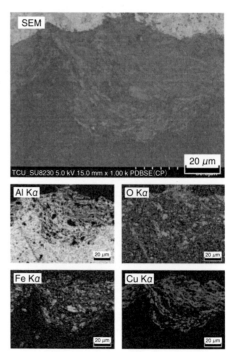

図5 粒子からの移着物を含む特異的な微視組織（被加工物：工業用純アルミニウム　投射材：銅めっきした炭素鋼微粒子，粒径およそ 70 µm）（出典：文献 15)）

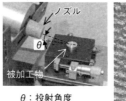

図6 斜投射での微粒子ピーニングの様子（左）とそれによって被加工面に形成されたうね状の微細構造（右）（被加工物：アルミニウム合金　投射材：炭素鋼微粒子，粒径およそ 70 µm）

を作製できる[17]．これは具体的には，投射材を意図的にごく少量だけ投射することで実現される．さらに，このようなディンプル内部へ固体潤滑剤を充填すると，摩擦特性が著しく改善されることが報告されている[18]．

著者は，投射角度を小さく設定（おおむね 45° 以下）して微粒子ピーニングを施す（斜投射）ことによって，うね状の微細構造が形成できることを報告している[19]（**図6**）．同図に示す例の場合には，うねのピッチはおよそ 200 µm，高さはおよそ 20 µm であった．投射材の種類や投射条件を調節することによって，うねの寸法を変化させることが可能である[20]．このようなうね構造は，斜めから粒子の衝突を受けて材料が隆起し，その隆起部が配列した結果形成されたものだと考察している．適切な寸法や形状を有するうね構造を表面に設けることで，潤滑条件の改善を通して

摩擦係数が低減される見通しが得られている．

　この方法では，比較的簡単な原理で，なおかつ形状を制御するためのマスキング工程を要さずに，マイクロメートル～サブミリスケールのテクスチャを創製できるという点が特徴である．それに加えて，前節で述べた粒子の移着現象を利用して，テクスチャを形成すると同時にその表面へ何らかの有用な成分を付与することも可能である．

6. む　す　び

　以上で述べたように，ショットピーニングでは機械部品の強度を向上させることや，除去加工（ブラスト加工）を行うことが可能なばかりではなく，形状的特徴が制御されたテクスチャを形成したり，粒子の成分を移着あるいは埋没させたりすることを通して元来被加工物が有さない優れた性質を具備させるための手法としても，大きな可能性を秘めている．本稿で例示したトライボロジー分野のほかにも，さまざまな目的での機能性表面創製を行える可能性が期待できる．なにより，原理や方法が比較的シンプルであるという点が，工学的なメリットだといえる．

　なお，改質効果に及ぼすショットピーニング条件の影響については詳しい説明ができなかった．これらの点については，本稿で参考文献として示したものをはじめ多くの文献が発表されているので，適宜ご参照くだされば幸いである．例えば本誌にも解説記事[21]が掲載されている．

参 考 文 献

1) J. Champaigne : History of Shot Peening Specifications, The Shot Peener, Spring,（2006）12.
2) 例えばショットピーニング技術協会：金属疲労とショットピーニング，現代工学社，東京,（2005）132-135.
3) 米倉大介，小茂鳥潤，清水真佐男，清水博美：浸炭焼入れとWPC処理を組合わせたハイブリッド表面処理による鋼の疲労強度の改善，日本機械学会論文集A編, **68**, 667（2002）509.
4) 例えば戸高義一，梅本実，渡辺幸則，土谷浩一：ショットピーニングによる鉄鋼材料表面のナノ結晶化，日本金属学会誌, **67**, 12（2003）690.
5) 飯田喜介，當含勝次：ショットピーニングの加工条件と疲れ強さ，精密機械, **51**, 8（1985）1569.
6) 政木清孝，小林祐次，水野悠太：3D積層により作成したマルエージング鋼の回転曲げ疲労特性に及ぼすショットピーニングの影響，材料, **67**, 10（2018）891.
7) 米倉大介，野田淳二，小茂鳥潤，清水真佐雄，清水博美：WPC処理を施したフェライト・パーライト鋼の疲労破壊特性，日本機械学会論文集A編, **67**, 659（2001）1155.
8) 菊池将一，廣田遥，小茂鳥潤：ピーニングにおける鋼の微視組織変化に及ぼす粒子寸法の影響，砥粒加工学会誌, **54**, 12（2010）720.
9) Y. Kameyama and J. Komotori : Effect of Micro Ploughing during Fine Particle Peening Process on the Microstructure of Metallic Materials, J. Mater. Process. Technol., **209**, 20（2009）6146.
10) 萩原秀実：内燃機関用ピストンスカート部への固体潤滑剤付与技術とその効果，Honda R & D Technical Review, **14**, 1（2002）85.
11) Y. Kameyama, K. Nishimura, H. Sato and R. Shimpo : Effect of fine particle peening using carbon-black/steel hybridized particles on tribological properties of stainless steel, Tribol. Int., **78**（2014）115.
12) S. Kikuchi, S. Yoshida, Y. Nakamura, K. Nambu and T. Akahori : Characterization of the hydroxyapatite layer formed by fine hydroxyapatite particle peening and its effect on the fatigue properties of commercially pure titanium under four-point bending, Surf. Coat. Technol., **288**（2016）196.
13) S. Kikuchi, Y. Nakamura, K. Nambu and T. Akahori : Formation of Hydroxyapatite Layer on Ti-6Al-4V ELI Alloy by Fine Particle Peening, Int. J. Automation Technol., **11**, 6（2017）915.
14) S. Kikuchi, Y. Nakamura, K. Nambu and T. Akahori : Formation of a hydroxyapatite layer on Ti-29Nb-13Ta-4.6Zr and enhancement of four-point bending fatigue characteristics by fine particle peening, Int. J. Lightweight Mater. Man., **2**, 3（2019）227.
15) 市川裕士，所竜太郎，亀山雄高：銅めっきした鋼粒子を用いた微粒子ピーニングで創製されたCu-Fe-Al移着組織の微視的接合強度，日本金属学会誌, **84**, 1（2020）28.
16) Y. Kameyama, T. Ohta, K. Sasaki, H. Sato and R. Shimpo : Microstructural changes in electroplated chromium coating-substrate interfaces induced by shot peening, Advanced Surface Enhancement. INCASE 2019. Lecture Notes in Mechanical Engineering, Springer, Singapore,（2020）45.
17) 安藤正文，宇佐美初彦，星野靖：マイクロディンプルが負荷された転がり軸受の特性評価，トライボロジー会議2008秋　名古屋　予稿集（2008）C37.
18) K. Tanizawa, H. Usami, T. Sato, Y. Hirai and T. Fukui : Effects of penetrated graphite on tribological properties of copper based journal bearing, Key Eng. Mater., **523-524**（2012）805.
19) Y. Kameyama, H. Ohmori, H. Kasuga and T. Kato : Fabrication of micro-textured and plateau-processed functional surface by angled fine particle peening followed by precision grinding, CIRP Annals, **64**, 1（2015）549.
20) Y. Kameyama, H. Sato, and R. Shimpo : Ridge-Texturing for Wettability Modification by Using Angled Fine Particle Peening, Int. J. Automation Technol., **13**, 6（2019）765.
21) 小林祐次：ピーニングによる表面改質，精密工学会誌, **81**, 12（2015）1062.

はじめての 精密工学

超臨界流体と微細プロセス

Supercritical Fluid Processing for Microfabrication/Eiichi KONDOH

山梨大学　近藤英一

1. は じ め に

　超臨界流体とは，物質がその臨界点を超えた状態を指す．気体とも液体ともつかないが流体であるのでそのように呼ばれる．臨界点は物質により異なり，水の場合は374.3℃・22.1 MPa，二酸化炭素（以下，CO_2）の場合には，31.1℃・7.38 MPa である（**表1**）．

　臨界とは仰々しく感じられるかもしれないが，境目の点というくらいの意味である．水にしろCO_2にしろ，臨界点を超えた状態で利用することは格別珍しいことではなかった．例えば水晶の水熱合成には超臨界水が用いられ，高圧アンモニア反応（アンモニア合成やアモノサーマル法な

ど）の雰囲気も超臨界である．いずれも古くからある化学的手法である．火力・原子力発電用作動水の温度・圧力は臨界点を超えている．また，生体試料の乾燥にも以前から用いられてきた．さらに言えば，N_2や Ar はそもそも通常のボンベの中で超臨界流体になっているのであるが，高圧ガスと呼ぶ．超臨界流体という用語が一般化したのは，単に高温高圧にするというだけではなく，流体のもつ機能性を積極的に活用するようになってからである．

　筆者は長年超臨界CO_2の微細プロセス・マイクロエレクトロニクス応用に取り組んできた．本稿では，超臨界CO_2流体の特長と微細プロセスへの応用を紹介したい．

2. 超臨界CO_2とは

　図1にCO_2の温度-圧力状態図を模式的に示す．状態図中に引かれている線は，固体・液体・気体の各相が安定的に存在できる領域の境界を示している．気体と液体の境界線（蒸気圧曲線）は盲腸線になっており，行き止まっている．この点が臨界点であり，この点の右上の領域ではCO_2は気体とも液体ともつかない「超臨界流体」として存在する．この領域では，以下のような性質を有することが知られている．

1) 液体のように密度が高いが圧縮性をもつ．すなわち密度を温度・圧力で自在に可変できる．
2) 溶媒作用がある．物質を溶解し，化学反応を増速させる．CO_2の場合，ヘキサンに近い性質をもつといわれる．
3) 表面張力がない．
4) 良好な拡散性を有し，低粘度である（**表2**）．
5) 回収によりリサイクルが可能．気化させると溶解したものが分離されるので，再液化して回収する．

　表1に示したように一般に臨界点の温度圧力は高いが，CO_2の場合は臨界温度が常温に近く，手頃である．また，安全で，不活性，安価であることも大きな魅力である．

表1　物質の臨界点

物質	臨界温度（℃）	臨界圧力（MPa）
CO_2	31.1	7.38
H_2O	374.3	22.1
NH_3	132.6	11.3
N_2O	36.6	7.24
SF_6	45.0	3.75
Xe	16.7	5.84
$n-C_6H_{14}$	280.5	4.07
C_2H_5OH	240.8	6.14
Ar	-122.3	4.90

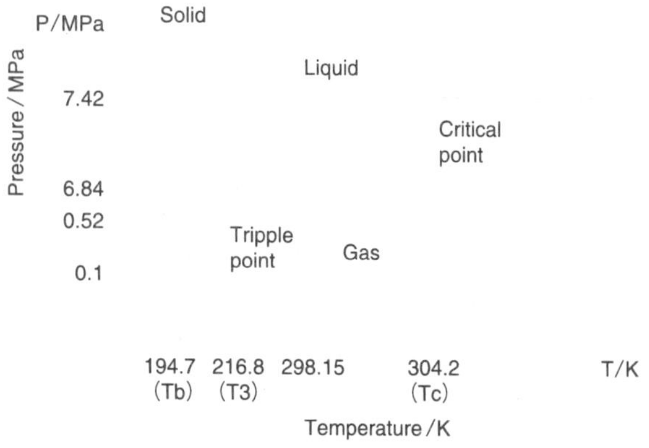

図1　CO_2の状態図

（状態図ラベル）
P/MPa　Solid
Liquid
Critical point
7.42
6.84
0.52
Tripple point　Gas
0.1
Pressure / MPa
194.7 (Tb)　216.8 (T3)　298.15　304.2 (Tc)　T/K
Temperature /K

表2　各相の輸送物性

	密度 (kg/m³)	粘度 (kg/m/s)	拡散係数 (m²/s)	熱伝導率 (W/m/K)
液体	1000	1×10^{-3}	10^{-9}	0.6
超臨界流体	100	3×10^{-5}	10^{-7}	0.1
気体	0.7	1×10^{-5}	10^{-5}	0.03

超臨界 CO_2 プロセス装置は基本的に，液体 CO_2（液炭）のタンクやボンベ，圧縮・送液ポンプ，高圧容器，排圧弁からなる．温度・圧力が低ければ装置コストも低い．高圧とはいっても工業的には驚くほどの圧力ではないから，実験室レベルからプラントまで種々の装置が利用されている．

本稿では微細プロセスについて述べるが，ここでそのほかの主な用途を記載しておきたい．

超臨界 CO_2 流体の最も大きな用途は，溶媒作用を利用した抽出である．コーヒーのカフェインをはじめとして，食用や美容の油，香料など多岐にわたる．有機溶媒に比べて安全であることが大きなメリットである．最近では，衣類の染色用途が広がっているようである．人口増加による衣料品の需要の伸びの結果，染色工程での環境汚染が甚大となっている．超臨界 CO_2 流体は代替染色媒体として大きく注目されている．また，ヒートポンプの熱媒体としても実用化され，現在家庭用にも広く普及している（エコキュート® など）．

ところで，CO_2 以外ではだめなのだろうかという疑問を抱かれるかもしれない．それはもっともであるのだが，水やアンモニアを利用した合成法がそうであるように，大概の物質は超臨界状態（高温・高圧）では流体自体が反応物質となってしまい用途が限られる．また，N_2 や Ar は超臨界下でも溶媒能は表れず機能性に乏しい．フルオロカーボン類や Xe は不活性で溶媒能があり CO_2 と似た用途で用いられるが，高価であるため限定されてしまう．

なお付言すると，臨界点を超えても特別な変化が突如表れるものではない．同時に他の相が存在できないので均一相になるのだが，同じ圧力の液体や気体と見た目で区別ができるわけではなく，性質も似通っている．むしろ特異点である臨界点では制御しにくいので，やや高めの温度・圧力で運転するくらいである．プロセス上の制約などから臨界点以下で運転する場合も多く，亜臨界流体と呼ぶこともある．

3. 微細プロセスへの応用

超臨界 CO_2 流体の利用自体は格別目新しいものではないが，広く機電系全般を見ても応用は進んでいなかった．検討が始まったのは，半導体プロセスの微細化が進み，あるいは MEMS（microelectromechanical system）のような新しい構造体が出現し，従来のウェットプロセスやドライプロセスの限界が意識されるようになってきてからといえる．

一般に，前記の 1)〜5) のうち，特にゼロ表面張力と溶媒能が重要である．ゼロ表面張力については乾燥収縮や構造崩壊の防止のために用いられ，溶媒能は微細構造内部の洗浄作用として用いられる．以下，その原理を解説したい．

3.1 乾燥

魚でも果物でも乾燥させると縮んでしまう．乾燥途中で

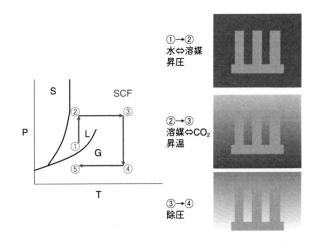

図2 超臨界 CO_2 乾燥法

①→②
水⇔溶媒
昇圧

②→③
溶媒⇔CO_2
昇温

③→④
除圧

は，乾燥したところとまだ濡れたままのところがあり，その境が生じる．つまり気体と液体の界面が存在している．その界面には，表面張力を駆動力とする毛細管力が生じる．毛細管力は構造が小さいほど大きく MPa のオーダーにも達する．この力に構造が耐えられないと崩壊が起こる．

ということは，乾燥時に気液界面が現れなければ防止できることになる．それには，図1の気液共存線を回避することができればよい．そこで以下のような工程をとる．まず，通常は水で濡れているだろうから水と相溶の溶媒に浸して置換する．エタノールがよく用いられる（エタノール-水溶液はなじみ深いものであるからイメージしやすいだろう）．そのまま高圧容器に移送し，液体 CO_2 を導入して置換する．エタノールと CO_2 は相溶であり，こうして水が CO_2 に置換されたことになる．次に液体のまま臨界圧力（7.4 MPa）以上に昇圧し（**図2**：①→②），次いで臨界温度（31℃）以上に昇温する（図2：②→③）．CO_2 は超臨界状態となる．そして臨界温度以上に保ったまま除圧する（図2：③→④）．すると，超臨界状態から高温の気体になる．そして最後に常温に戻す（図2：④→⑤）．

超臨界乾燥は，生体の電子顕微鏡試料の調製に古くから用いられてきた（臨界点乾燥法と呼ばれる）．微細プロセスでは，MEMS などアスペクトが大きい微細構造の乾燥に採用されている．例えば Si のカンチレバーやビームの作製の場合，加工にはウェットエッチングやドライエッチングが用いられるが，その後は水でリンスし乾燥させなければならない．MEMS 構造体の部材はごく薄いので，乾燥中に上記の毛管力によって構造崩壊が起きてしまう．超臨界 CO_2 乾燥は乾燥収縮・構造崩壊を完全に防止できる．

半導体集積回路プロセスでは，フォトレジストの現像工程での利用が特によく知られている．回路パターンが微細になるとフォトレジストの解像幅も微細になる．一方，ドライエッチング耐性を確保するため厚さ（高さ）は必要に

なるので，板を何枚も並べて立てたような高アスペクトで密集した構造体ができる．すると，やはり洗浄・リンス後の乾燥工程で，パターン倒れが起きてしまうのである．超臨界 CO_2 乾燥は究極の解決方法として，量産レベルでの採用の検討がされてきた．

超臨界乾燥法はエアロゲル（極めて低密度の多孔体）の作製でも用いられる．詳細は省くが，溶媒中で反応生成したゲルを乾燥させるときに，多孔度が大きく骨格が弱いと収縮崩壊を起こしてしまうので，それを防止するのである．多孔体は疎で誘電率が低いので，集積回路用などの絶縁膜として応用されるが，その調製の際に超臨界乾燥法が用いられている．

3.2 洗浄

超臨界 CO_2 流体は比較的マイルドな無極性の溶媒である．無極性であるので，炭化水素系の油分を溶解する．超臨界抽出法はその代表的な応用例である．洗浄や希釈用など有機溶媒の代替として，主に環境対策（VOC削減やフロン代替）の観点から利用が検討されている．

超臨界 CO_2 流体は低粘性で拡散性に優れている．回り込みが良く，特にボイド，クラックやスリット，非貫通孔を有する部品の精密洗浄用途に向いている．また，水洗いできない部材にも適用でき，フッ化物のような水と濡れない材料も洗浄できる．試験レベルだが金型の洗浄への応用も試みられている．

微細プロセスでは，半導体ウェハ洗浄への応用例がよく知られている．半導体デバイスの構造が微細化・高アスペクト化したため，微細な配線溝や孔内部のエッチング残渣やフォトレジスト残渣は従来の湿式洗浄では除去が困難になった．ゼロ表面張力で高拡散・低粘性の超臨界 CO_2 流体は，最適な洗浄媒体であるといえる．このことは MEMS プロセスでも同様である．エッチング加工後のエッチャント物質や残渣の除去を超臨界 CO_2 流体で行う．洗浄と乾燥は隣接する工程である．そのため，超臨界 CO_2 流体の利用は，高精度の洗浄と乾燥を連続して行うことができ魅力的である．

洗浄で超臨界 CO_2 流体を用いることのメリットの一つに運動エネルギーの利用がある．まず，回転あるいは撹拌させ，せん断力を利用して付着粒子の除去を行わせることができる．これは当たり前に思える現象かもしれないが，ドライ洗浄のような「濡らさない」洗浄プロセスでは実現できない作用といえる．さらに，膨張エネルギーも有用である．超臨界 CO_2 流体はポリマーに染み込み膨潤させる．ドライエッチング残渣の多くは，堅牢な重合体である．一気に除圧したときに，爆発的に膨張し破壊除去できるのである．この作用はポリマーの多孔化などでも用いられている．

実際のところ，除去すべき汚染物質はさまざまであるので，超臨界 CO_2 流体だけでは溶解除去できない場合も多い．そのため，相溶剤（エントレーナー，モディファイヤ）を添加して，超臨界 CO_2 流体の機能性を高めること

が行われる．水と超臨界 CO_2 流体は相溶性はないが，界面活性剤を添加し逆ミセルにすれば電解液を溶解できる．

このように，超臨界 CO_2 流体は不活性でマイルドであるが故，多くの機能性をもたせることができるといえる．このことも魅力といえる．

3.3 ナノ加工

乾燥や洗浄も加工工程の一部には違いないが，ワークの形状は変わらない．さらに積極的に付加加工や除去加工に用いることも行われている．具体的には薄膜や MEMS 構造体の堆積加工やエッチング除去加工である．

めっきは広く表面に薄膜を，特に金属薄膜を付与することを言う．電解めっきはもちろん，CVD もめっきである．超臨界 CO_2 流体のめっき利用の原理は大きく三つに分かれる．

まず，無電解めっきの前処理用途である．超臨界 CO_2 流体に Pd や Pt の金属錯体を溶解させる（幸いにもよく溶ける）と，超臨界 CO_2 流体がポリマー内に浸潤し金属錯体が注入される．この金属錯体自体を直接，あるいは金属化させて無電解めっきの触媒として用いる．非常に密着性に優れためっき膜が得られる．

次に，電界めっきの媒体としてである．めっき液は逆ミセルとして超臨界 CO_2 流体に分散させる．めっき反応で発生するガスは超臨界 CO_2 流体に溶解し，また，エマルジョンの導通がパルス状に起きるので，パルスめっきのような作用と相まって緻密で高強度の膜が得られる．

最後は，超臨界 CVD とでも呼ぶもので，超臨界 CO_2 流体に CVD の原料物質を溶解させて，熱化学反応によって薄膜を堆積する手法である．CVD の V は vapor の V であるので，SFCD (Supercritical Fluid Chemical Deposition) などと呼ばれる．SFCD は集積回路配線のような，高アスペクトナノ細孔の充填に適していることがよく知られている（**図3**）．これは，超臨界流体が拡散で物質を運搬する能力が非常に優れているためである．微細構造体内では移流・対流は生じないので，拡散で物質が輸送される．超臨界流体は拡散性と高密度を併せもっているので，その積としての拡散流束が大となる．その結果，高アスペクトナノ細孔に堆積原料が輸送され充填されるのである．図4でその輸送の原理を示す．適度に混んで車の流れる道路が一番輸送量が多いことによく似ているといえよう．

エッチング加工は，化学的には堆積の逆で，金属の場合は酸化反応である．エッチング水溶液を逆ミセルにして超臨界 CO_2 に溶解する方法と，CVD の逆反応に類似の反応を利用する方法がある．特に後者の場合，化学反応の結果超臨界 CO_2 に溶解する物質が生成するように反応系を設計する必要がある．エッチング加工の報告例は多くはないが，洗浄や乾燥と組み合わせれば，新しい微細プロセスが構築可能であると期待している．

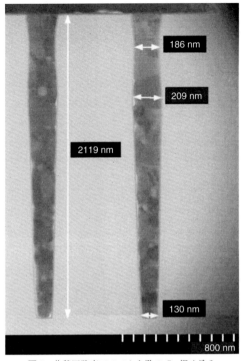

図3 集積回路高アスペクト孔の Cu 埋め込み

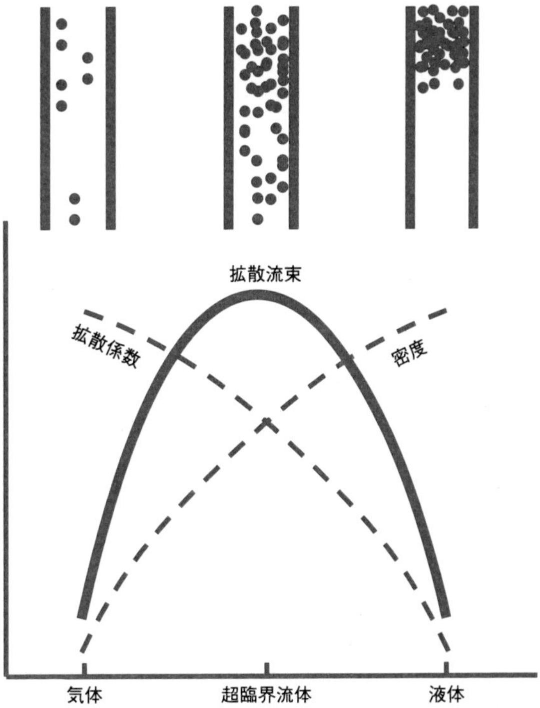

図4 超臨界流体の優れた拡散輸送特性

(拡散流束 / 拡散係数 / 密度 / 気体 / 超臨界流体 / 液体)

4. お わ り に

　超臨界 CO_2 流体利用は，食品産業をはじめとしてすでに実用化・工業化されている技術である．微細プロセス応用については研究開発が長いことなされてきたが，MEMS 乾燥など一部を除いて利用例は決して多くはない．やはり，鍵は生産性を含めたコストということになる．バッチ式で高圧装置が必要なので，湿式プロセスに比べるとどうしてもコスト増になってしまう．食品や香料などは安全性という付加価値によって高コストを回収している．

　MEMS ウェハ乾燥は一般に小ロットであるので，多少高くても確実にプロセスができるというメリットがある．集積回路プロセスのような大規模な量産型微細プロセスでは，既存技術の改良ではいかんともし難くなったときに導入が進むと考えている．長らく研究開発途上にあったが，実は最近，半導体メモリー先進国で実用化されていることが明らかとなっている．液体でも気体でも解決できない課題に対する究極の解として，これからますます研究開発が進むことが期待される．

はじめての精密工学

はじめての Python と OpenCV による画像処理

Image Processing with Python and OpenCV for Beginners/Eiichiro MOMMA

日本大学 理工学部 電気工学科　門馬英一郎

1. は じ め に

　画像を入力とし，畳み込み（Convolution）層を用いた Convolutional Neural Network（CNN）がベースとなった，いわゆる人工知能（AI）技術のコモディティ化が進んでいる．これらに関わる最新の技術は次々と発表されるとともに，Github[1]などでプログラミング言語 Python[2]を利用した深層学習フレームワークの Tensorflow[3]，Keras[4]，Pytorch[5]などを用いた実装が公開され，すぐに試せる状況である．一方で，これらの技術をいざ自身の研究領域に適用するときに，データセットへ落とし込むまでの技術として画像処理に関する知識が必要となる．画像処理については「はじめての精密工学」2006 年 5 月（Vol. 72，No. 5），2015 年 9 月（Vol. 81，No. 9）に中央大学の梅田先生が基礎的な範囲を，2017 年 10 月（Vol. 83，No. 10）で香川大学の林先生が実用例を取り上げている．本稿では，読者が画像を扱うことに主眼を置き，Python による画像処理として，主に OpenCV[6]パッケージを使った道具としての画像処理について解説を行う．なお，この記事と連動した情報として筆者の Gighub[8]で情報を公開したので併せて利用していただきたい（**図 1**）．

　Python の環境構築については Anaconda[7]の Individual Edition を利用する．Anaconda はパッケージシステムも提供しており，Anaconda Navigator または conda コマンドでパッケージがインストールできる．標準で選択可能なパッケージは限られているので Anaconda Cloud（https://anaconda.org/）でさまざまな channel から独自のパッケージが配布され，これらの組み合わせにより希望するパッケージを追加する．それでも不十分な場合には，Python の標準的なパッケージシステムの pip も利用可能である．本稿での環境を紹介するが，本件にかかわらず何か新しいパッケージセットを試す際には，Anaconda Navigator の Environments から新しい仮想環境を作成した方がよい．本稿では，チャネルに conda-forge を指定して下記のパッケージを指定して環境構築したが，依存パッケージも同時にインストールされているので，パッケージ一覧にはこれら以外も多数並ぶ．

　　python = 3.7，NumPy，pillow，SciPy，Notebook（Jupyter Notebook），Matplotlib，scikit-image，py-opencv（OpenCV の Python I/F で執筆時のバージョンは 4.2）

　OpenCV は Intel が開発した Computer Vision 向けのライブラリで Willow Garage，Itseez へメンテナンスが移管されていたが，2016 年に Intel が Itseez を買収している．OpenCV は商用利用可能な BSD ライセンスで公開されている画像処理ライブラリとして広く支持されている．プログラミング言語については C++，Java，Python が公式のチュートリアルなどのドキュメントに組み込まれ公式のサポート言語と考えられるが，Google Summer of Code のプロジェクトで開発された I/F のほか，サードパーティでもさまざまな言語へのラッパーが用意されている．OpenCV は画像の入出力，画像処理，機械学習（深層学習含む），3 次元計測等，Computer Vision に関連する技術を片っ端から取り込んで肥大化の一途をたどっているが，本稿で取り上げるのは入出力，フィルタ処理などの基本的な部分なので，メジャーバージョンが変わっても多少の変更で対応可能かと思われる．詳細は公式ドキュメント[9]での modules に一覧が並んでおり，Python での OpenCV は cv2 という名前で利用でき

　　import cv2

でインポートし，「cv2.関数名」または「cv2.モジュール名.関数名」のような形式で呼び出す．Main modules が公式にメンテナンスされ，Extra modules が実験的に採用・廃止されるもので Extra modules から Main modules に昇格する場合もある．Modules はパッケージがビルドされた環境により異なるため

　　import cv2
　　print(cv2.getBuildInformation())

とすると To be built に一覧が表示される．次章では cv2 を使った画像データの扱いについて解説する．なお，紙数

図 1　連動サイト（https://github.com/eiichiromomma/jjspe202010）

の都合上（1）Python の基本的文法，（2）Anaconda の操作，（3）Jupyter Notebook の操作，については省略する．

2. 画像データの扱い

　OpenCV は 2.0 以降から I/O については MATLAB を意識したような関数名が多く，画像の読み込みは imread 関数を使う．画像形式は自動的に判断され，チャネル数（多くの場合グレースケールの 1 チャネルかカラー画像の Red，Green，Blue の 3 チャネル）については第 2 引数で指定しない限りは自動的に適切なチャネル数が割り当てられる．

```
import cv2
gimg = cv2.imread('sample.png',cv2.IMREAD_
GRAYSCALE)
type(gimg)
```

とすると numpy.ndarray が表示される．つまり，画像データは NumPy はもちろん，ほとんどの深層学習のフレームワークでもそのまま利用可能である．なお，第 2 引数での IMREAD_GRAYSCALE はカラーであってもグレースケールで読み込む指定で，逆にグレースケール画像を読むときに IMREAD_COLOR とすると強制的に 3 チャネルカラー画像として読める．次に

```
gimg.shape
```

を実行するとグレースケール画像として読んでいるので（184，309）と 2 次元データとして表示される．NumPy の変数のため（rows, cols）になるが，OpenCV で座標を指定する際は（x,y）で間違いやすいので座標を扱う際はリファレンスを確認した方がよい．次にカラーで画像を cimg 変数に読み，shape を見ると

```
cimg = cv2.imread('sample.png')
cimg.shape
```

（184,309,3）のように（rows,cols,channels）という並びのデータになる．OpenCV ではカラー画像は Bitmap の仕様と同様に Blue，Green，Red の順でチャネルが並ぶ．一方で Matplotlib の imshow 関数で可視化しようとすると Red，Green，Blue の並びが必要になるため事前に入れ替える必要がある．OpenCV にも imshow 関数があるが，ウィンドウに画像を表示する機能で，文章とソースコードを実験ノートのように一緒に書ける Jupyter Notebook と相性が悪い．Notebook では文章内に inline 表示できる Matplotlib の imshow 関数を使うのが一般的で，cvtColor 関数で BGR から RGB へ変換した結果を渡す．また，グレースケール画像の場合には疑似カラー表示がデフォルトなのでカラーマップとして cmap = 'gray' を指定する必要がある．

```
%matplotlib inline
# カラー画像を読んで表示する
import cv2
import matplotlib.pyplot as plt
cimg = cv2.imread('sample.png')
plt.imshow (cv2.cvtColor (cimg,cv2.COLOR_
BGR2RGB))
# グレースケール画像を読んで表示する
gimg = cv2.imread('sample.png',cv2.IMREAD_
GRAYSCALE)
plt.figure()
plt.imshow(gimg, cmap = 'gray')
```

画像の保存については imwrite 関数を使う．ファイル形式については拡張子で自動的に判断されるのでファイル名と保存したいデータを指定するだけである．

```
cv2.imwrite('cdst.png',cdst)
```

この章の最後に動画像の扱いについて紹介しておく．Matplotlib の animation 機能と nbagg（Notebook 上でのインタラクティブな描画機能）を利用するとカメラの映像を処理した結果を連続表示できる．ただし，ラグがあり筆者の環境（Mac mini 2018, Intel Core i5）では 5 fps 程度となる．図 1 のサイトで公開している Notebook の 2_IO にカメラ画像のモザイク処理を，3_Kihon の 3.1 にはフレーム間差分処理の例を示した．ただしコールバック関数の animate_func 内のデバッグは難しいので，事前に静止画での動作確認をお勧めする．なお，nbagg での描画とセルの実行完了のタイミングは非同期なので，カメラを release するのは別のセルで描画処理が終わってからにする必要がある．

3. 基本的な画像処理

　入出力の次に基本的な画像処理として，本誌で過去紹介された処理について解説する．なお，著者のサイトでは本章の 3_Kihon のほかに，本稿で紹介できなかった処理の例として，画像処理のトレーニングとして公開されている「画像処理 100 本ノック」[10] の手短かな解法も紹介している．なお，以降のソースコードは事前に以下のコードが実行されている前提で記す．

```
%matplotlib inline
import cv2
import numpy as np
import matplotlib.pyplot as plt
gimg = cv2.imread('sample.png',cv2.IMREAD_
GRAYSCALE)
cimg = cv2.imread('sample.png')
```

また，処理結果 dst の表示については以下のいずれかを用いる．

```
plt.imshow(dst,cmap = 'gray') # グレースケール
plt.imshow (cv2.cvtColor (dst,cv2.COLOR_
BGR2RGB))# カラー
```

3.1 画像の差分

　画像の差分は，2 次元配列の差分で，NumPy においては単純に引き算の演算子で済む．用途としては動画像でのフレーム間差分やアンシャープマスキングである．

```
blured = cv2.GaussianBlur(gimg, (5,5), 3)
```

原画像

ブラー処理後

差分画像

図2 差分処理の結果

LoG フィルタの結果

Zero crossing の抽出結果

図3 LoG フィルタの Zero crossing

dst = np.float32(gimg)－np.float32(blured)

差分は負値にもなるので signed な変数に変換してから処理を施した方が結果が見やすい（**図2**）. Notebook ではカメラ映像を用いたフレーム間差分も掲載しているが，前の状態を保持・利用する処理の場合については，コールバック関数 animate_func の外であらかじめ宣言しておき，関数内で global 宣言をして関数外の変数であることを明示する必要がある.

3.2 二値化処理

画像の濃度値について，ある値（閾値）に対する大小により白，黒で置き換える処理である. OpenCV の機能としても用意されているが，閾値を自分で決定する場合には

ndarray[白とする条件式] = 255

ndarray[黒とする条件式] = 0

で済む. 閾値の自動決定法を使う場合には threshold 関数を用いる. 下記では大津の法（THRESH_OTSU）で，閾値より明るい画素を黒，暗い画素を白としている（THRESH_BINARY_INV）.

th,dst = cv2.threshold(gimg,thresh = －1,maxval = 255, type = cv2.THRESH_BINARY_INV + cv2.THRESH_OTSU)

また，Red，Green，Blue 各チャネルでの画素値の関係を考えると特定色の画素の抽出も可能である.

3.3 モルフォロジー処理

主に2値画像に適用される処理群で，代表的なものとしては膨張処理（dilate）と収縮処理（erode）やこれらを組み合わせたオープニングとクロージングがある. モルフォロジー処理には Structuring Element（SE, 構造化要素）が必要で，SE と処理対象画像との組み合わせで処理を行う. SE は3×3程度の大きさの正方形，十字形，円形などがよく用いられ OpenCV では getStructuringElement 関数で取得できる. 例えば膨張処理については2値画像に対して SE を走査し，画像の白成分について1画素でも SE が重なれば白（hit），それ以外は黒とする処理である. 収縮処理については同様な走査で画像の白成分について SE がすべて重なった場合に白（fit）とする処理である. ま

た，これらはそれぞれ SE の形の最大値フィルタ，最小値フィルタと考えることもできる.

th,bimg = cv2.threshold(gimg,thresh = －1,maxval = 255,type = cv2.THRESH_BINARY_INV + cv2.THRESH_OTSU) # 2 値化処理

SE = cv2.getStructuringElement(cv2.MORPH_RECT, (3,3)) # 正方形（3×3）の SE 取得

dst = cv2.dilate(bimg, kernel = SE) # 膨張処理

膨張と収縮の処理は同回数繰り返せば対象の大きさは変わらないと考えられるので，膨張を N 回の後に収縮を N 回繰り返すクロージング処理は2値化処理で欠損が発生した場所の穴埋めに使われ，収縮を N 回の後に膨張を N 回繰り返すオープニング処理は2値化によって意図せず連結した箇所を離したり，細かいノイズの除去に使われる. OpenCV では morphologyEx 関数で利用可能で引数 op に処理を指定する.

dst = cv2.morphologyEx(bimg,op = cv2.MORPH_OPEN, kernel = SE, iterations = 4) # オープニング

3.4 エッジ抽出

線形フィルタとしてのエッジ抽出は微分フィルタが使われる. 画像のような離散データは，隣接画素の濃度値の差分が微分値となるものの，そのままではノイズに対して過剰に反応するため平均化フィルタを畳み込んだ Sobel フィルタがよく使われる. ただし，濃度値を抽出するだけで，連結性は考慮されていない. これに対しエッジの方向を考慮した縦方向と横方向の微分値の二乗和より求めた勾配強度に対して，2段階の閾値を設定して連結したエッジを抽出するのが Canny のエッジ抽出アルゴリズムである. OpenCV では Canny 関数があり，以下のように使用する.

dst = cv2.Canny(gimg,threshold1 = 100,threshold2 = 200, apertureSize = 3)

threshold2 を超える場合はエッジ，threshold1 以下では非エッジ，中間の場合には近傍にエッジがあればエッジと判断する. また，エッジの中心を求める方法としては2次微分をボケさせた LoG（Laplacian of Gaussian）フィルタの結果からエッジ中心となる Zero crossing を求める方法もある（**図3**）.

3.5 テンプレートマッチング

テンプレート画像（見つけたい箇所の画像）で対象画像を走査し，類似度が高い箇所を一致した場所と見なす処理である. 類似度の計算方法は差分を用いる方法（SSD, SAD）や，相関を用いる方法（NCC, ZNCC）がある.

図4　テンプレートマッチングの失敗例

ユニークな場所については比較的一致しやすいが，類似した画像の場合には苦戦する．OpenCV では原画像とテンプレート画像と共に類似度の算出方法を指定する．

```
template = cimg[16:35, 16:35, :].copy()
dst = cv2.matchTemplate(cimg,template,cv2.TM_
    CCOEFF_NORMED) # テンプレートマッチング
```

のように原画像から切り抜いた箇所のマッチングは容易だが，電卓のキーのような似たパターンが多く並び，かつ別途テンプレート画像を撮影した場合には抽出対象とテンプレートの大きさが数 pixel 異なるだけで結果が変わる．Notebook 上では img と template の箇所のコメントを書き換えると実感できる（**図4**）．

```
cimg = cv2.imread('Calc_s.jpg') # 原画像
template = cv2.imread('CalcO5_s.jpg') # template 画像
dst = cv2.matchTemplate(cimg,template,cv2.TM_
    CCOEFF_NORMED) # ZNCC（図4左下）
```

3.6　特徴点によるマッチング

テンプレートマッチングは演算コストが高い上に，撮影のワークの厳格化が必要となる．特定物体を検出する方法として，特徴量（feature descriptor）がある．これは画像から特徴的な場所（特徴点）について，アルゴリズムに基づいて近傍の濃度値から求めるベクトルである．原画像とテンプレートとで特徴点を検出し，各特徴量を比較して最も距離が近い点を同一点と見なす方法である．ロボティクスの分野でも有名な ORB SLAM の ORB は特徴量の名前である．Notebook の 3_kihon では KAZE と ORB の例を示した．

3.7　カメラキャリブレーション

カメラを用いた計測にはカメラキャリブレーションによるカメラパラメータの推定が必要となる．単眼のカメラの場合にはひずみの除去として Undistortion が必要だが OpenCV の公式チュートリアル[11]に手順が載っている．重要な点はキャリブレーションに使用するチェッカーボードの剛性で，アームにより稼働領域が広いモニターに表示させる，あるいは iPad などのタブレットを使うのが確実な方法である．また，ステレオ視に関しても平行化が必要で，2台のカメラにチェッカーボードが映る状態で複数枚撮影する必要がある．OpenCV のやや古いドキュメントや，OpenCV のサンプルの cpp/stereo_match.cpp を参照するとよい．

3.8　Hough 変換

直線に関する Hough 変換はエッジ画素の座標について Hough 空間への投票を行い，投票数の多い直線の係数を求める方法である．OpenCV では HoughLines 関数と，ランダムにピックアップしたエッジ画素を Hough 空間へ投票し，閾値を超えたパラメータの中で最長のものをピックアップし投票に使った画素を除去して繰り返す確率的 Hough 変換の HoughLinesP 関数がある．画像全体にわたる長い線成分を抽出したい場合には前者を，部分的な線成分を抽出したい場合には後者を用いる．また，後者は前者よりも速く線の端点が求まり，パラメータで最低限必要な長さや，無視するギャップ長が設定可能である．具体的には

```
edge = cv2.Canny(gimg,threshold1 = 100,thresh-
    old2 = 200, apertureSize = 3)
lines = cv2.HoughLinesP(edge,1.0,np.pi/180.0,thresh-
    old = 10, minLineLength = 15, maxLineGap = 5)
```

のようにして端点のリストの lines を求め，ループで描画する．

4.　お わ り に

駆け足ではあったが，基本的な画像処理の紹介と Python による使用法について解説した．画像処理を道具として使いこなすことを主眼としたため，アルゴリズムや実装を理解することは二の次の内容となっているが，これを足掛かりにさまざまな問題解決に役立ててもらえれば幸いである．前述のように，OpenCV は3次元の可視化や深層学習の取り込みにも熱心であるが，Qt, VTK, CUDA や，Intel の OpenVINO などを含めた"完全体"の配布はなされておらず，利用できないケースが多い．OpenCV "完全体"の Python 用パッケージの生成はソースコードからコンパイルする必要があるが，ネット上でこれらの情報は手に入るので興味のある方は挑戦してもらいたい．

参 考 文 献

1) Github 公式サイト：https://github.com/
2) Python 公式サイト：https://www.python.org/
3) Tensorflow 公式サイト：https://www.tensorflow.org/
4) Keras 公式サイト：https://keras.io/
5) PyTorch 公式サイト：https://pytorch.org/
6) OpenCV 公式サイト：https://opencv.org/
7) Anaconda 公式サイト：https://www.anaconda.com
8) 本稿との Github での連動サイト：https://github.com/eiichiro momma/jjspe202010
9) OpenCV 公式ドキュメント：https://docs.opencv.org/4.2.0/
10) 画 像 処 理 100 本 ノ ッ ク：https://yoyoyo-yo.github.io/ Gasyori100knock/
11) OpenCV 公式チュートリアル：https://docs.opencv.org/4.2.0/ dc/dbb/tutorial_py_calibration.html

はじめての精密工学

はじめての塑性力学
—基本用語とその成り立ち—

Introduction to Theory of Plasticity/Hideo TAKIZAWA

日本工業大学　瀧澤英男

1. は じ め に

機械系学科では，弾性体の力学として材料力学を，粘性体の力学として流体力学を学ぶ．弾性力学の延長線上に位置付けられる塑性力学は，同じ固体力学であっても「降伏条件」や「流れ則」など，弾性力学とは異なる独特の考え方を用いる．そのため，苦手に感じる学生も多い．

本稿では，塑性力学の基礎について，その成立史[1]-[3]を俯瞰しながら解説を試みる．技術を人類全体の英知と考えれば，理解に窮したときは，その技術が生まれた時代の考え方を知ることで理解の糸口が見つかるはずである．土台となる考え方を知ることで，塑性力学独特の表現に対する違和感が少しでも拭えればと期待している．

2.「塑性」という言葉

「塑」という字は「朔」と「土」よりなる．「朔」は太陰暦における一日であり，月の満ち欠けを示す．「繰り返し」や「形状変化」を象徴する「朔」と「土」の性質，つまり「塑性」は粘土のような特性を意味している．金属では変形に要する力が大きいので，粘土とは感覚的に結びつかないが，それは力の大小だけの違いである．

ところで，粘土は固体であろうか，流体であろうか．もちろん，形を保っているという意味では固体といえる．しかし，粘土状の柔らかい物質として歯磨き粉や絵の具を想像すると，固体とも液体とも分類しがたい．「塑性」という物性は流体と固体の間にあると考えると，表現すべき特性が感覚的に理解しやすいようである．

3. 一次元弾塑性問題（引張試験）

まずは機械系学科の学生実験で行う「引張試験」を考えてみよう．引張試験は垂直応力が一方向にしか生じていない最も単純な塑性力学の問題である．

応力-ひずみ曲線を**図1**に示す．O点から応力 σ を加えるとひずみ ε が直線的に増加する．この時の勾配がヤング率 E である．応力が σ_0 に達する（Y点，降伏点）と材料に塑性変形が生じ始める．さらに応力を増加させると応力増分 $\Delta\sigma$ に対するひずみ増分 $\Delta\varepsilon$ は急激に増加し，勾配の小さい曲線を示す．このような塑性変形に要する応力の増加を「加工硬化」と呼ぶ．

いま，塑性変形が進展したA点で応力を取り除く（除荷する）と，弾性変形の勾配 E で一部のひずみが回復する（B点）．ここで，回復したひずみが弾性ひずみ ε^e である．一方，応力のない状態でも材料に残っているひずみが塑性ひずみ ε^p である．この後，再び応力を加えると，除荷したときの履歴をたどるように弾性ひずみが生じ，除荷前の応力点（A点）で再び降伏する．さらに応力を増加させると，前の負荷曲線を継続するように加工硬化していく．

力学現象をいきなり数式に置き換えるのは難しいので，モデルを通して考える．図1に示すモデルのように，弾性をバネ要素で，塑性を摩擦要素で表現して，これらを「直列」に接続する．弾性ひずみはバネの伸び量に，塑性ひずみは摩擦要素のすべり量にそれぞれ対応する．頭の中でこのモデルを，引っ張って，除荷して，また引っ張ると先ほどのような挙動が再現できる．

次に，この弾塑性モデルを数式で表す．図の横軸に示したように負荷されたひずみ ε は弾性ひずみ ε^e と塑性ひずみ ε^p の和で表されている．つまり，

$$\varepsilon = \varepsilon^p + \varepsilon^e \tag{1}$$

である．ε は弾性ひずみと塑性ひずみの和なので，あえて「全ひずみ」と呼ぶこともある．これが直列接続に対応する弾塑性ひずみの加算分解である．

弾性ひずみ ε^e と応力 σ は，弾性を表す Hooke の法則

$$\sigma = E\varepsilon^e \tag{2}$$

で関係づけられる．塑性変形における応力とひずみの関係は，加工硬化を表すためにすべり量（塑性変形量）によって摩擦抵抗が増加するようなモデルを考え，塑性変形中は

$$\sigma = H(\varepsilon^p) \tag{3}$$

を満たすと考える．ここで H は塑性ひずみ ε^p を変数とし

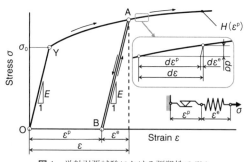

図1 単軸引張試験における弾塑性モデル

た関数であり，塑性変形による材料の加工硬化を示す．式
（3）は応力が塑性変形状態にあることを示す式であるため，「降伏条件式」とも呼ばれる.

いま，ひずみ ε を与えたときの応力 σ を求める問題を考える．ε は与えられるが，ε^p と ε^e は未知である．式（1）〜（3）を連立させれば，三つの未知数 ε^e，ε^p および σ が解ける.

これが一次元の弾塑性問題である．ひずみ ε は弾性ひずみ ε^e と塑性ひずみ ε^p に分解され，弾性と塑性でそれぞれの特性を表現した応力とひずみの関係式が与えられる.

《歴史の寄り道①》

弾性と非弾性（塑性を含む）を加算形式で分解するモデルは，J.C. Maxwell による論文 "Dynamic Theory of Gas"（1867）で述べられた粘弾性モデルが起源である．ここでは，バネとダッシュポットを直列につないだモデルで応力緩和を表現している．レオロジーを学んだ方には，なじみのある Maxwell モデルである.

---

4. 多軸応力場への拡張―Tresca の降伏条件―

一次元の引張試験を三次元に拡張する．三次元における応力は「法線ベクトルを指定して面を定義し，その面に作用する単位面積あたりの力の成分」として表される．つまり，面の法線と力という二つの「方向」をもつ物理量であるため，二階のテンソル（行列）で表される．これを σ_{ij} とする．応力に対して共役（エネルギを作る相棒）となるひずみ ε_{ij} も同じ変数構造をもつ．また，塑性変形が経路依存であることから，増分型で前述の式（1）および（2）を書き直す.

$$d\varepsilon_{ij} = d\varepsilon_{ij}^p + d\varepsilon_{ij}^e \tag{4}$$

$$d\sigma_{ij} = D_{ijkl}d\varepsilon_{kl} \tag{5}$$

添字には総和規約を用いる．式（5）では応力とひずみが二階のテンソルとなったため，これらを結ぶ弾性定数が四階のテンソル D_{ijkl} になっている.

4.1 三次元における降伏条件

さて，式（3）の降伏条件を三次元に拡張する．そのまま代入すれば，

$$\sigma_{ij} = H(\varepsilon_{ij}^p) \tag{3'}$$

となる．しかし，右辺が材料の硬化を表すスカラー関数にもかかわらず，左辺は二階のテンソルであるため，これは数式として許容できない．原則に戻って考えると，材料が降伏状態にあるか弾性状態にあるかは，応力の成分ごとに決まるわけではなく，材料の一点に対しての二者択一である．つまり，式（3'）はテンソル成分の式ではなくスカラーの式でなくてはならない.

これにより，降伏条件を次のような形式で表現する.

$$\bar{\sigma}(\sigma_{ij}) = H(\varepsilon^p) \tag{6}$$

これが三次元の降伏条件である．この式は三次元の応力テンソルの成分を変数とするスカラー関数 $\bar{\sigma}(\sigma_{ij})$ があり，これが材料固有の降伏強度 $H(\varepsilon^p)$ と等しければ塑性変形状

態にあることを示している．$\bar{\varepsilon}^p$ は塑性変形の程度を表すスカラー変数（詳細は後述）である．左辺の関数 $\bar{\sigma}(\sigma_{ij})$ が「降伏関数」である.

4.2 Tresca の降伏条件

歴史上，最初の降伏関数は，H.E. Tresca によって提案された以下の式である.

$$\bar{\sigma}(\sigma_{ij}) = \sigma_{max} - \sigma_{min}$$

ここで σ_{max} と σ_{min} は，最大と最小の主応力を示す．物理的には，$(\sigma_{max} - \sigma_{min})/2$ は物体内のあらゆる角度の断面の中で最大となるせん断応力 τ_{max} を示している．つまり，Tresca の降伏条件は，物体内のせん断応力が材料固有の限界値に達すると降伏が生じるということを示している.

《歴史の寄り道②》

金属材料では，結晶のすべり面上を転位が移動することによって塑性変形が進展する．このようなモデルが，E.G. Orowan によって提案されたのが 1934 年である．これよりも 70 年前に，せん断変形（すべり変形）に直接影響する最大せん断応力に着目したのは Tresca の慧眼といえよう．また，意外なことに Tresca は材料試験ではなく，軟質金属を対象とした塑性加工実験（円柱の鍛造，打抜き，押出しなど）における材料の変形の観察から上記の降伏条件を導いている.

---

5. 流れ則―粘性流体からの転用―

さて，三次元での塑性変形の記述のためには，式（4）に示した塑性ひずみ増分 $d\varepsilon_{ij}^p$ を決めなくてはならない.

Tresca は塑性加工の実験から「高圧下では金属といえども流体の如く流れる」と表現し，流体力学における様々な仮定を積極的に引用している．その一つが，以下で示される塑性変形における体積一定条件である.

$$d\varepsilon_x^p + d\varepsilon_y^p + d\varepsilon_z^p = 0 \tag{7}$$

これは流体力学における非圧縮流体の連続の式（の増分表記）にほかならない.

このような流体力学からの積極的転用は，塑性ひずみ増分 $d\varepsilon_{ij}^p$ を定式化するためにも使われている．流体の特性は粘度で表され，流体力学のテキストでは

$$\tau = \mu\dot{\gamma} \tag{8}$$

と記載されている．せん断応力 τ とせん断ひずみ速度 $\dot{\gamma}$ には比例関係があり，Newton の粘度 μ を比例定数としている．この式は，テンソルで表記すると

$$\sigma'_{ij} = 2\mu\dot{\varepsilon}_{ij} \tag{9}$$

ここで σ'_{ij} は偏差応力（せん断応力も含む）であり，δ_{ij} を Kronecker のデルタとして，

$$\sigma'_{ij} = \sigma_{ij} - \delta_{ij}\sigma_{kk}/3 \tag{10}$$

で表される.

塑性変形を固体の「流動現象」として記述するために，B. de St-Venant と M. Lévy は，この流体的表現を転用した．塑性変形でも式（9）と類似の式が成立すると考え，塑性ひずみ増分 $d\varepsilon_{ij}^p$ と偏差応力 σ'_{ij} の関係を

$$\frac{\sigma'_{ij}}{d\varepsilon^p_{ij}} = \frac{\sigma'_x}{d\varepsilon^p_x} = \frac{\sigma'_y}{d\varepsilon^p_y} = \frac{\sigma'_z}{d\varepsilon^p_z} = \frac{\tau_{xy}}{d\gamma^p_{xy}/2} = \frac{\tau_{yz}}{d\gamma^p_{yz}/2} = \frac{\tau_{zx}}{d\gamma^p_{zx}/2}$$
$$= \frac{1}{d\lambda} \tag{11}$$

とした．これを Lévy-Mises の流れ則と呼ぶ[*1]．この式の最後が「$2\mu/dt$」であれば Newton の粘性流体と同じ式になるが，塑性体では「$1/d\lambda$」は定数ではない．この式はあくまでも塑性ひずみ増分 $d\varepsilon^p_{ij}$ とそれと同じ方向の偏差応力 σ'_{ij} の「比」が等しいことだけを示している．なお，せん断ひずみ増分 $d\gamma$ に 1/2 を乗じているのは「工学せん断ひずみ γ_{xy}」と「ひずみテンソルの非対角項 ε_{xy}」との定義の違いによる．

《歴史の寄り道③》

材料力学でも有名な St.-Venant は，Tresca が降伏条件の論文を提出した時のフランス科学アカデミーの力学部門の長であり，Tresca の論文の真価をいち早く認めている．Tresca が最初に提出した論文には図がなかったため，価値ある論文が読者に理解されないことを心配した St.-Venant は Tresca に図表を清書する業者を紹介している．また，St.-Venant 自身も塑性力学を d'hydrostéréo-dynamique（流動固体力学）と呼び，研究を進めている．

---

6. Mises の降伏条件

Tresca の時代から約 50 年間，塑性力学の理論に目立った進歩はなかった．流体力学においては，既に 19 世紀前半に流体の運動を記述する微分方程式として Navier-Stokes 方程式が導かれている．しかし，塑性体においては式 (11) の $1/d\lambda$ の具体的な関数が不明であるため，支配方程式は求まっていなかった．

この問題を解決するのが，R. von Mises である．Mises は，Tresca の降伏条件を数学的に取り扱いやすくするために以下のような修正式を，1913 年に提案した．

$$\bar{\sigma}(\sigma_{ij}) = \sqrt{\frac{1}{2}} \cdot \sqrt{(\sigma_1 - \sigma_2)^2 + (\sigma_2 - \sigma_3)^2 + (\sigma_3 - \sigma_1)^2}$$
$$= \sqrt{\frac{3}{2}} \cdot \sqrt{\sigma'^2_x + \sigma'^2_y + \sigma'^2_z + 2(\tau_{xy}^2 + \tau_{yz}^2 + \tau_{zx}^2)} \tag{12}$$

ここで σ_1, σ_2 および σ_3 は主応力を示す．Tresca の降伏条件では三つの主応力のうち，最大値と最小値だけを用いて降伏関数を表現したが，Mises の降伏条件では三つの主応力をすべて用いる．しかし，主応力の差（主せん断応力）で降伏を表現する基本的な Tresca の概念は踏襲している．

$\bar{\sigma}$ は Mises の相当応力（Equivalent または Effective stress）と呼ばれる．相当応力を用いた降伏条件式 (6) は，三次元的な応力テンソル σ_{ij} を引張試験（単軸応力状

---
*1 最近のテキストでは「Lévy-Mises の流れ則」と書かれることが多いが，少し古い本には「St.-Venant-Lévy の流れ則」とも書かれている．後者の方が歴史的には適切であろう．

態）で得られる材料の加工硬化 $H(\bar{\varepsilon}^p)$ と対応させる．つまり，「相当」とは「多軸の応力状態を単軸応力状態に換算した相当値」の意味である．

式 (11) を使って応力成分を塑性ひずみ増分に変換し，式 (12) に代入して，式 (6) の関係を考慮すると，比例乗数 $d\lambda$ は，

$$\frac{1}{d\lambda} = \frac{2}{3} \frac{H(\bar{\varepsilon}^p)}{d\bar{\varepsilon}^p} \tag{13}$$

と求まる．ここで，$d\bar{\varepsilon}^p$ は相当塑性ひずみ増分であり，

$$d\bar{\varepsilon}^p = \sqrt{\frac{2}{3}} \cdot \sqrt{d\varepsilon^{p2}_x + d\varepsilon^{p2}_y + d\varepsilon^{p2}_z + \frac{d\gamma^{p2}_{xy} + d\gamma^{p2}_{yz} + d\gamma^{p2}_{zx}}{2}}$$
$$= \sqrt{\frac{2}{3}} \cdot \sqrt{d\varepsilon^{p2}_x + d\varepsilon^{p2}_y + d\varepsilon^{p2}_z + 2(d\varepsilon^{p2}_{xy} + d\varepsilon^{p2}_{yz} + d\varepsilon^{p2}_{zx})} \tag{14}$$

で表される．これも相当応力 $\bar{\sigma}$ と同じように，単軸引張状態の塑性ひずみ増分への換算式である．以上で流れ則は，

$$\sigma'_{ij} = \frac{2}{3} \frac{H(\bar{\varepsilon}^p)}{d\bar{\varepsilon}^p} d\varepsilon^p_{ij} \tag{15}$$

として閉じることができた．

《歴史の寄り道④》

Mises は，統計学や航空力学の分野で有名な応用数学の研究者である．

Mises と同じ降伏関数は，J.C. Maxwell により 1856 年の手紙の中で，T.M. Huber により 1904 年のポーランド語の論文で記されている．ただし，この二人は「多軸応力場における弾性変形の限界」としての降伏条件を論じており，弾性変形の偏差ひずみによるエネルギ（レジリエンス）として式を提案している．

Tresca や St.-Venant の延長で「固体の流動現象」として応力を変数にして記述する Mises と，「固体の弾性限界」としてひずみを変数にして記述する Maxwell と Huber．ほぼ同時代にまったく別のアプローチから同じ降伏条件式に達するという科学史のシンクロニシティは実に興味深い．

---

7. 塑性ポテンシャルと関連流れ則

ここまでの内容では，塑性変形を表すために二つの式を示した．「降伏条件式」は塑性変形中の「応力どうしの関係」を与え，「流れ則」は塑性変形中の「偏差応力と塑性ひずみ増分の関係」を与える．基本的にこの二つは別の式である．

7.1 ポテンシャルという考え方

力学の問題は，エネルギの観点から解くとスマートに解けることが多い．弾性変形に関しては，応力とひずみの関係は，一般化された Hooke の法則として，

$$\sigma_{ij} = D_{ijkl}\varepsilon_{kl} \tag{16}$$

が与えられている．これをエネルギの観点で考えて，

$$\phi = \frac{1}{2}\sigma_{ij}\varepsilon_{ij} = \frac{1}{2}D_{ijkl}\varepsilon_{kl}\varepsilon_{ij} \tag{17}$$

というスカラー関数を定義すると，

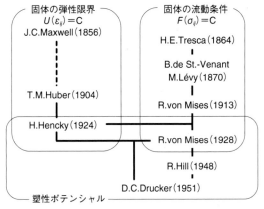

図2 塑性力学の成立過程

$$\frac{\partial \phi}{\partial \varepsilon_{mn}} = D_{mnkl}\varepsilon_{kl} = \sigma_{mn} \qquad (18)$$

となる．ϕ は弾性体内に蓄積される単位体積当たりの変形エネルギであり，エネルギを生み出す共役な変数 σ_{ij} と ε_{ij} の積で表現されている．物理では，エネルギ ϕ を生み出すペアの片方の変数（上記では ε_{ij}）で ϕ を偏微分した際に，もう片方の変数（σ_{ij}）が求まるとき，ϕ を「ポテンシャル」と呼ぶ．

7.2 Hencky による塑性ポテンシャル

H. Hencky は固体の立場から弾性ポテンシャルを弾塑性問題に拡張し，一段高い視座から問題を捉え，1924 年に以下の式を提案した．

$$\varepsilon_{ij} = \varepsilon_{ij}^e + \varepsilon_{ij}^p = \frac{\partial A}{\partial \sigma_{ij}} + \varphi \frac{\partial \Phi}{\partial \sigma_{ij}} = \frac{\partial (A + \varphi\Phi)}{\partial \sigma_{ij}} \qquad (19)$$

$$A = C_{ijkl}\sigma_{kl}\sigma_{ij}/2, \quad \Phi = \bar{\sigma}^2/(6G) \qquad (20)$$

A は応力を変数として表した弾性エネルギ（C_{ijkl} はコンプライアンス）であり，Φ は Mises の降伏関数を変形した式である．この式は，降伏関数に塑性ひずみを求めるためのポテンシャルとしての役割を与えており，降伏条件と流れ則をつなぐ画期的な式といえる．ただし，式（19）は固体の弾性変形の延長で考えているため，左辺がひずみ増分になっていない．

Hencky の論文を受けて，Mises は 1928 年に降伏関数 $\bar{\sigma}$ を用いて塑性ひずみ増分を表す流れ則を以下の式で表現した．

$$d\varepsilon_{ij}^p = d\bar{\varepsilon}^p \frac{\partial \bar{\sigma}}{\partial \sigma_{ij}} \qquad (21)$$

降伏関数 $\bar{\sigma}$ をポテンシャルとみなし，応力 σ_{ij} で偏微分することで，塑性ひずみ増分 $d\varepsilon_{ij}^p$ を求める．降伏関数はエネルギではないので，次元を合わせるための乗数として相当塑性ひずみ増分 $d\bar{\varepsilon}^p$ が用いられている．

このように塑性変形を記述するための「降伏関数」と「流れ則」を相互に関連させる考え方は「関連流れ則（Associated flow rule）」と呼ばれる[*2]．

塑性ひずみ増分の方向を求めるための塑性ポテンシャル

という考え方は，この後，R. Hill により数理塑性力学として体系化されていく．特筆すべきは Mises の降伏関数を塑性ポテンシャルに用いると，Lévy-Mises の流れ則（最も単純な物体の流れ方）が自然と導出されることである．これが Mises の降伏関数の真価といえよう．

> ―《歴史の寄り道⑤》―
> Hencky は，弾性ポテンシャルを応力の関数で表し，降伏関数との線形和を用いることで，弾塑性ひずみを求めている．これは，式（19）がひずみ増分でないことからも明らかなように，塑性体を「固体」として見たアプローチである．「流体」からの積極的転用で発展してきた考え方とは趣が異なる．固体に立脚した Hencky の考え方は，「全ひずみ理論（変形理論）」と呼ばれ，流体力学を転用した「ひずみ増分理論（流れ理論）」と区別されている[*3]．

7.3 降伏条件と流れ則の「関連」の物理的意味

塑性変形中の応力どうしの関係式である降伏関数が，そのままひずみ増分方向を導き出す塑性ポテンシャルとして利用されることの物理的な意味は，1951 年に D. C. Drucker によって「最大塑性仕事の原理」として説明されている．これは，あらゆる応力経路を想定したとしても塑性仕事増分が負にならない，つまり，降伏関数の存在を前提としたとき，いかなる場合でも安定な塑性変形が生じる条件である．

8. む　す　び

塑性力学の構成式は，多くの概念を流体力学から転用している．このため，「流れ則」のように固体としては耳慣れない言葉が現れる．一方で，弾性ひずみとの線形結合やポテンシャルなど，弾性力学の延長線にある考え方も使う．流体と固体を行き来しながら発達してきた成立史（**図2**）を振り返ることで，いくらかは納得できるかと思う．

ありふれた引張試験の解釈から始まり，降伏関数と流れ則の関連性まで，塑性力学の巨人たちの偉大な仕事を振り返りながら解説した．お手元の有限要素解析ソフトが当たり前のように表示する「ミーゼス相当応力」の意味や背景など，画面を見るときに思い出していただければ幸いである．

参　考　文　献

1) S.P. Timoshenko（最上武雄 監訳，川口昌宏 訳）：材料力学史，鹿島出版会，(2007).
2) 小坂田宏造：塑性学の歴史，塑性と加工，**49** (2008) 1006.
3) 瀧澤英男：降伏条件と流れ則の成立史，塑性と加工，**57** (2016) 174.

[*2] 降伏関数とは異なる塑性ポテンシャル関数を用いる場合は，「非関連流れ則」と呼ばれる．

[*3] 少し古いテキストにはこの分類が書かれている．「変形」と「流れ」という言葉を上記のような意味で区別することまでは書かれていないので，真面目な初学者を今でも困らせている．

切削油剤の効果と切削条件

Cutting Conditions and Effects of Cutting Fluid/Yasuo YAMANE

広島大学　山根八洲男

1. は じ め に

　切削加工の研究に長年携わってきたが，幾つかのテーマについては一定の距離を保って深入りを避けてきた．切削油剤は，避けてきたテーマの一つである．その理由は幾つかあるが，まず油剤の効果が入らない乾式切削で加工現象を理解したかったこと．次に，油剤が切削加工に与える効果を議論するためには，油剤の組成を明らかにする必要があるが，切削油剤の組成は，油剤メーカのノウハウ・知財の要であり，これを論文という形で公表することは企業にとって困難と思われたこと．さらに，切削油剤はその供給方法によって結果が大きく異なり，一般化された知識を得ることはかなり困難であると思われたことなどである．

　ところが，最近になり，切削加工理論を企業の技術者や現場のオペレータに教える機会を頂き，改めて切削加工全般を俯瞰的に眺める資料の作成に迫られた．

　そこで，切削加工に及ぼす切削油剤の効果に的を絞り，これまで言われてきたさまざまな効果を自分なりに整理した．若い人の参考になれば幸いである．

2. 切削加工の入出力

　切削油剤の効果を考える前に，切削加工の特徴についてまずおさらいをしたい．図1は切削加工の入力と出力について，模式的にまとめた図である．

　切削加工は，切削様式，切削速度や切り取り厚さ，切削油剤，切削工具，被削材，工作機械など多くの入力条件があり，どれ一つ変えても出力に影響を及ぼす．また，出力としては加工コスト，切り屑，仕上げ面（精度や表面粗さ）および工具寿命（損傷や摩耗）があり，入出力の関係を記述するのが切削加工理論とすると，加工出力を説明するためには，切り屑生成，仕上げ面の精度や粗さ，および工具損傷のメカニズムの三つの理論が必要である．

　これらのメカニズムに共通する要素は，切削温度，応力および凝着と考えている．切り屑生成メカニズムから温度と応力が導き出されるが，温度と応力は凝着の主要因であると同時に，温度・応力・凝着は工具摩耗を左右する要因でもある．また，表面粗さは，幾何学的理論粗さを除けば，凝着の影響を強く受けることが知られている．したがって，温度・応力・凝着が切削加工の中間層として切削加

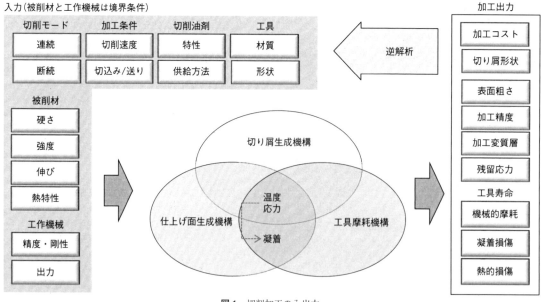

図1　切削加工の入出力

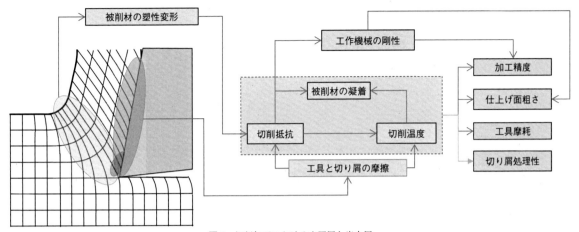

図2 切削加工における中間層と出力層

表1 切削油剤の働きと基本性能

目的	働き	基本性能（作用）				
		潤滑作用	凝着防止	冷却作用	防錆作用	洗浄作用
寸法精度向上	工具摩耗抑制	○	○	○		
	熱膨張抑制			○		
仕上げ面粗さ向上	構成刃先防止		○	○		
切削力低減	摩擦抑制	○				
工具寿命延長	工具摩耗抑制	○		○		
	熱劣化抑制			○		
作業効率化	切り屑処理					○
	工作物冷却			○		
品質向上	錆止め				○	

工の出力を支配しているといえる.

　この間の関係を模式的に示したのが**図2**である. なお,図2では,応力を切削抵抗とした. 被削材や切り屑が大きく変形する領域は,工具刃先の切り屑生成領域と,切り屑裏面と工具すくい面の摩擦領域であり,それぞれ模式的に示したように,切削抵抗,切削温度および凝着が生じる.これら三つが切削加工の中間層となり,加工精度や表面粗さ,工具損傷・摩耗および切り屑などの出力層を決めることになる. この図をもとに切削油剤の効果について以下考える.

3. 切削油剤の効果

　これまでいわれている切削油剤の効果を**表1**[1]に示す.油剤の働き（効果）はいずれも,図1に示した切削加工における出力に関係する事項であり,切削油剤の基本性能（作用）は加工出力のすべてに影響を及ぼすことを示している. ただし,これらの効果に関しては,すべての切削条件で得られるわけではなく,採用している切削条件下でその効果が得られるかどうかを検討する必要がある.

　例えば,表1の冷却作用を見ると,工具摩耗の抑制効果があるとされるが,そのためには,工具摩耗と切削温度の関係および切削油剤と冷却作用の二つの関係を明らかにする必要がある. また,冷却作用により構成刃先の防止効果があるとされるが,旋削では切削速度が高くなると構成刃先は消滅することから,旋削では冷却作用により構成刃先が消滅することは考えにくい.

　いずれにせよ,切削油剤の効果は切削条件と密接に関わっており,切削条件を無視して,油剤の効果を議論することはあまり益があるとは思えない. そこで,以下ではまず,切削油剤と冷却作用について考えてみる.

4. 切削温度と工具摩耗

　切削油剤の冷却作用を考える前に,切削温度と工具摩耗の関係について整理したい. 竹山・村田[2]は「工具摩耗の温度依存性」という論文の中で,全摩耗量を熱拡散と機械的摩耗に分けて,一定切削距離当たりの摩耗（dW/dL）を以下のように求め,逃げ面における熱拡散の開始温度を実験的に求めた.

$$\frac{dW}{dL} = A + \frac{B}{V(\theta, S)}e^{-E/K\theta} \tag{1}$$

ここで,A,B,K：定数,V：切削速度,θ：切削温度,S：送り,E：活性化エネルギである.

　図3に,竹山らによる,切削温度と単位摩擦距離当たりの摩耗量の関係を示す.

　この図からいえることは,超硬P10種で耐熱鋼を切削した場合,おおよそ1200 K（900℃）の温度以下では切削温度に無関係に一定量の摩耗率を示すが,この温度以上では切削温度の上昇にともない指数関数的に摩耗が大きくなることを示している.

　また,**図4**は,H. Opitz[3]による切削温度と工具摩耗の概念図をもとに

　Abrasion：機械的摩耗

　Adhesion：凝着損傷

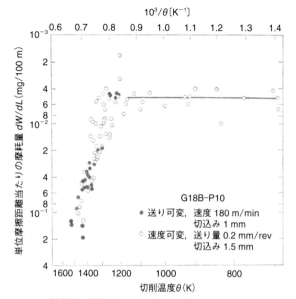

図3 切削温度（絶対温度）と単位摩擦距離当たりの工具摩耗量との関係

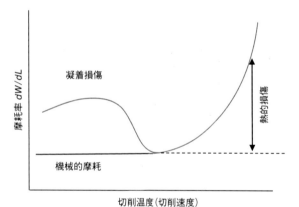

図4 切削工具の摩耗・損傷と切削温度

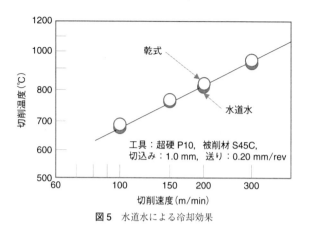

図5 水道水による冷却効果

Diffusive wear＋Oxidation：熱的損傷
として書き直した図である．

なお，図4では摩耗（wear）と損傷（damage）を区別している．摩耗には，その原因により凝着摩耗やアブレッシブ摩耗などがあるといわれている[4]．切削工具がどのような摩耗機構をもつかについては改めて考えたいが，ここでいう機械的摩耗は，切削温度にあまり左右されない切削距離に比例する（摩耗率が一定の）摩耗を示している．

一方熱的損傷は，高温下で工具と切り屑・被削材の反応や酸化などにより工具表面の硬さなどの機械的特性が低下することによる（機械的）摩耗の急増現象，凝着損傷は，断続切削などで工具と被削材が断続的に接触離脱を繰り返すときに工具へ凝着した被削材が引き起こすチッピングな

どによる損傷としている．以下，図4をもとに切削油剤の冷却作用を考えてみる．

5. 切削油剤の冷却作用

切削油剤による冷却作用を考える場合，機械的摩耗の領域であれば，多少切削温度が下がっても機械的摩耗はあまり影響を受けない（切削油剤の凝着・潤滑作用による摩耗低減効果は別とする）．一方，熱的損傷領域では，切削温度が低下することにより損傷の低下が期待できる．

熱的損傷領域における切削油剤の冷却作用については，工具−被削材熱電対法により幾つか実験を行ったが，結果の一例を図5に示す．実験条件は図中に示す．実験は乾式および湿式で行い，湿式は旋盤の給油ノズルに水道水を接続し水道圧力による垂れ流しで行った．当初は水溶性切削油剤を用いて実験を行ったが，実験に使用した油剤が電気伝導度をもっており，正確な熱起電力が測定できなかったためである．

実験結果では，送り（切り取り厚さ）が0.2 mm/rev程度の連続型切り屑が発生する条件では測定される熱起電力に有意な差は見られなかった．

熱起電力による切削温度の測定では，工具と切り屑（被削材）接触面の平均温度（温度分布の平均値）が測定されると考えられる．したがって，図5に示した実験条件のような，ある程度の切り屑厚さがあり，連続型切り屑が生成される条件では，工具−切り屑・被削材接触域の外縁部で切削液の冷却作用により若干の温度低下があっても，温度分布の平均値を大きく下げるほどの効果はないといえる．

一方，高圧給油の場合は状況が異なると考えられる．例えばすくい面側から，切り屑が強制的に曲げられるほどの高圧の切削油剤を供給した場合，工具−切り屑接長さが減少することから，すくい面における切り屑との摩擦発熱も変化すると思われる．ただし，その結果すくい面摩耗が減少したとしても，減少の原因は切削温度の低下によるものか，あるいは切削油剤の凝着防止作用や潤滑作用によるものなのかについては判断しづらい．

流れ型切り屑以外の，亀裂型（鋳鉄など），むしれ型

（延性の大きい柔らかい材料），のこ刃状（Ti 合金など）の場合は，切り屑とすくい面の接触が不安定となり，切削油剤の供給により切削温度が低下する可能性がある．ただし，いずれも機械的摩耗領域では，温度低下による摩耗量の減少は考えにくい（凝着防止作用による摩耗量の低減については後ほど述べる）．

また，熱的摩耗領域は，切削工具の素材に大きく左右される．例えば，高速度工具鋼を含む合金工具鋼や炭素工具鋼では熱処理により硬さや靭性を付与しているため，切削温度が熱処理温度を超えると急激に工具が軟化し熱的損傷が急増する．このような場合は，切削油剤の冷却作用により熱的損傷の軽減が期待できるが，被覆工具やセラミック工具のような耐熱性の高い工具では，熱的損傷の始まる温度が相当高くなることから，熱的損傷領域での冷却作用による摩耗低減効果は限定的と思われる．

6. 切削油剤の凝着防止作用・潤滑作用

切削加工の出力は，加工コストを除けば，切り屑，仕上げ面および工具摩耗の三つであり，切削油剤の凝着防止作用や潤滑作用が，これらに対して有効に働くか否かがポイントとなる．なお，加工コストに関しては油剤だけ考えればコストを上げる要因となるが，上記3点を改善するために，油剤の使用が必要不可欠な場合には必要なコストであり，油剤は必ずしもマイナス要因とはならない．

切削油剤の凝着防止・潤滑作用を考える場合，連続型切り屑とそれ以外の切り屑に分けて考える必要がある．連続型切り屑が生成されている工具と切り屑・被削材の応力状態を考えると，切削油剤が両者の境界部に入り込む可能性は低く，油剤が凝着防止あるいは潤滑作用を発揮するとすれば，工具・切り屑・被削材の接触外縁部と考えられる．

図6 は工具・切り屑・被削材の接触を模式的に書いた図であるが，図に示すように接触外縁部は常に接触・離脱を繰り返していると考えられ，外縁部に有効に油剤が供給されれば，凝着や摩耗の低減が期待できる．特に仕上げ面が生成される前切刃や前逃げ面で，凝着や摩耗が低減できれば，仕上げ面粗さの向上が期待できる．また，すくい面についても，切り屑離脱部ですくい面への凝着が低減できれば，切り屑のすくい面からの離脱・流出がスムーズになり，切り屑が原因となる仕上げ面粗さの低下を抑えることができる可能性がある．

なお，金属の摩耗率を無潤滑の場合に比べ1桁以上減少させるための必要最小限の油量については，潤滑油の分子長や荷重，摩擦速度，温度などの影響を受けるが，油膜厚さにしておおむね $0.1 \sim 10\,\mu\mathrm{m}$ 程度必要といわれている[4]．言い換えれば，短時間であっても $1\,\mu\mathrm{m}$ 前後の隙間が存在し，この隙間に油剤が効果的に供給できれば，工具摩耗や凝着が防止できる可能性がある．そのためには，接触・離脱を繰り返す外縁部の微小隙間に効果的に油剤を供給する必要がある．供給方法としては，常圧給油よりも高圧給油の方が効果的と考えられるが，時間的に変動する微小隙間

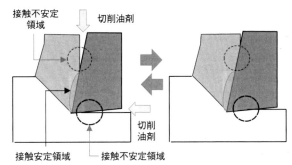

図6 工具と被削材・切り屑の接触不安定領域

に的確に油剤を供給するには，MQL のように，微小径・微量の油を混ぜた圧縮空気を利用するのも有効と考えられる[5]．

また，連続型切り屑でも切削速度（温度）が低下し大きな構成刃先を伴う場合や，非連続型切り屑の場合は，切り屑の生成が不安定であり外縁部も大きく変動することから，油剤の凝着防止作用が期待できる可能性は高くなる．

7. 切削速度，切り取り厚さと凝着性

切削油剤の使用を，仕上げ面粗さの向上に限定した場合，刃先の幾何学的形状から計算できる理論粗さが得られる切削条件下では切削油剤は不要である．一方，理論粗さが得られない切削条件下，言い換えれば構成刃先を含めた凝着が発生する条件下では，切削油剤の凝着防止・低減作用により仕上げ面が乾式切削に比べ改善できる可能性がある．したがって，切削油剤の使用は，切削条件を考慮した上で判断する必要がある．

竹山ら[6]は，切削条件（切削速度と送り量）と仕上げ面粗さの関係を実験的に求め，**図7** のような結果を得た．正常領域はほぼ刃先形状から計算される理論粗さが得られる領域，非正常領域は構成刃先によって仕上げ面が乱される領域である．図によれば切削速度×送り量（切り取り厚さ）がある一定値を超えると正常領域となる傾向が読み取れる．

切削速度（V）および切り取り厚さ（h）は切削温度 θ を決める重要な値であり，M.C. Show[7]は，次元解析から次の式を導き出している．

$$\theta = Cu\sqrt{\frac{Vh}{K\rho c}} \tag{2}$$

ここで，C：定数，u：比切削エネルギ（切削面積当たりの切削抵抗），K：被削材の熱伝導率，ρ：被削材の密度，c：被削材の比熱である．

なお，Show の式では切削速度 V と切り取り厚さ h が同じ割合で切削温度に寄与しているが，実験によれば切削温度の寄与率の方が切り取り厚さの寄与率よりも大きく

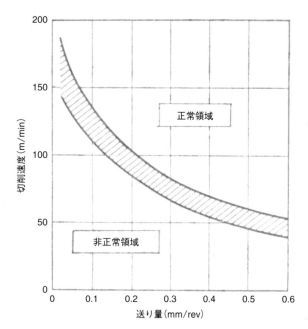

被削材：S15C, S25C, S35C, S45C, S55C, 工具：超硬
P30(0, 5, 6, 6, 15, 15, 0.8), 切込み：1.5 mm

図7 正常領域と非正常領域の境界[6]

$$\theta \propto V^{0.5} h^{0.3} \tag{3}$$

程度といわれている[8]. しかし, いずれにせよ [Vh] が大きいことは切削温度が高いことを意味しており, 切削温度が高くなると構成刃先が消滅することと対応している.

被削材の熱特性である [Kρc] については, この値が小さくなると切削温度が高くなる. したがって, 同じ Vh であっても [Kρc] が小さくなると切削温度が高くなり, 凝着しにくい工具を使用した場合, 温度が高くなると凝着した被削材が軟化するため凝着層が薄くなり, 同じ Vh で比較した場合, [Kρc] が小さくなるほど仕上げ面粗さは良くなる可能性がある. ただし, 凝着しやすい工具（例えば無被覆の超硬工具等）の場合は, 凝着層が成長しやすいため [Kρc] だけで, 議論するのは注意を要する. なお, 幾つかの被削材について [Kρc] の値を**表2**に示す.

図8に Vh を縦軸に, 被削材の [Kρc] を横軸に取った図を示す. 図で下に行くほど切削温度が低くなり, 一方, 左に行くほど切削温度が高くなる. 凝着性の高い工具と被削材の組み合わせでは, 仕上げ面向上や工具摩耗の低減のために, 切削油剤を効果的に使用する必要がある. したがって, 図の左下に行くほど切削油剤の使用が望まれる.

なお, 通常の鋼（例えばS45Cなど）を耐熱性の高い工具で切削する場合は, 切削温度の高い領域（構成刃先が生成されにくい領域）では, 仕上げ面粗さが良好であれば乾式切削も可能である.

表2 被削材の熱特性値

被削材	硬さ	引張り強さ	伸び	熱伝導率 K	密度 ρ	比熱 c	熱特性値
	HV	Mpa		W/mK	Kg/m³	J/KgK	$[K\rho c] \times 10^7$
S45C	170	600	0.2	64	7830	430	2.15
SUS304	150	800	0.4	15	7919	481	0.57
SUS403	220	625	0.3	25.1	7750	460	0.89
Ti-6Al-4V	300	1000	0.12	7.5	4430	610	0.2
純 Ti	160	425	0.25	17	5190	519	0.46
Inconel 718	450	1400	0.21	11.2	8130	431	0.39

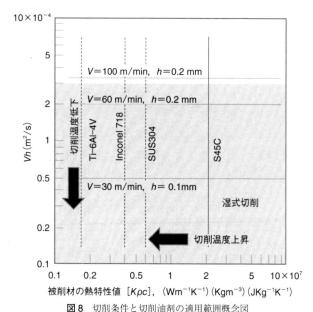

図8 切削条件と切削油剤の適用範囲概念図

8. お わ り に

切削油剤が, 切削加工の出力である切り屑処理性, 仕上げ面粗さ, 工具摩耗に及ぼす影響について, 切削条件を考慮する必要があることを示した. なお, 工具については述べることができなかったが, 耐摩耗性の高い, 仕上げ面粗さの良好な工具（耐凝着性の高い工具）が出来れば, 乾式切削の幅が広がり, 切削油剤の使用は限られた条件下での使用のみとなるかもしれない.

参 考 文 献

1) 切削油技術研究会：切削油ハンドブック, 工業調査会, (2004) 22.
2) 竹山秀彦, 村田良司：工具摩耗の温度依存性, 精密機械, **27**, 1 (1961) 33.
3) H. Opitz : Metal Transformations, Gordon and Breach, New York, (1968) 26.
4) 例えば, 笹田直：摩耗, 養賢堂, (2008) 32.
5) 横山正, 關谷克彦, 山田啓司, 山根八洲男：ドリル加工におけるMQLの効果（第1報）, 精密工学会誌, **73**, 2 (2007) 232.
6) 竹山秀彦, 大野幸彦, 宮坂金佳：旋削仕上げ面あらさに関する研究（第1報）, 精密機械, **31**, 3 (1965) 250.
7) M.C. Show : Technische Mitteilungen (Essen), **51**, 5 (1958) 211.
8) 例えば, 中山一雄：切削加工論, コロナ社, (1978) 91.

はじめての 精密工学

深層学習を利用した能動ステレオ法

Active-Stero Methods Based on Deep Learning/Ryo FURUKAWA

公立大学法人 広島市立大学　古川　亮

1. は じ め に

　画像は，カメラのレンズに入射した光線の情報を2次元的に並べたものである．これらの情報は外界の3次元シーンの各点からの反射光を捉えたものであるが，通常の画像は，それらの点への距離の情報を直接的には含まない．距離の情報を画像から復元するための方法に，カメラのみを利用する受動的な手法のほかに，3次元シーンに何らかの光を放射し，シーンから返ってくる信号を解析する能動的な手法がある．能動的な手法の中で，カメラと異なる位置にある投光器から特定の2次元パターンをもった光を投影し，カメラで観測することで，カメラ位置と投光器位置を基線とした三角測量を行う手法は，能動ステレオ法と呼ばれる．能動ステレオ法は，カメラのみで三角測量を行う受動ステレオ法よりも高い精度を出しやすいことから，実用的な多くの計測機器で利用されてきた．Microsoft 社のゲームデバイスである Kinect v1 や，iPhone X に搭載されている TrueDepth カメラもその例である．

　筆者を含む研究グループは，さまざまな状況下での3次元計測手法を研究しているが，その中に，内視鏡にパターン投光器を付加して，能動ステレオ法による3次元内視鏡を実現する，というものがある[1)2)]．内視鏡による3次元計測が実現できれば，消化管中の腫瘍の大きさの客観的な情報を得る医療器具として，あるいは手術ロボットのセンサとしての応用などが期待できる．

　3次元内視鏡を開発する際の大きな問題点は，内視鏡カメラのサイズ的制約や利用される環境の過酷さから，得られる映像上の2次元パターンの劣化が大きく，解析が困難になることである．この問題に対処するために，われわれは深層学習による画像処理や特徴解析を利用することで，計測の安定性を高めてきた．本稿では，こうした試みを紹介する．

2. 3次元内視鏡の概要

　開発中の3次元内視鏡の概要を述べる．本システムでは，ファイバ状のパターン投光器を内視鏡の鉗子孔に挿入し，構造化光を対象に投影することで3次元計測を行う[1)]．**図1**の左にシステムの概要を示す．パターン投光器を鉗子孔に挿入することで，既存の内視鏡でも3次元計測を行うことができるという特徴がある．鉗子孔に挿入可能

なパターン投光器を開発するという制約から，投影可能なパターンは1種類のみである．

　三角測量による3次元計測を行うためは，カメラで観測された2次元パターンと，元の2次元パターンとの照合を行い，対応する点のマッピングを得る必要がある．これは，対応点問題と呼ばれる問題であるが，本システムの場合では，単一パターンを投影すること，内視鏡カメラの画質，対象となる生体組織の表面下散乱や鏡面反射などの要因のため，対応点問題がより困難になる．また，投光器とカメラが固定されたシステムでは，対応点問題を解く際，エピポーラ拘束と呼ばれる拘束を利用して対応の候補を大幅に絞り込むことができるが，本システムではパターン投光器がカメラに固定されていないため，この拘束を利用できない．このため，観測されるパターンの各点の対応点候補は，元パターンの全体から探す必要がある．

　こうした悪条件に対抗して3次元計測を実現するために，筆者らは対応点問題の処理において深層学習を利用する手法を提案した[2)]．まず，観測画像から，CNN（Convolutional Neural Network）の一種である U-Net を利用して線状の特徴を抽出し，格子構造を得る．その際，各格子点においてパターンに埋め込まれたコード特徴も抽出する．得られた格子構造は，一種のグラフ情報である．そこで，グラフを対象とした深層学習モデルである GCN（Graph Convolutional Network）で，対応点の ID を推定する．対応点が推定できれば，三角測量によって観測点の奥行きを求めることが可能となる．

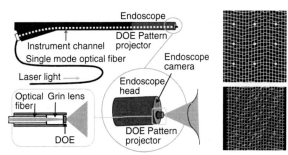

図1　内視鏡システムの概要（文献2）から引用）（左）システムの概要　（右上）投影パターン　（右下）投影パターンの格子点におけるコードを色で表したもの

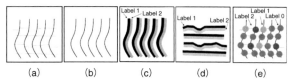

図2 U-Net の学習画像の作成法（文献2）から引用）（a）元のパターン　（b）縦線の人手による教師データ　（c）（b）から作成された U-Net 学習用ラベル画像　（d）横線検出用 U-Net 学習用ラベル画像　（e）コード検出用 U-Net 学習用ラベル画像

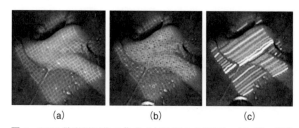

図3 GCN 学習用画像の作成（文献2）から引用）（a）元の画像　（b）（a）から U-Net で出力されたグラフデータ　（c）GCN の学習用教師データ（人手で入力）

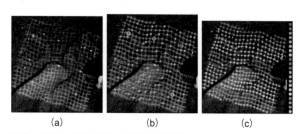

図4 GCN における対応点推定例（文献2)から引用）（a）元の画像　（b）（a）から U-Net で出力されたグラフデータ　（c）GCN が出力した対応ノードの ID の縦方向位置を疑似カラーとして可視化したもの

3. 段差付き格子パターンと U-Net によるグラフ抽出

　投影パターンは，図1（右段）に示すように直線で構成された格子状パターンである．パターンの垂直エッジはすべて連続な直線であるが，水平エッジには，隣接する水平エッジとの間に，ノードによって異なる3種類の異なる段差（S：両端のエッジの高さが同じ，L：左側のエッジが高い，R：左側のエッジが高い）が付けられている．段差の種類は，格子点におけるコード情報である．

　対象にパターンを投影して撮影した画像から，深層学習モデルの一種である U-Net を利用して，パターンの格子構造と，格子点におけるコード情報を推定する．U-Net は，画像のセグメンテーション等の処理で利用されるネットワークであり，入力と同じ解像度の画像を出力することができる．本システムでは，格子状パターンの縦および横の線と，格子点におけるコード情報を検出する．U-Net の教師データの例を**図2**に示す．線検出の教師データには，対象となる曲線の両側に，それぞれ異なるラベルをもった領域を設定している．また，コード情報の教師データでは，格子点の周辺に，コードの正解ラベルの ID をラベルとするような教師画像を用意する（図2）．学習によって得られたモデルは，カメラ画像から縦横の線情報と，格子点におけるコード情報を出力する．U-Net の出力画像から，格子状のグラフが得られる．グラフの各格子点には，コードの推定結果画像から取られたコード推定値が割り当てられる．

4. GCN による対応点推定

　カメラ画像から検出されたパターンのグラフの格子点に，元パターンの対応する格子点を割り当てる問題が，能動ステレオ法の対応点問題にあたる．文献2）では，グラフ畳み込みネットワーク（Graph Convolutional Network：GCN）を用いて，この割り当てを推定する手法を提案した．

　検出されたグラフは格子状のグラフであるが，ノード，エッジの欠損や，誤って検出された余分なノードを含む可能性があり，完全な格子構造ではないため，2次元パターンを対象とした深層学習モデルである CNN を直接適用することは難しい．そこで，グラフデータに対して CNN と類似した計算を定義する GCN を利用して，各ノードについて投影パターンの対応点を推定する．

　GCN では，グラフの各ノードに特徴ベクトルが割り当てられた状態から，グラフ畳み込み演算と活性化関数の適用を繰り返す．グラフ情報は，全ノードの特徴ベクトルを並べた行列と，ノードの接続行列として与える．グラフ畳み込み演算は，各ノードについて，そのノードの近傍ノードの特徴ベクトルの重み付き和を計算する処理であり，CNN の畳み込み演算に対応する．このような処理を繰り返すことで，各ノードの周囲の情報を統合した特徴ベクトルを計算することができる．文献2）では，グラフ畳み込み，バッチ正規化，活性化関数 Lelu の適用を5回繰り返した後，得られた特徴ベクトルから22クラスの分類予測を行った．22クラスに分類したのは，元のパターンには21種類の縦線と横線があり，縦線と横線のそれぞれの位置 ID（未知を含む）を推定しているからである．

　GCN の学習は，教師付き学習で行う．まず，U-Net を用いて実際の内視鏡画像からグラフ構造を抽出する．これとは別に，同じ内視鏡画像に対して，**図3**（右）に示すように，縦線と横線のクラス ID を手動でアノテーションし，教師データとする．

5. 計 測 例

　図4は，本手法での対応関係推定結果の一例を示す図である．元画像は豚の胃の中部の表面である．オクルージョンや形状の不連続性，強い鏡面反射がある状況にもかかわらず，得られた対応関係はほぼ正しいことを確認することができた．**図5**は，胃の模型の上を内視鏡で走査する

 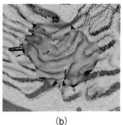

|(a)|(b)|

図5 胃の模型の形状計測例（文献2）から引用）　(a) 模型の全体図
と計測位置　(b) (a) から複数の形状を計測し，統合した形
状（紫）と，グレイコードで計測された真の形状（背景の薄
茶色の形状）

ように移動撮影し，それぞれのフレームで形状測定を行
い，各形状を補間によって高密度化したあと，融合したも
のである．高密度な形状が得られており，真の形状と近い
形状が得られることが確認できる．

6. ま　と　め

筆者らは3次元内視鏡の開発において，投光パターンの
画像特徴抽出のレベルと，撮影されたパターンと元のパタ
ーンの対応点推定の2段階において深層学習を利用する手
法を開発中である．現在，精度，処理速度を改良すること
で，実用的なシステムを実現することを目指している．

参　考　文　献

1) R. Furukawa, Y. Sanomura, S. Tanaka, S. Yoshida, R. Sagawa, M.
Visentini-Scarzanella and H. Kawasaki : 3d endoscope system
using doe projector, Engineering in Medicine and Biology
Conference, (2016) 2091-2094.
2) R. Furukawa, S. Oka, T. Kotachi, Y. Okamoto, S. Tanaka, R.
Sagawa and H. Kawasaki : Fully Auto-calibrated Active-stereo-
based 3D Endoscopic System using Correspondence Estimation
with Graph Convolutional Network, Engineering in Medicine and
Biology Conference, (2020) 4357-4360.

はじめての精密工学

医療用チタニウム合金のミーリング加工

Milling of Medical Titanium Alloy/Hideharu KATO

金沢工業大学 **加藤秀治**

1. はじめに

　チタニウム合金は比強度が高く，耐食性に優れた材料であり，金属組織の状態によって大きく α 型合金，$\alpha+\beta$ 型合金，β 型合金に分類される．$\alpha+\beta$ 型合金や β 型合金は，溶体化処理や時効処理によって機械的強度を向上させることが可能であることから，多くの工業用分野で使用されている[1]．特に航空機産業においては軽量化が進められており，高強度が求められる骨材やジョイントなどの構造体が比強度の高いチタニウム合金に置き換えられている[2]．さらに，機体重量の50%近くがCFRP（炭素繊維強化プラスチック）となる民間機においては，CFRP材を締結する部位における電位差腐食の防止や温度変化にともなうひずみの抑制を図るため，CFRPの熱膨張係数に近い特性を有するチタニウム合金が多用されている[3]．一方，チタニウム合金は上述した優れた特性に加え，チタンの活性に関連した強固な酸化膜（不働態膜）の形成が金属イオンの溶出を抑制する働きがある．このため，生体適合性に優れる特性を兼ね備えており，安全性が重要となる体内に挿入するインプラント材料として有効な材料としても知られている[4]．しかしながら，チタニウム合金材料は熱伝導率が低いことや工具との反応性が高いことから，切削時の温度が蓄積しやすく工具ダメージが大きくなる．このため，高能率加工が難しい難削材料として位置づけられている．

　本稿では，チタニウム合金の基礎的な加工特性と特に医療用チタニウム合金のミーリング加工を取り上げ，高能率加工の実現を目指した取り組みを紹介する．

2. チタニウム合金材料の種類と基本的加工特性

　表1は生体チタニウム合金材料を示している．これらの材料も金属組織的には三つに大別されている．JIS規格では2002年に外科用インプラント材料[5]として6種類（JIS T 7401-1～6：2002）が制定されている．また，このほかにも，人工骨として使用する場合には人骨とチタニウム合金の弾性率の差が原因となる応力遮蔽による骨の緩みが問題となるため，β 合金をベースとした低弾性率の生体

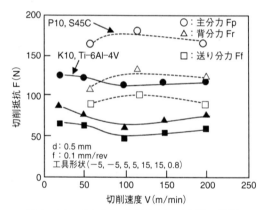

図1 チタニウム合金の切削速度と切削抵抗の関係[7]

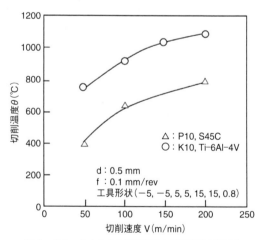

図2 チタニウム合金の切削速度と切削温度の関係[7]

表1 生体チタニウム材料と外科用インプラント材料（JIS）

構造	チタン材料	JIS	
α 型	CP-Ti	T 7401-1	1種 ELI，1種～4種
$\alpha+\beta$ 型	Ti-6Al-4V	T 7401-2	
	Ti-6Al-4V ELI		
	Ti-6Al-2Nb-1Ta	T 7401-3	
	Ti-15Zr-4Nb-4Ta	T 7401-4	
	Ti-6Al-7Nb	T 7401-5	
	Ti-3Al-2.5V		
Near β 型	Ti-13Nb-13Zr		
β 型	Ti-15Mo-5Zr-3Al	T 7401-6	
	Ti-12Mo-6Zr-2Fe		
	Ti-15Mo	T7401-1	

CP-Ti：工業用純チタン　ELI：Extra low interstitial

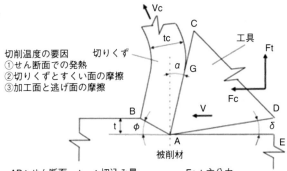

切削温度の要因
①せん断面での発熱
②切りくずとすくい面の摩擦
③加工面と逃げ面の摩擦

AB：せん断面， t：切込み量， Fc：主分力
AC：すくい面， tc：切りくず厚み， Ft：背分力
AD：逃げ面， AG：切りくず接触長さ， V：切削速度
α：すくい角， φ：せん断角， Vc：切りくず流出速度
δ：逃げ角

図3 二次元切削モデルと切削温度の要因

表2 切削条件

切削速度　V（m/s）	1.0,	3.0,	5.0,	8.3,	15.0
切込み量　d（mm）	0.2				
ピックフィード　Pf（mm）	0.5				
送り速度　Sz（mm/刃）	0.05				
切削方向	ダウンカット				

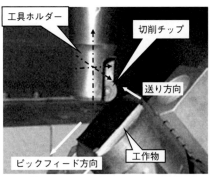

図4 ミーリング加工のセットアップ

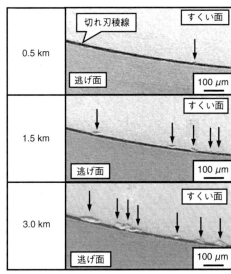

図5 切削速度8.3 m/s 条件における切削距離を追った切れ刃損傷の変化

チタニウム材料の開発も行われている[6].

　図1，**図2**は工業用途や医療用途に多用されているチタニウム合金材料（Ti-6Al-4V）と構造用炭素鋼（S45C）を超硬合金工具で加工した場合の切削速度に対する切削抵抗と切削温度の関係を鳴瀧らがまとめた結果である[7]. 切削抵抗においてはチタニウム合金材料に比べ，構造用炭素鋼の切削抵抗が高く，切削力の観点ではチタニウム合金は決して加工しにくい材料とはいえない. しかし，両材料の切削温度については約200℃の違いが認められ，チタニウム合金の切削温度の上昇が加工を難しくしている. このため，切削温度をいかに抑制するかが，チタニウム合金の加工におけるポイントとなる. **図3**に示す切削機構を単純化した二次元切削モデルにおいては，①せん断面での発熱，②すくい面での切りくずと工具の摩擦，そして③加工面と逃げ面の摩擦が熱源となる. 特に①せん断面での発熱（せん断面積）の大きさが主要因であり，次いで②すくい面上の摩擦が切削温度に関与する. したがって，切削温度の抑制には切込み量，せん断角，工具すくい角を小さくすることや，すくい面摩擦係数を小さくすることが必要である. また，チタニウム合金の熱伝導率の悪さから生じる切削温度の蓄積を抑制するためには，使用する工具側からも熱を逃がす工夫が必要であり，熱伝導率の良い工具材料を選定することも重要である.

3. 医療用チタニウム合金のミーリング加工

3.1 湿式環境におけるミーリング加工

　次に，表1に示す医療用チタニウム合金の中で代表的なバナジウムフリーチタニウム合金の Ti-6Al-2Nb-1Ta 合金（JIS T 7401-3）を用いてミーリング加工の高能率化に取り組んだ内容を紹介[8]する. 前述したように，チタニウム合金の加工には切削時の発熱を抑える観点から熱伝導率（400 W/m・K）や曲げ強度（1.6 GPa）に優れるバインダレス cBN 工具[9]を用いた. 切削条件は**表2**に示す薄い切りくずを生成可能な条件とし，工具軸に対して加工面が

45°の傾斜切削（**図4**参照）を行った. 切削油剤は30倍希釈した水溶性クーラント（エマルジョンタイプ）を用い，5 MPa の圧力でホルダー内部を通過させ，すくい面側から切削部位に供給した.

　図5は切削速度8.3 m/s 条件における切削距離の増加にともなう工具損傷状態を示したものであるが，工具逃げ面摩耗幅は 10 μm 程度生じるレベルで，切削距離の増加にともない著しい進行は確認されず切れ刃すくい面にミクロチッピング（図中矢印で示す）が発生し，切削距離の増加とともにその数が増加していく傾向を示す. この損傷は切削速度を変化させても同様に観察されることから，**図6**

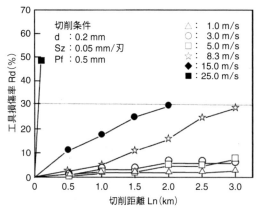

図6 各切削速度における切削距離と工具損傷率の関係

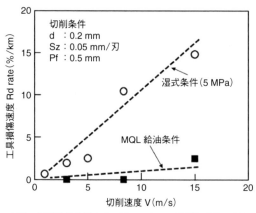

図8 切削油剤供給方式の違いによる工具損傷速度の比較

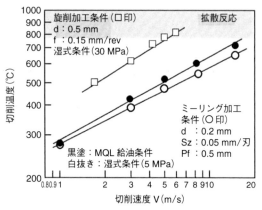

図7 加工条件の違いによる切削温度の比較

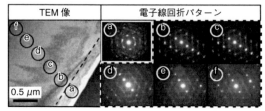

図9 切削速度1.5 m/sにおける加工面直下のTEM像と電子線回折結果

に示すように工具損傷率 Rd（有効切れ刃に対するチッピングの長さの割合）は切削距離に比例的に増加し，切削速度の増加にともない大きくなる傾向を示した．図7は湿式加工におけるミーリング加工（断続加工）と旋削加工（連続加工）における切削温度を比較したものである（MQL給油ミーリング加工条件の温度も併記した）．ミーリング加工の切削温度は200～300℃程度も低くなる．これは，加工条件が軽切削条件であることと，高速断続切削加工においては切削加工時間が短いため，連続加工における定常状態の切削温度に到達する前の過渡的な状態で切削が終了し，切削温度が低くなった[10]ことが考えられる．

加えて，ミーリング加工は断続切削であるため，旋削加工による連続切削とは異なり，切削時には工具切れ刃に切削熱が発生し，空転時にはクーラントにより急激に冷却され，これが繰り返されるのが特徴である．特に，高速切削の場合は，低速切削に比べ最高温度が高いだけでなく，加熱・冷却の周期が速いため，急激な温度変化を受け大きな熱衝撃が工具に及ぼされるものと考えられる．

3.2 MQL給油に切れ刃のチッピング抑制

図8は工具への冷却性を抑え，潤滑性のみを付与する

目的でMQL給油条件下の効果を調べたものである．工具損傷速度 Rd rate は工具損傷率 Rd を切削距離で除したものと定義し，工具損傷のしやすさを示す指標としている．両方式においても切削速度（切削温度）の上昇とともに，工具損傷速度は速くなる傾向にある．しかし，同一速度条件下で湿式加工条件に比べてMQL給油条件では工具損傷速度が著しく抑えられることが明らかであり，切削速度15.0 m/sにおいても十分な性能が得られた．これは図7に併記したMQL条件の刃先温度からも刃先温度が低く，過剰な冷却が必要ないことを示している．

このように，医療用のチタニウム合金のミーリング加工の高能率化には材料強度が高く，熱伝導性能に優れたバインダレスcBN工具を用いて，切削温度が拡散劣化摩耗の促進される温度に到達しない切削速度（温度）領域にある場合は積極的な工具冷却を行うよりも，熱衝撃の緩和のためには潤滑作用だけを目的とするMQL給油による加工が望ましい．

3.3 低弾性率の医療用チタニウム合金の加工

次に，人骨に近い低弾性率を有するβ型のチタニウム合金の加工を紹介する[11]．この材料は材料作製の最終製造工程において減面率90%以上の冷間強加工を施すことで，超弾塑性能に加え1 GPa程度の高い引張強度と40～60 GPa程度の低い縦弾性係数を兼ね備えている（今回使用したものは60 GPa）[12]．しかしながら，インプラント材料として優位な低弾性率特性は，温度環境が高温となる場合

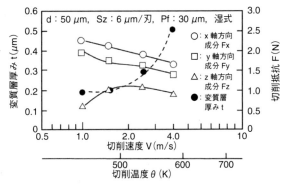

図10 切削速度と変質層厚みおよび切削抵抗の関係（横軸切削温度を併記）

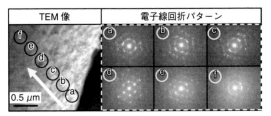

図11 A条件（切削速度16 m/s）における加工面直下のTEM像と電子線回折結果

や大きな外力が加わる場合において，合金組織が変化することにより消失することが報告されており[13]，切削加工時に特性が失われる，もしくは変質層として残存する可能性がある．なお，本実験ではコーテッド超硬ボールエンドミル（ϕ1 mm）を用いて45°斜面の微細加工を行った．

図9の切削速度1.5 m/sにおける加工表面直下のTEM観察結果からは，加工表面から破線までの範囲において斑模様の様相となっていることが確認できる．また，電子線回折パターンは，ⓐ領域では六角形の電子線回折パターンを示しているのに対し，ⓑ～ⓕ領域においてはひし形の電子線回折パターンを示している．このⓑ～ⓕ領域における電子線回折パターンは，事前に調査した加工前の被削材の電子線回折パターンと同様であることから，ⓐ領域においては合金組織が変化していることを示している．TEM像と電子線回折パターンの変化から切削速度1.5 m/sにおける加工変質層厚さは約0.2 μmであると考えられる．図10は同様の方法により，各切削速度域における加工変質層厚さを評価し，その際の切削温度および切削抵抗の測定結果を併記したものである．切削速度の増加にともない，加工変質層厚さは増加傾向を示していることが明らかである．また，切削温度は加工変質層厚さと同様に上昇傾向を示すのに対し，切削抵抗は減少傾向となる．また，その大きさも小さいことが明らかである．また，切削温度が約900 Kとなる切削速度16 m/sの高速条件においては，図11に示すTEM像からは視野全体がまだら模様となることが確認でき，電子線回折からは，すべての領域において六角形の電子線回折パターンを示す．視野範囲のすべてが加工変質していることが明らかであり，2.5 μm以上の加工変質層が生成されていると考えられる．本被削材の変態点が1000 K[14]であることを考え合わせると加工変質層厚さが一気に増大することが明らかである．以上のことから，加工変質層は切削温度の影響を受けやすいことが示唆される．

4. お わ り に

本稿では，チタニウム合金材料の基礎的加工特性を紹介し，特にインプラント材料として使用される医療用チタニウム合金の高能率加工について，熱伝導率や強度特性に優れるバインダレスcBN工具を用いたミーリング加工と低弾性率を有するチタニウム合金のミーリング加工を例に挙げ解説した．チタニウム合金の切削加工には切削温度が工具損傷や加工表面品位に対して極めて大きな影響を及ぼすが，せん断面積を小さくする工夫により能率的な加工が可能であることを報告した．本稿の内容がチタニウム合金などの難削材料の高能率化や高精度化の一助となれば幸いである．

参 考 文 献

1) 岸輝雄（監修）：チタンテクニカルガイド基礎から実務まで，（株）内田老鶴圃，（1993）：新家光雄：チタンの基礎・加工と最新応用技術，シーエムシー出版，（2009）212-225.
2) 稲垣育宏，武智勉，臼井善久，有安望：航空機用チタンの適用状況と今後の課題，新日鉄住金技術報，396（2013）23-28.
3) 出井裕：次世代航空機に求められる材料と製造技術，精密工学会誌，75，8（2008）937-940.
4) 新家光雄：チタンの基礎・加工と最新応用技術，シーエムシー出版，（2009）212-225.
5) JIS T 7401 1～6：2002：外科インプラント用チタン材料
6) 黒田大介ほか：新しい生体用β型チタン合金の設計とその機械的特性および細胞毒性，鉄と鋼，86，9（2000）602-609.
7) 鳴瀧則彦：難削材の切削加工，日刊工業新聞社，（1989）85.
8) 廣崎憲一，新谷一博，兼氏歩：生体用チタン合金の高速切削加工に関する研究―バインダレスcBN工具の工具摩耗形態と摩耗機構―，精密工学会誌，72，2（2006）219-223.
9) 角谷均，上坂伸哉：高純度cBN多結晶体の高圧合成とその特徴，NEWDIAMOND，15，4（2000）14-19.
10) 臼杵年，山根八洲男，鳴瀧則彦：高速連続切削時の工具摩耗と切削温度，精密工学会誌，71，10（2005）1303-1308.
11) 加藤秀治ほか：超弾塑性特性を有するβ型チタン合金のミーリング加工に関する研究（加工特性の検証及び最適切削条件の選定），日本機械学会論文集，83，855（2017）17-00258.
12) T. Saito et al.：Multifunctional alloys obtained via a deslocation—Free plastic deformation mechanism, Science, 300（2003）464.
13) Z. Chen et al.：Microstructures and wear properties of surface treated Ti-36Nb-2Ta-3Zr-0.35O alloy by electron beam melting（EBM）, Applied Surface Science, 357（2015）2347-2354.
14) M. Geetha et al.：Influence of microstructure and alloying elements on corrosion behavior of Ti-13Nb-13Zr alloy, Corrosion Science, 46（2004）877-892.

はじめての 精密工学

ナノインデンテーション法の基礎

The Basics of Nanoindentation Method/Satoshi SHIMIZU

(株)日産アーク　清水　悟史

1. は じ め に

私たちは，物体の硬さの絶対値を知らなくとも，経験により得た知識や触った感覚などにより，その大小を容易に想像することができる．身近な例として，ダイヤモンドが硬い鉱物であること，チョークは黒板よりも柔らかいこと，ゴムやスポンジが柔らかいことが挙げられる．

学術的な物体の硬さは19世紀前半から多種多様な評価手法が提案されており，ナノインデンテーション法（以下，NI法と記す）はその評価手法の一部として開発され，現在では幅広い分野で活用がなされている．NI法の歴史が浅くナノという言葉が先端技術を連想させることもあり，その原理や理論が複雑であるかのようなイメージがあるが，一般的な引張・圧縮試験と同じ連続体力学の適用が可能である．

本稿では，NI法を理解する上で重要な古典的な硬さ評価と理論的解釈の歴史的背景（**図1**）を説明し，NI法の測定原理および留意点を紹介する．

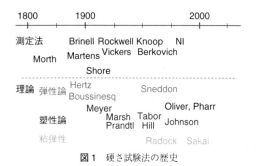

図1　硬さ試験法の歴史

モース硬さ	標準物質	化学式	ビッカース硬さ
1	滑石	$Mg_3Si_4O_{10}(OH)_2$	50
2	石膏	$CaSO_4 \cdot 2H_2O$	60
3	方解石	$CaCO_3$	140
4	蛍石	CaF_2	200
5	燐灰石（アパタイト）	$Ca_5(PO_4)_3$ (F, Cl, OH)	650
6	正長石	$KAlSi_3O_8$	700
7	石英	SiO_2	1000
8	黄玉（トパーズ）	$Al_2SiO_4(F, OH)_2$	1650
9	鋼玉（コランダム）	Al_2O_3	2100
10	金剛石（ダイヤモンド）	C	7000

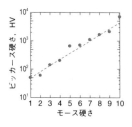

図2　モース硬さ

2. 硬さ測定の歴史

感覚的な指標でしかなかった硬さを数値化する初めての試みは，19世紀初期に提案されたモース硬さである（**図2**）．モース硬さ[1]は，滑石からダイヤモンドに至る10個の基準石を用意した上で，お互いを擦りつけて傷の有無で硬さを数値化する手法である．しかしながら，モース硬さは人間の感覚的な基準による10段階評価であったため，後に開発される定量的硬さの値としては取り扱うことができなかった．

19世紀後半の1890年に，鉄鋼材料の硬さを評価する手法として，鋼球（圧子）を押し込んで硬さを評価するブリネル硬さ[2]が開発された（**図3**）．ブリネル硬さは，表面にできたくぼみ（圧痕）を計測して得られる表面積で押し込んだ荷重を割ることで定義され，現在でも広く用いられている鋼材の硬さ測定手法の1つである．同時期の1889年に現在のNI法と同等な評価手法として圧子の押し込み深さと荷重から硬さを得るマルテンス硬さ[3]が提案された．現在でもマルテンス硬さは使われているが，当時の押し込み深さの計測精度の低さに起因し，以後の押し込み硬さ測定は圧子を押し込んだ後にできる圧痕の計測による測定が主流となった．

20世紀に入り多様な材質での硬さ評価の要求の中で，ブリネル硬さの手法はセラミックスのような硬質材料での評価に不向きであることがわかったため，1923年にR. SmithとG. Sandlandによりダイヤモンドでできた四角錐形状の圧子を押し込んでできた圧痕を計測して硬さを評価するビッカース硬さ[4,5]が提案された（**図4**）．ちなみに，硬さ測定の名前は開発者が由来となることが多いが，ビッカース硬さは評価装置を開発し販売したVickers Armstrong社に由来している．ビッカース硬さは適用できる材料の範囲が広いため，現在でも標準的な硬さ試験と

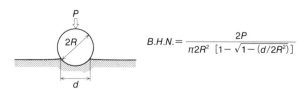

$$B.H.N. = \frac{2P}{\pi 2R^2 \left[1 - \sqrt{1 - (d/2R^2)}\right]}$$

図3　ブリネル硬さ

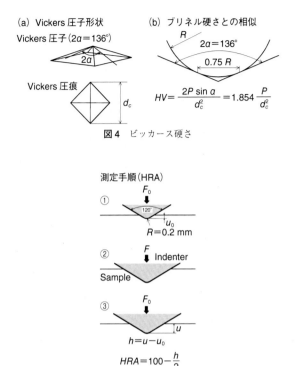

(a) Vickers 圧子形状
Vickers 圧子($2a=136°$)

Vickers 圧痕

(b) ブリネル硬さとの相似

$$HV=\frac{2P\sin a}{d_c^2}=1.854\frac{P}{d_c^2}$$

図4 ビッカース硬さ

測定手順（HRA）

$$HRA=100-\frac{h}{2}$$

図5 ロックウエル硬さ

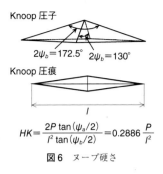

Knoop 圧子

$2\psi_b=172.5°$　$2\psi_a=130°$

Knoop 圧痕

$$HK=\frac{2P\tan(\psi_a/2)}{l^2\tan(\psi_b/2)}=0.2886\frac{P}{l^2}$$

図6 ヌープ硬さ

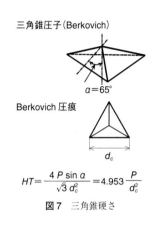

三角錐圧子（Berkovich）

$\alpha=65°$

Berkovich 圧痕

$$HT=\frac{4P\sin\alpha}{\sqrt{3}\,d_c^2}=4.953\frac{P}{d_c^2}$$

図7 三角錐硬さ

して広く用いられている．なお，ビッカース硬さに使われる四角錐圧子（Vickers 圧子）の形状はブリネル硬さとの整合性が得られるように設計されている．

ビッカース硬さと時期を同じくして，1922 年に S.P. Rockwell が先端が球形状になった円錐圧子を押し込んで硬さを測定するロックウエル硬さ[6]を開発した（**図5**）．ロックウエル硬さは，測定前にある程度押し込んだ後に圧子を押し込んで測定するため，表面形態や変質の影響を受けにくく，圧子の押し込み深さを計測して硬さを測定するため自動化が容易であった．一方，硬質な材料での評価には不向きであったため，現在では主に金属材料での品質保証ツールとして利用されることが多い．

圧痕を計測するために光学顕微鏡を利用するが，材料が非常に硬質になり圧痕が μm オーダより小さくなると測定精度の低下を招き，圧痕の観察すら困難となることもある．そこで，1939 年に四角錐の稜角の一片を非常に鈍角（172.5°）にした圧子（Knoop 圧子）によるヌープ硬さ[7]が F. Knoop により提案された（**図6**）．圧痕は一方向に伸びたひし形状となり，非常に硬質であっても十分な圧痕の長さが得られるため，硬質材においても精度のよい硬さ測定が可能になる．さらに，この圧子形状を利用して，材料の力学的異方性を評価することも可能である．

その後，1951 年に E.S. Berkovich により三角錐圧子を使った三角錐硬さ測定法[8]が提案された（**図7**）．ブリネル硬さやビッカース硬さでは押し込み荷重を圧痕のできた表面積で除して硬さを求めていたのに対し，三角錐硬さとヌ

ープ硬さにおいては，押し込み荷重を圧子の接触を投影した面積（射影面積）で除して硬さを求めるため，硬さの値に 10% 程度の差が生じたこともあり，押し込み試験では先行していたブリネル硬さやビッカース硬さが主流となり，三角錐硬さが注目されることは少なかった．しかし，三角錐の圧子形状は，ダイヤモンドを研磨して製作される圧子の先端を鋭利にしやすい利点を生かし，NI 法の標準圧子として Berkovich 圧子が採用されることにより注目されることになる．なお，Berkovich 圧子の形状は Vickers 圧子と相似形（押し込み深さと射影面積の関係が同じ）であり，NI 法の圧子形状がブリネル硬さに帰属することは興味深い．

1982 年に圧子の押し込み深さを計測し硬さを評価する装置の原型を D. Newey, M.A. Wilkins, H.M. Pollock が開発した．その後，1992 年に押し込み荷重と押し込み深さの曲線を解析し，硬さだけでなく弾性率が計測できる NI 法[9]を W.C. Oliver, G.M. Pharr が開発した（**図8**）．圧子押し込み試験では試験片の作製が容易で，押し込み深さの測定精度が向上すれば微小領域での力学物性評価として有用な手段となりうるため，主に半導体系の製品において薄膜・微細化した力学物性評価手法として NI 法が活用され一般化することとなった．現在では，NI 法は降伏応力や粘弾性特性の評価手法に応用されるなど，微小領域での力学物性評価手法として極めて重要な役割を果たしている．

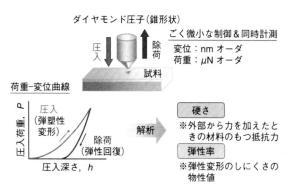

図8 ナノインデンテーション法

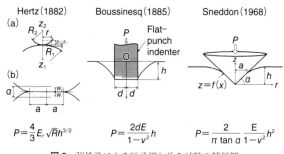

図9 弾性論による圧子押し込み試験の解析解

3. NI 法の理論的背景

力学物性の評価では，実測されるのは荷重と変位の関係であるが，その関係にはさまざまな変形機構が混在しているため，理論的な裏付けなしにその物理的意味の解釈は困難となる．材料の変形機構は，変形させた後に元の形に戻る可逆変形と，元の形には戻らない不可逆変形に大別される．可逆変形は「弾性変形」だけであるが，不可逆変形には即座に変形して戻らない「塑性変形」と，一定力を加えると変形し続ける「粘性変形」がある．実際の材料の変形が単独の変形機構で起こることは稀であるが，材料変形では必ず発生する弾性変形のみでの理論構築が基礎となる．

弾性変形による押し込み試験の理論構築の原点は，球体同士の接触問題を解いた 1882 年発表の H.R. Hertz の論文[10]である．球体の接触問題に関しては現在でも Hertz の接触解として幅広く用いられている．その 3 年後の 1885 年にポテンシャル理論に基づいた J.V. Boussinesq による一般的な理論展開[11]がなされ，1930 年代に A.E.H. Love により解析解[12]が明らかにされた．さらに 1968 年に錐形状の圧子での解析解[13]が I.N. Sneddon により与えられた．これら弾性論で与えられた荷重（P）と変位（h）の関係を示す解析解は，圧子が円柱形状（flat-punch）であれば $P \propto h$，球形状であれば $P \propto h^{3/2}$，錐形状であれば $P \propto h^2$ の関係を与え，圧子押し込み試験におけるすべての基礎である（図9）．弾性論ではないが，1921 年にこれらと同じ関係を E. Meyer も明らかにしており[14]，NI 法で使われる錐形状の圧子においては，発生する荷重を射影面積で除した接触圧力が押し込み深さに依存せず一定となる Meyer の相似則（幾何学相似形状）が成り立ち，錐形状の圧子を用いた硬さ測定が理に適っていることがわかる（図10）．

硬さの測定は鉄鋼系の材料の評価に用いられていたこともあり，20 世紀初頭では塑性変形の尺度として解釈されることが多かった．塑性変形における理論的解釈は 1920 年に入り C. Prandtle や R. Hill により，完全塑性体における 2 次元のすべり線場理論を用いた押し込み硬さ（H）と降伏応力（Y）に線形関係（$H = 2.57 \times Y$）が成り立つことが明らかにされた．その後，1960～1970 年代にかけて，

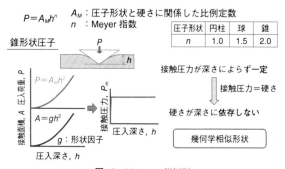

図10 Meyer の相似則

D. Tabor を代表する研究者たちが，$H = 2.5 \sim 3.2 \times Y$ となることを明らかにし[15]，現在でも 3 倍則と呼ばれて利用されている．ただし，この関係は圧子押し込み試験での変形において，転位による塑性変形の寄与が大きい金属系材料に限定されることに注意が必要である．また，世の中の多くの材料は弾性変形も寄与する「弾塑性体」であるため，弾性率と降伏応力を用いた理論構築が必要になる．球形圧子に関しては球殻押し広げ理論を用いて 1950 年に R. Hill[16]が，楔形圧子においては 1975 年に K.L. Johnson[17]が成功を収めたが，近年では有限要素法などのシミュレーションによる解析能力の向上が著しく，それらの手法を用いて解析することが多くなった．塑性変形を生じる場合の押し込み試験の荷重と押し込み深さの関係は，円柱と球形圧子では弾性論により得られた関係が成り立たなくなるが，錐形状の圧子においては $P \propto h^2$ の関係を保つため，硬さの評価に最適な圧子形状であったといえる（図11）．

最後に残った変形機構である粘性変形が単独で生じるのは液体であるため，工業製品を構成する固体の材料においては弾性変形も寄与する「粘弾性体」としての解釈が必要となる．なお，弾性体や弾塑性体においては荷重と変位の 2 次元的な関係だけで記述できたが，粘弾性体ではそこに時間という軸が加わり 3 次元化するため，その理論的理解の難易度が格段に上がってしまう．粘弾性の挙動はプラスチックを代表とする高分子材料の発展に伴い重要性が増し，1940 年代に P.J. Flory や J.D. Ferry を中心にバルク材としての粘弾性論[18]が発展した．圧子押し込み試験への適用は，1957 年の J.R.M. Radok[19]による球形圧子における

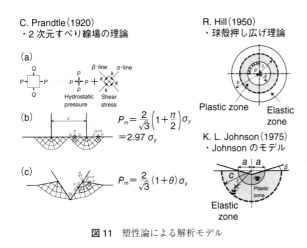

図11 塑性論による解析モデル

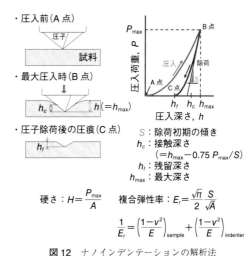

図12 ナノインデンテーションの解析法

理論構築を皮切りに，1960 年以降 M. Sakai ら[20] による理論構築がなされている．

4. NI 法の原理

図12 に示すように，材料の表面に圧子を所定の押し込み荷重まで押し込んだ（圧入）後，押し込み荷重がなくなるまで圧子を除去（除荷）したときに得られた圧入-除荷曲線を用いて，材料の硬さ（H）と複合弾性率（E_r）を nm オーダで測定する手法が NI 法である．NI 法では押し込み深さが微小であるため，圧子先端が鋭利な形状になっていることが重要である．しかし，原子レベルでの鋭利性をもった圧子を製作することは困難な上，押し込み試験による摩耗が激しく再現性を得ることができないことから，通常の NI 法に用いる圧子の先端半径（R）100 nm 以下の球形状を有している．

NI 法で得られる硬さは，押し込みの最大荷重（P_{max}）を接触した射影面積（A）で除して求めるが，ここで A を求めるための接触深さ（h_c）が最大押し込み深さ（h_{max}）と同じではないことに注意が必要である．圧子が接触した周辺においては表面がへこむ現象が生じるため，図12 中に示した数式を用いて接触深さを得なければならない．NI 法により得られる硬さはインデンテーション硬さと呼ばれるが，従来法であるビッカース硬さとは非常に強い相関性を有しており，これまでの押し込み硬さ試験と本質的な相違はない．

もう一方の複合弾性率は，短軸応力下で得られるヤング率とは異なり，圧入-除荷曲線の結果に圧子の変形と試料のポアソン効果の2つが複合した弾性率であることに注意が必要である．ヤング率へ換算するときには，ダイヤモンドでできた圧子の弾性定数（E：1141 GPa，ν：0.06）は既知であるが，試料のポアソン比は仮定せねばならない．

NI 測定結果を考察する際には，硬さと複合弾性率の値だけでなく圧入-除荷曲線にも着目する必要がある．理論的考察で説明したが，弾塑性体では圧入曲線は $P \propto h^2$，除荷曲線は $P \propto (h-h_f)^2$ の関係となり，その関係から逸

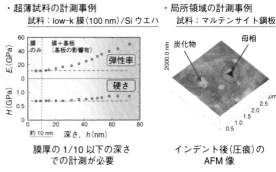

図13 NI 法での測定事例

脱する場合には，測定上の不具合，不連続な力学的変化や粘弾性挙動が生じていることを考える必要がある．測定上の不具合の例としては，非常に微小な測定である NI 法では試料の平行度や表面粗さの影響を強く受けるため，表面の平行度が悪い場所での測定による圧入初期での圧子のすべりや，へこんだ部位での測定による急激な荷重増加などを生じることがある．不連続な力学的変化の例は，金属材料で多く発生する圧入時の押し込み深さの急激な増加（pop-in）が挙げられる．

NI 法における薄膜と金属材料での測定事例を**図13** に示す．薄膜や微細粒子の測定では，測定結果に基材や母材の影響を受けていないかを確認する必要がある．圧子の押し込み試験は理論的には無限大の領域に分布するが，実際の測定結果に影響を与えるのは接触深さの 10 倍程度の半球状の領域であることが知られている．これを 10 倍則と呼ぶが，基材の影響を受けない薄膜のみの評価結果を得る場合には膜厚の 1/10 以下の接触深さでの測定を必要とする．図13 の薄膜の結果において，押し込み深さが膜厚の 1/10 を超えると基材の Si ウエハの影響を受けた結果となっていることがわかる．もう一方の金属材料の測定事例では，

ナノインデンタの位置精度が高いだけでなく，マクロ的な硬さが均一である材料でも，微小部位の測定であるNI法では測定部位により力学特性に分布が表れる場合があることを示している．さらに，平滑化するために表面を研磨した試料の表面にあるダメージ層や，高分子材料の成形時に発生する変質層（スキン層）をNI法で評価すると，それらの影響を受けた結果となることに注意が必要である．

5. お わ り に

硬さ測定法と理論的解釈の歴史的背景から，NI法における原理・原則および評価における留意点をまとめて紹介した．現在のNI法は，硬さと弾性率の超高速面分布測定，球形の圧子を用いて次元解析的な応力-歪み曲線を得ることができる球形NI法，薄膜や微小領域での粘弾性測定を実現したナノ粘弾性法，－150～800℃におけるNI測定が可能になるなどの技術革新が続いている．これらの新技術も含めたNI法の理解の一助となれば幸いである．

参 考 文 献

1) F. Morth : Grundriss der Mineralogie, Dresden (1822).
2) J.A. Brinell, Jr. : Cougr. Int. Méthods d'Essai, Paris (1900).
3) A. Martens : Mitt. K. techn. VersAust., **8**, (1890) 236.
4) R. Smith and G. Sandland : Proc. Instn. Mech. Engrs., (1922) 1623.
5) R. Smith and G. Sandland : J. Iron & Steel Inst., (1925) 1285.
6) S.P. Rockwell : Trans. Amer. Soc. Steel Treat., (1922) 1013.
7) F. Knoop et al. : J. Res. Nat. Bur. Stand., (1939) 39.
8) E.S. Berkovich : Industr. Diam. Rev., (1951) 129.
9) W.C. Oliver and G.M. Pharr : J. Mater. Res., (1992) 2475.
10) H. Hertz : J. reine und angewandte Math., (1881) 156.
11) J. Boussinesq : Application des potentiels à l'étude de l'équilibre et du mouvement des solides élastiques, Gauthier-Villars, Paris (1885).
12) A.E.H. Love : Q.F. Math., (1939) 161.
13) I.N. Sneddon : Int. J. Eng. Sci., (1965) 47.
14) E. Meyer : Zeits. d. Vereines Deutsh. Ingenieure, (1908) 645.
15) D. Tabor : The Hardness of Metals, Clarendon Press, Oxford, United Kingdom (1951).
16) R. Hill : The Mathematical Theory of Plasticity, Oxford (1950).
17) K.L. Johnson : Contact Mechanics, Cambridge University Press, Cambridge, UnitedKingdom (1985).
18) J.D. Ferry : Viscoelastic Properties of Polymers, 2nd ed., Wiley, New York (1970).
19) J.R.M. Radok : Q. App. Math., **15**, (1957) 198.
20) M. Sakai and S. Shimizu : J. Non-Crystalline Solids, (2001) 236.

初 出 一 覧

No.	表題	年	月号	著者名	分野
1	表面粗さ ― その4 触針式の表面粗さ測定用センサーの設計機構・原理とその上手な使い方 ―	2016	2	吉田一朗	計測
2	弾性表面波リニアモータ	2016	3	高崎正也	制御・ロボット
3	CFRPの切削加工 ― 穴あけ加工を中心に ―	2016	4	柳下福蔵	加工/除去加工
4	マイクロ流体デバイスと流体シミュレーション	2016	5	堀内 勉	設計・解析
5	超仕上げ砥石のいろは	2016	7	松森 昇	加工/除去加工
6	数理計画問題 ― メタヒューリスティクス解法の基礎 ―	2016	8	古川正志	設計・解析・データサイエンス
7	はじめての真円度測定	2016	9	大森義幸	計測
8	「精密に止める」：ロバスト制御	2016	10	伊藤和晃	制御・ロボット
9	プラズマCVD	2016	11	垣内弘章	加工/付加加工
10	光コムによる精密計測	2016	12	美濃島薫	計測
11	プローブ顕微鏡を用いた微細加工・マニピュレーション	2017	2	岩田 太	新技術
12	半導体プロセスのCMP技術	2017	3	辻村 学	加工/付加加工
13	プラズマ・イオンプロセスによる薄膜の製造とトライボロジー	2017	4	上坂裕之 梅原徳次	加工/付加加工
14	レーザ光の特性が加工に及ぼす影響について	2017	6	池野順一	加工/除去加工
15	信頼性の高い圧力測定のために ― 圧力の国家標準から現場の圧力測定まで ―	2017	7	梶川宏明	計測
16	ハーモニックドライブ（波動歯車装置）について	2017	8	村山裕哉	機械要素
17	はじめての電鋳	2017	9	三村秀和	加工/付加加工
18	生活環境へ拡張する画像処理	2017	10	林 純一郎	画像処理
19	データマイニングを活用したモノづくりの意志決定支援	2017	11	児玉紘幸	設計・解析・データサイエンス
20	頭を強打すると脳に何が起こるのか ― 脳震とうでも発症する高次脳機能障害の怖さ ―	2017	12	青村 茂	バイオエンジニアリング
21	研削加工における計測技術とその応用	2018	2	大橋一仁	加工/除去加工
22	高速視覚フィードバック制御のロボット応用	2018	3	並木明夫	制御・ロボット
23	メッシュ処理	2018	4	金井 崇	設計・解析
24	鋳造の基礎	2018	5	平塚貞人	加工/成形加工
25	最大実体公差方式 解説（前編）― 機械製図のⓂとは何か？ ―	2018	7	鈴木伸哉 小池忠男	設計・解析
26	最大実体公差方式 解説（後編）― 機械製図のⓂは精密と無縁なのか？ ―	2018	8	鈴木伸哉 小池忠男	設計・解析

◎本書スタッフ
編集長：石井 沙知
編集：石井 沙知
組版協力：菊池 周二
表紙デザイン：tplot.inc 中沢 岳志
技術開発・システム支援：インプレスR&D NextPublishingセンター

●本書の内容についてのお問い合わせ先
近代科学社Digital　メール窓口
kdd-info@kindaikagaku.co.jp
件名に「『本書名』問い合わせ係」と明記してお送りください。
電話やFAX、郵便でのご質問にはお答えできません。返信までには、しばらくお時間をいただく場合があります。なお、本書の範囲を超えるご質問にはお答えしかねますので、あらかじめご了承ください。

はじめての精密工学 第2巻

2022年3月11日　初版発行Ver.1.0

編　者　公益社団法人 精密工学会
発行人　大塚 浩昭
発　行　近代科学社Digital
販　売　株式会社 近代科学社
　　　　〒101-0051
　　　　東京都千代田区神田神保町1丁目105番地
　　　　https://www.kindaikagaku.co.jp

印刷・製本　京葉流通倉庫株式会社
Printed in Japan

ISBN978-4-7649-6036-7

近代科学社 Digital は、株式会社近代科学社が推進する21世紀型の理工系出版レーベルです。デジタルパワーを積極活用することで、オンデマンド型のスピーディで持続可能な出版モデルを提案します。

近代科学社Digitalは株式会社インプレスR&Dのデジタルファースト出版プラットフォーム "NextPublishing" との協業で実現しています。